【博客藏经阁丛书】

吕吕 王琥 编著

北京航空航天大学出版社
BEIHANG UNIVERSITY PRESS

内容简介

本书共10章，其中，第1章介绍了C、C++的基础知识，包括关键字volatile、数组与指针、编译模式等；第2～9章介绍了C++基础与进阶语法，包括数据类型、引用、名字空间、左值与右值，以及内存管理，面向对象的封装、继承与多态，异常处理，C++ 0x新标准等内容；第10章给出了业界常见的编码规范与建议。本书不仅介绍了C++的传统语法，而且还融入了C++最新的变革内容，旨在帮助读者对C++有一个更加全面的了解，快速掌握C++编程技巧，并将其应用于工程实践中。

本书既可作为C++编程人员以及相关专业技术人员的参考用书，也可作为高等院校、高职高专院校程序设计相关课程的教学用书。

图书在版编目(CIP)数据

C++进阶心法 / 吕吕，王琥编著. -- 北京 ：北京航空航天大学出版社，2018.12

ISBN 978-7-5124-2240-7

Ⅰ. ①C… Ⅱ. ①吕… ②王… Ⅲ. ①C++语言—程序设计 Ⅳ. ①TP312.8

中国版本图书馆CIP数据核字(2018)第265079号

C++进阶心法

吕 吕 王 琥 编著

责任编辑 孙兴芳

*

北京航空航天大学出版社出版发行

北京市海淀区学院路37号(邮编100191) http://www.buaapress.com.cn

发行部电话：(010)82317024 传真：(010)82328026

读者信箱：copyrights@buaacm.com.cn 邮购电话：(010)82316936

艺堂印刷（天津）有限公司印装 各地书店经销

*

开本：710×1 000 1/16 印张：32.75 字数：698千字

2019年4月第1版 2019年4月第1次印刷 印数：2 000册

ISBN 978-7-5124-2240-7 定价：89.00元

若本书有倒页、脱页、缺页等印装质量问题，请与本社发行部联系调换。联系电话：(010)82317024

前 言

C++既是一门特性丰富、应用广泛、富有挑战、值得深入学习的面向对象的编程语言，也是计算机相关专业必学的基础课程之一。C++以C语言为基础，继承了C语言高效、跨平台的优良特性，同时又做出了极大扩展，引入了面向对象、模板泛型、函数式编程、模板元编程等高级特性，使之成为一门与时俱进的现代型高级编程语言，能够应对各种复杂的应用场景，例如操作系统、高并发服务框架与后台、桌面应用、移动开发、嵌入式开发等。当然，正因为C++具有诸多复杂的功能特性，从而增加了其学习成本。

C语言是C++的基础，是C++的子集，因此C++中的很多知识点都可归于C语言，在学习C++的同时，也是在学习C语言。本书开始介绍了部分C语言的基础内容，用于辅佐C++的学习。比如不太常见的关键字volatile、重要而易出错的野指针、基础的分离编译模式等，这些都是C++中最为基础的知识，每一名合格的程序员都应该掌握。

本书主体内容是围绕C++编程语法展开的，对C++知识点的讲解深度会略高于基础教材，因此初学者在阅读本书时要有耐心，并需结合文中代码示例好好揣摩思考。对于有疑问的知识点，一定要动手实践，将自己的思考和疑问通过代码的形式表达出来，只有这样，才有助于加深对C++晦涩知识点的理解。除了C++的基础内容外，本书还涉及了C++ 0x新标准提出的常用特性，让读者在学习传统C++的同时，对C++有一个与时俱进的了解。比如，C++ 11中的关键字auto、就地初始化与列表初始化、Lambda表达式等都是值得读者去学习和掌握的，并可将其应用于工程实践中。

掌握编程语言的语法知识只能保证编写的代码能够编译运行，但是，一名成熟的C++开发人员心中必须有一把标尺，这把标尺就是编码规范。初具规模的项目代码应不仅能编译和运行，而且能长久地迭代变更、维护交接。所以，为了能够编写出整洁、规范、优雅的代码，我们应该遵循必要的编码规范和风格，力争让自己写出的代码不被他人诟病。本书在参考了《Google C++编程风格指南》并结合个人经验的基础上,给出了一些规范和建议,比如命名方式、头文件使用规范与包含顺序、编码格式等。当然,这些只是一家之言,仅供参考。

本书记录的关于C++的点滴,实则是自己和身边一同求学的小伙伴对C++的学习认知过程,在这里分享给每一位C++从业者,希望能够用自己的绵薄之力帮助到需要帮助的人。我相信,只要读者潜心钻研,多读多练,就肯定能从本书中学有所得。当然,由于个人水平有限,书中难免存在不足甚至错误的地方,欢迎大家在CSDN博客留言指正,共同探讨。联系方式见笔者博客主页:https://blog.csdn.net/K346K346。

本书从编写到出版得到了北京航空航天大学出版社的大力支持,在此深表感谢。另外,还要感谢本书的另一位作者——我的大学舍友王琥,他参与了本书的编写工作;感谢身边的同学和同事在工作和生活上给予的无私帮助。最后,要感谢爱人cat在身后的默默支持与理解,以及家人的辛劳付出和母亲对我的人生教诲。

学习的道路并不寂寞,因为有知识相伴;学习的道路也不会平坦,但逆风的地方更适合飞翔。

吕 吕

2018年12月于寿县君子镇

目　录

第1章 C++中的C

1.1 认识 volatile

volatile 是“易变的”“不稳定的”意思，是 C 语言中一个较为少用的关键字，它用来解决变量在“共享”环境下容易出现读取错误的问题。

1. volatile 的作用

若变量被定义为 volatile，则该变量可能会被意想不到地改变，即在程序运行过程中一直变，若希望这个值被正确处理，则每次都要从内存中读取该值，而不会因编译器优化从缓存的地方读取（比如读取缓存在寄存器中的数值），从而保证 volatile 变量被正确读取。

在单任务环境中，如果一个函数体内部在两次读取变量值之间的语句没有对变量值进行修改，那么编译器就会设法对可执行代码进行优化。由于访问寄存器的速度要比 RAM（从 RAM 中读取变量的值到寄存器中）快，所以以后只要变量的值没有改变，就一直从寄存器中读取变量的值，而不对 RAM 进行访问。

而在多任务环境中，虽然一个函数体内部在两次读取变量值之间没有对变量的值进行修改，但是该变量仍然有可能被其他的程序（如中断程序、另外的线程等）修改，如果这时还是从寄存器而不是从 RAM 中读取，就会出现被修改的变量值不能及时得到反映的问题。下面的程序就对这一现象进行了模拟。

```
#include <iostream>
using namespace std;
int main(int argc,char * argv[])
{
    int i = 10;
    int a = i;
    cout << a << endl;
    _asm
    {
        mov dword ptr [ebp - 4],80
    }
```

```
    int b = i;
    cout << b << endl;
    getchar();
}
```

程序在 VS 2017 环境下生成 Release 版本，输出结果为

```
10
10
```

阅读以上程序时需注意以下几个要点：

① 以上代码必须在 Release 模式下考察，因为只有在 Release 模式下才会对程序代码进行优化，而这种优化在变量共享的环境下容易引发问题。

② 在语句“b=i;”之前，已经通过内联汇编代码修改了 i 的值，但是 i 的变化却没有反映到 b 中，如果 i 是一个被多个任务共享的变量，那么这种优化所带来的错误很可能是致命的。

③ 汇编代码“[ebp - 4]”表示变量 i 的存储单元，因为 ebp 是扩展基址指针寄存器，存放函数所属栈的栈底地址，所以先入栈，占用 4 字节。随着函数内声明的局部变量增多，esp(栈顶指针寄存器)就会相应减小，因为栈的生长方向由高地址向低地址生长。i 为第一个变量，栈空间已被 ebp 入栈占用了 4 字节，所以 i 的地址为 ebp－i，而[ebp－i]表示变量 i 的存储单元。

那么如何抑制编译器对读取变量的这种优化，以防止错误读取呢？volatile 可以轻松解决这个问题。将上面的程序稍作修改，把变量 i 声明为 volatile 即可，观察如下程序：

```
#include <iostream>
using namespace std;
int main(int argc,char * argv[])
{
    volatile int i = 10;
    int a = i;
    cout << a << endl;
    _asm
    {
        mov dword ptr [ebp - 4],80
    }
    int b = i;
    cout << b << endl;
}
```

程序输出结果为

```
10
80
```

当第二次读取变量 i 的值时，就已经获得了变化之后的值。跟踪汇编代码可知，凡是声明为 volatile 的变量，每次都是从内存中读取变量的值，而不是在某些情况下直接从寄存器中取值。

2. volatile 的应用场景

(1) 并行设备的硬件寄存器(如状态寄存器)

假设要对一个设备进行初始化，此设备的某一个寄存器为 0xff800000。观察如下程序：

```
int   * output = (unsigned  int * )0xff800000;   //定义一个 I/O 端口;
int init()
{
    int i;
    for(i = 0;i < 10;i ++ )
    {
        * output = i;
    }
}
```

编译器经过优化后认为前面的循环都是无用的，对最后的结果毫无影响，因为最终只是将 output 这个指针赋值为 9，所以最后编译器编译的代码结果相当于：

```
int init(void)
{
    * output = 9;
}
```

如果对此外部设备进行初始化的过程必须像上述代码一样顺序地对其赋值，则优化过程显然不能达到目的；反之，如果不是对此端口进行反复写操作，而是进行反复读操作，则其结果是一样的，编译器在优化后，也许代码对此地址的读操作只做了一次。然而，从代码的角度来看是没有任何问题的。这时就应使用 volatile 通知编译器这个变量是不稳定的，在遇到此变量时不要优化。

(2) 一个中断服务子程序中会访问到的变量

观察如下程序：

```
static int i = 0;
int main()
{
    while(1)
    {
        if(i) dosomething();
    }
}
/ * Interrupt service routine * /
```

```
void IRS()
{
    i = 1;
}
```

上面示例程序的本意是产生中断时,由中断服务子程序 IRS 响应中断,变更程序变量 i,在 main 函数中调用 dosomething 函数。但是,由于编译器判断在 main 函数中没有修改过 i,因此可能只执行一次从 i 到某寄存器的读操作,然后每次 if 判断都只使用这个寄存器中的"i 副本",导致 dosomething()函数永远不会被调用。如果在变量 i 前加上 volatile 修饰,编译器就会保证对变量 i 的读/写操作都不会被优化,从而保证变量 i 被外部程序更改后能及时在原程序中得到感知。

(3) 多线程应用中被几个任务共享的变量

当多个线程共享某一个变量,且该变量的值会被某一个线程更改时,应用 volatile 声明。其作用是:防止编译器优化把变量从内存装入 CPU 寄存器中,当一个线程更改变量后,未及时同步到其他线程中而导致程序出错。volatile 的意思是让编译器每次操作该变量时都一定要从内存中真正读取,而不是使用已经存在于寄存器中的值。示例如下:

```
volatile  bool bStop = false;  //bStop 为共享全局变量
//第一个线程
void threadFunc1()
{
    while(!bStop){...}
}
//第二个线程终止上面的线程循环
void threadFunc2()
{
    bStop = true;
}
```

如果 bStop 不使用 volatile 定义,那么上述循环将是一个死循环,因为 bStop 已经被读到了寄存器中,寄存器中 bStop 的值永远不会变成 FALSE;而用 volatile 定义后,程序在执行时每次均从内存中读取 bStop 的值,这样就不会造成死循环了。

是否了解 volatile 的应用场景是区分 C/C++程序员和嵌入式开发程序员的有效办法,进行嵌入式开发的伙伴们经常同硬件、中断、RTOS 等打交道,这些都要求用到 volatile 变量,不懂得 volatile 将会给程序设计带来灾难。

3. volatile 的常见问题

下面的问题可以测试面试者是不是真正了解 volatile。

① 一个参数既可以是 const 也可以是 volatile 吗?为什么?

② 一个指针可以是 volatile 吗？为什么？

③ 下面的函数有什么错误？

```
int square(volatile int * ptr)
{
    return * ptr *  * ptr;
}
```

相对应的答案如下：

① 是的。例如只读的状态寄存器，它是 volatile，因为它可能会被意想不到地改变；它是 const，因为程序不应该试图去修改它。

② 是的，尽管这并不很常见。例如，当一个中断服务子程序修改一个指向一个 buffer 的指针时。

③ 上述代码有点变态，其目的是用来返回指针 * ptr 指向值的平方，但是，由于 * ptr 指向一个 volatile 型参数，所以编译器将产生类似下面的代码：

```
int square(volatile int * ptr)
{
    int a,b;
    a = * ptr;
    b = * ptr;
    return a * b;
}
```

由于 * ptr 的值可能被意想不到地改变，因此 a 和 b 可能是不同的，导致这段代码返回的可能不是所期望的平方值。正确的代码如下：

```
long square(volatile int * ptr)
{
    int a;
    a = * ptr;
    return a * a;
}
```

4. 嵌入式编程中 volatile 的作用

嵌入式编程中经常用到 volatile 这个关键字，常见用法可以归纳为以下两点：

① 告诉 compiler 不能做任何优化。比如要往某一地址送两个指令：

```
int * ip = ...;         //设备地址
 * ip = 1;              //第一个指令
 * ip = 2;              //第二个指令
```

对于上述程序，compiler 可能优化为

```
int * ip = ...;
 * ip = 2;
```

结果第一个指令丢失。如果用 volatile,则 compiler 不允许做任何优化,从而保证程序的原意:

```
volatile int * ip = ...;
 * ip = 1;
 * ip = 2;
```

② 表示用 volatile 定义的变量会在程序外被改变,每次都必须从内存中读取,而不能把其放在 cache 或寄存器中重复使用。例如:

```
volatile char a;
a = 0;
while(!a)
{
    //do some things;
}
doother();
```

如果没有 volatile,doother()就不会被执行。volatile 能够避免编译器优化带来的错误,但使用 volatile 的同时还需要注意,频繁地使用 volatile 很可能会增加代码尺寸和降低性能,因此要合理地使用 volatile。

1.2 数组与指针详解

1.2.1 数　组

数组的大小(元素个数)一般在编译时决定,也有少部分编译器可以在运行时动态地决定数组的大小,比如 icpc(Intel C++编译器)。

1. 数组名的意义

数组名的本质是一个文字常量,代表数组第一个元素的地址和数组的首地址。数组名本身不是一个变量,不可以寻址,且不允许为数组名赋值。假设定义数组:

```
int A[10];
```

再定义一个引用:

```
int * &r = A;
```

这是错误的写法,因为变量 A 是一个文字常量,不可寻址。如果要建立数组 A 的引用,则应该定义如下:

```
int * const &r = A;
```

此时，在数据区开辟一个无名临时变量，将数组 A 代表的地址常量复制到该变量中，再将常引用 r 与此变量进行绑定。此外，若定义一个数组 A，则 A、&A[0]、A+0 是等价的。

在 sizeof()运算中，数组名代表的是全体数组元素，而不是某个元素。例如，定义 int A[5]，生成 Win 32 的程序，则"sizeof(A)"就等于"5\ * sizeof(int)=5\ * 4=20"。示例程序如下：

```
#include <iostream>
using namespace std;
int main()
{
    int A[4] = {1,2,3,4};
    int B[4] = {5,6,7,8};
    int (&rA)[4] = A;        //建立数组 A 的引用
    cout << "A:" << A << endl;
    cout << "&A:" << &A << endl;
    cout << "A + 1:" << A + 1 << endl;
    cout << "&A + 1:" << &A + 1 << endl;
    cout << "B:" << B << endl;
    cout << "rA:" << rA << endl;
    cout << "&rA:" << &rA << endl;
}
```

运行结果：

```
A:0013F76C
&A:0013F76C
A + 1:0013F770
&A + 1:0013F77C
B:0013F754
rA:0013F76C
&rA:0013F76C
```

阅读以上程序时需注意如下几点：

① A 与 &A 的结果在数值上是一样的，但是 A 与 &A 的数据类型不同。A 的类型是 int[4]，而 &A 的类型是 int(*)[4]，它们在概念上是不一样的，这就直接导致 A+1 与 &A+1 的结果完全不一样。

② 为变量建立引用的语法格式是 type& ref，因为数组 A 的类型是 int[4]，因此为 A 建立引用的语法格式是"int (&rA)[4]=A;"。

2. 数组的初始化

定义数组时，为数组元素赋初值叫作数组的初始化。可以为一维数组指定初值，也可以为多维数组指定初值。例如：

```
Int A[5] = {};                      //定义长度为 5 的数组,所有数组元素的值都为 0
int A[] = {1,2,3};                  //定义长度为 3 的数组,数组元素分别为 1、2、3
int A[5] = {1,2};                   //定义长度为 5 的数组,A[0]、A[1]分别为 1、2,其他值均为 0
int A[][2] = {{1,2},{3,4},{5,6}};  //定义一个类型为 int[3][2]的二维数组
int A[][2] = {{1},{1},{1}};        //定义一个类型为 int[3][2]的二维数组,A[0][0]、A[1][0]
                                    //A[2][0]三个元素的值为 1,其他元素的值均为 0
//以下是几种错误的初始化方法
int A[3] = {1,2,3,4};               //初始化项的个数超过数组的长度
int A[3] = {1,,3};                  //不允许中间跳过某项
```

1.2.2 指　针

1. 指针的定义

指针是用来存放地址值的变量，相应的数据类型称为指针类型。在 32 位平台上，任何指针类型所占用的空间都是 4 字节。比如 sizeof(int *)、sizeof(double *)、sizeof(float *)等的值都为 4。

2. 定义指针的形式

定义指针的形式是 type * p，其中 type 是指针所指向对象的数据类型，而 * 则是指针的标志，p 是指针变量的名字。由于 C++中允许定义复合数据类型，因此指向复合数据类型对象的指针的定义方式可能较为复杂。理解指针，关键是理解指针的类型和指针所指向数据的类型。例如：

```
int (*p)[5]; //指针 p 的类型是 int( * )[5],指针所指向的数据类型是 int[5]
int* p[5];    //p 是有 5 个分量的指针数组,每个分量的类型都是 int * (指向 int 的指针)
int** p;      //指针 p 的类型是 int**,p 指向的类型是 int * ,p 是指向指针的指针
```

3. 指针的初始化

定义指针变量之后，指针变量的值一般是随机值，这样的值不是合法访问的地址。指针变量值的合法化途径通常有 3 个：一是显式置空；二是让指针指向一个已经存在的变量；三是为指针动态申请内存空间。例如：

```
//显式置空
int * p = NULL;
//将指针指向某个变量
int i;
int * p = &i;
```

```
//动态申请内存空间
int * p = new int[10];
```

4. 指针可以参与的运算

由于指针是一个变量，所以指针可以参与一些运算。假设定义指针 int * p，则指针 p 能够参与的运算有：

① 解引用运算，即获取指针所指的内存地址处的数据，表达式为 * p。如果指针指向的是一个结构或者类的对象，那么访问对象成员有两种方式：(* p). mem 或 p ->mem。

② 取地址运算，即获取指针变量的地址，表达式为 &p，其数据类型为 int**。

③ 指针与整数相加减，如 p+i(或者 p-i)，实际上是让指针递增或递减地移动 i 个 int 型变量的距离。

④ 两个指针相减，如 p-q，其结果是两个指针所存储的地址之间的 int 型数据的个数。

5. 指针的有效性

使用指针的关键就是让指针变量指向一个它可以合法访问的内存地址，如果不知道它指向何处，则置为空指针 NULL 或者((void *)0)。

在某些情况下，指针的值开始是合法的，之后随着某些操作的进行，它就变成非法的了。考察如下程序：

```
#include <iostream>
using namespace std;
int * pPointer;
void SomeFunction()
{
    int nNumber = 25;
    pPointer = &nNumber;        //将指针 pPointer 指向 nNumber
}
void UseStack()
{
    int arr[100] = {};
}
int main()
{
    SomeFunction();
    UseStack();
    cout << "value of * pPointer:" << * pPointer << endl;
}
```

输出结果是 0，而并非想象中的 25。原因是函数 SomeFunction()运行结束之后，局部变量 nNumber 已经被清空，其占有的空间在离开函数后归还给系统，之后又分配给函数 UseStack()中的局部变量 arr。因此，指针 pPointer 解引用后的值变成了 0。所以，要想正确地使用指针，就必须保证指针所指向单元的有效性。

1.2.3 数组与指针的关系

数组名代表数组的首地址，而数组 A 的某个元素 A[i]可以解释成 *(A+i)，所以数组名本身可以理解为一个指针（地址）、一个指针常量。所以，在很多情况下，数组与指针的用法是相同的，但是数组与指针本质上还存在一些重要的区别，如下：

① 数组空间是静态分配的，编译时决定大小，而指针在定义时可以没有合法访问的地址空间，也就是"野指针"。

② 数组名代表一个指针常量，企图改变数组名所代表的地址的操作都是非法的，如下：

```
int arr[5] = {0,1,2,3,4};
arr++ ;     //编译错误
```

③ 函数形参中的数组被解释为指针。考察如下程序：

```
void show0(int A[])
{
    A++;
    cout << A[0] << endl;
}
void show1(int A[5])
{
    A++;
    cout << A[0] << endl;
}
int main()
{
    int d[5] = {1,2,3,4,5};
    show0(d);
    show1(d);
}
```

以上程序编译通过并输出"2"和"2"。程序中形参数组 A 可以进行自增运算，改变自身的值，说明形参数组 A 被当作指针看待。之所以这样处理，有两个原因：一是 C++语言不对数组的下标作越界检查，因此可以忽略形参数组的长度；二是数组作为整体进行传递时，会有较大的运行时的开销，为了提高程序运行效率，数组退化成指针。

④ 如果函数的形参是数组的引用，那么数组的长度将被作为类型的一部分。实

际上，对数组建立引用就是对数组的首地址建立一个常引用。由于引用是C++引入的新机制，所以在处理引用时使用了一些与传统C语言不同的规范。在传统的C语言中，对数组的下标是不作越界检查的，因此在函数的参数说明中，int[5]和int[6]都被理解为int[]（也就是int *），C++语言沿用了这种处理方式。但是，int(&)[5]与int(&)[6]被认为是不同的数据类型，在实参与形参的匹配过程中将作严格检查。考察如下程序：

```
#include <iostream>
using namespace std;
void show(int(&A)[5])
{
    cout << "type is int(&)[5]" << endl;
}
void show(int(&A)[6])
{
    cout << "type is int(&)[5]" << endl;
}
int main()
{
    int d[5] = {1,2,3,4,5};
    show(d);
}
```

程序结果：

```
type is int(&)[5]
```

⑤ 在概念上，指针同一维数组相对应。多维数组是存储在连续的存储空间中的，而将多维数组当作一维数据看待时，可以有不同的分解方式。考察如下程序：

```
#include <iostream>
using namespace std;
void show1(int A[],int n)
{
    for(int i = 0;i < n; ++ i)
        cout << A[i] << " ";
}
void show2(int A[][5],int n)
{
    for(int i = 0;i < n; ++ i)
        show1(A[i],5);
}
void show3(int A[][4][5],int n)
```

```
{
    for(int i = 0;i < n; ++ i)
        show2(A[i],4);
}
int main()
{
    int d[3][4][5];
    int i,j,k,m = 0;
    for(int i = 0;i < 3; ++ i)
        for(int j = 0;j < 4; ++ j)
            for(int k = 0;k < 5; ++ k)
                d[i][j][k] = m ++ ;
    show1((int * )d,3 * 4 * 5);
    cout << endl;
    show2((int( * )[5])d,3 * 4);
    cout << endl;
    show3(d,3);
}
```

由程序运行结果可以看出，以下 3 条输出语句的数据结果是相同的。

```
show1((int  * )d,3 * 4 * 5);
show2((int( * )[5])d,3 * 4);
show3(d,3);
```

它们的输出结果均是从 0～59，这说明把三维数组 d 当作一维数组看待，至少可以有以下 3 种不同的分解方式：

第一，数据类型为 int，元素个数为 3 * 4 * 5＝60；

第二，数据类型为 int[5]，元素个数为 3 * 4＝12；

第三，数据类型为 int[4][5]，元素个数为 3。

所以，可以将多维数组看作“数组的数组”。在将多维数组转换为指针时，一定要注意多维数组的分解方式，以便进行正确的类型转换。

⑥ 字符数组与字符指针的区别。字符数组与字符指针在形式上很接近，但在内存空间的分配和使用上还是有很大差别的。如前所述，数组名并不是一个运行实体，它本身不能被寻址；而指针是一个变量（运行时的实体），可以被寻址，它所指向的空间是否合法要在运行时决定。错误地使用指针将导致对内存空间的非法访问。考察如下程序：

```
#include <iostream>
using namespace std;
int main()
{
```

```
    char s[] = "abc"; //s 是字符数组,空间分配在栈上。对字符数组元素的修改是合法的
    char *p = "abc";
    s[0] = 'x';
    cout << s << endl;
    //p[0] = 'x'; //此句编译出错,指针指向常量区的字符串,对字符串常量的修改是非法的
    cout << p << endl;
}
```

程序输出结果:

```
xbc
abc
```

1.3 认识 size_t 和指针类型的大小

1. size_t 占用的空间

对于 size_t 究竟是什么类型,百度百科进行了相关说明。

size_t 概述:size_t 类型定义在 C++中的 cstddef 头文件中,该文件是 C 标准库的头文件 stddef.h 的 C++版。它是一个与机器相关的 unsigned 整型类型,其大小足以保证存储内存中对象的大小。

size_t 由来:在 C++中,设计 size_t 是为了适应多个平台,size_t 的引入增强了程序在不同平台上的可移植性。

size_t 大小:关于 size_t 占用的空间,百度百科的描述是:经测试发现,在 32 位系统中 size_t 是 4 字节的,而在 64 位系统中,size_t 是 8 字节的,这样利用该类型可以增强程序的可移植性。

疑问:百度百科和网上"猿友"的描述看似很有道理,但是很多人在测试时发现,测试环境明明是 64 位的系统,sizeof(size_t)的值却等于 4,而不是原本预期的 8。

本机环境是 Win 7 64 位,使用 VS 2017 来验证。

本机系统类型如图 1-1 所示。

测试代码:

```
cout << "sizeof(size_t) = " << sizeof(size_t) << endl;
```

输出结果:

```
sizeof(size_t) = 4
```

疑问解答:原来网上说的 size_t 的大小由系统的位数决定是不准确的。那 size_t 的大小究竟是由什么决定的呢?

先看一下刚刚测试代码的 VS 2017 的编译配置,如图 1-2 所示。图 1-2 中的

查看有关计算机的基本信息

Windows 版本

Windows 7 旗舰版

版权所有 © 2009 Microsoft Corporation。保留所有权利。

Service Pack 1

系统

分级:	3.9 Windows 体验指数
处理器:	AMD Athlon(tm) II X4 640 Processor 3.00 GHz
安装内存(RAM):	4.00 GB (3.50 GB 可用)
系统类型:	64 位操作系统
笔和触摸:	没有可用于此显示器的笔或触控输入

图 1－1

“Win32”表示什么意思呢？原来 Win 32 表示生成的程序是 32 位。32 位的程序既可以在 Windows 32 位的系统下运行，也可以在 Windows 64 位的系统下运行。由于我们配置生成的程序是 32 位的，因此 size_t 就是 unsigned int 类型，大小为 4 字节。

图 1－2

VC++中关于 size_t 类型的定义如下：

```
#ifdef  _WIN64
typedef unsigned __int64    size_t;
#else
typedef _W64 unsigned int   size_t;
#endif
```

其大概的意思就是：size_t 要么是 unsigned int 类型，要么是 unsigned long int 类型。那么按照上面的推理，修改编译选项为 x64，生成 64 位的程序，size_t 的类型是不是就变成了 unsigned long int 类型了呢？我们来验证一下。

VS 2017 编译配置的更改如图 1－3 所示。

图 1－3

同样的测试代码：

```
cout << "sizeof(size_t) = " << sizeof(size_t) << endl;
```

输出结果：

```
sizeof(size_t) = 8
```

正如预期的一样，size_t 变成了 unsigned long int 类型，占用了 8 字节的内存空间。

总结：size_t 的大小并非像网上描述的那样，其大小是由系统的位数决定的。size_t 的大小是由生成的程序类型决定的，只是生成的程序类型与系统的类型有一定的关系。32 位的程序既可以在 64 位的系统上运行，也可以在 32 位的系统上运行。但是，64 位的程序只能在 64 位的系统上运行。然而我们编译的程序一般是 32 位的，因此 size_t 的大小也就变成了 4 字节。

2. 指针的大小

指针用于存放地址，其大小由机器字长决定，如果是 32 位机器就是 4 字节，如果是 64 位机器就是 8 字节。这里的 32 位机器和 64 位机器指的是什么呢？CPU 的架构决定了机器的类型，如果 CPU 是 x86 架构，那么就是 32 位的 CPU。当然，并非所有的 x86 架构的 CPU 都是 32 位的，比如 Intel 的 8086 和 8088 就是 16 位的 CPU。如果 CPU 是 x86－64 的架构，那么就是 64 位的 CPU。CPU 的位数是由其字长决定的，字长表示 CPU 在同一时间内能够处理的二进制数的位数。字长是由 CPU 中寄存器的位数决定的，并非由数据总线的宽度决定，只是数据总线的宽度一般与 CPU 的位数相一致。

系统的位数依赖于 CPU 的位数，即 32 位的 CPU 不能装 64 位的系统，但是现在（2018 年）的 CPU 基本上都是 x86－64 的 CPU，都支持 64 位的系统。正如上面的讨论，如果编译生成的程序不是 64 位的，那么指针的大小依然是 4 字节。此时，VS 2017 的编译配置仍如图 1－2 所示。验证如下：

测试代码：

```
cout << "sizeof(char * ) = " << sizeof(char * ) << endl;
```

输出结果：

```
sizeof(char * ) = 4
```

更改编译配置，生成 64 位的程序，将得到预想的结果：

```
sizeof(char * ) = 8
```

1.4 野指针

1. 定　义

指向非法内存地址的指针叫作野指针(wild pointer),也叫悬挂指针(dangling pointer),意为无法正常使用的指针。

2. 出现野指针的常见情形

(1) 使用未初始化的指针

出现野指针最典型的情形就是在定义指针变量之后没有对它进行初始化,如下:

```
#include <iostream>
using namespace std;
int main()
{
    int* p;
    cout << *p << endl;     //编译通过,运行时出错
}
```

(2) 指针所指的对象已经消亡

指针指向某个对象之后,当这个对象的生命周期已经结束,对象已经消亡后,仍使用该指针访问该对象,将出现运行时错误。考察如下程序:

```
#include <iostream>
using namespace std;
int* retAddr()
{
    int num = 10;
    return &num;
}
int main()
{
    int* p = NULL;
    p = retAddr();
    cout << &p << endl;
    cout << *p << endl;
}
```

以上程序编译和运行都没有错误,输出结果如下:

```
001AFD48
1701495776
```

最后一行,输出的并非想象中的 num 的值 10,因为变量 num 是存储在栈空间的局部变量,离开函数超出其作用域后就会被释放掉,因此输出的值就是不确定的值。

注意:

① 如果将"cout << &p << endl;"注释掉,则可以正常输出 num 的值为 10,或者将"cout << * p << endl;"放在前面,也能正常输出。原因是:局部变量 num 的内存空间虽然在函数 retAddr()调用结束后被回收,但是其值还没有被修改,语句"cout << &p << endl;"实际上是调用 cout 对象的成员函数"ostream& operator << ()",重新使用了 retAddr()调用时使用的栈空间,此时 num 的内存空间被改写,输出了不确定值。

② 修改 p 指向的内存空间的值,可以正常编译运行,如下:

```
int main()
{
    int * p = NULL;
    p = retAddr();
    * p = 11;
    cout << * p << endl;
}
```

上述代码的输出结果为 11。这里 p 指向的地址空间虽然不属于 main 函数的栈空间,但是操作系统在程序运行时会预先开辟一段可用的栈空间,供用户程序使用。一般情况下,Windows 默认为 1 MB,Linux 默认为 10 MB。预先开辟的栈空间并不是系统保护性地址,可由程序任意改写并访问,所以可更改 p 指向的内存空间的值并访问输出。

(3) 指针释放之后未置空

指针 p 在进行 free 或者 delete 操作之后,没有被置为 NULL,让人误以为 p 是个合法的指针。对指针进行 free 和 delete 操作时,只是把指针所指的内存空间给释放掉,并没有把指针本身置空,此时指针指向的就是"垃圾"内存。释放后的指针应立即将指针置为 NULL,防止产生野指针。考察如下程序:

```
#include <iostream>
using namespace std;
int main()
{
    int * p = NULL;
    p = new int[10];
    delete p;
    cout << "p[0]:" << p[0] << endl;
}
```

上述程序的输出结果是一个随机值,因为此时指针所指向的空间是垃圾内存,存放着随机值。

(4) realloc()函数使用不当

在C语言中,如果realloc()函数使用不当,也可能会产生野指针,考察如下程序:

```
#include <malloc.h>
void main()
{
char * p, * q;
p = (char * )malloc(10);
q = p;
p = (char * )realloc(p,20);
//...
}
```

在这段程序中我们用q记录原来的内存地址p。这段程序可以编译通过,但在执行到realloc()函数所在行时,原内存没有足够空间进行扩展,那么realloc()函数会从堆中重新申请20字节大小的内存,并把原来(通过调用malloc()函数得到的)10字节内存空间中的内容复制到这块新内存中,并释放原来的10字节内存空间。此时数据发生了移动,q所指向的内存空间已经被释放,这样就会导致指针q变为野指针,此时如果再用q指针进行操作就可能发生意想不到的问题。

3. 如何避免野指针的出现

野指针有时比较隐蔽,编译器不能发现,为了防止野指针带来的危害,开发人员应注意以下几点:

① C++引入了引用机制,如果使用引用可以达到编程目的,就可以不必使用指针。因为引用在定义时必须初始化,所以可以避免野指针的出现。

② 如果一定要使用指针,那么需要在定义指针变量的同时对它进行初始化操作。定义时将其置位NULL或者指向一个有名变量。

③ 对指针进行free或者delete操作后,将其设置为NULL。对于使用free的情况,常常定义一个宏或者函数xfree来代替free置空指针,代码如下:

```
#define xfree(x) free(x); x = NULL;
```

1.5 字符数组的初始化与赋值

1. 字符数组的初始化方式

C语言中表示字符串有两种方式:数组和指针,其中,数组是我们经常使用的方式。变量的定义包括指明变量所属类型、变量名称、分配空间以及初始化。可以看出，变量的初始化是变量定义的一部分。除了 const 变量需要显式初始化以外，其他变量如果在定义时未显式初始化，则编译器会对变量以默认值进行初始化。变量的赋值和初始化有着本质的区别，字符数组也是如此。

(1) 逐个字符初始化

当定义一个字符数组时，可以采用逐个字符初始化的方式：

```
char str[10] = { 'h','e','l','l','o'};
```

当显式指定的字符长度未达到字符数组的长度时，编译器会将剩余字符置为空字符“'\0'”。

(2) 字符串常量初始化字符数组

在 C 语言中，将字符串作为字符数组来处理，因此可以使用字符串来初始化字符数组。

```
char str[] = {"hello"};
```

也可以省略大括号，如下：

```
char str[10] = "hello";
```

当字符串的长度不及字符数组的长度时，剩余字符置为空字符“'\0'”。因此，我们不难得出，将一个字符数组初始化为空字符数组的做法有如下几种：

```
char test1[256] = "";
char test2[256] = {""};
char test3[256] = {0};
char test3[256] = {'\0'};
```

2. 字符数组的赋值

当为已经完成定义的字符数组赋值时，不能采用类似于初始化的方式为字符数组赋值。如下语句是错误的：

```
char str[10];           //已经完成定义(包括编译器默认的初始化)
str = {'a','d','s'};    //错误
str = "abc";            //错误
str = {0};              //错误
```

错误的原因是：字符数组名代表字符数组的首地址，不可修改，不能作为左值。

(1) 逐个字符赋值

① for 循环的方式，代码如下：

```
char str[10];
for(int i = 0;i < sizeof(str); ++ i)
str[i] = '\0';
```

② 使用 memset()赋值，比 for 循环的效率高，建议使用。当然，为字符数组置空应该在字符数组初始化时完成，不应再多此一举。

```
char str[10];
memset(str,0,sizeof(str));
```

(2) 复制赋值

利用已有的字符串，通过 memcpy、strcpy 或者 strncpy 等函数实现复制赋值，参考代码如下：

```
char str[10];
char str2[] = "hello";
memcpy(str,str2,sizeof(str2));
strcpy(str,str2);
strncpy(str,str2,strlen(str2) + 1);
```

1.6 文字常量与常变量

在 C/C++编程时，经常遇到以下几个概念：常量、文字常量、字面常量、符号常量、字符常量、常变量、字符串常量等，本节将尝试为大家捋清楚以上易混淆概念的定义、关系和区别。

常量是指值不可改变的量。在 C/C++中，常量分为两种：文字常量(literal constant)和常变量(constant variable)。

文字常量和常变量的本质区别：文字常量在编译之后存储于代码段中，不可寻址；常变量存储于数据区(堆、栈、BSS 段或数据段)中，可寻址。

1. 文字常量

文字常量又称为“字面常量”，包括数值常量、字符常量和符号常量。其特点是：编译后写在代码区，不可寻址，不可更改，属于指令的一部分。

```
int& r = 5;   //编译错误
```

这条语句出现编译错误的原因是：文字常量不可寻址，因而无法为文字常量建立引用。下面这条语句是合法的：

```
const int& r = 5;
```

原因是：编译器将一个文字常量转化成了常变量，在数据区开辟了一个值为 5 的无名整型常变量，然后将引用 r 与这个整型常变量进行绑定。

数值常量：包括整型常量和实型常量。整型常量指常整数，有十进制、八进制、十六进制 3 种表示形式。实型常量包括单精度浮点数(float)、双精度浮点数(double)和长双精度浮点数(long double)，表示形式有科学计数法和非科学计数法，如下：

```
int a = 4;          //4 为数值常量中的整型常量
float b = 4.4;      //4.4 为数值常量中的单精度实型常量
double c = 1.4e10;  //1.4e10 表示的值为 1.4×10^10,是数值常量中的双精度实型常量
```

字符常量:指 ASCII 字符,有 128 个,分为普通字符和转义字符。其中,普通字符是指可直接书写的字符,如“a”和“b”。转义字符是指不能直接书写的特殊字符,需要使用反斜杠进行表示,比如“\t”表示水平制表符,“\v”表示垂直制表符。

符号常量:用标识符代表一个常量,使用之前必须定义。例如,宏定义和枚举元素。示例代码如下:

```
#define NUM 100//NUM 为符号常量,100 为整型常量
enum Weekday{SUN, MON, TUES, WED, THU, FRI, SAT}; //SUN、MON 等均为符号常量
```

2. 常变量

常变量是指定义时必须显式初始化且值不可修改的变量。与其他变量一样被分配空间,是可以寻址的。注意,字符串常量是常变量的一种,名称为其本身,存储在代码段中,可寻址,不可修改。示例代码如下:

```
cout << &"hello world" << endl;     //打印输出字符串常量“"hello world"”的存储地址
```

常变量在 C/C++中由 const 关键字来定义,分为全局常变量和局部常变量。二者的区别在于:全局常变量存储在代码段的只读内存区域中,不可修改,由操作系统来保障;局部常变量存储在栈区中,在编程语言语义层面上由编辑器做语法检查来保障其值不可修改,因为不是放在只读内存中,所以可以获得局部常变量的地址,运行时间接进行修改。参考如下代码:

```
#include <iostream>
using namespace std;
const int con1 = 3;
void showValue(const int& i)
{
    cout << i << endl;
}
int main(int argc,char * argv[])
{
    const int con2 = 4;
    int * ptr = NULL;
    ptr = const_cast <int *> (&con2);
    *ptr = 5;
    showValue(con2);                    //1,输出 5
    cout << "con2:" << con2 << endl;    //2,输出 4
    ptr = const_cast <int *> (&con1);
```

```
    * ptr = 6;                    //3,运行时错误,写入冲突
}
```

程序1处输出5,表明局部常量con2的值已经被修改;程序2处的输出结果仍为4,但并不说明常变量con2的值没有被修改,而是因为编译器在代码优化的过程中已经将con2替换成文字常量4;程序3处运行时出错,表明全局常变量存储在只读内存中,无法间接改写。

1.7 数据类型宽度扩展

在编程或者面试过程中,可能会遇到如下问题:

```
char c = 128;
printf(" %d",c); //输出 - 128
```

为什么一个正整数128以整型int输出却变成了一个负数?

1. 问题分析

在理解上面的问题时,需要先了解如下问题:

① char型所能表示的数据范围是－128～127。当把128赋值给char型变量时,内存中实际存储的是什么呢?将以上代码在Debug模式下转为反汇编,汇编代码如下:

```
    char c = 128;
00B16AB0  mov        byte ptr [c],80h
    printf(" %d",c);
00B16AB4  movsx      eax,byte ptr [c]
00B16AB8  mov        esi,esp
00B16ABA  push       eax
00B16ABB  push       0B1EC90h
00B16AC0  call       dword ptr ds:[0B2240Ch]
00B16AC6  add        esp,8
00B16AC9  cmp        esi,esp
00B16ACB  call       __RTC_CheckEsp (0B113CFh)
```

由汇编代码可以看出,char型变量c中存储的是128的补码:10000000b。注意,对于计算机来说,整型数值存储的都是补码,而反码、源码是为了方便编程人员理解数据的变换而提出来的。

② 当char转换为int时,内存中的数据如何从1字节扩展到4字节呢?这是本文的核心问题,理解了这个,就可以很好地解释为什么“char c＝128;printf("%d",c);”输出的是－128了。

当char型扩展到int型时,C标准中有如下规则:

● 短数据类型扩展为长数据类型

第一，要扩展的短数据类型为有符号数，进行符号扩展，即短数据类型的符号位填充到长数据类型的高字节位(比短数据类型多出的那一部分)，保证扩展后的数值大小不变。示例如下：

```
char x = 10001001b; short y = x;   //则 y 的值应为 11111111 10001001b,例 1
char x = 00001001b; short y = x;   //则 y 的值应为 00000000 00001001b,例 2
```

第二，要扩展的短数据类型为无符号数，进行零扩展，即用零来填充长数据类型的高字节位。示例如下：

```
unsigned char x = 10001001b;    short y = x;   //则 y 的值应为 00000000 10001001b,例 1
unsigned char x = 00001001b;    short y = x;   //则 y 的值应为 00000000 00001001b,例 2
```

● 长数据类型缩减为短数据类型

如果长数据类型的高字节全为 1 或全为 0，则会直接截取低字节赋给短数据类型；如果长数据类型的高字节不全为 1 或不全为 0，则转换就会发生错误。

● 同一长度的数据类型中有符号数与无符号数的相互转化

直接将内存中的数据赋给要转化的类型，数值大小则会发生变化，因为以不同的类型解释同一段内存数据会得到不同的数值。比如一个字节中存放的数据是 11111111，以 unsigned char 类型解释就是 255，以 char 类型解释就是－1。

根据以上规则，可以得出当 char c 是一个有符号的字符变量时，其内存中存储的是 10000000，但当它被传送到 printf 函数的参数时，是将 c 按照 int 型来进行宽度扩展后再传给 printf()函数的。

128 的补码是 10000000b，十六进制是 0x80，当它扩展为 int 型时，由于 int 型是 4 字节，所以需要进行短数据类型扩展到长数据类型。由于内存中存放的是 10000000，以 char 型来解释第一位为符号位，表示负数，进行符号扩展为 int 型后，int 型变量中存储的数据是：11111111 11111111 11111111 1000000，即 0xffffff80。以 int 型来解释的这 4 字节的数据，其值就是－128；以 unsigned int 型来解释的话，其值就是 $2^{32}-1-127=4\ 294\ 967\ 168$。

2. 代码验证

根据以上分析，可以清楚准确地推断出下面的输出：

```
unsigned char uc = 128;
char c = 128;
printf("%d\n",uc);          //128
printf("%d\n",c);           //-128
printf("%u\n",uc);          //128
printf("%u\n",c);           //4 294 967 168
printf("%08x\n",uc);        //0x00000080
printf("%x\n",c);           //0xffffff80
```

1.8 分离编译模式简介

1. 分离编译模式的定义

分离编译模式源于C语言,在C++中继续使用。简单地说,分离编译模式是指一个程序(项目)由若干个源文件共同实现,而每个源文件都单独编译生成目标文件(obj文件),最后将所有目标文件连接起来形成单一的可执行文件的过程。

2. 分离编译模式的由来

分离编译模式是C/C++组织源代码和生成可执行文件的方式。在实际开发大型项目时,不可能把所有的代码都写在一个文件中,而是分别由不同的程序员开发不同的模块,再将这些模块汇总成为最终的可执行程序。

这就涉及不同模块(源文件)定义的函数和变量之间的相互调用问题。C/C++语言所采用的方法是:只要给出函数原型(或外部变量声明),就可以在本源文件中使用该函数(或变量)。每个源文件都是独立的编译单元,在当前源文件中使用但未在此定义的变量或者函数,就假设在其他的源文件中定义好了。每个源文件都生成独立的目标文件,然后通过连接(linking)将目标文件组成最终的可执行文件。

程序编译过程包括预处理(preprocessing)、编译(compilation)、汇编(assembly)和连接(linking)。

3. 分离编译模式的要点

理解分离编译模式要注意以下几点:

(1) 每个函数或外部变量(全局变量)都只能被定义一次,但可以被"声明"多次

考察如下程序:

```
#include <iostream>
using namespace std;
void func();
void func();
void func()
{
    cout << "This ia a demo" << endl;
}
int main()
{
    func();
}
```

虽然函数func()被多次声明,但并不影响程序的正常编译和运行。在一个源文件中允许同时包含定义和声明同一个标识符的语句,这样可以通过前置声明做到先使用后定义。

(2) 函数声明也是有作用域的

类的成员函数只能在类体中声明。对于外部函数,如果是在一个函数体内声明另一个外部函数,那么该函数声明的作用域就是从声明处开始到函数体结束为止。若在别的位置调用这个函数,则需要再次声明。

如下面的程序,由两个源文件组成,分别为 a.cpp 和 b.cpp。函数 func()定义在 a.cpp 中,b.cpp 中有两个函数 show()和 main(),它们都调用了 a.cpp 中定义的函数 func()。如果坚持将函数声明放在函数体内部,则在函数 show()和 main()中必须分别对函数 func()进行声明,否则编译出错。程序如下:

```
/***a.cpp***/
#include <iostream>
Using namespace std;
void func()
{
    cout << "This is a demo" << endl;
}
/***end of a.cpp***/

/***b.cpp***/
void show()
{
    void func();       //func()的声明必不可少
    func();
}
int mian()
{
    void func();       //func()的声明必不可少
    func();
    show();
}
/***end of b.cpp***/
```

通常情况下,将外部函数或外部变量的声明放在.h 头文件中。对于不在源文件中定义的函数(或变量),只要将相应的头文件通过#include 指令包含进来就可以正常使用了。

(3) 一个函数被声明却从未定义,只要没有发生函数调用,编译连接就不会出错

参考如下程序:

```
#include <iostream>
using namespace std;
```

```
class Demo
{
public:
    void func1();
    void func2();
};
void Demo::func1()
{
    cout << "This is a demo" << endl;
}
int main()
{
    Demo obj;
    obj.func1();
}
```

观察以上程序可知,类 Demo 的定义是不完整的,因为成员函数 func2()未完成定义,但是 func2()从未发生过调用。所以,对于函数只有声明没有定义,在不发生函数调用的情况下,是可以通过编译连接的。

从分离编译模式的角度来看,函数 Demo::func2()有可能定义在别的源文件中,参考如下程序:

```
/***a.cpp***/
#include <iostream>
using namespace std;
class Demo
{
public:
    void func1();
    void func2();
};
void Demo::func2()
{
    cout << "This is func2" << endl;
}
/***end of a.cpp***/
/***a.cpp***/
#include <iostream>
using namespace std;
class Demo
{
public:
```

```
    void func1();
    void func2();
};
void Demo::func1()
{
    cout << "This is func1" << endl;
}
int main()
{
    Demo obj;
    obj.func2();
}
/***end of b.cpp***/
```

观察以上程序，类 Demo 有两个成员函数，它们分别在 a.cpp 和 b.cpp 源文件中实现。类 Demo 是被“分离”实现的。所以，分离编译模式关心的是函数的调用规范(函数原型)，至于函数是否真正实现要到连接时才能被发现。

由分离编译模式也可以得出头文件的书写规范。头文件的目的是提供其他源文件中定义的，可以被当前源文件使用的内容(函数、变量等)的声明，所以头文件可能要多次被不同的源文件包含，因此一般都不在头文件中定义函数或外部变量，因为这样的头文件只能被包含一次。

在一个源文件中定义函数，在另一个源文件中调用该函数，是分离编译模式下十分普遍的现象，但是如果定义的不是一个普通函数，而是一个函数模板，则可能会发生错误。关于模板的使用规范，后续内容会有相关介绍。

第 2 章

C++基础

2.1　C++发展概述

C++是一门以 C 语言为基础发展而来的面向对象的高级程序设计语言，从 1983 年由 Bjarne Stroustrup 教授在 Bell 实验室创立开始至今，已有 30 多个年头。C++从最初的 C with class，经历了从 C++ 98、C++ 03、C++ 11、C++ 14 再到 C++ 17 多次标准化改造，其功能得到了极大的丰富，已经演变为一门集面向过程、面向对象、函数式、泛型和元编程等多种编程范式的复杂编程语言，入门具有一定的难度。由于 C++过于复杂，并且经历了长时间的发展演变，目前对于 C++标准支持较好的主要有 GNU C++和 Visual C++。严格来说，目前还没有一个完全支持 ISO C++的版本。

1954 年，John Backus 发明了世界上第一种计算机高级语言 Fortran，这为之后出现的高级编程语言奠定了基础。1970 年，AT&T Bell 实验室的 Ken Thompson，以 BCPL 语言为基础，设计出简单且接近硬件的 B 语言（取 BCPL 的首字母），并且他用 B 语言编写了第一个 UNIX 操作系统。1972 年，Bell 实验室的 Dennis Ritchie 和 Ken Thompson 共同发明了 C 语言，并使用 C 语言重新编写了 UNIX 操作系统。1979 年，Bjarne Stroustrup 到了 Bell 实验室，开始从事将 C 语言改良为带类的 C 语言（C with Classes）的工作。1983 年该语言被正式命名为 C++，主要意图是表明 C++是 C 的增强版，1985 年发布了第一个 C++版本。

C++的第一个版本因其面向对象的思想使得编程变得简单，同时又保持了 C 语言的运行效率，因此在推出的一段时间内得到了快速发展，并占据了编程语言界的半壁江山。从 1985 年至 1998 年，C++从最初的 C with Classes 新增了很多其他的特性，比如异常处理、模板、标准模板库（STL）、运行时异常处理（RTTI）与名字空间（Namespace）等。1998 年，C++标准委员会统筹 C++的所有特性，并发布了第一个 C++国际标准 C++ 98。1998—2003 年是 C++标准从 C++ 98 到 C++ 03 的迭代期，期间 C++又扩增了很多额外的特性，比如以 Boost MPL（Boost Metaprogramming Library）与 Loki 等为代表的模板元编程库，让开发者能够更加便捷地使用 C++在编译期的执行能力，即通过代码编译获得计算结果，学术上称其为模板元编程。2003 年,C++标准委员会总结了最新技术并发布了 C++ 03 标准。从 2003 年至 2011 年,也就是从 C++ 03 标准到 C++ 11 标准,期间 C++引入了对象移动、右值引用、Lambda 表达式(函数式编程)、编译时类型识别(auto)、别名模板以及很多新型关键词(如 nullptr、decltype、constexpr)等现代编程语言常具备的能力,使 C++与时俱进,同时使开发效率得到了很大的提升。这些新的特性随着 C++ 11 标准的发布而被正式确立下来。近年来,C++标准的变更周期缩短了,由 C++ 11 到 C++ 14 以及最近的 C++ 17 都只用了 3 年的时间。C++ 14 引入了二进制文字常量、将类型推导从 Lambda 函数扩展到所有函数、变量模板以及数字分位符等。C++ 14 是对 C++ 11 的重要补充和优化,是 C++发展历程中的一个小型版本,虽然新增的内容较少,但是仍然为用户"带来了极大的方便",为实现使 C++"对新手更为友好"这一目标做出了贡献。2017 年,C++迎来了 C++ 17 标准,此次对 C++的改进和扩增使 C++变得更加容易接受和便于使用。C++ 17 引入了许多新的特性,比如类模板参数推导、UTF-8 文字常量、fold 表达式、新类型以及新的库函数等。

目前,C++仍在不断发展,下一个版本将是 C++ 20。C++历史上的标准变更如表 2-1 所列。

表 2-1

年　份	C++标准名称	非正式名称
1998	ISO/IEC 14882:1998	C++ 98
2003	ISO/IEC 14882:2003	C++ 03
2011	ISO/IEC 14882:2011	C++ 11
2014	ISO/IEC 14882:2014	C++ 14
2017	ISO/IEC 14882:2017	C++ 17
2020	尚未确定	C++ 20

语言的发展过程是一个逐步递进的过程,C++是直接从 C 语言发展过来的,而 C 语言是从 B 语言发展过来的,B 语言则是从 BCPL 语言发展而来的,BCPL(Basic CPL)语言则是从 CPL 语言发展而来的,CPL 语言则是从 ALGOL60 语言演变而来的。每一门新语言的诞生以及后续的演变和发展都站在了其他语言的肩膀之上,取其精华,弃其糟粕,让自己变得更加强大。

2.2　声明与定义的区别

在利用 C++语言编程的过程中,我们经常谈及"定义"和"声明",二者是编程过程中的基本概念。当需要使用一个变量、类型(类、结构体、枚举、共用体)或者函数时,我们需要提前定义和声明。定义和声明的过程就像我们向图书馆借阅书籍一样,需要先完成书籍的印刷，即创造出书籍，这是一个定义的过程；有了书籍后，我们需要到图书馆完成借阅的登记手续，这是声明的过程。完成了声明，我们就有了使用书籍的权限，就可以尽情地畅游在知识的海洋里。如果书籍是自己委托印刷厂印刷的，那么无需向借阅他人，即无需声明，就可以直接使用书籍。一本书印刷一次，但是可以被多人借阅多次，也就是说，定义只需要一次，但是声明可以有多次。这里的书籍指代的是“定义”和“声明”作用的对象，即变量、类型和函数。在C/C++中，使用一个变量、类型或者函数必须先在使用前完成定义和声明。

定义和声明是容易混淆的概念，但通过上面的类比说明可以看出：

① 定义和声明的本质区别是声明可以出现多次，而定义只能出现一次；

② 把声明的内容放在头文件中，把定义的内容放在源文件(.c或者.cpp文件)中；

③ 类型的定义应该放在头文件中，因为类型不具有外部连接性，不同的源文件拥有相同的类型定义不会报编译错误，但头文件不能重复包含。

1. 变量的定义与声明

定义变量：指明变量所属类型、名称，分配内存空间以及初始化其初始值，例如：

```
int a = 1;
int a(1);
```

如果不显式初始化，则按照编译器默认的情况进行初始化。

声明变量：指明变量所属类型与变量名称，例如：

```
extern int a;
```

有一点需要注意，局部变量以及全局静态变量是不能通过extern进行前置声明的，即不能在定义之前通过声明来引用，因为局部变量的作用域是当前代码块，而全局静态变量的作用域是当前源文件，都不是全局作用域，所以不能通过extern进行前置声明。全局变量允许在定义之前通过前置声明进行引用，参见如下代码：

```
#include <stdio.h>
extern int a;
extern static int b;        //报错
int main()
{
    extern int c;           //报错
    printf("a = %d,b = %d,c = %d",a,b,c);
    int c = 2;
}
int a = 0;
static int b = 1;
```

2. 类型的定义与声明

定义类型：指明类型的名称和内容，例如：

```
struct test{int a;}
```

或者给已经存在的类型起个别名，例如：

```
typedef int int32;
```

注意：类型的作用域是源文件，即类型不具有外部连接性质，因此可以在不同的源文件中定义相同名称的类型，比如定义同名的类是不会报重定义错误的，这也说明类型的定义应该放在头文件中，但在同一个源文件中定义相同名称的类型时编译器会报重定义错误。

声明类型：只给出类型的名称，例如：

```
class A;
```

类型被声明之后，可用于声明其他的标识符，但不能利用它来定义对象，也不能使用类型的成员，例如：

```
class A;            //先声明
void show(A& a);    //声明函数
class A             //后定义
{
public:
    int a;
    char b;
};
```

以上代码没有错误，但如下代码将报错。

```
class A;                          //先声明
int main(int argc,char * argv[])
{
    A classA;
    classA.a = 5;
    return 0;
}
class A                           //后定义
{
public:
    int a;
    char b;
};
```

该程序无法通过编译，原因是类A的所有成员的有效范围均是从定义类的地方开始的，故使用未知的构造函数初始化其成员变量是错误的，会报使用未定义的类A错误。

使用类型之前给出其定义式即可，即给出类型的名称和内容，或者利用typedef给一个类型起个别称。虽然说是定义类型，但还是将类型的定义放在头文件中，即使被不同的源文件包含。因为类型不具有外部连接特性，所以不会报重定义错误，这与变量和函数不同，不能将变量和函数的定义放在头文件！切记！这里所说的外部连接与内部连接的区别在于，链接器连接时是否将当前目标文件中的定义与其他目标文件进行对比，并报告是否有重定义错误；而内连接不会进行对比，故不同的源文件中定义相同名称的类型是不会报错的。

3. 函数的定义与声明

定义函数：指明函数返回类型、函数名称、函数参数和函数体，例如：

```
int test(char a,int b)
{
    return a + b
}
```

声明函数：指明函数返回类型、函数名称和函数参数，例如：

```
int test(char a,int b);
//或者无需给出形参名称，只需要类型即可
int test(char,int);
```

从上述内容可以看出，函数定义与函数声明的区别主要有两点：

① 函数定义需要给出函数体，即函数的具体实现，而函数声明不需要；

② 函数定义必须给出形参名称，而声明可以只给出形参类型。

2.3 认识初始化

初始化是编程过程中的重要操作，但由于经常被忽略，而导致使用未初始化的变量（或内存区域），将程序置于不确定的状态，产生各种bug，严重影响了程序的健壮性。正确地理解和使用初始化操作，是对每一位合格程序员的基本要求。

1. 什么是初始化

在给初始化下定义之前，先弄清楚两个概念：声明与定义。编程过程中，声明与定义包括变量、函数和类型的声明和定义，具体含义参见2.2节。

变量的声明：指明变量所属类型与变量名称的过程。例如："extern int a;"。

变量的定义：指明变量所属类型、变量名称、分配空间以及完成初始化操作的过程。例如："int a=1;"或者"int a(1);"。

变量的初始化：为数据对象或变量赋初值的做法。可以看出，初始化是变量定义的一部分。定义一个变量时，一定会包括变量的初始化操作。

观察以上概念的定义，可以清楚地看出变量的声明、定义和初始化的区别与联系，请牢记在心，切不可混淆。

2. 初始化与赋值的区别

初始化与赋值是不同的操作：初始化是使变量（对象）第一次具备初值的过程，而赋值则是改变一个已经存在的变量（对象）的值的过程。

对于基本数据类型的变量来说，变量的初始化与赋值的实现方式上差不多，例如：

```
int i = 5;        //初始化
int i; i = 5;     //赋值
```

其都是利用赋值符号将特定的值写入变量 i 中，但对于构造数据类型的对象，初始化和赋值的操作在实现方式上却有很大的区别。以类的对象为例，如下：

```
#include <iostream>
using namespace std;
class String
{
private:
    char* s;
    unsigned int len;
    unsigned int capacity;
public:
    String(char* str)
    {
        len = strlen(str);
        capacity = len + 1;
        s = new char[capacity];
        strcpy(s,str);
    }
    String& operator = (char* str)
    {
        if(strlen(str) + 1 > capacity)
        {
            delete[] s;
            capacity = strlen(str) + 1;
            s = new char[capacity];
        }
        strcpy(s,str);
```

```
            len = strlen(str);
            return * this;
        }
        void show()
        {
            cout << s << endl;
        }
};
int main(int argc,char * argv[])
{
        String name("John");
        name.show();
        name = "Johnson";
        name.show();

        getchar();
}
```

这个程序实现了非标准的 String 类。该对象实现的功能有 C 风格的字符串初始化、C 风格的字符串的赋值和输出。

对于对象来说，初始化语句的语法形式与赋值不同，赋值只能通过赋值操作符“＝”进行，而对象的初始化则一般采用在圆括号中给出初始化参数的形式来完成。

赋值操作是使用默认的按位复制的方式或者是由重载“operator＝”操作符来完成，而对象的初始化则必须由构造函数来完成。

在以上 String 类的设计中，构造函数只需要根据传入的参数字符串的长度来分配空间即可，而赋值操作符重载函数则需要考虑传入参数字符串的长度，然后决定是否要释放原来的空间并申请新的空间。可见，构造函数和赋值操作的逻辑也是有很大的差别的。

C++中，基本类型的变量也可以当作对象来处理，因此，基本类型的变量可以采用类似默认构造函数的形式进行初始化。例如：“int i(2);”和“double d(2.5);”等。

3. 未初始化带来的问题

C/C++规定变量的定义一定要完成初始化操作，通常情况下，并没有规定初始化操作必须由程序员来完成，如果编程者在定义变量时未赋予有意义的初始值，那么变量的初始化则由编译器来完成，变量的初始值将处于不确定状态。使用初始值不确定的变量会带来巨大的风险，例如使用未初始化的指针变量往往会导致程序崩溃。如果一个指针既不为空，也没有被设置为指向一个已知的对象，则这样的指针称为悬挂指针，有时也称为野指针，即“无法正常使用”之意。如果使用这种野指针，则会给程序的运行带来不稳定性和不可预知的错误。考察如下程序：

```
#include <iostream>
using namespace std;
void f(int * p);
int main()
{
    //int a = 10;
    int * i;
    //i = &a;
    f(i);
    cout << * i;
    return 0;
}
void f(int * p)
{
    cout << p;
    if(p! = 0)
        * p = 100;
}
```

当控制函数执行到 f()时，若 f()不能判断指针的合法性，则会产生很严重的错误，但编译可以通过。最好的解决方法是：使用指针之前，将其指向一个对象，即去掉注释部分。

4. 编译时与初始化相关的错误

在某些时候，初始化强制由编程者来完成，没有初始化会导致编译错误。例如：

① 定义常变量，必须同时完成初始化；

② 由于引用的本质是指针常量，所以定义引用时必须同时初始化；

③ 定义构造类型的常对象时，相应的构造函数必须存在。

考察如下程序：

```
class A
{
    int num;
public:
    void show()const
    {
        cout << num << endl;
    }
};
int main(int argc,char * argv[])
```

```
{
    const A a;
    a.show();
}
```

此程序定义了一个常对象a,然后调用其常函数show()。但是,类A并没有显式定义参数为空的构造函数,而编译器也没在未显式定义任何构造函数时一定为类合成默认的构造函数,即使合成了默认的构造函数,对成员变量初始化的值也是随机的、没有意义的。所以,在很多编译器(如GCC)中,以上程序是无法通过编译的,但在VC++中,程序能够通过编译,但运行结果却没有任何意义。所以,如果要生成常对象,就必须显式定义其对应的构造函数,完成对象的初始化工作。

还有一种情况就是,由于程序的控制结构可能导致某些变量无法初始化,也将引起编译错误。最常见的就是goto语句与switch语句。参见如下程序:

```
int main(int argc,char * argv[])
{
    int i;
    cin >> i;
    if(i == 8)
        goto disp;
    int j = 9;
disp:
    cout << i + j << endl;
    getchar();
}
```

这个程序在很多编译器中都无法通过编译,即使通过编译,运行时也会出现问题。原因是:goto语句会跳过变量j的初始化语句,即使j被分配空间(很多编译器集中分配临时变量的空间),也无法获得初值。

再看一个switch的例子:

```
int main(int argc,char * argv[])
{
    int i;
    cin >> i;
    switch(i)
    {
        case 1:int j = 5;break;
        case 2:cout << "Hello" << endl;
    }
}
```

在 GNU C++和 VC++下编译时都会报类似“j 的初始化操作由 case 标签跳过”的错误。由于 C++没有强制 switch 语句的各 case 分支使用 break，所以在一个 case 分支中定义的变量是可能被其他分支的语句使用的。由于 case 分支被执行的随机性，所以无法保证变量获得初值。解决办法如下：

① 除非只有一个 case 分支，否则不要在 case 分支中定义局部变量；

② 可以将 case 分支放在代码块中，用大括号包围，将 case 分支定义的变量的作用域限制在代码块作用域中。

修改如下：

```
case 1:
{
    int j = 5;
    break;
}
```

2.4 结构体的初始化与赋值

1. 结构体的初始化

结构体是常用的自定义构造类型，是一种很常见的数据打包方法。结构体对象的初始化有多种方式，例如指定初始化(designated initializer)、顺序初始化和构造函数初始化。例如：

```
struct A
{
    int b;
    int c;
}
```

(1) 指定初始化

指定初始化的实现方式有两种：一种是通过点号加赋值符号实现，即“.fieldname=value”；另外一种是通过冒号实现，即“fieldname:value”，其中 fieldname 为指定的结构体成员名称。前一种是 C99 标准引入的结构体初始化方式，但在 C++中，很多编译器并不支持。

参考程序如下：

```
//点号 + 赋值符号
struct A a = {.b = 1,.c = 2};
//冒号
struct A a = {b:1,c:2};
```

Linux 内核喜欢用“. fieldname＝value”的方式进行初始化。使用指定初始化的一个明显的优点是：成员初始化顺序和个数可变，并且扩展性好，比如增加字段时，避免了传统顺序初始化带来的大量修改。

(2) 顺序初始化

顺序初始化是我们最常用的初始化方式，因为书写起来较为简约。但相对于指定初始化，顺序初始化无法变更初始化顺序，灵活性较差。

```
struct A a1 = {1,2};
```

(3) 构造函数初始化

构造函数初始化常见于C++代码中，因为C++中的 struct 可以看作是 class，结构体也可以拥有构造函数，所以可以通过结构体的构造函数来初始化结构体对象。给定带有构造函数的结构体如下：

```
struct A
{
    A(int a,int b)
    {
        this-> a = a;
        this-> b = b;
    };
    int b;
    int c;
}
```

那么结构体对象的初始化可以像类对象的初始化那样，有如下形式：

```
struct A a(1,2);
```

注意：struct 如果定义了构造函数，就不能用大括号进行初始化了，即不能再使用指定初始化与顺序初始化的方式。

2. 结构体的赋值

变量的赋值和初始化是不一样的，初始化是在变量定义时完成的，属于变量定义的一部分；赋值是在变量定义完成之后，若想改变变量值而所采取的操作。还是给定结构体 A：

```
struct A
{
    int b;
    int c;
}
```

注意：结构体变量的赋值是不能采用大括号的方式进行赋值的，例如下面的赋值是不允许的。

```
struct A  a;
//错误赋值
a = {1,2};
```

下面将列出常见的结构体变量赋值的方法。

① 使用 memset 对结构体变量进行置空操作：

```
//按照编译器默认的方式进行初始化(如果 a 是全局静态存储区的变量,则默认初始化为 0
//如果是栈上的局部变量,则默认初始化为随机值)
struct A a;
memset(&a,0,sizeof(a));
```

② 依次给每一个结构体成员变量进行赋值：

```
struct A a;
a.b = 1;
a.c = 2;
```

③ 使用已有的结构体变量给另一个结构体变量赋值，也就是说，结构体变量之间是可以相互赋值的，例如：

```
struct A a = {1,2};
struct A aa;
aa = a;                  //将已有的结构体变量赋给 aa
```

初始化与赋值有着本质的区别：初始化是变量定义时的第一次赋值，赋值则是定义之后值的变更操作，概念上不同，所以实现上也不一样。

2.5 认识 sizeof

sizeof 是 C/C++中的一个操作符(operator)，其作用是返回一个对象或者类型所占的内存字节数，使用频繁，必须对其进行全面了解。

2.5.1 sizeof 的基本语法

sizeof 有 3 种语法形式，分别如下：

```
sizeof( object );            //sizeof(对象)
sizeof( type_name );         //sizeof(类型)
sizeof object;               //sizeof 对象
```

第三种语法结构虽然简约，但并不常见，为简单统一，建议使用第一和第二种写法。参考代码如下：

```
int i;
sizeof( i );        //正确
sizeof i;           //正确
sizeof( int );      //正确
sizeof int;         //错误
```

2.5.2 sizeof 计算基本类型与表达式

sizeof 计算对象的大小实际上是转换成对象类型进行计算，也就是说，同种类型的不同对象的 sizeof 值都是一致的。这里，对象可以进一步延伸至表达式，即 sizeof 可以对一个表达式求值，编译器根据表达式的最终结果类型来确定大小。sizeof 是编译时进行运算，与运行时无关，不会对表达式进行计算。考察如下代码：

```
#include <iostream>
using namespace std;
int main(int argc,char * argv[])
{
    cout << "sizeof(char) = " << sizeof(char) << endl;
    cout << "sizeof(short) = " << sizeof(short) << endl;
    cout << "sizeof(int) = " << sizeof(int) << endl;
    cout << "sizeof(long) = " << sizeof(long) << endl;
    cout << "sizeof(long long) = " << sizeof(long long) << endl;
    cout << "sizeof(float) = " << sizeof(float) << endl;
    cout << "sizeof(double) = " << sizeof(double) << endl;
    int i = 8;
    cout << "i = " << i << endl;
    cout << "sizeof(i) = " << sizeof(i) << endl;
    cout << "sizeof(i) = " << sizeof(i = 5) << endl;
    cout << "i = " << i << endl;
}
```

在 64 位的 Windows 系统下的运行结果是：

```
sizeof(char) = 1
sizeof(short) = 2
sizeof(int) = 4
sizeof(long) = 4
sizeof(long long) = 8
sizeof(float) = 4
sizeof(double) = 8
i = 8
sizeof(i) = 4
sizeof(i) = 4
i = 8
```

观察以上程序时需要注意两点：

① i 的值并未发生改变，表明 sizeof 括号内的表达式没有执行，sizeof 在编译时求其表达式的运算结果的类型，sizeof 运算与运行时无关。"sizeof(i)"等价于"sizeof(int)"，"sizeof(i=5)"也等价于"sizeof(int)"，也就是说，在可执行代码中，并不包含"i=5"这个表达式，它早在编译阶段就被处理了。

② long 是否占 8 字节与编译器的实现有关。Visual C++在 VS 2017 中使用的编译器是 cl.exe，在 64 位的 Windows 下编译生成 64 位程序仍然将 long 编译为 4 字节，要想使用 8 字节长整型，保险起见，建议使用 long long 型。

2.5.3 sizeof 计算指针变量

指针是 C/C++的灵魂，它记录了一个对象的地址。指针变量的位宽等于机器字长，机器字长由 CPU 寄存器的位数决定。在 32 位系统中，一个指针变量的返回值为 4 字节；在 64 位系统中，指针变量的 sizeof 结果为 8 字节。参考代码如下：

```
char * pc = "abc";
int * pi = new int[10];
string * ps;
char** ppc = &pc;
void ( * pf)();                     //函数指针
char testfunc()
{
    return'k';
}
sizeof( pc );                       //结果为 4
sizeof( pi );                       //结果为 4
sizeof( ps );                       //结果为 4
sizeof( ppc );                      //结果为 4
sizeof( pf );                       //结果为 4
sizeof( &testfunc );                //结果为 4
sizeof( testfunc ());               //结果为 1
sizeof( * ( testfunc) ());          //结果为 1
```

考察以上代码，得出如下结论：

① 指针变量的 sizeof 值与指针所指的对象类型没有任何关系，与指针申请多少空间也没有关系，所有的指针变量所占内存的大小均相等。那么为什么在本机 64 位系统下，指针变量的大小仍然是 4 字节呢？因为使用 32 位编译器编译得到的程序是 32 位的，故指针大小是 4 字节。读者可自行修改编译器版本，这里不再赘述。

② &testfunc 代表一个函数指针，指针大小是 4，所以 sizeof(&testfunc)==4。testfunc()代表一次函数调用，返回值的类型是 char，所以 sizeof(testfunc())==

sizeof(char)==1。testfunc 名本身就是一个函数指针,所以 *(testfunc)()也是一次函数调用,sizeof((*testfunc)())==sizeof(char)==1。

2.5.4 sizeof 计算数组

当 sizeof 作用于数组时,求取的是数组所有元素所占用的大小。参考如下代码:

```
int A[3][5];
char c[] = "123456";
double * ( * d)[3][6];
cout << sizeof(A) << endl;              //输出 60
cout << sizeof(A[4]) << endl;           //输出 20
cout << sizeof(A[0][0]) << endl;        //输出 4
cout << sizeof(c) << endl;              //输出 7
cout << sizeof(d) << endl;              //输出 4
cout << sizeof( * d) << endl;           //输出 72
cout << sizeof(**d) << endl;            //输出 24
cout << sizeof(***d) << endl;           //输出 4
cout << sizeof(****d) << endl;          //输出 8
```

考察以上代码,得出如下结论:

① A 的数据类型是 int[3][5],A[4]的数据类型是 int[5],A[0][0]数据类型是 int。所以,

```
sizeof(A) == sizeof(int[3][5]) == 3 * 5 * sizeof(int) == 60
sizeof(A[4]) == sizeof(int[5]) = 5 * sizeof(int) == 20
sizeof(A[0][0]) == sizeof(int) == 4
```

尽管 A[4]的下标越界,但不会造成运行错误,因为 sizeof 运算只关心数据类型,在编译阶段就已经完成。

② 由于字符串以空字符"\0"结尾,所以 c 的数据类型是 char[7],故 sizeof(c)==sizeof(char[7])==7。

③ d 是一个指针,不管它指向的对象是什么数据类型,自身大小永远是 4,所以 sizeof(d)==4。sizeof(* d)的数据类型是 double * [3][6],所以,

```
sizeof( * d) == sizeof(double * [3][6]) == 3 * 6 * sizeof(double * ) == 18 * 4 == 72
```

同理,可以推算出

```
sizeof(**d) == sizeof(double * [6]) == 6 * sizeof(double * ) == 24
sizeof(***d) == sizeof(double * ) == 4
sizeof(****d) = sizeof(double) == 8
```

当数组作为函数形参时,下面的 i 和 j 的值应该是多少呢?

```
void foo1(char a1[3])
{
    int i = sizeof( a1 );        //i == ?
}
void foo2(char a2[])
{
    int j = sizeof( a2);         //j == ?
}
```

也许当你试图回答 j 的值时已经意识到 i 答错了,是的,i!=3。这里函数参数 a1 已不再是数组类型,而是蜕变成指针,相当于 char * a1,为什么?仔细想想就不难明白,在调用函数 foo1()时,程序会在栈上分配一个大小为 3 的数组吗?不会!数组是"传址"的,调用者只需将实参的地址传递过去,所以 a1 自然为指针类型(char *),i 的值也就为 4,同样 j 也是 4。

2.5.5 sizeof 计算结构体

如果 sizeof 作用于基本数据类型,则在特定的平台和特定的编译器中,结果是确定的;如果使用 sizeof 计算构造类型,如结构体、联合体和类的大小,则情况稍微复杂一些。考察如下代码:

```
struct S1
{
    char c;
    int i;
};
cout << "sizeof(S1) = " << sizeof(S1) << endl;
```

sizeof(S1)的结果是 8,并不是想象中的 sizeof(char)+sizeof(int)=5。这是因为结构体或类成员变量具有不同的类型,需进行成员变量的对齐。对于成员变量的对齐,《计算机组成原理》一书中指出对齐的目的是为了缩短访存指令周期,提高 CPU 存储速度。

1. 内存对齐原则

内存对齐原则如下:

① 结构体变量的首地址能够被其最宽基本成员类型的大小所整除;

② 结构体的每个成员相对于结构体首地址的偏移量都是成员大小的整数倍,如有需要编译器则会在成员之间加上填充字节;

③ 结构体的总大小为结构体最宽基本成员类型大小的整数倍,如有需要编译器则会在最末一个成员之后加上填充字节。

有了以上 3 个内存对齐的原则,就可以轻松应对嵌套结构体类型的内存对齐,如下:

```
struct S2
{
    char c1;
    S1 s;
    char c2;
};
```

在寻找 S2 的最宽基本数据类型时，包括其嵌套的结构体中的成员，从 S1 中寻找出的最宽结构体的数据类型是 int，因此 S2 的最宽数据类型是 int。“S1 s”在结构体 S2 中的对齐也遵守前 3 个准则，因此 sizeof(S2)＝sizeof(char)＋pad(3)＋sizeof(S1)＋1＋pad(3)＝1＋3＋8＋1＋3＝16(字节)，其中，pad(3)表示填充 3 个字节。

结构体某个成员相对于结构体首地址的偏移量可以通过宏 offsetof()来获得，这个宏也在 stddef.h 中定义，如下：

```
#define offsetof(s,m) (size_t)&(((s *)0) -> m)
```

例如，获得 S1 中偏移量的方法为

```
size_t pos = offsetof(S1, i); //pos 等于 4
```

2. 修改对齐方式

(1) #pragma pack

#pragma pack(n)中的 n 为字节对齐数，其取值为 1、2、4、8、16，默认是 8。结构体对齐时，① 成员的偏移量为成员本身大小和 n 二者最小值的整数倍；② 结构体最终的大小是结构体中最宽基本类型成员大小和 n 二者中最小值的整数倍。

考察如下代码：

```
#pragma pack(push)          //将当前 pack 设置压栈保存
#pragma pack(2)             //必须在结构体定义之前使用
struct S1
{
    char c;
    int i;
};
struct S2
{
    char c1;
    S1 s;
    char c2
};
#pragma pack(pop)           //恢复先前的 pack 设置
//或者
```

```
#pragma pack(2)
...
#pragma pack()
```

因此，sizeof(S2)＝sizeof(char)＋pad(1)＋sizeof(S1)＋1＋pad(1)＝1＋1＋6＋1＋1＝10(字节)。

注意：“#pragma pack”不能指定变量的存储地址。变量的首地址默认为最大基本成员类型大小的整数倍。

(2) __declspec(align(#))

VC++支持__declspec(align(#))，而 GNU C++不支持。#的取值为 1～8 192，为 2 的幂。使用示例如下：

```
__declspec(align(256)) struct TestSize
{
    char a;
    int i;
};
cout << sizeof(TestSize) << endl;//输出 256
```

__declspec(align(#))要求#为 2 的整数次幂，其作用主要有以下两种：

① 使结构体或类成员按“#pragma pack”确定内存布局之后，在末尾填充内存使整个对象的大小至少是#的整数倍。

② 作用于变量时，强制要求编译器将变量放置在地址是#的整数倍的内存位置上，这点在调用原生 API 等要求严格对齐的方法时十分重要。

3. 空结构体

C/C++中不允许长度为 0 的数据类型存在。对于“空结构体”(不含数据成员)，其大小不为 0，而是 1。“空结构体”变量也要被存储，但编译器只能为其分配一字节的空间用于占位，如下：

```
struct S3 { };
sizeof(S3);  //结果为 1
```

4. 位域结构体

有些信息在存储时并不需要占用一个完整的字节，而只需占一个或多个二进制位。例如，在存放一个开关量时，只有 0 和 1 两种状态，用一位即可。为了节省存储空间，并使处理简便，C 语言又提供了一种数据结构，称为“位域”或“位段”。包含位域变量的结构体叫作位域结构体。位域结构体的定义形式如下：

```
struct 位域结构体名
{
```

```
    类型说明符 位域名:位域长度;
    ...
};
```

注意:位域长度不应大于该类型说明符对应的数据类型的位长度。

使用位域的主要目的是压缩存储,其大致规则如下:

① 如果相邻位域字段的类型相同,且其位宽之和小于类型的 sizeof 大小,则后面的字段将紧邻前一个字段存储,直到不能容纳为止;

② 如果相邻位域字段的类型相同,但其位宽之和大于类型的 sizeof 大小,则后面的字段将从新的存储单元开始,其偏移量为其类型大小的整数倍;

③ 如果相邻位域字段的类型不同,则各编译器的具体实现有差异,VC++采取不压缩方式,Dev-C++采取压缩方式;

④ 如果位域字段之间穿插着非位域字段,则不进行压缩;

⑤ 整个结构体的总大小为最宽基本类型成员大小的整数倍;

⑥ 位域可以无位域名,这时它只用作填充或调整位置,不能使用。例如:

```
struct BitFiledStruct
{
    int a:1;
    int :2;      //该 2 位不能使用
    int b:3;
    int c:2;
};
```

关于位域结构体的 sizeof 大小,考察如下代码:

```
#include <iostream>
using namespace std;
struct BFS1
{
    char f1 : 3;
    char f2 : 4;
    char f3 : 5;
};
struct BFS2
{
    char f1 : 3;
    int i : 4;
    char f2 : 5;
};
struct BFS3
{
```

```
    char f1 : 3;
    char f2;
    char f3 : 5;
};
int main()
{
    cout << sizeof(BitFiled) << endl;
    cout << sizeof(BFS1) << endl;
    cout << sizeof(BFS2) << endl;
    cout << sizeof(BFS3) << endl;
}
```

运行上面的程序，VC++和 GNU C++输出结果如下：

```
//VC ++ 输出结果
2
12
3
//GNU C ++ 输出结果
2
4
3
```

考察以上代码，得出：

① sizeof(BFS1)==2。当相邻位域类型不同时，在 VC++中 sizeof(BFS2)=1+pad(3)+4+1+pad(3)=12，采用不压缩方式，位域变量 i 的偏移量需要是 4 的倍数，并且位域结构体 BFS2 的总大小必须是 sizeof(int)的整数倍。在 GNU C++中为 sizeof(BFS2)=4，相邻的位域字段的类型不同时，采取了压缩存储，位域变量 i 紧随位域变量 f1 的剩余位进行存储，位域变量 f2 同样是紧随位域变量 i 的剩余位进行存储，并且位域结构体 BFS2 的总大小必须是 sizeof(int)的整数倍，所以最终结果 sizeof(BFS2)=1+pad(3)=4。

② sizeof(BFS3)==3。当非位域字段穿插在其中时，不会产生压缩，在 VC++和 GNU C++中得到的大小均为 3，如果压缩存储，则 sizeof(BFS3)==2。

2.5.6 sizeof 计算共用体

结构体在内存组织上是顺序式的，共用体则是重叠式的，各成员共享一段内存，所以整个共用体的 sizeof 也就是每个成员 sizeof 的最大值。结构体的成员也可以是构造类型，这里构造类型成员是被作为整体考虑的。所以，下面例子中假设 sizeof(s)的值大于 sizeof(i)和 sizeof(c)，那么 sizeof(U)等于 sizeof(s)。

```
union U
{
    int i;
    char c;
    S1 s;
};
```

2.5.7 sizeof 计算类

类是 C++中常用的自定义构造类型，由数据成员和成员函数组成，进行 sizeof 计算时，与结构体并没有太大的区别。考察如下代码：

```
#include <iostream>
using namespace std;
class Small{};
class LessFunc
{
    int num;
    void func1(){};
};
class MoreFunc
{
    int num;
    void func1(){};
    int func2(){return 1;};
};
class NeedAlign
{
    char c;
    double d;
    int i;
};
class Virtual
{
    int num;
    virtual void func(){};
};
int main(int argc,char * argv[])
{
    cout << sizeof(Small) << endl;                //输出 1
    cout << sizeof(LessFunc) << endl;             //输出 4
    cout << sizeof(MoreFunc) << endl;             //输出 4
```

```
    cout << sizeof(NeedAlign) << endl;      //输出 24
    cout << sizeof(Virtual) << endl;        //输出 8
    return 0;
}
```

注意：C++中类同结构体没有本质的区别，结构体同样可以包含成员函数、构造函数、析构函数、虚函数和继承，但一般不这么使用，其沿用了 C 的结构体使用习惯。类与结构体唯一的区别就是结构体成员的默认权限是 public，而类是 private。

基于以上内容，再考察上述程序的输出结果，得出如下结论：

① 类同结构体一样，C++中不允许长度为 0 的数据类型存在，虽然类无任何成员，但该类的对象仍然占用 1 字节。

② 类的成员函数并不影响类对象占用的空间，类对象的大小是由其数据成员决定的。

③ 类和结构体一样，同样需要对齐，具体对齐的规则见 2.5.5 小节中的“1. 内存对齐原则”。

④ 如果类包含虚函数，则编译器会在类对象中插入一个指向虚函数表的指针，以帮助实现虚函数的动态调用。

所以，该类对象的大小至少比不包含虚函数时多 4 字节。如果考虑内存对齐，则可能还要多些。如果使用数据成员之间的对齐，当类对象至少包含一个数据成员且拥有虚函数时，那么该对象的大小至少是 8 字节，读者可自行推导。

2.6 认识 const

const 是 C 语言的关键字，经 C++扩充，功能变得更加强大，用法更加复杂。const 用于定义一个常变量（只读变量）。当 const 与指针、引用、函数等结合起来使用时，情况将会变得更加复杂。下面将从 7 方面总结 const 的用法。

1. const 位置

const 位置较为灵活，一般来说，除了修饰一个类的成员函数外，const 不会出现在一条语句的最后。示例如下：

```
#include <iostream>
using namespace std;
int main(int argc,char * argv[])
{
    int i = 5;
    const int v1 = 1;
    int const v2 = 2;
    const int * p1;
    int const * p2;
```

```
    //以下 3 条注释语句报编译错误,为什么
    //const * int p3;
    //int * const p3 = &v1;
    //int * const p3;
    int * const p3 = &i;
    const int * const p4 = &v1;
    int const * const p5 = &v2;
    const int & r1 = v1;
    int const & r2 = v2;
    //下面这条注释语句报编译错误,为什么
    //const & int r3;
    //以下语句报警告,并忽略 const
    int& const r4 = i;
    cout << * p4 << endl;
    return 0;
}
```

阅读以上程序可得出如下结论：

① 程序的输出结果是 1。以上程序演示了 const 的位置与其语义之间的关系，看似复杂，实际有规律可循。

② const 和数据类型结合在一起时形成所谓的“常类型”，利用常类型可声明或定义常变量。const 用来修饰类型时，既可以放在类型前面，也可以放在类型后面，如 const int i 和 int const i 是合法且等价的。用常类型声明或定义变量时，const 只会出现在变量前面。

③ const 和被修饰的类型之间不能有其他标识符。

④ int const *p 和 int * const p 是不同的声明语句，原因是：

第一，前者 const 修饰的是 int，后者 const 修饰的是 int *。

第二，前者表示指针 p 指向整型常变量（指针所指单元的内容不允许修改），而指针本身可以指向其他的常变量，即 p 为指向常量的指针——常量指针；后者表示指针 p 本身的值不可修改，一旦 p 指向某个整型变量之后就不能指向其他的变量，即 p 是个指针常量。

⑤ 引用本身可以理解为指针常量，在引用前使用 const 没有意义。上述代码中，“int & const r4=i;”中的 const 是多余的，即没有引用常量的说法，只有常引用。常引用指被引用对象是一个常量，不允许通过引用来修改被引用对象的值。

在很多情况下，为表达同一种语义，可将 const 放在不同的位置。但在某些情况下，const 只能放在特定的位置，考察 const 配合二重指针的例子，代码如下：

```
int main(int argc,char * argv[])
{
```

```
    //const 配合二重指针
    int const * * p1;
    int* const * p2;
    int i = 5;
    int j = 6;
    const int * ptr1 = &i;
    int * const ptr2 = &j;
    p1 = &ptr1;
    p2 = &ptr2;
    cout << * * p1 << " " << * * p2 << endl;
    return 0;
}
```

阅读以上代码得出如下结论：

① 程序的运行结果是：

```
5 6
```

② int const * * p1 和 int* const * p2 声明的二重指针 p1 和 p2 的含义完全不同。其中，p1 不是指针常量，它所指向的变量的类型是 int const *（指向整型常量的指针）；p2 也不是指针常量，其指向的变量类型是 int* const（整型指针常量）。若按 p1=&ptr1 和 p2=&ptr2 赋值，则均产生编译错误。

2. const 对象和对象的 const 成员

对于 const 定义的一个基本类型的变量，是不允许修改该变量的值的。用 const 修饰的类的对象称为常对象，用 const 修饰的类成员函数称为常函数。考察如下代码：

```
#include <iostream>
using namespace std;
class A
{
    int num;
public:
    A(){num = 5;};
    void disp();
    void disp() const;
    void set(int n){num = n;};
};
void A::disp()
{
    cout << "Another version of disp()" << endl;
```

```
}
void A::disp() const
{
    cout << num << endl;
}
int main(int argc,char * argv[])
{
    A a1;
    a1.set(3);
    a1.disp();
    A const a2;
    a2.disp();
    return 0;
}
```

程序执行结果是：

```
Another version of disp()
5
```

阅读以上程序可得出如下结论：

① 当常函数的声明与定义分开进行时，两边都要使用 const 关键字，否则将发生编译错误。

② 只有类的非静态成员函数可以被声明为常函数，原因是静态成员函数不含 this 指针，属于类级别的函数。其他类型的函数（如外部函数等）不能被声明为常函数。

③ 对于一个类的两个成员函数，如果它们的返回值类型、函数名、函数的参数列表完全相同，一个是常函数，一个是普通函数，那么它们将构成重载关系。例如上述代码中的 void disp()和 void disp() const 被定义成 class A 的成员函数，由于 C++ 把 this 指针也作为参数评估的一部分，所以它们最终会被看作 void disp(A *)和 void disp(const A *)，从而构成重载。

④ 当非只读对象（如 a1）调用某个函数时，先寻找它的非 const 函数版本，如果没有找到，再调用它的 const 函数版本；而常对象（如 a2）只能调用类中定义的常函数，否则将出现编译错误。

⑤ 当存在 const 和非 const 版本的成员函数时，若普通对象想调用 const 函数，则应通过建立该对象的常引用或指向该对象的常指针来实现。例如上面的程序，要用对象 a1 调用常函数 disp()，则可以使用如下语句：

```
((const A&)a1).disp();
//或者
((const A *)&a1) -> disp();
```

⑥ 在非只读对象中，也可以将部分数据成员定义为常量，其称为类对象的常量成员。类对象的非静态常量成员必须在构造函数中初始化，且只能借助于初始化列表，因为初始化列表才是初始化，构造函数中通过赋值运算符进行的是赋值，并非初始化。

3. const 修饰函数的参数和函数的返回值

在定义函数时常用到 const，主要用来修饰参数和返回值，其目的是让编译器为程序员做变量的只读性检查，以使程序更加健壮。考察如下代码：

```
void disp1(const int &ri)
{
    cout << ri << endl;
}
void disp2(const int i)
{
    cout << i << endl;
}
const int disp3(const int& ri)
{
    cout << ri << endl;
    return ri;
}
int& disp4(int& ri)
{
    cout << ri << endl;
    return ri;
}
const int& disp5(int& ri)
{
    cout << ri << endl;
    return ri;
}
int main(int argc,char * argv[])
{
    int n = 5;
    disp1(n);
    disp2(n);
    disp3(n);
    disp4(n) = 6;
    disp5(n);            //"disp5(n) = 6;"是错误的
    getchar();
    return 0;
}
```

程序运行结果是：

```
5
5
5
5
6
```

阅读以上代码得出如下结论：

① const 修饰传递调用的形参声明为常量没有实用价值。如上述代码中的 void disp2(cons tint i)这样的声明就没有意义，因为形参 i 的改变不影响实参的值。

② 当函数的返回值是值类型时，被 const 修饰没有意义，因为此时的返回值是一个非左值，本身就不能改变，例如上述代码中的 const int disp3(cons tint& ri)对返回值的 const 限定就是多余的。

③ 当 const 修饰值类型的形参时，不构成函数重载，如 void disp(const int i)与 void disp(int i)；但当 const 修饰非值类型（引用、指针）的形参时则构成函数重载，如 void disp(const int& i)与 void disp(int& i)。

4. 常见的对 const 的误解

误解一：用 const 修饰的变量值一定是不能改变的。当 const 修饰的局部变量存储在非只读存储器中时，通过指针可间接修改。

误解二：常引用或常指针只能指向常变量，这是一个极大的误解。常引用或者常指针只能说明不能通过该引用（或者该指针）去修改被引用的对象，至于被引用对象原来是什么性质是无法由常引用（常指针）决定的。

5. 将 const 类型转化为非 const 类型

使用 C++中 cons_cast 运算符可去除复合类型中的 const 或 volatile 属性。当大量使用 const_cast 时是不明智的，只能说程序存在设计缺陷。使用方法如下：

```
void constTest()
{
    int i;
    cout << "please input a integer:";
    cin >> i;
    const int a = i;
    int& r = const_cast <int&> (a);          //若写成“int& r = a;”则发生编译错误
    ++r;
    cout << a << endl;
}
int main(int argc,char * argv[])
{
    constTest();
```

```
    return 0;
}
```

当程序输入 5 时,输出的结果为 6。

阅读以上程序可得出如下结论:

① const_cast 运算符的语法形式是 const_cast <type_id> (expression)。

② const_cast 只能去除目标的 const 或者 volatile 属性,不能进行不同类型的转换。如下转换就是错误的:

```
cons tint A = {1,2,3};
char * p = const_cast <char *> (A);//不能由 const int[]转换为 char *
```

③ 如果一个变量被定义为只读变量(常变量),那么它永远是常变量。cosnt_cast 取消的是间接引用时的改写权限,而不能改变变量本身的 const 属性。

④ 利用传统的 C 语言中的强制类型转换也可将 const type * 类型转换为 type * 类型,或者将 const type& 转换为 type& 类型。但是使用 const_cast 会更好一些,因为 const_cast 转换能力较弱,目的单一明确,不易出错,而 C 风格的强制类型转换能力太强,风险较大,故建议不要采用 C 风格的强制类型转换。

6. C++中的 const 与 C 中 const 的区别

先说一下 C 中 const 与 # define 的区别。# define 是宏定义,定义的内容是存放在符号表中的文字常量,不能寻址。const 修饰的是常变量,是可寻址的,且具有外部连接性。

在《C++编程思想》一书中提到,C++中的 const 与 C 中 const 的区别是:C++中 const 变量默认为内部连接(internal linkage),也就是说,const 仅在 const 被定义过的源文件里才可见,而在连接时不能被其他编译单元看到;但在 C 中的 const 变量是具有外部连接性的。参见下述代码,有两个源文件,分别是 main. cpp 和 const. cpp。

```
//const.cpp
const int a = 1;
//main.cpp
# include <iostream>
using namespace std;
extern const int a;
int main(int argc,char * argv[])
{
    cout << "b:" << b << endl;
}
```

上述代码在 VS 2017 中是不能编译通过的,提示错误如下:

```
error LNK2001: 无法解析的外部符号 "int const a" (? a@@3HB)
```

但是,将两个源文件的后缀名改为.c,然后采用C语言的编译器编译就可以通过。

《C++编程思想》一书中还提到,通常C++编译器并不为const变量创建存储空间,相反它把这个定义保存在它的符号表里,除非像"extern const int a;"使用extern进行定义(另外一些情况,如取一个const地址)一样,那么C++编译器会为const变量分配存储空间。这是因为extern意味着变量具有外部连接性,因此必须分配存储空间,也就是说,会有多个不同的编译单元引用它,所以它必须有存储空间来提供寻址能力。

这里需要注意的是,通常情况下,extern不是定义变量的一部分,常用于声明,不会分配存储空间。但是,如果在定义const变量时使用extern,那么说明该const变量具有外部连接性,促使C++编译器为const变量分配存储空间。因此,extern与const结合时的用法很耐人寻味。

此外,还需要注意的是,为什么使用const定义变量时,C++编译器并不为const变量创建存储空间,相反把这个定义保存在它的符号表里呢?那是因为编译时会进行常量折叠。常量折叠是一种被很多现代编译器使用的编译器优化技术,在编译时简化常量表达式。简单来说,就是将常量表达式计算求值,并用求得的值来替换表达式,放入常量表,可以将其算作一种编译优化。

7. extern const使用的注意事项

如果在同一个源文件中定义const变量,那么使用extern const去前置声明它时,会发生什么情况呢?考察如下代码:

```
//main.cpp
#include <iostream>
using namespace std;
extern const int a;
int main(int argc,char * argv[])
{
    cout << "a:" << a << endl;
}
const int a = 8;
```

上述代码编译不通过,会报如下错误:

```
1 > main.obj : error LNK2001:无法解析的外部符号 "int const a" (? a@@3HB)
```

这时,在定义"const int a=8"前面加上extern即可。看来,利用extern const声明和定义变量时需成对出现。如果使用extern const前置声明一个不具有外部连接性的const变量,就会报错,因为使用extern声明变量的前提条件是变量具有外部连接性。

2.7 struct 与 union

结构体(struct)与共用体(union)是C语言中就已经存在的数据类型,C++又对它们进行了扩充,最大的变化是允许在结构体和共用体中定义成员函数。下面将通过实例讲解二者的特性和用法。

1. struct

以下是一个使用了结构体的C++程序。

```
#include <iostream>
using namespace std;
struct Room
{
    int floor;
    int No;
};
struct Student
{
    int age;
    int score;
    Student(int a,int s){
        age = a;
        score = s;
    }
};
int main(int argc,char * argv[])
{

    Room r[3] = {{1,101},{2,201},{3,301}};
    Student s(18,89);
    cout << "the room are:";
    cout << r[0].floor << "-" << r[0].No << " ";
    cout << r[1].floor << "-" << r[1].No << " ";
    cout << r[2].floor << "-" << r[2].No << endl;
    cout << "the student's age:" << s.age << " score:" << s.score << endl;
    getchar();
}
```

程序运行结果:

```
the room are:1-101 2-201 3-301
the student's age:18 score:89
```

阅读以上程序可知，在C++中使用结构体需要注意以下几点：

① C++中，结构体是一种真正的数据类型，在利用结构定义变量时，不需要像在C中带上struct关键字，或先使用typedef struct structname structalias的方式进行声明。

② C++对C中的struct进行了扩充，允许在struct中定义成员函数。struct中的成员变量和成员函数也有访问权限，在class中，默认的访问权限是private，而在struct中默认的访问权限是public，这是结构体和类的唯一区别。struct成员的默认访问权限设为public，是C++为了保持与C语言兼容而采取的一项策略。

③ 如果struct中没有显式定义任何构造函数，那么结构变量可以像在C语言中那样用大括号顺序指明数据成员的值来进行初始化。但是，一旦显式定义了任何一个构造函数，就不能用这种方式初始化了。如果在class中只有若干public型的数据成员，而没有显式定义任何构造函数，那么也可以使用大括号进行初始化。

④ 用sizeof运算符计算结构的大小时，要考虑结构体内部变量的对齐问题。

2. union

共用体，又名联合体，是一种特殊的类，从C语言继承而来，其基本语义没有发生什么变化，只是具有类的一些特性（允许定义成员函数）。在编程实践中，使用频率没有struct高。与struct相比，最显著的区别是：union的数据成员共享同一段内存，以达到节省空间的目的。

(1) union的基本特性

通过如下程序考察union变量的占用空间以及成员赋值时的相互影响。

```
#include <iostream>
using namespace std;
union testunion
{
    char c;
    int i;
};
int main(int argc,char * argv[])
{
    cout << sizeof(testunion) << endl;
    testunion * pt = new testunion;
    char * p = reinterpret_cast <char *> (pt);
    for(int i = 0;i < sizeof( * pt);i ++ )
        cout << int(p[i]) << " ";
    cout << endl;
    cout << pt -> i << endl;
    pt -> c = 'A';
    cout << pt -> c << endl;
```

```
    for(int i = 0;i < sizeof( * pt);i ++ )
        cout << int(p[i]) << " ";
    cout << endl;
    cout << pt -> i << endl;
    delete pt;
}
```

程序运行结果：

```
4
- 51 - 51 - 51 - 51
- 842150451
A
65 - 51 - 51 - 51
- 842150591
```

由上述内容可以看出,union testunion 变量的体积是 4,它是由两个数据成员中体积较大的一个(int)类型来决定的。对其中一个数据成员的修改,一定会同时改变所有其他数据成员的值。不过对体积较小的数据成员的修改,只会影响该成员应该占用的那些字节,对超出部分(高位字节)没有什么影响。

(2) union 的高级特性

观察如下程序：

```
#include <iostream>
using namespace std;
struct Student
{
    int age;
    int score;
    Student(int a,int s)
    {
        age = a;
        score = s;
    }
};
union testunion
{
    char c;
    int i;
};

class someClass
{
```

```
    int num;
public:
    void show(){cout << num << endl;}
};
union A
{
    char c;
    int i;
    double d;
    someClass s;
};
union B
{
    char c;
    int i;
    double d;
    B(){d = 8.9;}
};
union
{
    char c;
    int i;
    double d;
    void show(){cout << c << endl;}
}u = {'U'};
int main(int argc,char * argv[])
{
    A a = {'A'};
    B b;
    cout << a.c << endl;
    cout << b.d << endl;
    a.s.show();
    u.show();
    //匿名共用体
    union
    {
        int p;
        int q;
    };
    p = 3;
    cout << q << endl;
}
```

程序运行结果：

```
A
8.9
65
U
3
```

阅读以上程序时需注意以下几点：

① union 可以指定成员的访问权限，默认情况下，与 struct 具有一样的权限(public)。

② union 可以定义成员函数，包括构造函数和析构函数。与 struct 不同的是，它不能作为基类被继承。

③ union 不能拥有静态数据成员或引用成员，因为静态数据成员实际上并不是共用体的数据成员，它无法和共用体的其他数据成员共享空间。对于引用变量，引用本质上是一个指针常量，它的值一旦初始化就不允许修改。如果共用体有引用成员，那么共用体对象创建初始化后就无法修改，只能作为一个普通的引用使用，这就失去了共用体存在的意义。

④ union 允许其他类的对象成为自己的数据成员，但是要求该类对象所属类不能定义 constructor、copy constructor、destructor、assignment operator、virtual function 中的任意一个。这是因为：

第一，union 数据成员共享内存。union 构造函数在执行时不能调用数据成员为类对象的构造函数，否则就改变了其他数据成员的值。

第二，同样，union 对象成员的析构函数也不能被调用，因为其他数据成员的值对于对象成员而言可能毫无意义。

第三，union 对象成员的赋值应该维持其原始语义，不建议进行赋值运算符的重载，因为赋值运算符重载一般用于“深拷贝”等场合，而在对象空间与其他变量共享的情况下，“深拷贝”引入内存资源，指向内存资源的指针往往会被其他共用体数据成员修改，导致内存资源无法寻址，造成内存泄漏。此外，因为 union 的对象成员没有自定义的析构函数，所以也会导致内存泄漏。

第四，拥有虚函数的类对象。虚函数表指针可能会在共用体对象初始化时被覆盖，导致无法寻址虚函数表，所以也不能拥有虚函数。

⑤ 如果 union 类型旨在定义该类的同时使用一次，以后不再使用，那么也可以不给出 union 的名称，如上例中的变量 u 就是这种情况。在这种情况下，无法为该 union 定义构造函数。

⑥ 匿名共用体(anonymous union)，就是在给出一个不带名称的共用体的声明后，不定义任何该 union 的变量，而是直接以分号结尾。严格来说，匿名共用体并不是一种数据结构，因为它不能用来定义共用体对象，它只是指明若干个变量共享一片

内存单元。在上例中,对变量 p 的修改实际上修改了变量 q。可以看出,尽管匿名共用体中的变量被定义在同一个共用体中,但它们与同一个程序块的任何其他局部变量具有相同的作用域级别。这意味着匿名共用体内的成员的名称不能与同一个作用域内的其他标识符相冲突。另外,对匿名共用体还存在如下限制:

第一,匿名共用体不允许有成员函数;

第二,匿名共用体不能包含私有或者保护成员;

第三,全局匿名共用体中的成员必须是全局或静态变量。

2.8 多字节字符串与宽字符串的相互转换

1. 多字节字符与宽字符

说到多字节字符串与宽字符串,不得不说一下多字节字符与宽字符。多字节字符实际上是由多个字节来表示一个字符,在各个国家和地区采用不同的编码方案,不同编码方案的字符码值是不同的,比如常见的有中国大陆的 GBK 和 GB18030、中国台湾的 Big5 以及国际通用的 UTF-8 编码等。宽字符指的是由统一码联盟制定的 Unicode 编码方案收录的字符,使用 4 字节来表示一个字符。关于字符编码可参见博文《精述字符编码》(http://blog.csdn.net/k346k346/article/details/52312953)。

C/C++中“char *”表示多字节字符串,“wchar_t *”表示宽字符串,由于编码不同,所以在“char *”和“wchar_t *”之间无法使用强制类型转换。考察如下程序:

```
#include <iostream>
using namespace std;
int main()
{
    const wchar_t*   str = L"ABC我们";
    char* s = (char*)str;
    cout << s << endl;
}
```

输出结果出错:只输出 A。经过强制类型转换,s 指向了宽字符串,字符串数据没有发生任何变化,只是用多字节字符编码重新对它进行解释,输出的结果自然是错误的。

2. 多字节字符串与宽字符串相互转化的具体实现

使用 C/C++实现多字节字符串与宽字符串的相互转换,需要使用 C 标准库函数 mbstowcs 和 wcstombs,如下:

```
//将多字节编码转换为宽字节编码
size_t mbstowcs (wchar_t* dest, const char* src, size_t max);
```

```
//将宽字节编码转换为多字节编码
size_t wcstombs (char * dest, const wchar_t * src, size_t max);
```

这两个函数在转换过程中受到系统编码类型的影响，需要通过设置来设定转换前和转换后的编码类型，通过函数 setlocale 进行系统编码的设置。Linux 下输入命令“locale -a”来查看系统支持的编码类型，如下：

```
andy@andy-linux:~ $ locale -a
c
en_ag
en_au.utf8
en_bw.utf8
en_ca.utf8
en_dk.utf8
en_gb.utf8
en_hk.utf8
en_ie.utf8
en_in
en_ng
en_nz.utf8
en_ph.utf8
en_sg.utf8
en_us.utf8
en_za.utf8
en_zw.utf8
posix
zh_cn.gb18030
zh_cn.gbk
zh_cn.utf8
zh_hk.utf8
zh_sg.utf8
zh_tw.utf8
talk is cheap,show me the code!
```

下面给出具体的实现代码。

```
#include <locale.h>
#include <stdlib.h>
/**********************************************
 * @brief:不同编码字符串转 Unicode
 * @pram:cpMbs:多字节字符串;wcpWcs:宽字符串;wcsBuffLen:宽字符串缓冲区大小(单位宽
           字符);dEncodeType:多字节字符串编码类型,0:GBK,1:UTF-8
 * @ret:-1:出错;>=0:转换成功的字符个数
```

```
 * @birth:created by dablelv on 20170804
 * @revision:
 *********************************************/
int mbs2wcs(const char * cpMbs,wchar_t * wcpWcs,int wcsBuffLen,int dEncodeType)
{
    if(NULL == cpMbs||0 == strlen(cpMbs)) return 0;

    //GBK 转 Unicode
    if(0 == dEncodeType)
    {
        if(NULL == setlocale(LC_ALL,"zh_CN.gbk"))      //设置转换为 Unicode 前的编码
                                                        //为 GBK 编码
            return -1;
    }
    //UTF-8 转 Unicode
    if(1 == dEncodeType)
    {
        if(NULL == setlocale(LC_ALL,"zh_CN.utf8"))     //设置转换为 Unicode 前的编码
                                                        //为 UTF-8 编码
            return -1;
    }

    int unicodeCNum = mbstowcs(NULL,cpMbs,0);          //计算待转换的字符数
    if(unicodeCNum <= 0||unicodeCNum >= wcsBuffLen)    //转换失败或宽字符串缓冲区
                                                        //大小不足
    {
        return -1;
    }
    unicodeCNum = mbstowcs(wcpWcs,cpMbs,wcsBuffLen-1);  //进行转换,wcsBuffLen-1
                                                        //表示最大待转换的宽字符
                                                        //数,即宽字符串缓冲区大小
    return unicodeCNum;
}
/*********************************************
* @brief:Unicode 转指定编码字符串
* @pram:wcpWcs:宽字符串;cpMbs:多字节字符串缓冲区;dBuffLen:多字节字符串缓冲区大
*               小(单位字节);dEncodeType:多字节字符串编码类型,0:GBK,1:UTF-8
* @ret:-1:出错;>=0:转换成功的字节个数
* @birth:created by dablelv on 20180114
* @revision:
*********************************************/
```

```
int wcs2mbs(const wchar_t * wcpWcs,char * cpMbs,int dBuffLen,int dEncodeType)
{
    if(wcpWcs == NULL || wcslen(wcpWcs) == 0)
    {
        return 0;
    }

    //Unicode 转 GBK
    if(0 == dEncodeType)
    {
        if(NULL == setlocale(LC_ALL,"zh_CN.gbk"))  //设置目标字符串编码为 GBK 编码
            return -1;
    }
    //Unicode 转 UTF-8
    if(1 == dEncodeType)
    {
        if(NULL == setlocale(LC_ALL,"zh_CN.utf8"))//设置目标字符串编码为 UTF-8 编码
            return -1;
    }

    int dResultByteNum = wcstombs(NULL,wcpWcs,0);    //计算待转换的字节数
    if(dResultByteNum <= 0 || dResultByteNum >= dBuffLen)
    {
        return -1;                            //转换失败或多字节字符串缓冲区大小不足
    }
    wcstombs(cpMbs,wcpWcs,dBuffLen - 1);
    return dResultByteNum;
}
```

测试代码文件使用 UTF-8 编码,代码如下:

```
int main(int argc,char * argv[])
{
    char * cpMbs = "I believe 中华民族将实现伟大复兴";
    wchar_t * wcpWcs = L"I believe 中华民族将实现伟大复兴";
    char cBuff[1024] = {'\0'};
    wchar_t wcBuff[1024] = {L'\0'};

    //将 UTF-8 编码多字节字符串转换为 Unicode 字符串
    int ret = mbs2wcs(cpMbs,wcBuff,1024,1);
    //转换后字符串与字符串长度
    printf("返回值:%d,字符数:%d,宽字符串:%S\n",ret,wcslen(wcBuff),wcBuff);
```

```
    //printf 使用 %ls 也可以输出宽字符串
    //Unicode 字符串转换为 UTF-8 编码多字节字符串
    ret = wcs2mbs(wcpWcs,cBuff,1024,1);
    //转换后字符串与字符串字节数
    printf("返回值：%d,字符串字节数：%d,字符串：%s\n",ret,strlen(cBuff),cBuff);
}
```

测试输出结果：

```
返回值:21,字符数:21,宽字符串:I believe 中华民族将实现伟大复兴
返回值:43,字符串字节数:43,字符串:I believe 中华民族将实现伟大复兴
```

注意：请不要将 printf 与 wprintf 同时使用，否则会出现后者无法输出的奇怪现象。该现象的解释与解决办法参见博文《printf()详解之终极无惑》(http://blog.csdn.net/k346k346/article/details/52252626)。

3. 利用 Windows API 实现字符编码的转换

除了利用标准库函数解决字符编码的转换问题外，还可以利用特定操作系统下提供的函数。例如，利用 Windows API 实现字符编码的转换。

```
#include <windows.h>
#include <iostream>
using namespace std;
int main()
{
    const wchar_t* ws = L"测试字符串";
    const char* ss = "ABC 我们";
    //宽字符串转换为多字节字符串
    int bufSize = WideCharToMultiByte(CP_ACP, NULL, ws, -1, NULL, 0, NULL, FALSE);
    cout << bufSize << endl;
    char *sp = new char[bufSize];
    WideCharToMultiByte(CP_ACP, NULL, ws, -1, sp, bufSize, NULL, FALSE);
    cout << sp << endl;
    //宽字符串转换为多字节字符串
    bufSize = MultiByteToWideChar(CP_ACP, 0, ss, -1, NULL, 0);
    cout << bufSize << endl;
    wchar_t* wp = new wchar_t[bufSize];
    MultiByteToWideChar(CP_ACP, 0, ss, -1, wp, bufSize);
    wcout.imbue(locale("chs"));
    wcout << wp << endl;
}
```

程序输出结果：

```
11
测试字符串
6
ABC 我们
```

其中，函数“int bufSize = WideCharToMultiByte(CP_ACP, NULL, ws, -1, NULL, 0, NULL, FALSE);”是用来获取宽字符串转换成多字节字符串所占据的空间大小(单位字节)的，这是将第 5 个参数设置为 NULL 达到的效果。同样，函数调用“bufSize=MultiByteToWideChar(CP_ACP,0,ss,-1,NULL,0);”用来获取多字节字符串转换成宽字符串后所占用空间的大小(单位宽字符个数)，这是将第 5 个参数设置为 NULL 之后达到的效果。

下面具体讲解上面两个关键函数。

(1) WideCharToMultiByte()

函数功能：将宽字符串转换成多字节字符串。

头文件：<windows.h>。

函数原型：

```
int WINAPI WideCharToMultiByte(
    _In_ UINT CodePage,
    _In_ DWORD dwFlags,
    _In_NLS_string_(cchWideChar) LPCWCH lpWideCharStr,
    _In_ int cchWideChar,
    _Out_writes_bytes_to_opt_(cbMultiByte, return) LPSTR lpMultiByteStr,
    _In_ int cbMultiByte,
    _In_opt_ LPCCH lpDefaultChar,
    _Out_opt_ LPBOOL lpUsedDefaultChar
);
```

参数详解：

- CodePage：指定执行转换的代码页字符集，可以为操作系统已安装或有效的任何代码页字符集，也可以指定其为下面的任意一值：
    - CP_ACP：ANSI 代码页；
    - CP_MACCP：Macintosh 代码页；
    - CP_OEMCP：OEM 代码页；
    - CP_SYMBOL：符号代码页；
    - CP_THREAD_ACP：当前线程 ANSI 代码页；
    - CP_UTF7：使用 UTF-7 转换；
    - CP_UTF8：使用 UTF-8 转换。

  其中，使用最多的就是 CP_ACP 和 CP_UTF8。
- dwFlags：指定如何处理没有转换成功的字符，也可以不设此参数(设置为

0)，函数会运行得更快一些。对于 UTF－8，dwflags 必须为 0 或者 WC_ERR_INVALID_CHARS，否则函数都将执行失败并设置错误码 ERROR_INVALID_FLAGS，可以调用 GetLastError 获得错误码。

- lpWideCharStr：待转换为宽字符串。
- cchWideChar：待转换的宽字符串的长度(字符个数)，－1 表示转换到字符串结尾。
- lpMultiByteStr：转换后目的字符串缓冲区。
- cbMultiByte：目的字符串缓冲区大小(单位字节)。如果设置为 0，则函数将返回所需缓冲区大小而忽略 lpMultiByteStr。
- lpDefaultChar：指向字符的指针，在指定编码里找不到相应字符时使用此字符替代默认字符。如果为 NULL，则使用系统默认字符。使用 dwFlags 时不能使用此参数，否则会报 ERROR_INVLID_PARAMETER 错误。
- lpUsedDefaultChar：开关变量的指针，表明是否使用过默认字符。对于要求此参数为 NULL 的 dwflags 使用此参数，函数将失败返回，并设置错误码 ERROR_INVLID_PARAMETER。lpDefaultChar 和 lpUsedDefaultChar 都设为 NULL，函数会更快一些。

函数返回值：如果函数运行成功，并且 cbMultiByte 不为零，则返回值是由 lpMultiByteStr 指向的缓冲区中写入的字节数；如果函数运行成功，并且 cbMultiByte 为零，则返回值是存放目的字符串缓冲区所必需的字节数。如果函数运行失败，则返回值为零。若想获得更多错误信息，请调用 GetLastError 函数。

(2) MultiByteToWideChar()

函数功能：多字节字符串到宽字符串的转换。

头文件：<windows. h> 。

函数原型：

```
int WINAPI MultiByteToWideChar(
    _In_ UINT CodePage,
    _In_ DWORD dwFlags,
    _In_NLS_string_(cbMultiByte) LPCCH lpMultiByteStr,
    _In_ int cbMultiByte,
    _Out_writes_to_opt_(cchWideChar, return) LPWSTR lpWideCharStr,
    _In_ int cchWideChar
);
```

参数详解：

- CodePage：同上。
- dwFlags：指定是否转换成预制字符或合成的宽字符，是否使用象形文字替代控制字符，以及如何处理无效字符。对于 UTF－8，dwFlags 必须为 0 或者

WC_ERR_INVALID_CHARS,否则函数都将执行失败并设置错误码 ERROR_INVALID_FLAGS,可以通过调用 GetLastError 获得错误码。

- lpMultiByteStr:多字节字符串。
- cbMultiByte:待转换的多字节字符串长度,-1 表示转换到字符串结尾。
- lpWideCharStr:存放转换后的宽字符串缓冲。
- cchWideChar:宽字符串缓冲的大小(单位字符数)。

返回值:如果函数运行成功,并且 cchWideChar 不为零,则返回值是由 lpWideCharStr 指向的缓冲区中写入的字符数;如果函数运行成功,并且 cchWideChar 为零,则返回值是存放目的字符串缓冲区所必需的字符数。如果函数运行失败,则返回值为零。若想获得更多错误信息,请调用 GetLastError 函数。

2.9 引用的本质

引用是 C++引入的重要机制,它使原来在 C 中必须用指针实现的功能有了另一种实现方式,在书写形式上更为简洁。那么引用的本质是什么,它与指针又有什么关系呢?

1. 引用的底层实现方式

引用被称为变量的别名,它不能脱离被引用对象独立存在,这是在高级语言层面的概念和理解,并未揭示引用的实现方式。常见的错误说法是:"引用"自身不是一个变量,甚至编译器可以不为引用分配空间。

实际上,引用本身是一个变量,只不过这个变量的定义和使用与普通变量有显著的不同。为了了解引用变量底层实现机制,考察如下代码:

```
int i = 5;
int &ri = i;
ri = 8;
```

在 Visual Studio 2017 环境的 debug 模式下调试代码,反汇编查看源码对应的汇编代码的步骤是:调试→窗口→反汇编,即可得到如下源码对应的汇编代码:

```
int i = 5;
00A013DE  mov   dword ptr [i],5       //将文字常量 5 送入变量 i
int &ri = i;
00A013E5  lea   eax,[i]               //将变量 i 的地址送入寄存器 eax
00A013E8  mov   dword ptr [ri],eax    //将寄存器的内容(也就是变量 i 的地址)送入变量 ri
ri = 8;
00A013EB  mov   eax,dword ptr [ri]    //将变量 ri 的值送入寄存器 eax
00A013EE  mov   dword ptr [eax],8     //将数值 8 送入以 eax 的内容为地址的单元中
return 0;
00A013F4  xor   eax,eax
```

考察以上代码，在汇编代码中，ri 的数据类型为 dword，也就是说，ri 要在内存中占据 4 字节的位置。所以，ri 的确是一个变量，它存放的是被引用对象的地址。通常情况下，地址是由指针变量存放的，那么，指针变量和引用变量有什么区别呢？使用指针常量实现上述代码的功能。考察如下代码：

```
int i = 5;
int * const pi = &i;
*pi = 8;
```

按照相同的方式，在 VS 2017 中得到如下汇编代码：

```
int i = 5;
011F13DE  mov         dword ptr [i],5
int * const pi = &i;
011F13E5  lea         eax,[i]
011F13E8  mov         dword ptr [pi],eax
*pi = 8;
011F13EB  mov         eax,dword ptr [pi]
011F13EE  mov         dword ptr [eax],8
```

观察以上代码可以看出：

① 只要将 pi 换成 ri，所得汇编代码就与第一段所对应的汇编代码完全一样。所以，引用变量在功能上等于一个指针常量，即一旦指向某一个单元就不能再指向别处。

② 在底层，引用变量由指针按照指针常量的方式实现。

2. 在高级语言层面引用与指针常量的关系

① 在内存中都是占用 4 字节（32 位系统中）的存储空间，存放的都是被引用对象的地址，都必须在定义的同时进行初始化。

② 指针常量本身（以 p 为例）允许寻址，即 &p 返回指针常量（常变量）本身的地址，被引用对象用 *p 表示；引用变量本身（以 r 为例）不允许寻址，&r 返回的是被引用对象的地址，而不是变量 r 的地址（r 的地址由编译器掌握，程序员无法直接对它进行存取），被引用对象直接用 r 表示。

③ 凡是使用了引用变量的代码，都可以转换成使用指针常量的对应形式的代码，只不过书写形式上要烦琐一些。反过来，由于对引用变量使用方式上的限制，所以使用指针常量实现的功能不一定能够用引用来实现。

例如，下面的代码是合法的：

```
int i = 5,j = 6;
int * const array[] = {&i,&j};
```

而如下代码是非法的：

```
int i = 5,j = 6;
int& array[] = {i,j};
```

也就是说,数组元素允许是指针常量,却不允许是引用。C++语言机制之所以如此规定,是为了避免C++语法变得过于晦涩。假如定义一个"引用的数组",那么"array[0]=8;"这条语句该如何理解?是将数组元素array[0]本身的值变成8,还是将array[0]所引用的对象的值变成8?对于程序员来说,这种解释上的二义性对正确编程是一种严重的威胁,毕竟程序员在编写程序时不可能每次使用数组时都要去检查数组的原始定义。

3. 非正常地使引用变量指向别的对象

C++语言规定,引用变量在定义时就必须初始化,即将引用变量与被引用对象进行绑定。而这种引用关系一旦确定就不允许改变,直到引用变量结束其生命期。这种规定是在高级语言的层面上,由C++语言和编译器所做的检查来保障实施的。在特定环境下,利用特殊手段,可以在运行时动态地改变一个引用变量与被引用对象的对应关系,使引用变量指向一个别的对象。考察如下程序:

```
#include <iostream>
using namespace std;
int main(int argc,char * argv[])
{
    int i = 5,j = 6;
    int &r = i;
    void * pi, * pj;
    int * addr;
    int dis;
    pi = &i;     //取整型变量 i 的地址
    pj = &j;     //取整型变量 j 的地址
    dis = (int)pj - (int)pi;              //计算连续两个整型变量内存地址之间的距离
    addr = (int * )((int)pj + dis);       //计算引用变量 r 在内存中的地址
    cout << "&i:" << pi << endl;
    cout << "&j:" << pj << endl;
    cout << "&pi:" << &pi << endl;
    cout << "&pj:" << &pj << endl;
    cout << "&addr:" << &addr << endl;
    cout << "&dis:" << &dis << endl;
    cout << "distance:" << dis << endl;

    ( * addr) = (int)&j;     //将 j 的地址赋给引用 r(此处把 r 看作指针)

    cout << "addr:" << addr << endl;
```

```
    r = 100;
    cout << i << " " << j << endl;
    return 0;
}
```

这个程序在 Debug 模式下输出的结果如下：

```
&i:0038FC1C
&j:0038FC10
&pi:0038FBF8
&pj:0038FBEC
&addr:0038FBE0
&dis:0038FBD4
distance: - 12
addr:0038FC04
5 100
```

仔细观察上述代码和输出结果可以得出如下结论：

① 在 Win 32(Windows 32 位)平台下，int 型变量和指针变量都占用 4 字节，但是“&i－&j＝－12”并非想象中的 4。其原因有两个：

一是局部变量存储在栈空间中，栈在主存中的生长方向是从高地址到低地址，因此 i 和 j 的地址差为负数。

二是在 Debug 模式下，int 变量前后均添加了 4 字节的调试信息，故一个 int 占用了 12 字节。如果模式设为 Release，就会发现栈上连续定义的 int 变量，地址相差 4 字节。

② 指针变量 pi 与 int 变量 j 的地址间相差了 24 字节，按照推理，如果引用 r 不占用内存空间，那么地址差应该为 12 字节，这也说明引用变量在内存中占用空间。

③ 将引用变量 r 理解成指针，间接地获取 r 的地址并修改 r 的值，使 r 指向变量 j，从引用的角度理解就是将引用 r 与 j 绑定。对 r 赋值，结果显示 j 的值被修改。

以上代码是较为诡异的，实际编程中绝不提倡大家模仿。利用以上程序可以看出“引用”本身的确是一个变量，用于存放被引用对象的地址，并且利用特殊手段能够找到这个引用变量的地址并修改其自身在内存中的值，从而实现与其他对象的绑定。

这个程序在 VS 环境中的 Release 模式下编译不通过，会出现内存访问冲突的错误，无法通过引用变量 r 修改 j 的值，可能与 Release 模式下编译器对引用的优化有关。与此同时，该程序的可移植性很差，在 64 位平台上，由指针转换为 int 可能会发生截断从而丢失数据。另外，如果引用变量前的变量不是 int 型，那么考虑到内存对齐等因素，要准确计算引用变量的地址则不是一件容易的事，很可能跟具体的编译器和运行环境相关。因此，研究此程序的目的是为了对引用变量的底层实现机制有所了解，在实际使用中还是要遵循C++语言对引用制定的规范。

2.10 链式操作

1. 什么是链式操作

链式操作是利用运算符进行的连续运算（操作），其特点是在一条语句中出现两个或者两个以上相同的操作符。例如，连续的赋值操作、连续的输入操作、连续的输出操作、连续的相加操作等都是链式操作的例子。

链式操作一定涉及结合律的问题，例如链式赋值操作满足右结合律，即 a=b=c 被解释成 a=(b=c)，而链式输出操作满足左结合律，即“cout <<a <<b”被解释成“(cout <<a)<<b”。基本数据类型的链式操作都有明确的定义，而涉及类类型的链式操作则往往需要进行相应操作符的重载。

2. 类的链式操作

为了实现类的链式操作，使链式操作能够进行，操作符的重载必须满足一定要求，具体如下：

① 操作符重载函数一定不能返回 void 类型。因为 void 类型不能参与任何运算，所以，操作符重载函数返回 void 类型实际上是阻止了链式操作的可能性。

② 对赋值操作符进行重载，如果返回的是类的对象，那么链式赋值操作必须借助于拷贝构造函数才能进行。这样不但会有较大的运行开销，还要编写正确的拷贝构造函数。考察下面的程序：

```
#include <iostream>
using namespace std;
class Complex
{
    double real;
    double image;
public:
    Complex(double r = 0.0,double i = 0.0)
    {
        real = r;
        image = i;
    }
    Complex(const Complex& c)
    {
        cout << "Copy Constructor" << endl;
        real = c.real;
        image = c.image;
```

```
    }
    void Show()
    {
        cout << real << " + " << image << "i" << endl;
    }
    Complex operator = (const Complex&);
};
Complex Complex::operator = (const Complex& c)
{
    real = c.real;
    image = c.image;
    return *this;
}
int main(int argc,char* argv[])
{
    Complex c1(2.3,4.5),c2,c3;
    c1.Show();
    c3 = c2 = c1;
    c2.Show();
    c3.Show();
}
```

程序的运行结果是：

```
2.3 + 4.5i
Copy Constructor
Copy Constructor
2.3 + 4.5i
2.3 + 4.5i
```

由上述内容可以看到，在连续的两次赋值操作过程中，一共调用了两次拷贝构造函数。第一次发生在执行 c2＝c1 的操作中，函数的返回值(临时对象)是由 c1 构造的，这时发生了一次拷贝构造函数的调用；第二次发生在为 c3 赋值时，赋值运算的返回值仍然是一个 Complex 类的对象，这时又发生了一次拷贝构造函数的调用。让赋值操作依赖于拷贝构造函数，显然这不是一种明智的做法。

思考："Complex& Complex::operator＝(Complex& c){…}"会有什么结果？

仅将赋值运算符重载函数的声明和定义进行修改，如下：

```
Complex& operator = (const Complex&);
Complex& Complex::operator = (const Complex& c)
{
    real = c.real;
```

```
    image = c.image;
    return *this;
}
```

同样是上面的程序，输出结果如下：

```
2.3+4.5i
2.3+4.5i
2.3+4.5i
```

也就是说，拷贝构造函数一次都没有调用，原因是赋值操作符函数返回 Complex 类的引用，不用产生一个新的临时对象，这样就大大提高了程序的运行效率。所以，赋值运算符重载几乎无一例外地返回引用。

3. 实现输入/输出的链式操作

输入操作符(>>)和输出操作符(>>)的重载函数必须返回引用，否则链式操作无法完成。一般来说，实现输入操作符重载一律采用如下函数原型：

```
istream& operator >> (istream&, className&);
```

而实现输出操作符重载一律采用如下函数原型：

```
ostream& operator << (ostream&, className&);
```

如果操作符函数返回的是 istream 或 ostream 类的对象，而不是引用，则会出现编译错误。出错的原因以及关于输入/输出操作符的重载，可参考作者的后续博文。

2.11 C++的数据类型

1. C++数据类型简介

C++是一种强类型语言，任何变量或函数都必须遵循“先声明后使用”的原则。定义数据类型有两个方面的作用：一是决定该类型的数据在内存中如何存储，二是决定对该类型的数据可进行哪些合法的运算。

C++的数据类型分为基本数据类型和非基本数据类型。其中，非基本数据类型称为复合数据类型或构造数据类型。为了体现 C++语言和传统 C 语言在非基本数据类型上的区别，这里把能够体现面向对象特性的非基本数据类型称为构造函数类型，而将其他非基本数据类型称为复合数据类型。C++的数据类型如图 2-1 所示。

基本数据类型是 C++内部预定义的，又叫内置(built-in)数据类型。非基本数据类型则是用户根据需要按照 C++语法规则创建的数据类型。这里构造数据类型和复合数据类型的区别在于：构造数据类型的实例叫作对象，它是属性和方法的集合；复合数据类型的实例叫作变量，变量本身并无成员函数。构造数据类型的一个显著

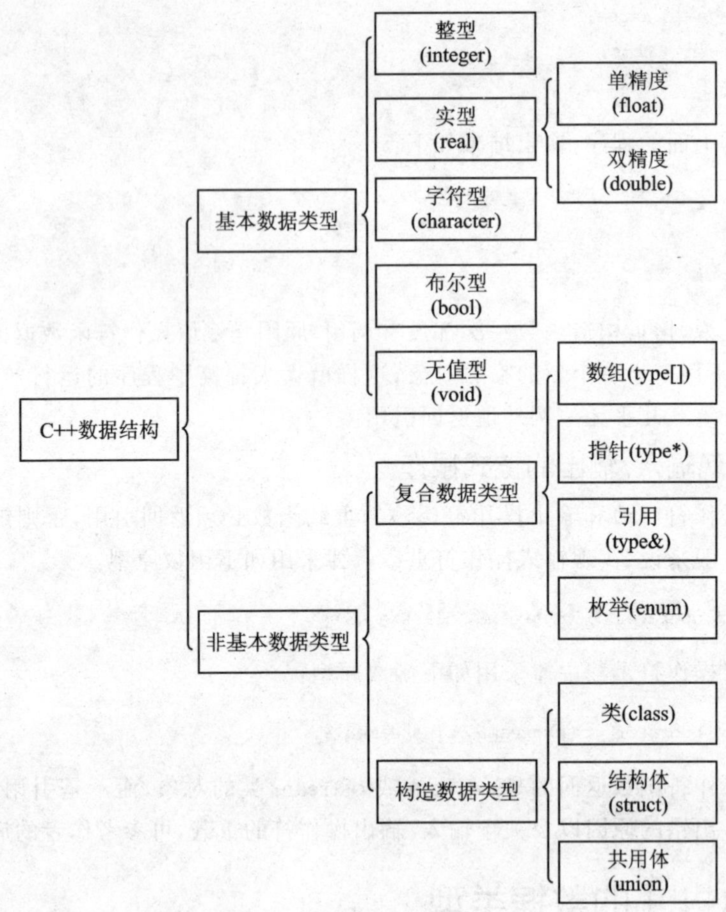

图 2-1

特征是：在生成该数据类型的一个实例时，会自动调用该类型定义的构造函数。也就是说，构造数据类型变量的初始化工作是由构造函数完成的。

注意： 用基本数据类型定义变量时，类型出现在前面，变量直接跟在类型之后。但是用复合数据类型定义变量时，变量却不一定完全位于类型之后。例如，定义一个数组 int a[8]，标识符 a 的数据类型是 int[8]，但是它出现在数据类型的中间部位。另外，定义或声明变量时，类型外一定不能加括号。例如，用这种方式定义一个指针是不对的——"(int\ *)p;"，它表示的真实含义是将 p 转换为 int * 类型，是强制类型转换的语法形式。

2. 宽字符型与单字符型

传统的字符型 char 是单字节字符型，存储的是该字符的 ASCII 码，占用一个字节；也可以把 char 理解成单字节整型，取值范围是－128～127。单字节无符号整数可以用 unsigned char 表示，取值范围是 0～255。

VC++中,如果在一个字符串中包含汉字,则每个汉字占用 2 字节,每个字节的最高位都是 1,宽字符占用多少字节与编译器的具体实现有关,以保证能够存储 Unicode 字符。VC++将 wchar_t 定义为 2 字节,2 字节很显然不能表示所有的 Unicode 字符,但是通过当前系统的语言环境进行编码转换,2 字节最大能够表示 65 536 个字符,足以表示某个国家的文字。

单字节字符是无法容纳一个汉字字符的,如定义"char c='好';",那么将得到一条编译警告信息,并且只有低字节编码会存放在字符变量 c 中。

C++语言同时支持宽字符类型(wchar_t),用于表示 Unicode 字符。为了支持 Unicode 字符的处理,C++在库函数中定义了相应的 Unicode 字符的处理函数,并将这些函数的声明放在了头文件 <cstring> 中。

VC++中,wchar_t 和 char 是两种不同的数据类型,它们的存储结构和使用方法都不一样,参见如下代码:

```
#include <iostream>
using namespace std;
int main(int argc,char * argv[])
{
    char * p;
    wchar_t s[] = L"ABC";
    char name[] = "张三";
    wchar_t wname[] = L"张三";
    cout << sizeof(wchar_t) << " ";       //输出 2
    cout << sizeof(s) << endl;            //输出 8
    p = (char * )s;
    for(int i = 0;i < sizeof(s); ++ i)
        cout << (int)p[i] << " ";
    cout << endl;
    cout << s << " ";
    wcout << s << endl;
    for(int i = 0;i < sizeof(name); ++ i)
        cout << (int)name[i] << " ";
    cout << endl;
    p = (char * )wname;
    for(int i = 0;i < sizeof(wname); ++ i)
        cout << (int)p[i] << " ";
    cout << endl;
    cout << name << endl;
    //setlocale(LC_ALL, "chs");       //加上此句下面的 wname 才会输出
    wcout << wname << endl;
}
```

程序输出结果：

```
2 8
65 0 66 0 67 0 0 0
0048FC0C ABC
-43 -59 -56 -3 0
32 95 9 78 0 0
张三
```

阅读以上程序可得出如下结论：

① wchar_t 和 char 是不同的数据类型，数据宽度也不一样，sizeof(char)==1。wchar_t 的数据宽度与编译器的实现有关，根据当前系统语言环境进行编码转换，足以保证存储 Unicode 字符，在 VC++中 wchar_t 占用 2 字节。

② 定义一个 wchar_t 类型的字符串时要以 L 开头，否则将出现编译错误。定义一个 wchar_t 类型的字符常量也需要以 L 开头，例如“wchar_t wc=L"A"”，如果去掉 L，编译器会自动执行由 char 到 wchar_t 的转换。

③ 对于西文字符(如“A”“B”“C”等)，在 wchar_t 类型的变量中，高字节存放的是 0x00，低字节存放的是西文字符的 ASCII 码值。

④ char 类型的字符串以单字节“\0”结束，wchar_t 类型的字符串以双字节“\0\0”结束。

⑤ 在 Win 7 中文简体环境中一个汉字占用 2 字节，采用的是 GBK 编码，所以 char 类型的字符串中一个汉字用 2 字节表示，这 2 字节的最高位都是 1，只有这样，才能将它们与西文字符区别开来，所以输出它们的 ASCII 码时得到两个负数。在 wchar_t 类型的字符串中，每个汉字都用双字节表示，采用的是 UTF-16 编码方式，因此相同的中文字符存储的码值是不同的。UTF-16 编码与 ASCII 编码不兼容，所以上面的代码中用 cout 输出“L"ABC"”将无法正常输出。另外，UTF-16 编码将常用的字符采用 2 字节进行存储，不常用的汉字采用 4 字节存储，因此用 wchar_t 存储 UTF-16 编码中 4 字节的汉字会产生数据丢失，无法正确存储。

⑥ 在上面的程序中，语句“cout <<name <<endl;”的输出结果是“张三”，而语句“wcout <<wname <<endl;”却无法正常看到输出。如果字符串 wname 中全是西文字符，则仍然可以看到输出。这是在控制台程序中的一个现象，与控制台默认语言环境的设置有关，即设置采用什么编码方式输出。可通过 setlocale 设置语言环境进行编码转换，见上述程序中的代码。

2.12 数据类型转换

数据类型转换在编程中经常遇到，虽然可能存在风险，但我们仍乐此不疲地进行着。

2.12.1 隐式数据类型转换

隐式数据类型转换指不显式指明目标数据类型的转换，不需要用户干预，编译器私下进行的类型转换行为。例如：

```
double d = 4.48;
int i = d;          //报告警告
```

实际上，数据类型转换的工作相当于一条函数调用，若有一个函数专门负责从double转换到int(假设函数是dtoi)，则上面的隐式转换等价于“i=dtoi(d)”。函数dtoi()的原型应该是：“int dtoi(double)”或者是“int dtoi(const double&)”。有些类型的转换是绝对安全的，所以可以自动进行，编译器不会给出任何警告，如由int型转换成double型。另一些转换会丢失数据，编译器只会给出警告，并不算一个语法错误，如上面的例子。各种基本数据类型(不包括void)之间的转换都属于以上两种情况。

隐式数据类型转换无处不在，主要出现在以下几种情况：

① 算术运算式中，低类型能够转换为高类型。

② 赋值表达式中，右边表达式的值自动隐式转换为左边变量的类型，并完成赋值。

③ 函数调用传递参数时，系统隐式地将实参转换为形参的类型后赋给形参。

④ 函数有返回值时，系统将隐式地把返回表达式类型转换为返回值类型，然后赋值给调用函数。

编程原则：请尽量不要使用隐式类型转换，即使隐式的数据类型转换是安全的，因为隐式类型数据转换会降低程序的可读性。

2.12.2 显式数据类型转换

显式数据类型转换指显式指明目标数据类型的转换。考察如下程序：

```
#include <iostream>
using namespace std;
int main(int argc,char * argv[])
{
    short arr[] = {65,66,67,0};
    wchar_t * s;
    s = arr;
    wcout << s << endl;
}
```

由于short int和wchar_t是不同的数据类型，直接把arr代表的地址赋给s会导致一个编译错误：“error C2440:"=":无法从"short[4]"转换为"wchar_t"”。

为了解决这种“跨度较大”的数据类型转换，可以使用显式的“强制类型转换”机制，把语句“s = arr;”改为“s =（wchar_t *）arr;”就能顺利地通过编译，并输出“ABC”。

强制类型转换在C语言中早已存在，在C++语言中仍在继续使用。在C风格的强制类型转换中，目标数据类型被放在一堆圆括号中，然后置于源数据类型的表达式前。在C++语言中，允许将目标数据类型当作一个函数使用，将源数据类型表达式置于一对圆括号中，这就是所谓的“函数风格”的强制类型转换。以上两种强制转换没有本质区别，只是书写形式上略有不同，即

```
(T)expression  //C - style cast
T(expression)  //function - style cast
```

可将它们称为旧风格的强制类型转换。在上面的程序中，可以采用以下两种书写形式实现强制类型转换：

```
s = (wchar_t * )arr;
typedef wchar_t *  WCPTR; s = WCPTR(arr);
```

2.12.3 C++中的新式类型转换

在C++语言中，增加了4种内置的类型转换符：const_cast、static_cast、dynamic_cast和reinterpret_cast。它们具有统一的语法格式：

```
type_cast_operator <type> (expression)
```

1. const_cast

const_cast主要用于解除常指针和常量的const和volatile属性，也就是说，把cosnt type * 转换成type * 类型或将const type& 转换成type& 类型。但是要注意，如果一个变量本身被定义为只读变量，那么它永远都是常变量。const_cast取消的是对间接引用时的改写限制（只针对指针或者引用），而不能改变变量本身的const属性。例如下面的语句就是错误的：

```
const int i;
int j = const_cast <int> (i);     //编译出错
```

下面通过const_cast取消对间接引用的修改限制。

```
//示例 1
void constTest1()
{
    const int a = 5;
    int  * p = NULL;
    p = const_cast <int * > (&a);
    ( * p) ++ ;
```

```
    cout << a << endl;                      //输出 5
}

//示例 2
void constTest2()
{
    int i;
    cout << "please input a integer:";      //输入 5
    cin >> i;
    const int a = i;
    int& r = const_cast <int&> (a);
    r++;
    cout << a << endl;                      //输出 6
}
```

在函数 constTest1()中输出 5,并不代表常变量 a 的值没有改变,而是编译器在代码优化时将 a 替换为字面常量 5,实际上 a 的值已经变成了 6。在函数 constTest2()中,由于常变量 a 的值由用户运行时输入决定,编译时无法将 a 转化为对应的字面常量,所以输出结果为修改后的值 6。

2. static_cast

static_cast 相当于传统 C 语言中的那些“较为合理”的强制类型转换,较多地用于基本数据类型之间的转换、基类对象指针(或引用)和派生类对象指针(或引用)之间的转换、一般指针和 void * 类型的指针之间的转换等。static_cast 操作对于类型转换的合理性会作出检查,对于一些过于“无理”的转换会加以拒绝。例如下面的转换:

```
double d = 3.14;
double * p = static_cast <double *> (d);
```

这是一种非常诡异的转换,在编译时会遭到拒绝。另外,对于一些看似合理的转换,也可能被 static_cast 拒绝,这时就要考虑采用其他方法。如下面的程序:

```
#include <iostream>
using namespace std;
class A
{
    char ch;
    int n;
public:
    A(char c,int i):ch(c),n(i){}
};
int main(int argc,char * argv[])
{
```

```
    A a('s',2);
    char * p = static_cast <char *> (&a);
    cout << * p;
}
```

这个程序无法通过编译，也就是说，直接将“A * ”类型转换为“char * ”是不允许的，这时可以将“void * ”类型作为中介实现转换。修改后的程序如下：

```
void * q = &a;
char * p = static_cast <char *> (&q);
```

这样，程序就可以通过编译，输出“s”。可见，如果在指针类型之间进行转换，那么一定要注意转换的合理性，这一点必须由程序员自己负责。指针类型的转换意为对原数据实体内容的重新解释。

虽然 const_cast 是用来去除变量的 const 限定的，但是 static_cast 却不是用来去除变量的 static 引用。其实这是很容易理解的。static 决定的是一个变量的作用域和生命周期，比如在一个文件中将变量定义为 static，则说明这个变量只能在当前文件中使用；在方法中定义一个 static 变量，该变量在程序开始时存在，直到程序结束；在类中定义一个 static 成员，则可以被该类的所有对象使用。对 static 限定的改变必然会造成范围性的影响，而 const 限定的只是变量或对象自身。但是，无论是哪一个限定，它们都是在变量一出生（完成编译时）就决定了变量的特性，所以实际上都是不允许改变的。这点在 const_cast 部分就已经体现出来了。

在实践中，static_cast 多用于类型之间的转换，这时，被转换的两种类型之间一定存在派生与继承的关系。参见如下程序：

```
#include <iostream>
using namespace std;
class A{};
class B{};
int main(int argc,char * argv[])
{
    A * pa;
    B * pb;
    A a;
    pa = &a;
    pb = static_cast <B *> (pa);
}
```

上述程序无法通过编译，原因是类 A 与类 B 没有任何关系。

综上所述，使用 static_cast 进行类型转换时要注意如下几点：

① static_cast 操作符的语法形式是“static_cast <type> (expression)”，其中，expression 外面的圆括号不能省略，哪怕 expression 是一个简单的变量。

② 利用 static_cast 只能进行一些相关类型之间的“合理”转换。如果是类类型之间的转换，则源类型和目标类型之间必须存在继承关系，否则会出现编译错误。

③ static_cast 所进行的是一种静态转换，是在编译时决定的。通过编译后，空间和时间效率实际上等价于 C 方式的强制类型转换。

④ 在 C++中，指向派生类对象的指针可以隐式转换为指向基类对象的指针，而要把指向基类对象的指针转换为指向派生类对象的指针，就需要借助 static_cast 操作符来完成，其转换的风险是需要程序员自己来承担的。当然，使用 dynamic_cast 更为安全。

⑤ static_cast 不能转换掉 expression 的 const、volitale 或者__unaligned 属性。

3. dynamic_cast

dynamic_cast 是一个完全的动态操作符，只能用于指针或者引用间的转换，而且 dynamic_cast 运算符所操作的指针或引用的对象必须拥有虚成员函数，否则将出现编译错误。

原因是 dynamic_cast 牵扯到面向对象的多态性，其作用就是在程序运行的过程中动态地检查指针或者引用指向的实际对象是什么以确定转换是否安全，而 C++类的多态性则依赖于类的虚函数。

具体的说，dynamic_cast 可以进行如下的类型转换：

① 在指向基类的指针(引用)与指向派生类的指针(引用)之间进行的转换。基类指针(引用)转换为派生类指针(引用)为向下转换，被编译器视为安全的类型转换，也可以使用 static_cast 进行转换。派生类指针(引用)转换为基类指针(引用)时为向上转换，被编译器视为不安全的类型转换，需要使用 dynamic_cast 进行动态的类型检测。当然，static_cast 也可以完成转换，只是存在不安全性。

② 在多重继承的情况下，派生类的多个基类之间进行的转换(称为交叉转换：cross cast)。例如，如果父类 A1 指针实际上指向的是子类，则可以将 A1 转换为子类的另一个父类 A2 指针。

(1) dynamic_cast 的向下转换

dynamic_cast 在向下转换(downcast)时，即将父类指针或者引用转换为子类指针或者引用时，会严格检查指针所指对象的实际类型。参见如下程序：

```
#include <iostream>
using namespace std;
class A
{
public:
    int i;
    virtual void show(){
    cout << "class A" << endl;
```

```
    }
    A(){int i = 1;}
};
class B:public A
{
public:
    int j;
    void show()
    {
        cout << "class B" << endl;
    }
    B(){j = 2;}
};
class C:public B
{
    public:
    int k;
    void show()
    {
        cout << "class C" << endl;
    }
    C(){k = 3;}
};
int main(int argc,char * argv[])
{
    A * pa = NULL;
    B b, * pb;
    C * pc;
    pa = &b;
    pb = dynamic_cast <B *> (pa);
    if(pb)
    {
        pb -> show();
        cout << pb -> j << endl;
    }
    else
    {
        cout << "Convertion failed" << endl;
    }
    pc = dynamic_cast <C *> (pa);
    if(pc)
    {
        pc -> show();
        cout << pc -> k << endl;
    }
```

```
    else
    {
        cout << "Convertion failed" << endl;
    }
}
```

程序输出的结果是：

```
class B
2
Convertion failed
```

由于指针 pa 所指对象的实际类型是 class B，所以将 pa 转换为 B＊类型没有问题，而将 pa 转换成 C＊类型时则会失败。当指针转换失败时，返回 NULL。

（2）dynamic_cast 的交叉转换

交叉转换是在两个“平行”的类对象之间进行的。本来它们之间没有什么关系，将其中的一种转换为另一种是不可行的，但是，如果类 A 和类 B 都是某个派生类 C 的基类，而指针所指的对象本身就是一个类 C 的对象，那么该对象既可以被视为类 A 的对象，也可以被视为类 B 的对象，类型 A＊（A&）和 B＊（B&）之间的转换就有可能。参见如下程序：

```
#include <iostream>
using namespace std;
class A
{
public:
    int num;
    A(){num = 4;}
    virtual void funcA(){}
};
class B
{
public:
    int num;
    B(){num = 5;}
    virtual void funcB(){}
};
class C:public A,public B{};
int main(int argc,char * argv[])
{
    C c;
    A * pa;
    B * pb;
    pa = &c;
```

```
    cout << pa -> num << endl;
    pb = dynamic_cast <B *> (pa);
    cout << "pa = " << pa << endl;
    if(pb)
    {
        cout << "pb = " << pb << endl;
        cout << "Conversion succeeded" << endl;
        cout << pb -> num << endl;
    }
    else
    {
        cout << "Conversion failed" << endl;
    }
}
```

程序输出的结果是：

```
4
pa = 003BFE8C
pb = 003BFE94
Conversion succeeded
5
```

由上述内容可以看出，pa 转换成 pb 之后，其值发生了变化，也就是说，在类 C 的对象中，类 A 的成员和类 B 的成员所占的位置（距离对象首地址的偏移量）是不同的。类 B 的成员要靠后一些，所以将 A * 转换为 B * 时，要对指针的位置进行调整。如果将程序中的"dynamic_cast"替换成"static_cast"，则程序无法通过编译，因为编译器认为类 A 和类 B 是两个"无关"的类。

4. reinterpret_cast

reinterpret_cast 是一种最为"狂野"的转换。它在 C++的 4 种新的转换操作符中能力是最强的，与 C 的强制类型转换不分上下。正是因为 reinterpret_cast 具有过于强大的转换能力，所以它是 C++中最不提倡使用的一种数据类型转换操作符，应该尽量避免使用。

reinterpret_cast 主要用于转换一个指针为其他类型的指针，也允许将一个指针转换为整数类型，反之亦然。这个操作符能够在非相关的类型之间进行。其存在必有其价值，在一些特殊的场合，在确保安全的情况下，可以适当使用。reinterpret_cast 一般用于函数指针的转换。参见如下程序：

```
#include <iostream>
using namespace std;
typedef void ( * pfunc)();
void func1()
```

```
{
    cout << "this is func1(),return void" << endl;
}
int func2()
{
    cout << "this is func2(),return int" << endl;
    return 1;
}
int main(int argc,char * argv[])
{
    pfunc FuncArray[2];
    FuncArray[0] = func1;
    FuncArray[1] = reinterpret_cast <pfunc> (func2);
    for(int i = 0;i < 2; ++ i)
    {
        ( * FuncArray[i])();
    }
}
```

程序输出结果：

```
this is func1(),return void
this is func2(),return int
```

由函数指针类型“int(*)()”转换为“void(*)()”，只能通过 reinterpret_cast 进行，用其他的类型转换方式都会遭到编译器的拒绝；而且从程序的意图来看，这里的转换是“合理”的。不过，C++是一种强制类型安全的语言，即使使用 interpret_cast，也不能任意地将某种类型转换为另一种类型，C++编译器会设法保证“最低限度”的合理性。

语言内置的类型转换操作符无法胜任的工作，则需要程序员手动重载相关转换操作符来完成。

2.12.4 手动重载相关类型转换操作符

在各种各样的类型转换中，用户自定义的类类型与其他数据类型间的转换要引起注意。这里重点考察如下两种情况。

1. 不同类对象的相互转换

由一种类对象转换成另一种类对象是无法自动进行的，必须定义相关的转换函数。其实，这种转换函数就是类的构造函数，或者将类类型作为类型转换操作符函数进行重载。此外，还可以利用构造函数来完成类对象的相互转换，参见如下程序：

```
#include <iostream>
using namespace std;
```

```
class Student
{
    char name[20];
    int age;
public:
    Student(){};
    Student(char * s, int a)
    {
        strcpy(name,s);
        age = a;
    }
    friend class Team;
};
class Team
{
    int members;
    Student monitor;
public:
    Team(){};
    Team(const Student& s):monitor(s),members(0){};
    void Display()const
    {
        cout << "members' number :" << members << endl;
        cout << "monitor's name :" << monitor.name << endl;
        cout << "monitor's age :" << monitor.age << endl;
    }
};
ostream& operator << (ostream& out,const Team &t)
{
    t.Display();
    return out;
}

int main(int argc,char * argv[])
{
    Student s("阿珂",23);
    cout << s;
}
```

程序输出结果：

```
members' number :0
monitor's name :阿珂
monitor's age :23
```

本来，输出操作符“operator << ”并不接受 Student 类对象作为参数，但由于通过类 Team 的构造函数将 Student 类对象转换成 Team 类对象，所以输出操作可以成功进行。类的单参数构造函数实际上充当了类型转换函数。

2. 基本数据类型与类对象的相互转换

(1) 基本数据类型转换为类对象

这种转换仍可以借助于类的构造函数进行，也就是说，在类的若干重载的构造函数中，有一些接受一个基本数据类型作为参数，这样就可以实现从基本数据类型到类对象的转换。

(2) 类对象转换为基本数据类型

由于无法为基本数据类型定义构造函数，所以由对象向基本数据类型的转换必须借助于显式的转换函数。这些转换函数名由 operator 后跟基本数据类型名构成。下面是一个具体的例子。

```
#include <iostream>
using namespace std;
class A
{
public:
    operator int()
    {
        return 1;
    }
    operator double()
    {
        return 0.5;
    }
};
int main(int argc,char * argv[])
{
    A obj;
    cout << "Treating obj as an interger, its value is: " << (int)obj << endl;
    cout << "Treating obj as a double, its value is: " << (double)obj << endl;
}
```

程序输出结果：

```
Treating obj as an interger, its value is: 1
Treating obj as a double, its value is: 0.5
```

在一个类中定义基本类型转换的函数需要注意以下几点：

① 类型转换函数只能定义为一个类的成员函数，而不能定义为外部函数。类型

转换函数与普通成员函数一样,也可以在类中声明,在类外定义。

② 类型转换函数通常提供给类的客户使用,所以应将访问权限设置为 public,否则将无法被显式地调用,隐式的类型转换也无法完成。

③ 类型转换函数既没有参数,也不显式地给出返回类型。

④ 转换函数必须有“return 目的类型数据;”的语句,即将目的类型数据作为函数的返回值。

⑤ 一个类可以定义多个类型转换函数,C++编译器将根据目标数据类型选择合适的类型转换函数。在可能出现二义性的情况下,应显式地使用类型转换函数进行类型转换。

2.12.5 小　结

① 综上所述,数据类型转换相当于一次函数调用。调用的结果是生成一个新的数据实体,或者生成一个指向原数据实体但解释方式发生变化的指针(或引用)。

② 编译器不给出任何警告也不报错的隐式转换总是安全的,否则必须使用显式转换,必要时还要编写类型转换函数。

③ 使用显式的类型转换时,程序员必须对转换的安全性负责,这一点可以通过两种途径实现:一是利用 C++语言提供的数据类型动态检查机制;二是利用程序的内在逻辑来保证类型转换的安全性。

④ dynamic_cast 转换符只能用于含有虚函数的类。dynamic_cast 可以用于类层次间的向上转换和向下转换,还可以用于类间的交叉转换。在类层次间进行向上转换,即子类转换为父类,此时完成的功能与 static_cast 相同,因为编译器默认向上转换总是安全的。向下转换时,dynamic_cast 具有类型检查的功能,更加安全。类间的交叉转换指的是子类的多个父类之间的指针或引用的转换。

dynamic_cast 能够实现运行时动态类型检查,依赖于对象的 RTTI(Run - Time Type Information),通过虚函数表找到 RTTI 确定基类指针所指对象的真实类型来确定能否转换。

⑤ interpre_cast 类似于 C 的强制类型转换,多用于指针(和引用)类型间的转换,权利最大,也最危险。static_cast 的权利较小,但大于 dynamic_cast,可用于普通的转换。进行类层次间的下行转换时如果没有动态类型检查,则是不安全的。

⑥ const_cast 只用于去除指针或者引用类型的 const 和 volatile 属性,变量本身的属性不能被去除。

在进行类型转换时,请坚持如下原则:

① 子类指针(或引用)转换为父类指针(或引用)时,编译器认为总是安全的,即向上转换使用 static_cast,而非 dynamic_cast,原因是 static_cast 的效率高于 dynamic_cast。

② 父类指针(或引用)转换为子类指针(或引用)时存在风险,即向下转换必须使

用 dynamic_cast 进行动态类型检测。

③ 不要使用 C 风格的强制类型转换，要使用标准 C++中的 4 个类型转换符，即 static_cast、dynamic_cast、reinterpret_cast 和 const_cast。

2.13 数值类型与 string 的相互转换

2.13.1 数值类型转换为 string

1. 使用函数模板+ostringstream

使用函数模板将基本数据类型（整型、字符型、实型、布尔型）转换成 string。

```
//ostringstream 对象用来进行格式化的输出，常用于将各种类型转换为 string 类型
//ostringstream 只支持"<<"操作符
template <typename T> string toString(const T& t)
{
    ostringstream oss;          //创建一个格式化输出流
    oss << t;                   //把值传递到流中
    return oss.str();
}
cout << toString(14.2) << endl;                 //实型->string:输出 14.2
cout << toString(12301) << endl;                //整型->string:输出 12301
cout << toString(123456789785) << endl;    //长整型->string:输出 123456789785
cout << toString(true) << endl;                 //布尔型->string:输出 1
```

2. 使用标准库函数 std::to_string()

std 命令空间下有一个 C++标准库函数 std::to_string()，可用于将数值类型转换为 string，使用时需要 include 头文件"<string>"。

函数原型声明如下：

```
string to_string (int val);
string to_string (long val);
string to_string (long long val);
string to_string (unsigned val);
string to_string (unsigned long val);
string to_string (unsigned long long val);
string to_string (float val);
string to_string (double val);
string to_string (long double val);
```

2.13.2 string 转换为数值类型

1. 使用函数模板+istringstream

istringstream 在 int 或 float 类型转换为 string 类型的方法中已经介绍过，这里也能用于将 string 类型转换为常用的数值类型。参见如下程序：

```
#include <iostream>
#include <sstream>      //使用 istringstream 需要引入该头文件
using namespace std;
//模板函数：将 string 类型变量转换为常用的数值类型(此方法具有普遍适用性)
template <class Type> Type stringToNum(const string& str)
{
    istringstream iss(str);
    Type num;
    iss >> num;
    return num;
}
int main(int argc, char * argv[])
{
    string str("00801");
    cout << stringToNum <int> (str) << endl;

    system("pause");
    return 0;
}
```

2. 使用 C 标准库函数

具体做法是：先将 string 转换为 char * 字符串，再通过相应的类型转换函数转换为想要的数值类型。需要包含标准库函数“<stdlib. h>”。

(1) string 转换为 int32_t

参见如下代码：

```
string love = "77";
int ilove = atoi(love.c_str());
//或者 16 位平台转换为 long int
int ilove = strtol(love.c_str(),NULL,10);
```

(2) string 转换为 uint32_t

参见如下代码：

```
c++
//str:待转换字符串
```

```
//endptr:指向 str 中数字后第一个非数字字符
//base:转换基数(进制),范围从 2~36
unsigned long int strtoul (const char * str, char * * endptr, int base);
//示例
string love = "77";
unsigned long ul;
ul = strtoul(love.c_str(), NULL, 10);
```

(3) string 转换为 int64_t

参见如下代码：

```
string love = "77";
long long llLove = atoll(love.c_str());
```

(4) string 转换为 uint64_t

参见如下代码：

```
unsigned long long int strtoull (const char * str, char * * endptr, int base);
//示例
string love = "77";
unsigned long long ull;
ull = strtoull (love.c_str(), NULL, 0);
```

(5) string 转换为 float 或 double

参见如下代码：

```
string love = "77.77";
float fLove = atof(love.c_str());
double dLove = atof(love.c_str());
```

(6) string 转换为 long double

参见如下代码：

```
long double strtold (const char * str, char * * endptr);
```

3. 使用 C++标准库函数

使用 C++ 11 引入的 C++库函数将 string 转换为数值类型,相应的库函数声明在头文件“<string>”中。

```
|名称|原型|说明|
|stoi|int stoi (const string&  str, size_t * idx = 0, int base = 10); <br/> int stoi
(const wstring& str, size_t * idx = 0, int base = 10);|Convert string to integer (function
template )|
```

```
|stol|long stol (const string&  str, size_t* idx = 0, int base = 10); <br/> long stol (const wstring& str, size_t* idx = 0, int base = 10);|Convert string to long int (function template)|
|stoul|unsigned long stoul (const string&  str, size_t* idx = 0, int base = 10); <br/> unsigned long stoul (const wstring& str, size_t* idx = 0, int base = 10);|Convert string to unsigned integer (function template)|
|stoll|long long stoll (const string&  str, size_t* idx = 0, int base = 10); <br> long long stoll (const wstring& str, size_t* idx = 0, int base = 10);|Convert string to long long (function template)|
|stoull|unsigned long long stoull (const string&  str, size_t* idx = 0, int base = 10); <br> unsigned long long stoull (const wstring& str, size_t* idx = 0, int base = 10);|Convert string to unsigned long long (function template)|
|stof| float stof (const string&  str, size_t* idx = 0); <br > float stof (const wstring& str, size_t* idx = 0);|Convert string to float (function template )|
|stod| double stod (const string&  str, size_t* idx = 0); <br > double stod (const wstring& str, size_t* idx = 0);|Convert string to double (function template )|
|stold|long double stold (const string&  str, size_t* idx = 0); <br> long double stold (const wstring& str, size_t* idx = 0);|Convert string to long double (function template)|
```

形参说明：

- str：重载了 string 和 wstring 版本，表示被转换的字符串。
- idx：表示一个 size_t * 的指针类型，默认为空值。不为空时，转换成功时表示获取第一个非数值字符相对于首字符的偏移下标，也表示成功转换的字符数量，如“10”成功地转为数值“10”时，“ * idx”的值为 2。
- base：表示转换基准，默认是十进制。

2.14 临时变量的常量性

1. 认识临时变量的常量性

关于临时变量的常量性，首先参见以下代码：

```
void print(string& str)
{
    cout << str << endl;
}
//如此调用会报编译错误
print("hello world");
```

在 Linux 环境下使用 g++编译，会出现“invalid initialization of non-const reference of type 'std::string&' from a temporary of type 'std::string'”的错误。其中文意思为：临时变量无法为非 const 引用初始化。出错的原因是：编译器根据字符串

“hello world”构造一个 string 类型的临时对象，这个临时变量具有 const 属性，当这个临时变量传递给非 const 的 string& 引用类型时，无法隐式地完成 const 到非 const 的类型转换，便出现上面的编译错误。解决办法是：将 print()函数的参数改为常引用。代码修改如下，可顺利通过编译。

```
void print(const string& str)
{
    cout << str << endl;
}
//顺利通过编译
print("hello world");
```

通过以上代码可以看出，在设计函数时，形参应尽可能地使用 const，这样可以使代码更为健壮，将错误暴露于编译阶段。

2. 临时变量常量性的原因

为什么临时对象作为引用参数传递时，形参必须是常量引用呢？很多人对此的解释是：临时变量是常量，不允许赋值改动，所以作为非常量引用传递时，编译器就会报错。这个解释在关于理解临时对象不能作为非 const 引用参数这个问题上是可以的，但不够准确。事实上，临时变量是可以作为左值(Lvalue) 并被赋值的，请看下面的代码：

```
class IntClass
{
private:
    int x;
public:
    IntClass(int value):x(value){}
    friend  ostream& operator << (ostream &os, const IntClass &intc);
};
//重载 operator <<
ostream& operator << (ostream &os, const IntClass &intc)
{
    os << intc.x;
    return os;
}

int main(int argc,char * argv[])
{
    cout << (IntClass(6) = IntClass(8)) << endl;
}
```

程序输出：

```
8
```

以上代码正确编译运行，没有错误。IntClass(6)表示生成一个无名临时变量并作为左值被修改，所以临时变量并不是常量，只是编译器从语义层面限制了临时变量传递给非 const 引用。注意，这里与《C++编程思想》在第 8 章中的"临时量"小节中认为"编译器使所有的临时量自动设为 const"的说法有些不同。

那编译器为何作出如此限制呢？如果一个实参以非 const 引用传入函数，编译器有理由认为该实参会在函数中修改，并且这个被修改的引用在函数返回后要发挥作用。但是，如果把一个临时变量当作非 const 引用参数传进来，那么由于临时变量的特殊性，临时变量所在的表达式执行结束后，临时变量就会被释放，所以，一般说来，修改一个临时变量是毫无意义的。据此，C++编译器加入了临时变量不能作为非 const 引用实参这个语义限制，意在限制这个非常规用法的潜在错误。

2.15 左值、右值和常引用

1. 左值的定义

左值(Lvalue)是 C++中的一个基本概念，指可寻址的非只读表达式。通俗来讲，凡是可以出现在赋值运算符左边的表达式都是左值。与左值相对的就是右值(Rvalue)，只能出现在赋值运算右边的表达式都是右值。所以，左值一定可以作为右值，但右值一定不能作为左值。

理解左值的概念需要注意以下几点：

① 左值一定是可以寻址的表达式，不能寻址的表达式不能作为左值。例如，表达式"3+5"是一个符号常量表达式，它不能被寻址，因此就不能作为左值。

② 常变量虽然可以寻址，但是由于只读的限制，也不能作为左值。

③ 如果表达式的运算结果是一个由文字常量生成的临时无名对象，则表达式不能作为左值，如下面的例子。

```
#include <iostream>
using namespace std;
int func()
{
    return 0;
}
int main(int argc,char * argv[])
{
    int i;
```

```
    i + 1 = 5;       //statement1
    func() = 5;      //statement2
}
```

以上程序中的 statement1 和 statement2 均是非法语句，原因是 i+1 的运算结果是一个文字常量构成的临时无名对象，函数 func()的返回值也是一个文字常量构成的临时无名对象，所以它们都不能作为左值。注意，这里的临时无名对象指的是没有任何标识符与之关联的文字常量，包括数值常量、字符常量与符号常量，不包括类对象。

④ 如果表达式的运算结果是一个引用，则此表达式可以作为左值，如下面的例子。

```
#include <iostream>
using namespace std;
int& func()
{
    int a = 0;
    return a;
}
int main(int argc,char * argv[])
{
    int i = 1;
    (i += 1) = 5;              //statement1
    cout << " " << i << endl;
    cout << (func() = 6);      //statement2
}
```

程序的输出结果是：

```
5 6
```

在 statement1 中，由于表达式"i+=1"的运算结果是对 i 的引用，所以它可以作为左值；而在 statement2 中，函数调用 func()的返回结果是对局部变量 a 的引用，所以该表达式也可以作为左值。

由此可见，并不是只有单个变量才能作为左值，也不是仅由表达式的外在形式判断它是否为左值，需要根据一个表达式的运算结果的性质进行判断。

2. 建立引用的条件

由于引用变量中实际上存放的是被引用对象的地址，所以，左值一定可以建立非常引用。对非左值建立常引用，首先要考虑该表达式的结果是否能寻址，其次还要考虑表达式结果的数据类型与引用数据类型是否一致，只有在满足了这两个条件的基础上，才能将表达式结果的地址送入引用变量；否则，只能另外创建一个无名变量，该变量中存放非左值表达式的运算结果,然后再建立对该无名变量的常引用。

在C++语言中,经常把函数的参数声明为引用,这样在发生函数调用时可以减少运行时的开销。但要特别注意的是,将函数的参数声明为一般的引用还是声明为常引用,是有讲究的。考察如下函数:

```
#include <iostream>
using namespace std;
int Max(int& a, int& b)
{
    return (a > b)? a:b;
}
int main(int argc,char * argv[])
{
    int i = 2;
    cout << Max(i,5) << endl; //编译出错
}
```

这个程序无法通过编译。在函数调用Max(i,5)中,由于5不是左值,不能为它建立引用,所以出现编译错误。在这种情况下,必须修改函数Max()的定义,也就是把它的参数声明为常引用“int Max(const int& a, const int&b)”,这样就解决问题了。可见,将函数的参数声明为常引用,不完全是因为参数的值在函数体内不能修改,还考虑了接受非左值作为函数实参的情况。

3. 常引用的特殊性质

对某个变量(或表达式)建立常引用时,允许发生类型转换,而一般的引用则不允许,参见下面的程序:

```
#include <time.h>
#include <iostream>
using namespace std;
int Max(const int& a, const int& b)
{
    return (a > b)? a:b;
}
int main(int argc,char * argv[])
{
    char c = 'a';
    const int &rc = c;
    cout << (void *)&c << endl;
    cout << (void *)&rc << endl;
    int i = 7;
    const int &ri = i;
```

```
    cout << (void * )&i << endl;
    cout << (void * )&ri << endl;
    cout << Max(rc,5.5) << endl;
}
```

程序输出结果如下：

```
002BF9E3
002BF9C8
002BF9BC
002BF9BC
97
```

在这个程序中，如果将语句“const int &rc=c;”中的 const 去掉，则将发生编译错误。原因是：一般的引用只能建立在相同数据类型的变量上。同样，之所以允许 Max(i,5.5)这样的函数调用，也是因为函数 Max()的第二个参数是常引用，因此可以将实参 5.5 先转换为 int 类型的无名变量，然后再建立对该无名变量的常引用。

所以，对一个表达式建立常引用时，如果该表达式的结果可以寻址，并且表达式的数据类型与引用类型相同，那么可以直接将该表达式结果的地址送入引用变量。此例中，&i 和 &ri 的值相等就说明了这一点。否则，若表达式的数据类型与引用类型不相同，或是表达式的结果不可寻址，那么只能另外建立一个无名临时变量存放表达式的结果(或其转换后的值)，然后将引用与无名临时变量绑定，此例中 &c 与 &rc 的值不同正好说明了这一点。

以上说明了无名临时变量具有常量性，只能建立常引用。需要注意，无名临时变量具有常量性与能否作为左值没有必然联系，并不是所有类型的无名临时变量都不能作为左值，非文字常量构建的临时变量是可以作为左值被赋值的，比如类的临时对象。

2.16 mutable 的用法

mutable 的中文意思是“可变的，易变的”，是 constant(C++中的 const)的反义词。在 C++中，mutable 是为了突破 const 的限制而设置的，被 mutable 修饰的变量将永远处于可变的状态。

mutable 的作用有两点：

① 保持常量对象中大部分数据成员仍然是“只读”的情况下，实现对个别数据成员的修改。

② 使 const 函数可修改对象的 mutable 数据成员。

使用 mutable 的注意事项：

① mutable 只能作用于类的非静态和非常量数据成员。

② 在一个类中,应尽量或者不用 mutable,大量使用 mutable 表示程序设计存在缺陷。

示例代码如下:

```
#include <iostream>
using namespace std;
//mutable int test;//编译出错
class Student
{
    string name;
    mutable int getNum;
    //mutable const int test;          //编译出错
    //mutable static int static1;      //编译出错
public:
    Student(char * name)
    {
        this -> name = name;
        getNum = 0;
    }
    string getName() const
    {
        ++ getNum;
        return name;
    }
    void pintTimes() const
    {
        cout << getNum << endl;
    }
};
int main(int argc, char * argv[])
{
    const Student s("张三");
    cout << s.getName().c_str() << endl;
    s.pintTimes();
    return 0;
}
```

程序输出结果:

```
张三
1
```

mutable 不能修饰 const 数据成员容易理解,因为 mutable 与 const 本是反义,同时修饰会自相矛盾。mutable 也不能修饰 static 数据成员，因为 static 数据成员存储在 Data 段或 BSS 段，属于类，不属于类对象，那么常对象和常函数可以对其任意修改，所以类的 static 数据成员根本不需要 mutable 的修饰，但对常对象的数据成员不可以修改，若想修改，则需要 mutable 的修饰。

示例代码如下：

```
#include <iostream>
using namespace std;
class Student
{
    string name;
public:
    static int test1;
    void modify() const
    {
        test1 = 15;
        cout << test1 << endl;
    }
};
int Student::test1;                //声明 test1 并按照编译器默认的值进行初始化
int main(int argc, char * argv[])
{
    const Student s("张三");
    s.test1 = 5;                   //常对象可以修改静态类的数据成员 test1
    cout << Student::test1 << endl;
    s. modify();                   //常函数修改
    return 0;
}
```

程序输出结果：

```
5
15
```

2.17 名字空间

1. 名字空间的由来

名字空间(namespace)是由 C++引入的，是一种新的作用域级别。原来 C++标识符的作用域从小到大分为 4 级：局部作用域(代码块)、函数作用域、类域和全局作用域。如今，在类作用域和全局作用域之间，C++标准又添加了名字空间域这一个作用域级别。

名字空间是 ANSI C++引入的可以由用户命名的作用域，用来处理程序中常见的同名冲突问题。

2. 名字空间的作用

名字空间的作用主要是为了解决日益严重的名称冲突问题。随着可重用代码的增多，各种不同的代码体系中的标识符之间同名的情况就会显著增多。解决的办法就是将不同的代码库放到不同的名字空间中。

访问一个具体的标识符时，可以使用如下形式：space_name::identifier，即用作用域指示符“::”将名字空间的名称和该空间下的标识符连接起来，即使使用同名的标识符，由于它们处于不同的名字空间，也不会发生冲突。

有两种形式的命名空间——有名的和无名的，定义格式分别为

```
有名的命名空间：
        namespace 命名空间名
        {
                声明序列可选
        }
匿名的命名空间：
        namespace
        {
                声明序列可选
        }
```

3. 名字空间的注意要点

① 一个名字空间可以在多个头文件或源文件中实现，称为分段定义。如果想在当前文件访问定义在另一个文件中的同名名字空间内的成员变量，则需要在当前文件的名字空间内部进行声明。例如，标准 C++库中的所有组件都是在一个被称为 std 的名字空间中声明和定义的，这些组件当然分散在不同的头文件和源文件中。

② 名字空间内部可以定义类型、函数、变量等内容，但名字空间不能定义在类和函数的内部。

③ 在一个名字空间中可以自由地访问另一个名字空间的内容，因为名字空间并没有保护级别的限制。

④ 虽然经常可以见到“using namespace std;”这样的用法，也可以用同样的方法将名字空间中的内容一次性“引入”到当前的名字空间中来，但这并不是一个值得推荐的用法。因为这样做相当于取消了名字空间的定义，使发生名称冲突的机会增多。所以，用 using 单独引入需要的内容会更有针对性。例如，要使用标准输入对象，只需用“using std::cin;”就可以了。

⑤ 不能在名字空间的定义中声明另一个嵌套的子命名空间，只能在命名空间中

定义子命名空间。

⑥ 名字空间的成员可以在命名空间的内部定义，也可以在名字空间的外部定义，但是要在名字空间中进行声明。

命名空间成员的外部定义的格式为

```
名字空间名::成员名 ……
```

⑦ 名字空间在进行分段定义时，不能定义同名的变量，否则连接会出现重定义错误。因为名字空间不同于类，具有外部连接的特性，所以请不要将名字空间定义在头文件中，因为当被不同的源文件包含时，会出现重定义的错误。

结合以上几点，观察如下程序：

```
//main.cpp
#include <iostream>
namespace myspace1
{
    extern int gvar;            //内部声明
    extern int otherVar;        //另一个文件中同名名字空间中的定义
    using std::cout;
    using std::endl;
    class myclass
    {
    public:
        void print()
        {
            cout << "in space1,gvar = " << gvar << endl;
        }
    };
}
namespace myspace2
{
    using std::cout;
    using std::endl;
    int i = 5;
    class myclass
    {
    public:
        void print(){
            cout << "in space2" << endl;
        }
    };
    namespace nestedspace
```

```
    {
        void ExternFunc();//内部声明
    }
}
//外部定义
int myspace1::gvar = 1;
void myspace2::nestedspace::ExternFunc()
{
    cout << "in nestedspace" << endl;
}
int main(int argc,char * argv[])
{
    myspace1::myclass obj1;
    obj1.print();
    myspace2::myclass obj2;
    obj2.print();
    myspace2::nestedspace::ExternFunc();
    std::cout << myspace1::otherVar << std::endl;
}
//sp2.cpp
namespace myspace1
{
    int otherVar = 3;
}
```

程序输出结果：

```
in space1,gvar = 1
in space2
in nestedspace
3
```

⑧ 为了避免命名空间的名字与其他的命名空间同名，可以用较长的标识符作为命名空间的名字。但是，书写较长的命名空间名时会有些冗余，因此可以在特定的上下文环境中给命名空间起一个相对简单的别名。

参考如下程序：

```
namespace MyNewlyCreatedSpace
{
    void show()
    {
        std::cout << "a function within a namespace" << std::endl;
    }
```

```
}
int main(int argc,char * argv[])
{
    namespace sp = MyNewlyCreatedSpace;
    sp::show();
}
```

4. 匿名名字空间

(1) 与 static 的共同作用

匿名名字空间提供了类似在全局函数前加 static 修饰带来的限制作用域的功能。它的这种特性可以用在 struct 和 class 上，而普通的 static 却不能。比如，在两个源文件中定义相同的全局变量(或函数)，就会发生重定义的错误。如果将它们声明为全局静态变量(或函数)，就可以避免重定义错误。在 C++中，除了可以使用 static 关键字避免全局变量(函数)的重定义错误外，还可以通过匿名名字空间的方式实现。参考如下代码：

```
//main.cpp
#include <iostream>
using namespace std;
namespace
{
  double dvar = 1.8;
}
void show1()
{
  cout << "dvar:" << dvar << endl;
}

int main(int argc,char * argv[])
{
    void show2();
    show1();
    show2();
}
//a.cpp
#include <iostream>
using namespace std;

double dvar = 2.8;
void show2()
{
```

```
    cout << "dvar:" << dvar << endl;
}
```

程序输出如果：

```
dvar:1.8
dvar:2.8
```

未命名的名字空间中定义的变量(或函数)只在包含该名字空间的文件中可见，但其中变量的生存期却从程序开始到程序结束。如果有多个文件包含未命名的名字空间，那么这些名字空间是不相关的，即使这些名字空间中定义了同名的变量(或函数)，这些标识符也代表不同的对象。

(2) 与 static 的不同

通过匿名名字空间同样实现了对不同源文件中同名全局变量(函数)的保护，使它们不至于发生冲突。在这一点上，匿名名字空间和 static 的作用是相同的。

但是，用 static 修饰的变量(函数)具有内部连接特性，而具有内部连接特性的变量(函数)是不能用来实例化一个模板的。参考如下程序：

```
#include <iostream>
using namespace std;
template <char * p> class Example
{
public:
    void display()
    {
        cout << * p << endl;
    }
};
static char c = 'a';
int main(int argc,char * argv[])
{
    Example <&c> a;      //编译出错
    a.display();
}
```

此程序无法通过编译，因为静态变量 c 不具有外部连接特性，因此不是真正的“全局”变量。而类模板的非类型参数要求是编译时常量表达式，或者是指针类型的参数且要求指针指向的对象具有外部连接性。具体要求参见 C++标准关于模板非类型参数的要求——ISO 相关标准官网(http://www.open-std.org/)。

为了实现既能保护全局变量(函数)不受重定义错误的干扰，又能使它们具有外部连接特性的目的，就必须使用匿名名字空间机制。同样是上面的这个程序，将“char c='a';”置于匿名名字空间中进行定义，即可通过编译并运行。读者可自行验证。

通过以上程序可以看出,匿名名字空间与 static 的区别是:包含在匿名名字空间中的全局变量(函数)具有外部连接特性,而用 static 修饰的全局变量具有内部连接特性,不能用于实例化模板的非类型参数。

2.18 作用域与生命周期

Pascal 之父 Nicklaus Wirth 曾经提出一个公式,展示出了程序的本质:程序=算法+数据结构。后人又给出一个公式与之遥相呼应:软件=程序+文档。这两个公式可以简洁明了地为我们展示程序和软件的组成。

程序的运行过程可以理解为算法对数据的加工过程,程序运行的结果就是算法加工数据产生的结果数据。算法描述的是对数据加工的步骤,对应于程序中的函数。数据结构描述的是数据在计算机中的组织结构,对应于程序中的数据类型。程序中数据对应的就是无处不在的变量。对于编程人员,面对的无非就是函数、数据类型和变量。因此,C++谈及作用域与生命周期针对的就是这三大程序的组成要素:函数、数据类型和变量。下面将一一讲述。

1. 作用域与生命周期的区别

作用域与生命周期是两个完全不同的概念。在英文中,作用域用"scope"表示,生命周期则用"duration"表示。作用域是一个静态概念,只在编译源程序时用到。一个标识符的作用域指在源文件中该标识符能够独立地合法地出现的区域;生命周期则是一个运行时的动态(runtime)概念,它是指一个变量在整个程序从载入到结束运行的过程中存在的时间周期。由于函数和数据类型是静态概念,所以它们没有生命周期的说法,它们从编译、程序的运行到结束的整个过程都一直存在。

C++中作用域的级别主要有文件域(全局作用域)、名字空间域、类域、函数作用域和代码块作用域(局部域)。

2. 函数的作用域

函数分为类的成员函数和全局函数。

(1) 类的成员函数

- 作用域:类域。
- 生命周期:无(程序运行期一直存在)。
- 引用方法:若在其他文件中使用,就必须用点操作符(.)或作用域运算符(::)来引用。
- 内存分布:代码区。

注意: 类成员函数可以定义在类体内,即定义在头文件中,当类被不同的源文件包含时不会报重定义的错误,因为作用域被限制在类体中。

举例如下：

```
//main.cpp
class test
{
private:
    int i;
public:
    void show()
    {
        cout << "i:" << i << endl;
    }
};
int main(int argc,char * argv[])
{
    test t;
    t.show()
}
```

(2) 全局函数

- 作用域：文件域(全局作用域)。
- 生命周期：无(程序运行期一直存在)。
- 引用方法：其他文件中要先进行函数原型声明再使用。
- 内存分布：代码段。

注意：如果在两个源文件中定义了同名的全局函数，则连接时会出现重定义错误。

举例如下：

```
//function.cpp
void printHello()
{
    cout << "hello world" << endl;
}
//main.cpp
void printHello();
int main(int argc,char * argv[])
{
    printHello();
}
```

3. 数据类型的作用域

C++中的数据类型分为基本数据类型和非基本数据类型，其中非基本数据类型又分为复合数据类型和构造数据类型。

(1) 基本数据类型

基本数据类型包括整型(int)、实型(float 和 double)、字符型(char)、布尔型(bool)和无值型(void)。

- 作用域:文件域(全局作用域)。
- 生命周期:无(程序运行期一直存在)。
- 引用方法:无需声明,直接使用。
- 内存分布:代码段。

(2) 复合数据类型

复合数据类型包括数组(type[])、指针(type *)、引用(type&)和枚举(enum)。

如果复合数据类型是构造数据类型参与的复合,那么其作用域与构造数据类型一致。枚举(enum)类型的作用域与构造类型相同。

(3) 构造数据类型

- 作用域:类型定义所在的域,其他文件不可见。
- 生命周期:无(程序运行期一直存在)。
- 引用方法:其他文件中要先进行定义,再通过作用域运算符使用。
- 内存分布:代码区。

注意: 只要文件不互相包含,即使在两个源文件中定义了同名的构造,也不会出现重定义错误,因为数据类型不具有外部连接性。

举例如下:

```
//main.cpp
namespace dd
{
    class test
    {
    private:
        int i;
        public:
        void show()
        {
            cout << "i:" << i << endl;
        }
    };
}
using namespace dd;    //引用命名空间域中的构造类型 test,否则无法使用
int main(int argc,char * argv[])
{
    test t;
    t.show();
}
```

4. 变量的作用域与生命周期

我们面对的变量主要分为全局变量、全局静态变量、局部变量和局部静态变量。下面将一一讲述它们的作用域与生命周期。

(1) 全局变量

- 作用域：全局作用域（全局变量只需在一个源文件中定义，就可以作用于所有的源文件）。
- 生命周期：程序运行期一直存在。
- 引用方法：若在其他文件中使用，就必须用 extern 关键字声明要引用的全局变量。
- 内存分布：全局/静态存储区。

注意：如果在两个文件中都定义了相同名字的全局变量，则连接出错：变量重定义。

举例如下：

```
//define.cpp
int g_iValue = 1;
//main.cpp
extern int g_iValue;
int main()
{
    cout << g_iValue;
    return 0;
}
```

(2) 全局静态变量

- 作用域：文件作用域（只在被定义的文件中可见）。
- 生命周期：程序运行期一直存在。
- 内存分布：全局/静态存储区。
- 定义方法：static 关键字，const 关键字。

注意：只要文件不互相包含，在两个不同的文件中是可以定义完全相同的两个静态变量的，它们是两个完全不同的变量。

举例如下：

```
//define.cpp
const int iValue = 8;
//main.cpp
int iValue;
static const int iValue_2;
static int iValue_3;
```

```
int main(int argc,char * argv[])
{
    cout << "iValue:" << iValue << endl;
    return 0;
}
```

(3) 局部变量

- 作用域:局部作用域(只在局部作用域中可见,如函数域、代码块域)。
- 生命周期:程序运行出局部作用域即被销毁。
- 内存分布:栈区。

注意: auto 指示符标识。

举例如下:

```
void print()
{
    int a = 0;
    cout << a << endl;
}
```

(4) 局部静态变量

- 作用域:局部作用域(只在局部作用域中可见)。
- 生命周期:程序运行期一直存在。
- 内存分布:全局静态存储区。
- 定义方法:局部作用域用中用 static 定义。

注意: 只被初始化一次,多线程中需加锁保护。

举例如下:

```
void function()
{
    static int iREFCounter = 0;
}
```

5. 扩展知识点

(1) 变量存储说明符

C 语言中提供了 4 种存储类型说明符 auto、register、extern 和 static,这 4 种存储类型中有两种存储期:自动存储期和静态存储期。其中,auto 和 register 对应自动存储期,被修饰的变量在进入声明该变量的程序块时被建立,它在该程序块活动时存在,退出该程序块时撤销。静态存储期的变量从程序载入运行到程序结束一直存在。

(2) static 使用建议

① 若全局变量仅在单个 C 文件中访问,则可以将这个变量修改为静态全局变

量,以降低模块间的耦合度。

② 若全局变量仅由单个函数访问,则可以将这个变量改为该函数的静态局部变量,以降低模块间的耦合度。

③ 设计和使用访问动态全局变量、静态全局变量、静态局部变量的函数时,需要考虑重入问题,因为它们都放在静态数据存储区,可被其他函数共享。

④ 如果我们需要一个可重入的函数,那么一定要避免函数中使用 static 变量。这样的函数被称为带"内部存储器"功能的函数。

⑤ 函数中必须使用 static 变量的情况:当某函数的返回值为指针类型时,必须是 static 的局部变量的地址为返回值,若为 auto 类型,则返回野指针。

2.19 引用计数

2.19.1 引用计数的作用

C++引用计数是 C++为弥补没有垃圾回收机制而提出的内存管理的一个方法和技巧,它允许多个拥有共同值的对象共享同一个对象实体。

C++的引用计数作为内存管理的方法和技术手段主要有以下两个作用:

① 简化了堆对象(heap objects)的管理。一个对象从堆中被分配出来之后,需要明确知道是谁拥有了这个对象,因为只有拥有这个对象的所有者才能够销毁它。但在实际使用过程中,这个对象可能被传递给另一个对象(例如通过传递指针参数),一旦这个过程复杂,我们就很难确定谁最后拥有了这个对象。使用引用计数就可以抛开这个问题,我们不需要再去关心谁拥有了这个对象,因为我们把管理权交给了对象自己。当这个对象不再被引用时,它自己负责销毁自己。

② 解决了同一个对象存在多份复制的问题。引用计数可以让等值对象共享一份数据实体,这样不仅节省内存,也使程序速度加快,因为不再需要构造和析构同值对象的多余副本。

2.19.2 等值对象具有多份复制的情况

一个未使用引用计数实现的 String 类伪代码示例如下:

```
class String
{
public:
    String(const char * value = "");
    String& operator = (const String& rhs)
    {
        if(this == &rhs)      //防止自我赋值
            return * this;
```

```
        delete[] data;     //删除旧数据
        data = new char[strlen(rhs.data) = 1]
        strcpy(data,rhs.data);
        return *this;
    }
private:
    char* data;
};
String a,b,c,d,e;
a = b = c = d = e = "Hello";
```

很显然，对象 a～e 都有相同的值“Hello”，这就是等值对象存在多份复制的情况。

2.19.3 以引用计数实现 String

1. 含有引用计数的字符串数据实体

引用计数实现 String 需要额外的变量来描述数据实体被引用的次数，即描述字符串值被多少个 String 对象所共享。这里重新设计一个结构体 StringValue 来描述字符串和引用计数。StringValue 设计如下：

```
Struct StringValue
{
    int refCount;
    char* data;
};
```

2. 含有引用计数的字符串数据实体的 String

新的 String 类的大致定义可描述如下：

```
class String
{
private:
    Struct StringValue
    {
        int refCount;
        char* data;
        StringValue(const char* initValue);
        ~StringValue();
    };
    StringValue* value;

public:
```

```
    String(const char *  initValue = "");//constructor
    String(const String& rhs);//copy constructor
    String& operator = (const String& rhs); //assignment operator
    ~String(); //destructor
};
```

关于 StringValue 的构造函数和析构函数可定义如下：

```
String::StringValue::StringValue(const char *  initValue):refCount(1)
{
    data = new char[strlen(initValue) + 1];
    strcpy(data,initValue);
}

String::StringValue::~StringValue()
{
    delete[] data;
}
```

String 的成员函数可定义如下：

(1) String 的构造函数

String 的构造函数如下：

```
String::String(const char *  initValue):value(new StringValue(initValue)){}
```

在这种构造函数的作用下，“String s1("lvlv");”和“String s2=("lvlv")”分开构造，相同初值的字符串在内存中存在相同的复制，并没有达到数据共享的目的。其数据结构如图 2-2 所示。

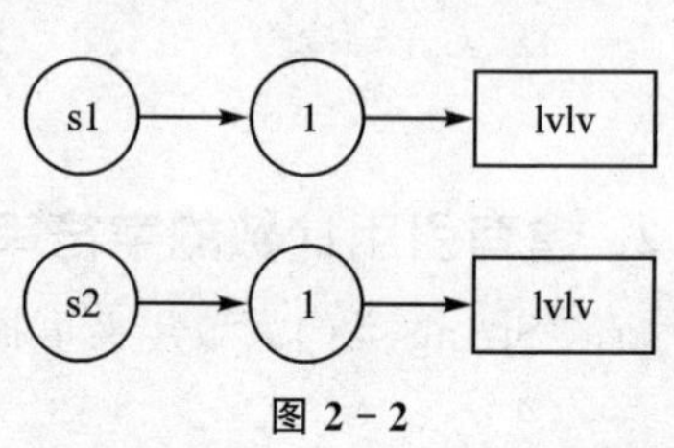

图 2-2

事实上，可以令 String 追踪到现有的 StringValue 对象，并仅在字符串独一无二的情况下才产生新的 StringValue 对象，图 2-2 所示的重复内存空间便可消除。这样细致的考虑和实现需要增加额外的代码，读者可自行实现和练习。

(2) String 拷贝构造函数

当 String 对象被复制时，会产生新的 String 对象共享同一个 StringValue 对象，其代码实现为

```
String::String(const String& rhs):value(rhs.value)
{
    ++ valus -> refCount;
}
```

如果以图示表示下面的代码：

```
String s1("lvlv");
String s2 = s1;
```

则会产生如图 2-3 所示的数据结构。

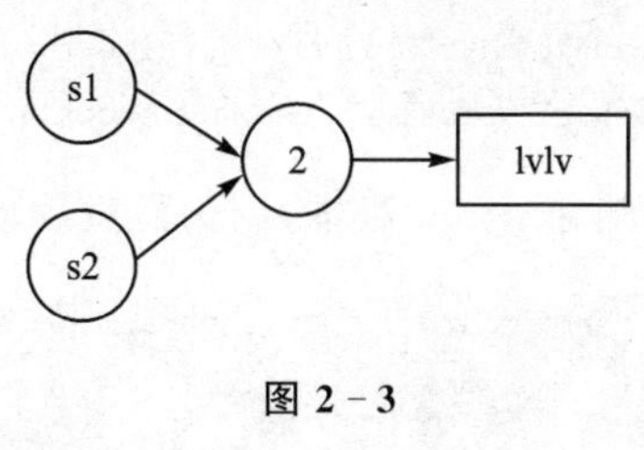

图 2-3

这样就会比传统的 non-reference-counted String 类效率高，因为它不需要分配内存给字符串的第二个副本使用，也不需要在使用后归还内存，更不需要将字符串值复制到内存中。这里只需要将指针复制一份，并将引用计数加 1。

(3) String 析构函数

String 析构函数在绝大部分调用中只需要将引用次数减 1，只有当引用次数为 1 时，才回去真正销毁 StringValue 对象：

```
String::~String()
{
    if(--value->refCount == 0) delete value;
}
```

(4) String 的赋值操作符(assignment)

“s2=s1;”是 String 对象的相互赋值，s1 和 s2 指向同一个 StringValue 对象，该对象的引用次数应该在赋值过程中加 1。此外，在赋值动作之前，s2 所指向的 StringValue 对象的引用次数应该减 1，因为 s2 不再拥有该值。如果 s2 是原本 StringValue 对象的最后一个引用者，则 StringValue 对象将被 s2 销毁。String 的赋值操作符实现如下：

```
String& String::operator=(const String& rhs)
{
    if (this->value == rhs.value) //自赋值
        return *this;
    //赋值时左操作数引用计数减 1，当变为 0 时，没有指针指向该内存，销毁
    if (--value->refCount == 0)
        delete value;
    //不必开辟新内存空间，只要让指针指向同一块内存，并把该内存块的引用计数加 1
    value = rhs.value;
    ++value->refCount;
    return *this;
}
```

3. String 的写时复制(copy-on-write)

字符串应该支持以下标读取或者修改某个字符的操作,此时需要重载方括号操作符。String 应该有:

```
const char& operator[](size_t index) const;   //重载[]运算符,针对 const Strings
char& operator[](size_t index);               //重载[]运算符,针对 non-const Strings
```

对于 const 版本,因为是只读动作,字符串内容不受影响:

```
const char& String::operator[](size_t index) const
{
    return value -> data[index];
}
```

对于 non-const 版本,该函数可能用于读取,也可能用于写一个字符,C++编译器无法告诉我们 operator[]被调用时是用于写还是读取,所以我们必须假设所有的 non-const operator[]的调用都用于写。此时,就要确保没有其他任何共享的同一个 StringValue 的 String 对象因写动作而改变。也就是说,在任何时候,返回一个字符引用指向 String 的 StringValue 对象内的一个字符时,都必须确保该 StringValue 对象的引用次数为 1,没有其他的 String 对象引用它。参考如下代码:

```
//重载[]运算符,针对 non-const Strings
char& String::operator[](size_t index)
{
    if (value -> refCount > 1)
    {
        -- value -> refCount;
        value = new StringValue(value -> data);
    }
    if (index < strlen(value -> data))
        return value -> data[index];
}
```

和其他对象共享一份数据实体,直到必须对自己拥有的那份实值进行写操作,这种情况在计算机科学领域中已存在很长时间。特别是在操作系统领域,各进程(process)之间往往允许共享某些内存分页(memory page),直到它们打算修改属于自己的那一分页。这项技术非常普及,就是著名的写时复制(copy-on-write)。

注意: 虽然实现了 String 的写时复制,但存在一个问题,比如:

```
String s1 = "Hello";
char * p = &s1[1];
String s2 = s1;
```

这样就会出现如图 2-4 所示的数据结构。这表示下面的语句会导致其他的 String 对象也被修改。

```
kp = 'd';
```

这个问题不限于指针,如果有人以引用的方式将 String 的 non-const operator[]返回值存储起来,也会发生同样的问题。解决这种问题主要有 3 种方法,如下:

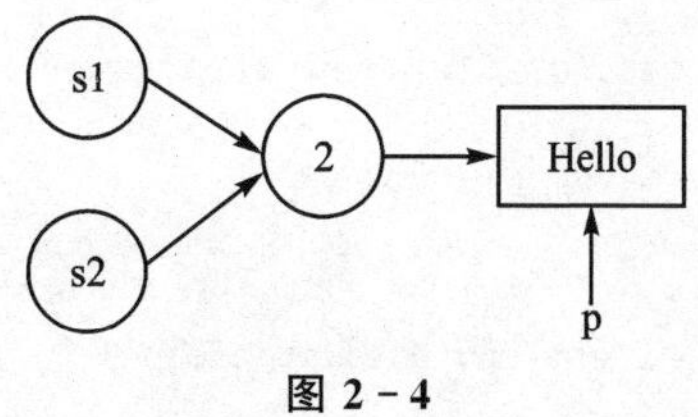

图 2-4

(1) 忽　略

允许这种操作,即使出错也不处理。很不幸,这种方法被那些实现 reference-counted 字符串的类库所采用。考察如下程序:

```
#include <iostream>
#include <string>
using namespace std;
std::string a = "lvlv";
int main()
{
    char * p = &a[1];
    *p = 'a';
    std:: string b = a;
    std::cout << "b:" << b << endl;
    return 0;
}
```

上述代码在 VS 2017 中编译运行,输出“lalv”。

(2) 警　告

有些编译器知道会有这种问题,并给出警告。虽然无力解决,但会说明不要那么做,如果违背,则后果不可预期。

(3) 避　免

彻底解决这种问题,采取零容忍态度,但是会降低对象之间共享的数据实体的个数。基本解决办法是:为每一个 StringValue 对象加上一个 flag 标志,用以指示是否可被共享。一开始,先树立此标志为 true,表示对象可被共享,但只要 non-const operator[]作用于对象值就将标志清除。一旦标志被设为 false,那么数据实体就可能永远不会再被共享了。

下面是 StringValue 的修改版,包含一个可共享标志 flag。

```
Struct StringValue
{
    int refCount;
```

```
    char* data;
    bool shareable;
    StringValue(const char* initValue);
    ~StringValue();
};
String::StringValue::StringValue(const char* initValue):refCount(1),shareable
(true)
{
    data = new char[strlen(initValue) + 1];
    strcpy(data,initValue);
}
String::StringValue::~StringValue()
{
    delete[] data;
}
```

相比之前的StringValue的构造函数和析构函数,并没有大的修改。当然String member functions也要做相应的修改。以copy constructor为例,修改如下:

```
String::String(const String& rhs)
{
    if(rhs.value -> shareable)
    {
        value = rhs.value;
        ++valus -> refCount;
    }
}
```

其他的String成员函数都应以类似的方法检查shareable。对于non-const operator[],是唯一将shareable设为false的,其实现代码可为

```
char& String::operator[](size_t index)
{
    if (value -> refCount > 1)
    {
        --value -> refCount;
        value = new StringValue(value -> data);
    }
    value -> shareable = false;//新增此行
    if (index < strlen(value -> data))
        return value -> data[index];
}
```

2.19.4 小　结

以上内容描述了引用计数的作用和使用引用计数来实现自定义的字符串类String。使用引用计数来实现自定义类时需要考虑很多细节问题，尤其是“写时复制”是提升效率的有效手段。

要掌握引用计数这项技术，就需要我们明白引用计数是什么，其作用是什么，还有如何在自定义类中实现引用计数。如果这些都掌握了，那么引用计数也就基本掌握了。

2.20 I/O流简介

2.20.1 I/O全缓冲、行缓冲和无缓冲

1. 简　介

C/C++中，基于I/O流的操作最终会调用系统接口read()和write()来完成I/O操作。为了使程序的运行效率最高，流对象通常会提供缓冲区，以减少调用系统I/O接口的次数。

缓冲方式有3种，分别是：

① 全缓冲。当输入或输出缓冲区被填满时，会进行实际I/O操作。其他情况，如强制刷新、进程结束也会进行实际I/O操作。

对于读操作来说，当读入内容的字节数等于缓冲区大小或者文件已经到达结尾，或者强制刷新时，会进行实际的I/O操作，将外存文件内容读入缓冲区；对于写操作来说，当缓冲区被填满或者强制刷新时，会进行实际的I/O操作，缓冲区内容写到外存文件中。磁盘文件操作通常是全缓冲的。

② 行缓冲。输入或输出缓冲区遇到换行符会进行实际I/O操作，其他与全缓冲相同。

③ 无缓冲。没有缓冲区，数据会立即读入内存或者输出到外存文件和设备上。标准错误输出stderr是无缓冲的，这样能够保证将错误信息及时反馈给用户，供用户排除错误。

3种缓冲类型的宏定义均在头文件“<stdio.h>”中。

```
|缓冲类型|宏|
|全缓冲|_IOFBF|
|行缓冲|_IOLBF|
|无缓冲|_IONBF|
```

在Linux环境下，下述代码可以很好地体现全缓冲和行缓冲的区别。

```
#include <stdio.h>
#include <stdlib.h>
int glob = 6;
int main(int argc, char** argv)
{
    int var;
    pid_t pid;
    printf("a write to stdout\n");
    if(pid = fork() < 0)
    {
        printf("fork error");
    }
    else
    {
        if(pid == 0)
        {
            glob++;
            var++;
        }
        else
        {
            sleep(2);
        }
    }
    printf("pid = %d,glob = %d,var = %d\n",getpid(),glob,var);
    exit(0);
}
```

编译成功后默认生成 a.out,运行结果如下:

```
./a.out
a write to stdout
pid = 4823,glob = 7,var = 4195873
pid = 4824,glob = 7,var = 4195873
./a.out > temp.txt
cat temp.txt
a write to stdout
pid = 4864,glob = 7,var = 4195873
a write to stdout
pid = 4865,glob = 7,var = 4195873
```

由上述内容可见,printf 在输出到标准输出(显示器)时是行缓冲,遇到换行符时会将缓冲区内容输出到显示器,并清空缓冲区。当使用重定向命令时,标准输出被重定向到磁盘文件，此时标准输出变成全缓冲，遇到换行符不输出，而是被复制至子进程中，在父子进程结束后，各有一份输出。

2. 缓冲区的设置

① 缓冲打开或关闭，可使用函数 setbuf()或者 setbuffer()。参数 buf 指向缓冲区，表示开启缓冲，通常是全缓冲。将 buf 参数设置为 NULL，表示关闭缓冲。注意，setbuffer()是非 C 标准库函数，常见于 Linux。

setbuf()的缓冲区长度至少为 BUFSIZ(定义在 stdio. h 中)，否则可能会出现缓冲区溢出。setbuffer 可以指定缓冲区大小。参见如下代码：

```
//@header:stdio.h
//@brief:设置指定的缓冲区或关闭缓冲
//@param:stream:文件指针;buffer:缓冲区地址
//@notice:使用默认缓冲大小 BUFSIZ(在 stdio.h 中定义)
void setbuf ( FILE * stream, char * buffer );
//@notice:同 setbuf,但可指定缓冲区大小
void setbuffer(FILE *stream, char *buf, size_t size);
//将 buffer 指定为 NULL,关闭标准输出缓冲
setbuf(stdout,NULL)
指定新的缓冲区
static char newBuffer[BUFSIZ];  //至少是 BUFSIZ(定义在 stdio.h 中),否则存在缓冲溢出
                                //的可能
setbuf(stdout,(char*)&newBuffer);
//或者指定缓冲区大小
static char newBuffer[512];
setbuffer(stdout,(char*)&newBuffer,512);
```

② 更改缓冲模式可使用函数 setvbuf()。

```
//@header:stdio.h
//@brief:更改缓冲模式并设置缓冲区
//@param:stream:文件指针;buf:缓冲区地址;type:缓冲区模式;size:缓冲区大小
//@ret:0 成功,非 0 失败
int setvbuf(FILE *stream, char *buf, int type, unsigned size);
```

例如，将流缓冲区设置为行缓冲，调用 setvbuf()时，缓冲区地址设为 NULL，缓冲区大小设为 0。注意，前提是存在缓冲区。参见如下代码：

```
setvbuf(stream,NULL,_IOLBF,0);  //将缓冲改为行缓冲
//上面的代码等价于
setlinebuf(stream);             //for Linux
```

如果调用 setvbuf 指定了缓冲区大小 size 大于 0，缓冲区 buf 为 NULL，则交由

setvbuf 进行 malloc 申请缓冲区。参见如下代码：

```
//间接申请 1024 字节全缓冲区
setvbuf(stream,NULL,_IOFBF,1024);
```

2.20.2 I/O 格式控制

C 语言中,我们可以通过函数 printf 和 scanf 进行格式化控制,而在 C++中,不仅包含了前者,而且还提供了以下两种格式控制的方法：

① 使用流成员函数进行格式控制；

② 使用预定义操作符进行格式控制。

1. 流成员函数控制 I/O 格式

流成员函数主要指 ios 类(流基类)中的成员函数,分别有：

(1) 设置状态标志流成员函数 setf

一般格式:long ios::setf(long flags)

调用格式:流对象.setf(ios::状态标志)

ios 类的状态标志有：

```
|常量|含义|failbit|eofbit|badbit|十进制值|
|ios::failbit|I/O 流出现致命错误,可挽回|1|0|0|4|
|ios::eofbit|已到达文件尾|0|1|0|2|
|ios::badbit|I/O 流出现致命错误,不可挽回|0|0|1|1|
|ios::goodbit|流状态正常|0|0|0|0|
```

因为状态标志在 ios 类中定义为枚举值,所以在引用这些值前要加上“ios::”,如果有多项标志,则中间用“|”分隔。

(2) 清除状态标志流成员函数 unsetf

一般格式:long ios::unsetf(long flags)

调用格式:流对象.unsetf(ios::状态标志)

(3) 设置域宽流成员函数 width

一般格式:int ios::width(int n)

调用格式:流对象.width(n)

注:它只对下一个流输出有效,输出完成后,恢复默认值 0。

(4) 设置实数的精度流成员函数 precision

一般格式:int ios::precision(int n)

调用格式:流对象.precision(n)

注:参数 n 在以十进制小数形式输出时代表有效数字,在以 fixed 形式和 scientific 形式/输出时代表小数位数。

(5) 填充字符流成员函数 fill

一般格式:char ios::fill(char ch)

调用格式:流对象.fill(ch)

注:当输出值不满宽域时用填充符来填充,默认填充符为空格,它与 width 函数搭配。

下面用示例进行验证。

```
#include "stdafx.h"
#include <iostream>
#include <string>
int main()
{
    std::cout.setf(std::ios::left|std::ios::showpoint|std::ios::unitbuf);
    std::cout.precision(6);
    std::cout << 123.45678;
    std::cout.width(50);
    std::cout.fill('-');
    std::cout.unsetf(std::ios::left);     //清除状态左对齐
    std::cout.setf(std::ios::right);
    std::cout << "十进制小数输出,有效数字为6位" << std::endl;

    std::cout.setf(std::ios::left|std::ios::fixed);
    std::cout.precision(6);
    std::cout << 123.45678;
    std::cout.width(50);
    std::cout.fill('-');
    std::cout.unsetf(std::ios::left|std::ios::fixed);//清除状态左对齐和定点格式
    std::cout.setf(std::ios::right);
    std::cout << "固定小数位 fixed,小数位为6位" << std::endl;

    std::cout.setf(std::ios::left|std::ios::scientific);
    std::cout.precision(6);
    std::cout << 123.45678;
    std::cout.width(50);
    std::cout.fill('-');
    std::cout.unsetf(std::ios::left|std::ios::scientific);  //清除状态左对齐和
                                                            //科学计数法格式
    std::cout.setf(std::ios::right);
    std::cout << "科学计数法表示,小数位为6位" << std::endl;
    std::cout.fill(' ');                        //设置填充符为默认空格
    std::cout.unsetf(std::ios::right);          //清除状态靠右对齐

    std::cout.setf(std::ios::dec|std::ios::showpos|std::ios::internal);
```

```
    //设置状态基数为10,正整数前显示"+",和数据符号左对齐,数据本身右对齐,数据和
    //符号之间为填充符''
    std::cout.width(6);
    std::cout << 128 << std::endl;
    std::cout.unsetf(std::ios::dec);        //清除状态基数为10
    //在输出整数的八进制形式或十六进制形式之前
    //先要把默认的十进制形式的标志清除 std::cout.unsetf(std::ios::dec)
    std::cout.setf(std::ios::oct|std::ios::showbase);  //设置状态基数为8,输出
                                                       //整数时显示基数符号
    //std::ios::internal 标志对八进制不起作用
    std::cout << 128 << std::endl;
    std::cout.unsetf(std::ios::oct);                   //清除状态基数为8

    std::cout.setf(std::ios::hex|std::ios::uppercase);
                 //设置状态基数为16,输出整数时显示基数符号,科学计数法输出时
                 //E大写,十六进制字母大写
    //std::ios::internal 标志对十六进制不起作用
    std::cout << 255 << std::endl;
    std::cout.unsetf(std::ios::hex);                   //清除状态基数为16
    return 0;
}
```

程序输出结果:

```
123.457-----------------------十进制小数输出,有效数字为6位
123.456780-----------------------固定小数位fixed,小数位为6位
1.234568e+02-----------------------科学计数法表示,小数位为6位
+   128
0200
0XFF
```

2. 操纵符控制I/O格式

用ios类中的成员函数进行I/O格式的控制总需要写一条单独的语句,而不能直接嵌入到I/O语句中去,显得很不方便。因此,C++又提供了一种用操纵符来控制I/O的格式。操纵符分为带参和不带参两种,带参的定义在头文件"<iomanip>"中,不带参的定义在"<iostream >"中。下面将介绍C++中的预定义操作符。

① dec:设置整数基数为10,用于输出和输入;

② hex:设置整数基数为16,用于输出和输入;

③ oct:设置整数基数为8,用于输出和输入;

④ ws:跳过输入的空格符,用于输入;

⑤ endl:输出一个换行符并刷新输出流,用于输出;

⑥ ends：插入一个空字符 NULL，通常用来结束一个字符串，用于输出；

⑦ flush：刷新一个输出流，用于输出；

⑧ setbase(n)：设置整数的基数为 n(可取 0 或 10 代表十进制，8 代表八进制，16 代表十六进制，默认为 0)，用于输入和输出；

⑨ setfill(c)：设置填充符(默认为空格)，用于输出；

⑩ setprecision(n)：设置实数精度 n，原理和成员函数 precision 一样，用于输出；

⑪ setw(n)：设置域宽 n，用于输出；

⑫ setiosflags(flags)：设置指定状态标志，多个用"|"分隔，用于输出和输入；

⑬ resetiosflags(flags)：清除指定状态标志，多个用"|"分隔，用于输出和输入。

操作符 setiosflags(flags)和 resetiosflags(flags)的部分状态标志：

状态标志	功能
left	按域宽左对齐输出
right	按域宽右对齐输出
fixed	定点格式小数输出
scientific	科学计数法输出
showpos	正数显示"+"
uppercase	在以科学计数法和以十六进制输出时字母用大写表示

下面用示例来验证：

```
#include "stdafx.h"
#include <iostream>
#include <iomanip> //带形参的操纵符必须含有该头文件
#include <string>

int main()
{
    std::string str = "abcdefg";
    std::cout << str << std::ends << std::endl;//std::ends 用来结束一个字符串
    std::cout << std::setiosflags(std::ios::left|std::ios::showpoint|std::ios::
    unitbuf) << std::setprecision(6)
     << 123.45678 << std::setw(50) << std::setfill('-') << std::resetiosflags(std::
    ios::left)
     << std::setiosflags(std::ios::right) << "科学计数法表示，小数位为 6 位" << std::
    endl;

    std::cout << std::setiosflags(std::ios::left|std::ios::fixed) << std::setpreci-
    sion(6)
     << 123.45678 << std::setw(50) << std::setfill('-') << std::resetiosflags(std::
    ios::left|std::ios::fixed)
```

```
    << std::setiosflags(std::ios::right) << "固定小数位 fixed,小数位为 6 位" <<
    std::endl;

    std::cout << std::setiosflags(std::ios::left|std::ios::scientific) << std::set-
    precision(6)
    << 123.45678 << std::setw(50) << std::setfill('-') << std::resetiosflags(std::
    ios::left|std::ios::scientific)
    << std::setiosflags(std::ios::right) << "科学计数法表示,小数位为 6 位" << std::
    endl;

    std::cout << std::setfill('') << std::resetiosflags(std::ios::right) << std::
    flush;  //std::flush 刷新一个输出流

    std::cout << std::dec//或 std::setbase(10 或 0)
    << std::setiosflags(std::ios::showpos|std::ios::internal) << std::setw(6) <<
    128 << std::endl;

    std::cout << std::setbase(8)//或 std::oct
    << std::setiosflags(std::ios::showbase) << 128 << std::endl;

    std::cout << std::setbase(16)//或 std::hex
    << std::setiosflags(std::ios::showbase|std::ios::uppercase) << 255 << std::endl;

    return0;
}
```

程序指出结果：

```
abcdefg
123.457------------------------科学计数法表示,小数位为 6 位
123.456780------------------------固定小数位 fixed,小数位为 6 位
1.2345678e+002------------------------科学计数法表示,小数位为 6 位
+   128
0200
0XFF
```

3. 自定义操纵符

除了利用系统预定义的操纵符来进行 I/O 格式的控制外,用户还可以自定义操纵符来合并程序中频繁使用的 I/O 写操作。定义形式如下：

输出流自定义操纵符：

```
ostream & 操纵符名(ostream &s)
{
    自定义代码
    return s;
}
```

输入流自定义操纵符：

```
istream & 操纵符名(istream &s)
{
    自定义代码
    return s;
}
```

返回流对象 s 很关键，否则操纵符就不能用在流的 I/O 操作序列中。示例验证如下：

```
#include "stdafx.h"
#include <iostream>
#include <iomanip>
std::ostream& outputNo(std::ostream& s)
{
    //编号格式如:0000001
    s << std::setw(7) << std::setfill('0') << std::setiosflags(std::ios::right);
    return s;
}
std::istream& To16(std::istream& s)
{
    //要求输入的数为十六进制数
    s >> std::hex;
    return s;
}
int main()
{
    std::cout << outputNo << 8 << std::endl;
    int a;
    std::cout << "请输入十六进制的数:";
    std::cin >> To16 >> a;
    std::cout << "转化为十进制数:" << a << std::endl;
    return 0;
}
```

程序输出结果：

```
0000008
请输入十六进制的数:ff
转化为十进制数:255
```

2.20.3 cin 详细用法

1. cin 简介

cin 是 C++编程语言中的标准输入流对象，即 istream 类的对象。cin 主要用于从标准输入读取数据。这里的标准输入指的是终端键盘。此外，cout 是输出流对象，即 ostream 类的对象，cerr 是标准错误输出流的对象，也是 ostream 类的对象。这里的标准输出指的是终端键盘，标准错误输出指的是终端屏幕。

在理解 cin 功能时，不得不提到标准输入缓冲区。当从键盘输入字符串时，需要按一下回车键才能将这个字符串送入缓冲区中，那么输入的这个回车键(\r)会被转换为一个换行符\n，这个换行符\n 也会被存储在 cin 的缓冲区中，并且被当成一个字符来计算！比如，在键盘上输入“123456”这个字符串，然后按回车键(\r)将这个字符串送入缓冲区中，那么此时缓冲区中的字节个数是 7，而不是 6。

cin 读取数据也是从缓冲区中获取数据，缓冲区为空时，cin 的成员函数会阻塞等待数据的到来，一旦缓冲区中有数据，就会触发 cin 的成员函数去读取数据。

2. cin 的常用读取方法

使用 cin 从标准输入读取数据时，通常用到的方法有 cin >>、cin. get、cin. getline。

(1) cin >> 的用法

cin 可以连续地从键盘读取想要的数据，以空格、Tab 或换行作为分隔符。实例程序如下：

```
#include <iostream>
using namespace std;
int main()
{
    char a;
    int b;
    float c;
    string
    cin >> a >> b >> c;
    cout << a << " " << b << " " << c << " " << endl;
    system("pause");
    return 0;
}
```

在屏幕中一次输入:a[回车]11[回车]5.56[回车],程序将输出如下结果:

```
a
11
5.56
a 11 5.56
```

注意:

① cin >> 等价于 cin.operator >> (),即调用成员函数 operator >> ()进行读取数据。

② 当 cin >> 从缓冲区中读取数据时,若缓冲区中的第一个字符是空格、Tab 或换行这些分隔符,则 cin >> 会将其忽略并清除,继续读取下一个字符;若缓冲区为空,则继续等待。但是,如果读取成功,那么字符后面的分隔符是残留在缓冲区的,cin >> 不做处理。

③ 若不想略过空白字符,就使用 noskipws 流控制,比如"cin >> noskipws >> input;"。

验证程序如下:

```
#include <string>
#include <iostream>
using namespace std;
int main()
{
    char a;
    int b;
    float c;
    string str;
    cin >> a >> b >> c >> str;
    cout << a << " " << b << " " << c << " " << str << endl;
    string test;
    getline(cin,test);//不阻塞
    cout << "test:" << test << endl;
    system("pause");
    return 0;
}
```

从键盘输入:[回车][回车][回车]a[回车]5[回车]2.33[回车]hello[回车],输出结果如图 2-5 所示。

从结果可以看出,cin >> 对缓冲区中的第一个换行符是视而不见的,采取的措施是忽略清除,继续阻塞等待缓冲区有效数据的到来。但是,当 getline()读取数据时,并非像 cin >> 那样忽略第一个换行符,而是发现 cin 的缓冲区中有一个残留的换行

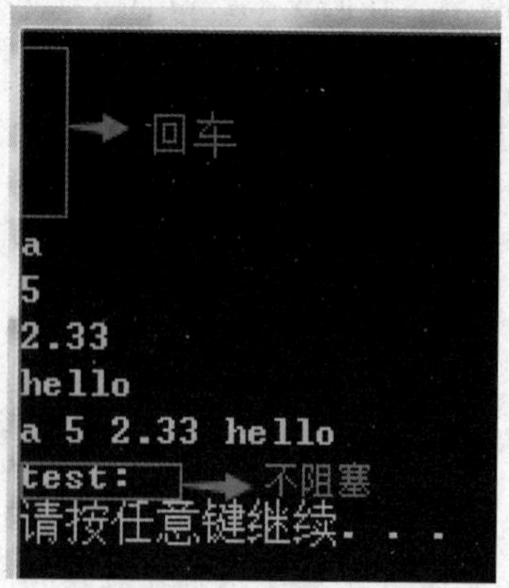

图 2-5

符，不阻塞请求键盘输入，直接读取，送入目标字符串后，再将换行符替换为空字符“\0”，因此程序中的 test 为空串。

(2) cin.get 的用法

该函数有多种重载形式，分为 4 种格式：无参、一个参数、二个参数、三个参数。常用的的函数原型如下：

```
int cin.get();
istream& cin.get(char& var);
istream& get (char * s, streamsize n);
istream& get (char * s, streamsize n, char delim);
```

其中，streamsize 在 VC++中被定义为 long long 型。另外，还有两个重载形式不怎么使用，这里就不详述了，函数原型如下：

```
istream& get ( streambuf& sb);
istream& get ( streambuf& sb, char delim );
```

1) 用 cin.get 读取一个字符

读取一个字符可以使用 cin.get 或者 cin.get(var)，示例代码如下：

```
#include <iostream>
using namespace std;
int main()
{
    char a;
    char b;
    a = cin.get();
    cin.get(b);
    cout << a << b << endl;
```

```
    system("pause");
    return 0;
}
```

输入:e[回车],输出结果如图 2-6 所示。

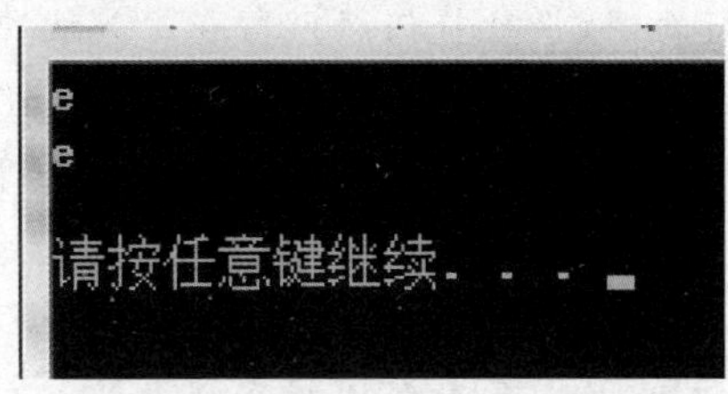

图 2-6

注意:

① 从结果可以看出,cin.get()从输入缓冲区读取单个字符时不忽略分隔符,而是直接将其读取,于是出现了如上情况:将换行符读入变量 b,输出时换行两次,一次是变量 b,一次是 endl。

② cin.get()的返回值是 int 类型,成功则返回读取字符的 ASCII 码值,遇到文件结束符时,返回 EOF,即-1,Windows 下命令行输入文件结束符为 Ctrl+z,Linux 为 Ctrl+d。

③ 如果 cin.get(char var)成功返回的是 cin 对象,则可以支持链式操作,如 cin.get(b).get(c)。

2)用 cin.get 读取一行

读取一行可以使用 istream& get(char * s, streamsize n)或者 istream& get(char * s, size_t n, streamsize delim),二者的区别是:前者默认以换行符结束,后者可指定结束符。其中,n 表示目标空间的大小。示例代码如下:

```
#include <iostream>
using namespace std;
int main()
{
    char a;
    char array[20] = {NULL};
    cin.get(array,20);
    cin.get(a);
    cout << array << " " << (int)a << endl;
    system("pause");
    return 0;
}
```

输入:123456789[回车],输出:

```
123456789
123456789 10
```

注意：

① 从结果可以看出，当用“cin. get(array,20);”读取一行时，遇到换行符就结束读取，但是不对换行符进行处理，换行符仍然残留在输入缓冲区。第二次由 cin. get()将换行符读入变量 a 时，打印输入换行符的 ASCII 码值为 10。这也是 cin. get()读取一行与使用 getline 读取一行的区别所在。利用 getline 读取一行字符时，默认遇到“\n”就终止，并且将“\n”直接从输入缓冲区中删除，不会影响下面的输入处理。

② 当用“cin. get(str, size);”读取一行时，只能将字符串读入 C 风格的字符串中，即 char *，但是 C++的 getline 函数可以将字符串读入 C++风格的字符串中，即 string 类型。鉴于 getline 较 cin. get()的这两个优点，建议使用 getline 进行行的读取。

(3) cin. getline 的用法

函数作用：从标准输入设备——键盘读取一串字符串，并以指定的结束符结束。

函数原型有两个：

```
istream& getline(char * s, streamsize count); //默认以换行符结束
istream& getline(char * s, streamsize count, char delim);
```

使用示例：

```
#include <iostream>
using namespace std;
int main()
{
    char array[20] = {NULL};
    cin.getline(array,20);          //或者指定结束符,使用下面一行
    //cin.getline(array,20,'\n');
    cout << array << endl;
    system("pause");
    return 0;
}
```

注意： cin. getline 与 cin. get 的区别是：cin. getline 不会将结束符或者换行符残留在输入缓冲区中。

3. cin 的条件状态

使用 cin 读取键盘输入时，难免发生错误，一旦出错，cin 就设置条件状态(condition state)。条件状态标识符号如下：

goodbit：无错误；

eofbit：已到达文件尾；

failbit：非致命的输入/输出错误，可挽回；

badbit：致命的输入/输出错误，无法挽回。

与这些条件状态对应的就是设置、读取和判断条件状态的流对象的成员函数。它们主要有：

s.eof()：若流 s 的 eofbit 置位，则返回 true；

s.fail()：若流 s 的 failbit 置位，则返回 true；

s.bad()：若流 s 的 badbit 置位，则返回 true；

s.good()：若流 s 的 goodbit 置位，则返回 true；

s.clear(flags)：清空状态标志位，并将给定的标志位 flags 置为 1，返回 void；

s.setstate(flags)：根据给定的 flags 条件状态标志位，将流 s 中对应的条件状态位置为 1，返回 void；

s.rdstate()：返回流 s 的当前条件状态，返回值类型为 strm::iostate。strm::iostate 是与机器相关的整型类型，由各个 ios base 类定义，用于定义条件状态。

了解以上关于输入流的条件状态与相关操作函数。下面是一个因输入缓冲区未读取完而造成条件状态位 failbit 被置位，再通过 clear()复位的例子。

```
#include <iostream>
using namespace std;
int main()
{
    char ch, str[20];
    cin.getline(str, 5);
    cout << "flag1:" << cin.good() << endl;     //查看 goodbit 状态，即是否有异常
    cin.clear();                                //清除错误标志
    cout << "flag1:" << cin.good() << endl;     //清除标志后再查看异常状态
    cin >> ch;
    cout << "str:" << str << endl;
    cout << "ch:" << ch << endl;

    system("pause");
    return 0;
}
```

输入：12345[回车]，输出结果为

```
 12345
flag1:0
flag1:1
str:1234
ch:5
```

由上述内容可以看出，因输入缓冲区未读取完而造成输入异常，通过 clear()可以清除输入流对象 cin 的异常状态，不影响后面的 cin >>ch 从输入缓冲区读取数据。因为 cin.getline 读取之后，输入缓冲区中残留的字符串是“5[换行]”，所以 cin >>ch 将 5 读取并存入 ch，打印输入并输出 5。

如果将 clear()注释掉，则“cin >> ch;”将读取失败，ch 为空。

cin.clear()等同于“cin.clear(ios::goodbit);”，因为 cin.clear()的默认参数是 ios::goodbit，所以不需要显式传递，故最常看到的就是 cin.clear()。

4. cin 清空输入缓冲区

从上文中可以看出，上一次的输入操作很可能是输入缓冲区中残留了数据，影响了下一次的输入。那么如何解决这个问题呢？自然而然地想到在输入时，清空输入缓冲区和复位状态条件。条件状态的复位使用 clear()，清空输入缓冲区应使用以下函数：

函数原型：istream &ignore(streamsize num=1, int delim=EOF);

函数作用：跳过输入流中的 n 个字符，或在遇到指定的终止字符时提前结束（此时跳过包括终止字符在内的若干字符）。

使用示例如下：

```
#include <iostream>
using namespace std;
int main()
{
    char str1[20] = {NULL},str2[20] = {NULL};
    cin.getline(str1,5);
    cin.clear();     //清除错误标志
    cin.ignore(numeric_limits <std::streamsize> ::max(),'\n');//清除缓冲区的当前行
    cin.getline(str2,20);
    cout << "str1:" << str1 << endl;
    cout << "str2:" << str2 << endl;
    system("pause");
    return 0;
}
```

程序输入：12345[回车]success[回车]，程序输出：

```
12345
success
str1:1234
str2:success
```

注意：

① 程序中使用 cin.ignore 清空输入缓冲区的当前行，使上次输入残留的数据不会影响下一次的输入，这就是 ignore()函数的主要作用。其中，“numeric_limits <std::streamsize>::max()”不过是<limits>头文件定义的流使用的最大值，我们也可以用一个足够大的整数来代替它。如果想清空输入缓冲区，则去掉换行符，使用“cin.ignore(numeric_limits <std::streamsize> ::max(),'\n'); ”清除 cin 里的所有内容。

② 当输入缓冲区没有数据时，“cin.ignore();”也会阻塞等待数据的到来。

③ 此处有个疑问，网上有很多资料显示调用 cin.sync()即可清空输入缓冲区，作者测试了一下，VC++可以，但是在 Linux 下使用 GNU C++却不行，无奈之下，Linux 下选择了 cin.ignore()。

5. 其他从标准输入设备——键盘读取一行字符串的方法

(1) 用 getline 读取一行

C++中定义了一个在 std 名字空间的全局函数 getline，因为这个 getline 函数的参数使用了 string 字符串，所以声明在 <string> 头文件中。

getline 利用 cin 可以从标准输入设备——键盘读取一行，当遇到如下 3 种情况时会结束读操作：① 到文件结束处；② 遇到函数的定界符；③ 输入达到最大限度。

函数原型有两个重载形式：

```
istream& getline ( istream& is, string& str);     //默认以换行符结束
istream& getline ( istream& is, string& str, char delim);
```

使用示例：

```
#include <string>
#include <iostream>
using namespace std;
int main()
{
    string str;
    getline(cin,str);
    cout << str << endl;
    system("pause");
    return 0;
}
```

输入：hello world[回车]，输出：

```
hello world
hello world
```

注意：当 getline()遇到结束符时，会将结束符一并读入指定的 string 中，再将结束符替换为空字符。因此，从键盘读取一行字符时，建议使用 getline 较为安全。但是，最好还是要进行标准输入的安全检查，以提高程序的容错能力。

cin.getline()与 getline()类似，但是 cin.getline()属于 istream 流，而 getline()属于 string 流，是不一样的两个函数。

(2) 用 gets 读取一行

gets 是 C 中的库函数，在<stdio.h>中声明，从标准输入设备读取字符串可以无限读取，不会判断上限，以回车键结束或者遇到 EOF 时停止读取。所以，程序员应确保 buffer 的空间足够大，以便在执行读操作时不发生溢出。

函数原型：char * gets(char * buffer);

使用示例：

```
#include <iostream>
using namespace std;
int main()
{
    char array[20] = {NULL};
    gets(array);
    cout << array << endl;
    system("pause");
    return 0;
}
```

输入：I am lvlv[回车]，输出：

```
I am lvlv
I am lvlv
```

由于该函数是 C 的库函数，所以不建议使用，既然是 C++程序，就应尽量使用 C++的库函数。

2.21 头文件的作用和用法

头文件是 C/C++程序不可缺少的组成部分，使用时应了解头文件的作用和相关规范。

1. 头文件的作用

C/C++编译采用的是分离编译模式。在一个项目中，有多个源文件存在，但是它们总会有一些相同的内容，比如用户自定义类型、全局变量、全局函数的声明等。将这些内容抽取出来放到头文件中，提供给各个源文件包含，就可以避免相同内容的重复书写，提高编程效率和代码安全性。所以，设立头文件的目的主要是：提供全局变量、全局函数的声明或公用数据类型的定义，从而实现分离编译和代码复用。

概括的说，头文件有如下 3 个作用：

(1) 加强类型检查，提高类型安全性

使用头文件，可有效地保证自定义类型的一致性。虽然，在语法上，同一个数据类型（如一个 class）在不同的源文件中书写多次是允许的，但程序员认为它们是同一个自定义类型。但是，由于数据类型不具有外部连接特性，所以编译器并不关心该类型的多个版本之间是否一致，这样有可能会导致逻辑错误的发生。考察如下程序：

```
//source1.cpp
#include <iostream>
class A
{
private:
    char num;
public:
    A();
    void show();
};
void A::show(){std::cout << num << std::endl;}
void see(A& a){a.show();}
//end source1.cpp
//source2.cpp
#include <iostream>
class A
{
private:
    int num;
public:
    A(){num = 5;};
    void show();
};
void see(A& a);
int main()
{
    A a;
    see(a);
}
//end source2.cpp
```

这个程序能够顺利通过编译并正确运行，但在构成项目的两个源文件中，对 class A 的定义出现了一点小小的不一致。在两个源文件中，成员变量 num 一个是

char 类型，一个是 int 类型，这就导致输出一个特殊的字符。如果将 class A 的定义放到一个头文件中，并且用到 class A 的源文件都包含这个头文件，则可以绝对保证数据类型的一致性和安全性。

(2) 减少公用代码的重复书写，提高编程效率

在程序开发过程中，对某些数据类型或者接口进行修改是在所难免的，使用头文件时，只需要修改头文件中的内容，就可以保证修改在所有源文件中都生效，从而避免了烦琐易错的重复修改。

(3) 提供保密和代码重用的手段

头文件也是 C++代码重用机制中不可缺少的一种手段，在很多场合，源代码不便（或不准）向用户公布，只向用户提供头文件和二进制库。用户只需要按照头文件的接口声明来调用库函数，而不必关心接口的具体实现，编译器会从库中连接相应的实现代码。

2. 头文件的用法

(1) 头文件的内容

头文件包含的是多个源文件的公用内容，因此，全局函数原型声明、全局变量声明、自定义宏和类型等都应该放在头文件中。规范的头文件允许被多个源文件包含而不会引发编译错误，所以全局变量的定义、外部变量的定义、全局函数的定义、在类体之外的类成员函数的定义等只出现一次的内容不应该放在头文件中。

(2) 使用系统提供的头文件

C 语言提供的头文件都是以.h 结尾的，如 stdio.h 等。C++语言最初的目的是成为一个“更好的 C”，所以 C++语言沿用了 C 语言头文件的命名习惯，将头文件后面加上.h 标志。随着 C++语言的发展，C++加入了全新的标准库，为了避免与 C 发生冲突，C++引入了命名空间来避免名称冲突，也去掉了头文件的.h 后缀。于是，在一段时间里，很多头文件都有两个版本，一个以.h 结尾，而另一个则不是，如 iostream.h(位于全局名字空间）和 iostream（位于名字空间 std)。程序员编写程序也有不同的选择，很多 C++源程序以这样的语句开始：

```
#include <iostream.h>
```

而另一些，则以以下两条语句开始：

```
#include <iostream>
using namespace std;
```

这种现象有些混乱，于是 C++标准委员会规定，旧的 C 头文件（如 stdio.h)和 C++中新的 C 头文件（如 cstdio)继续使用，但是旧的 C++头文件（如 iostream.h)已被废弃，一律采用 C++新标准规定的头文件（如 iostream)。另外，在包含系统头文件时，应该使用 < >（尖括号）而不是“”（双引号）。例如，应该这样包含头文件

iostream：

```
#include <iostream>
```

而不是这样：

```
#include"iostream"
```

双引号用来包含自定义的头文件，用它来包含系统头文件是一种不良的编程习惯。原因是：编译器遇到双引号包裹的头文件时默认为用户自定义头文件，从项目目录下查找，查找不到才会到系统目录中查找，如果存在与系统头文件同名的用户自定义头文件，则会出现不符合预期的错误。

(3) 避免头文件被重复包含

在C/C++中，有的如全局变量的定义、全局函数的定义等在项目中只能出现一次；有的可以出现多次，但在一个源文件中只能出现一次，如class的定义等；还有的在一个源文件中可以出现多次，如函数声明等。由于事先无法确定头文件的内容，所以应该避免在一个源文件中对同一头文件包含多次，以免引起重定义错误。考察如下程序：

```
//header1.h
class A
{
    int num;
public:
    A();
    void show();
};
//end header1.h
//header2.h
#include"header1.h"
class B
{
    A a;
public:
    void disp();
};
//end header2.h
//main.cpp
#include <iostream>
#include"header1.h"
#include"header2.h"
A::A()
```

```
{
    num = 5;
}
void A::show(){std::cout << num << std::endl;}
int main()
{
    A a;
    a.show();
}
//end main.cpp
```

这个程序无法通过编译，原因是 class A 在源文件 main.cpp 中被定义了两次。这是由于头文件 header2.h 包含了 header.1，在源文件 main.cpp 中包含了 header2.h，也包含了 header1.h，这就导致 header1.h 在 main.cpp 中被包含了两次，也就造成了 class A 重复定义。

一个头文件被别的源文件重复包含是经常发生的，如何避免某个头文件被重复包含呢？利用条件编译就可以轻松解决这个问题。在头文件的开始加入：

```
#ifndef HEADER_NAME
#define HEADER_NAME
```

在头文件的结尾加上：

```
#endif
```

HEADER_NAME 可以为任意内容，只要能够唯一标识当前头文件即可，建议使用头文件的名称。将这些条件编译预处理指令加入上面的示例程序中的两个头文件，问题即可解决。此外，也可以使用"#paragma once"预处理指令来实现，但这种方法并非所有的编译器都支持。考虑到代码的可移植性，建议使用条件编译预处理指令。

阅读以上示例代码需要注意以下几点：

① 条件编译指令"#ifndef HEADER_NAME"和"#endif"的意思是：如果条件编译标志"HEADER_NAME"没有定义，则编译#ifndef 和#endif 之间的程序段，否则就忽略它。头文件 header1.h 只要被包含一次，条件编译标志宏 HEADER_NAME 就会被定义，这样就不会被再次包含。

② iostream 是标准库提供的头文件，所以被包含时在头文件两边使用尖括号 < >；而 header1.h 和 header2.h 是用户自定义的头文件，被包含时使用双引号。

第3章

内存管理

3.1 程序内存布局

C/C++程序为编译后的二进制文件，运行时载入内存。运行时内存分布由代码段、初始化数据段、未初始化数据段、堆和栈构成，如果程序使用了内存映射文件（比如共享库、共享文件），则包含映射段。Linux 环境下程序典型的内存布局如图 3－1 所示。

代码段（text segment）：用户存放 CPU 执行的机器指令，为防止指令被其他程序修改，代码段一般只读不可更改。比如，源码中的字符串常量存储于代码段，不可修改。

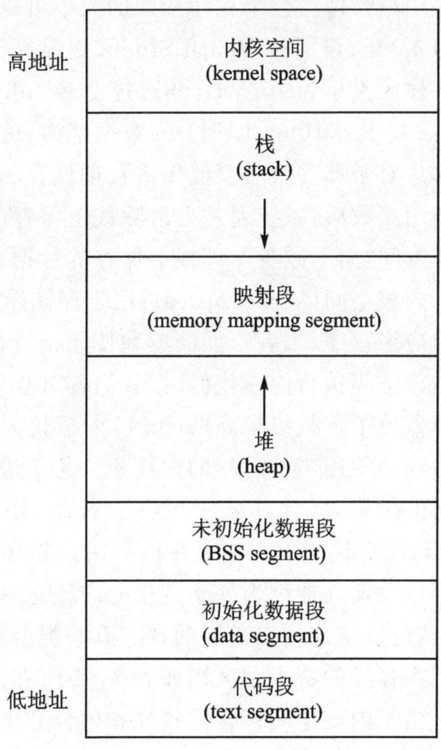

图 3－1

初始化数据段（data segment）：又称为数据段，用于存储初始化的全局变量和 Static 变量，段的大小在编译时确定，所以内存的分配属于静态内存分配。

未初始化数据段（BSS Segment，Block Started by Symbol Segment），又称为 BSS 段，通常用来存放程序中未初始化的全局变量和 Static。虽未显式初始化，但在程序载入内存执行时，由内核清 0，所以未显式初始化则默认为 0。BSS 段的大小也是在编译时确定的，运行时内存的分配属于静态内存分配。

堆（heap）：用于保存程序运行时动态申请的内存空间。由开发人员手动申请，手动释放，若不手动释放，则程序结束后由系统回收。其生命周期是整个程序运行期间，比如使用 malloc()或 new 申请的内存空间。堆的地址空间“向上增加”，即堆上保存的数据越多，堆的地址就越高。堆的内存分配属于动态分配，一般运行时才知道分配的内存大小，并且堆可分配存在于函数之外的内存，在未显式调用 free()或 delete 释放时，其生命周期为进程的生命周期。

映射段(memory mapping segment)：该区域内核将文件内容直接映射到内存。任何应用程序都可以请求该区域。Linux 中通过 mmap()系统调用，Windows 中通过 creatFileMapping()/MapViewOfFile()创建。文件进行 I/O 操作时内存映射方便且高效，所以，它常用于加载动态库，还可以创建一种匿名映射，不对应于文件，而是用于程序数据。在 Linux 中，如果使用 malloc()申请一块过大的内存，则 C 库函数便会创建这种内存映射段，而不是使用堆内存。“过大”的内存指超过 M_MMAP_THRESHOLD 字节，默认为 128 KB，可以通过 mallopt()函数调整。映射段也属于动态分配。

栈(stack)：用于保存函数的局部变量(但不包括 static 声明的静态变量，静态变量存放在数据段或 BSS 段)、参数、返回值、函数返回地址以及调用者环境信息(比如寄存器值)等，由系统进行内存管理，在函数完成执行后，系统自行释放栈区内存，不需要用户管理。整个程序栈区的大小可以由用户自行设定，Windows 默认的栈区大小为 1 MB，可通过 Visual Studio 更改编译参数手动更改栈的大小。64 位的 Linux 默认栈区大小为 10 MB，可通过命令“ulimit -s”临时修改。栈是一种“后进先出”(Last In First Out，LIFO)的数据结构，这意味着最后入栈的数据将是第一个出栈的数据。对于那些暂时存储无需长期保存的信息来说，LIFO 这种数据结构非常理想。在调用函数后，系统通常会清除栈上保存的信息。栈的另外一个重要的特征是，它的地址空间“向下减少”，即栈上保存的数据越多，栈的地址就越低。

内核空间(kernel space)：用于存储操作系统和驱动程序。用户空间用于存储用户的应用程序，二者不能简单地使用指针传递数据。当一个进程执行系统调用而陷入内核空间执行内核代码时，我们称进程处于内核运行态(或简称为内核态)。此时，处理器处于特权级最高的(0 级)内核代码中执行。当进程处于内核态时，执行的内核代码会使用当前进程的内核栈。每个进程都有自己的内核栈。当进程在执行用户自己的代码时，称其处于用户运行态(用户态)，即此时处理器在执行最低特权级(3 级)用户代码中。当正在执行用户程序而突然被中断程序中断时，此时用户程序也可以象征性地称为处于进程的内核态，因为中断处理程序将使用当前进程的内核栈，这与处于内核态进程的状态有些类似。

内存段的特点和区别如表 3-1 所列。

由于内核空间包含内核栈和内核数据段，所以内存地址既有由低到高(内核数据段)的生长方向，又有由高到低(内核栈)的生长方向。关于读/写的特点，由内核进行读/写，用户程序不可直接访问。

表 3-1

段　名	存储内容	分配方式	生长方向	读/写特点	运行态
代码段	程序指令、字符串常量、虚函数表	静态分配	由低到高	只读	用户态
初始化数据段	初始化的全局变量和静态变量	静态分配	由低到高	可读可写	用户态
BSS 段	未初始化的全局变量和静态变量	静态分配	由低到高	可读可写	用户态
堆	动态申请的数据	动态分配	由低到高	可读可写	用户态
映射段	动态链接库、共享文件、匿名映射对象	动态分配	由低到高	可读可写	用户态
栈	局部变量、函数参数与返回值、函数返回地址、调用者环境信息	静态＋动态分配	由高到低	可读可写	用户态
内核空间	操作系统、驱动程序	动态＋静态	由低到高＋由高到低	不能直接访问	内核态

以下面的C++代码为例，看一下常见变量所属的内存段。

```
#include <string.h>
int a = 0;                   //a 在数据段,0 为文字常量,在代码段
char *p1;                    //BSS 段,系统默认初始化为 NULL
void main()
{
    int b;                   //栈
    char *p2 = "123456";     //"123456"在代码段中,p2 在栈上
    static int c = 0;        //c 在数据段中
    const int d = 0;         //栈
    static const int d;      //数据段
    p1 = (char *)malloc(10); //分配的 10 字节在堆中
    strcpy(p1,"123456");     //"123456"放在代码段,编译器可能会将它与 p2
                             //所指向的"123456"优化成一个地方
}
```

以上所有代码编译成二进制机器指令存放于代码段，不可修改。

3.2　堆与栈的区别

堆（heap）与栈（stack）是开发人员必须面对的两个概念，在理解这两个概念时，需要放到具体的场景下，因为不同场景下，堆与栈代表的含义也不同。一般情况下，堆与栈有两层含义：

① 在程序内存布局场景下，堆与栈表示的是两种内存管理方式；

② 在数据结构场景下，堆与栈表示两种常用的数据结构。

3.2.1 程序内存分区中的堆与栈

1. 栈简介

栈由操作系统自动分配释放，用于存放函数的参数值、局部变量等，其操作方式类似于数据结构中的栈。参考如下代码：

```
int main()
{
    int b;                    //栈
    char s[] = "abc";         //栈
    char * p2;                //栈
}
```

其中，函数中定义的局部变量按照先后定义的顺序依次压入栈中，也就是说，相邻变量的地址之间不会存在其他变量。栈的内存地址生长方向与堆相反，由高到低，所以后定义的变量地址低于先定义的变量。比如上面代码中变量 s 的地址小于变量 b 的地址，p2 的地址小于 s 的地址。栈中存储的数据的生命周期随着函数的执行完成而结束。

2. 堆简介

堆由程序员分配释放，若程序员不释放，则程序结束时由系统回收，分配方式类似于链表。参考如下代码：

```
int main()
{
    //C 中使用 malloc()函数申请
    char* p1 = (char *)malloc(10);
    cout << (int*)p1 << endl;            //输出:00000000003BA0C0

    //使用 free()释放
    free(p1);

    //C++ 中用 new 运算符申请
    char p2 = new char[10];
    cout << (int*)p2 << endl;            //输出:00000000003BA0C0

    //使用 delete 运算符释放
    delete[] p2;

}
```

其中，p1 所指的 10 字节内存空间与 p2 所指的 10 字节内存空间都是存在于堆的。堆的内存地址生长方向与栈相反,由低到高,但需要注意的是,后申请的内存空间并不一定在先申请的内存空间的后面,即 p2 指向的地址并不一定大于 p1 所指向的内存地址。原因是:先申请的内存空间一旦被释放,后申请的内存空间就会利用先前被释放的内存,从而导致先后分配的内存空间在地址上不存在先后关系。堆中存储的数据若未释放,则其生命周期等同于程序的生命周期。

关于堆上内存空间的分配过程,首先应知道操作系统有一个记录空闲内存地址的链表,当系统收到程序的申请时,会遍历该链表,寻找第一个空间大于所申请空间的堆节点,然后将该节点从空闲节点链表中删除,并将该节点的空间分配给程序;另外,对于大多数系统,会在这块内存空间中的首地址处记录本次分配的大小,这样,代码中的 delete 语句才能正确地释放本内存空间。另外,由于找到的堆节点的大小不一定正好等于申请的大小,所以系统会自动将多余的那部分重新放入空闲链表。

3. 堆与栈的区别

堆与栈实际上是操作系统对进程占用的内存空间的两种管理方式,主要有如下几种区别:

① 管理方式不同。栈由操作系统自动分配释放,无需手动控制;堆的申请和释放工作由程序员控制,容易产生内存泄漏。

② 空间大小不同。每个进程拥有的栈的大小要远远小于堆的大小。理论上,程序员可申请的堆的大小为虚拟内存的大小。对于进程栈的大小,64 位的 Windows 默认为 1 MB,64 位的 Linux 默认为 10 MB。

③ 生长方向不同。堆的生长方向向上,内存地址由低到高;栈的生长方向向下,内存地址由高到低。

④ 分配方式不同。堆都是动态分配的,没有静态分配的堆。栈有 2 种分配方式:静态分配和动态分配。静态分配是由操作系统完成的,比如局部变量的分配。动态分配由 alloca 函数进行分配,但是栈的动态分配和堆是不同的,其动态分配是由操作系统进行释放,无需手工实现。

⑤ 分配效率不同。栈由操作系统自动分配,会在硬件层级对栈提供支持:分配专门的寄存器存放栈的地址,压栈出栈都有专门的指令执行,这就决定了栈的效率比较高。堆则是由 C/C++提供的库函数或运算符来完成申请与管理的,实现机制较为复杂,频繁的内存申请容易产生内存碎片。显然,堆的效率比栈要低得多。

⑥ 存放内容不同。栈存放的内容有:函数返回地址、相关参数、局部变量和寄存器内容等。当主函数调用另外一个函数时,要对当前函数执行断点进行保存,需要使用栈来实现。首先入栈的是主函数下一条语句的地址,即扩展指针寄存器的内存(eip);然后是当前栈帧的底部地址,即扩展基址指针寄存器内容(ebp);再然后是被调函数的实参等,一般情况下是按照从右向左的顺序入栈;最后是调用函数的局部变量,注意静态变量是存放在数据段或者 BSS 段,是不入栈的。出栈的顺序正好相反,最终栈顶指向主函数下一条语句的地址,主程序又从该地址开始执行。一般情况下,

堆顶使用一字节的空间来存放堆的大小，而堆中具体的存放内容由程序员来填充。

从以上内容可以看出，堆和栈相比，由于大量使用 malloc()/free()或 new/delete，容易造成大量的内存碎片，并且可能引发用户态和核心态的切换，效率较低。栈相比于堆，在程序中应用较为广泛，最常见的是函数的调用过程由栈来实现，函数返回地址、EBP、实参和局部变量都采用栈的方式存放。虽然栈有众多的好处，但是由于与堆相比不是那么灵活，有时需要分配大量的内存空间，所以主要还是用堆。

无论是堆还是栈，在内存使用时都要防止非法越界，越界导致的非法内存访问可能会摧毁程序的堆、栈数据，轻则导致程序运行处于不确定状态，获取不到预期结果，重则导致程序异常崩溃。这些都是与内存打交道时应该注意的问题。

3.2.2 数据结构中的堆与栈

数据结构中，堆与栈是两个常见的数据结构，理解二者的定义、用法与区别，就能够利用堆与栈解决很多的实际问题。

1. 栈简介

栈是一种运算受限的线性表，其限制是指仅允许在表的一端进行插入和删除操作，这一端被称为栈顶(top)，相对地，把另一端称为栈底(bottom)。把新元素放到栈顶元素的上面，使之成为新的栈顶元素，称作进栈、入栈或压栈(push)；把栈顶元素删除，使其相邻的元素成为新的栈顶元素，称作出栈或退栈(pop)。这种受限的运算使栈拥有“先进后出”的特性。

栈分顺序栈和链式栈两种，它是一种线性结构，所以可以使用数组或链表(单向链表、双向链表或循环链表)作为底层数据结构。其中，使用数组实现的栈叫作顺序栈，使用链表实现的栈叫作链式栈，二者的区别是:顺序栈中的元素地址连续，链式栈中的元素地址不连续。

栈的结构如图 3-2 所示。

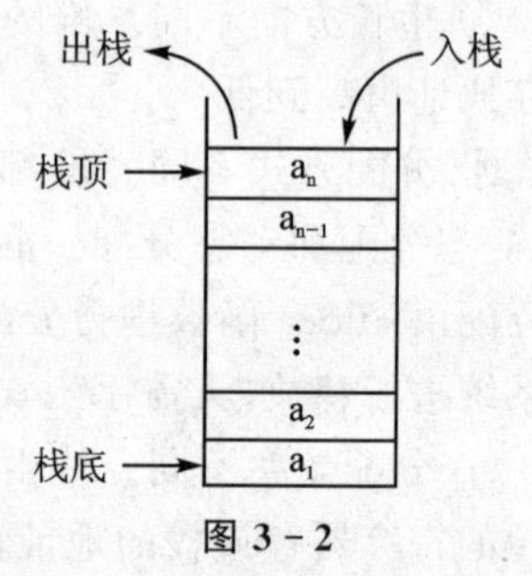

图 3-2

栈的基本操作包括初始化、判断栈是否为空、入栈、出栈以及获取栈顶元素等。下面以顺序栈为例，使用 C 语言给出一个简单的示例。

```
#include <stdio.h>
#include <malloc.h>
#define DataType int
#define MAXSIZE 1024
struct SeqStack
{
    DataType data[MAXSIZE];
```

```
    int top;
};
//栈初始化,成功返回栈对象指针,失败返回空指针 NULL
SeqStack *  initSeqStack()
{
    SeqStack *  s = (SeqStack * )malloc(sizeof(SeqStack));
    if(!s)
    {
        printf("空间不足\n");
        return NULL;
    }
    else
    {
        s -> top = -1;
        return s;
    }
}
//判断栈是否为空
bool isEmptySeqStack(SeqStack *  s)
{
    if (s -> top == -1)
        return true;
    else
        return false;
}
//入栈,返回 -1 失败,0 成功
int pushSeqStack(SeqStack *  s, DataType x)
{
    if(s -> top == MAXSIZE - 1)
    {
        return -1;      //栈满不能入栈
    }
    else
    {
        s -> top++;
        s -> data[s -> top] = x;
        return 0;
    }
}
//出栈,返回 -1 失败,0 成功
int popSeqStack(SeqStack *  s, DataType *  x)
```

```
{
    if(isEmptySeqStack(s))
    {
        return -1;//栈空不能出栈
    }
    else
    {
        *x = s->data[s->top];
        s->top--;
        return 0;
    }
}
//取栈顶元素,返回 -1 失败,0 成功
int topSeqStack(SeqStack* s,DataType* x)
{
    if (isEmptySeqStack(s))
        return -1;      //栈空
    else
    {
        *x = s->data[s->top];
        return 0;
    }
}
//打印栈中元素
int printSeqStack(SeqStack* s)
{
    int i;
    printf("当前栈中的元素:\n");
    for (i = s->top; i >= 0; i--)
        printf("%4d",s->data[i]);
    printf("\n");
    return 0;
}
//test
int main()
{
    SeqStack* seqStack = initSeqStack();
    if(seqStack)
    {
        //将4、5、7分别入栈
        pushSeqStack(seqStack,4);
```

```
        pushSeqStack(seqStack,5);
        pushSeqStack(seqStack,7);

        //打印栈内所有元素
        printSeqStack(seqStack);

        //获取栈顶元素
        DataType x = 0;
        int ret = topSeqStack(seqStack,&x);
        if(0 == ret)
        {
            printf("top element is %d\n",x);
        }

        //将栈顶元素出栈
        ret = popSeqStack(seqStack,&x);
        if(0 == ret)
        {
            printf("pop top element is %d\n",x);
        }
    }
    return 0;
}
```

运行上面的程序,输出结果:

```
当前栈中的元素:
  7  5  4
top element is 7
pop top element is 7
```

2. 堆简介

(1) 堆的性质

堆是一种常用的树形结构,是一种特殊的完全二叉树,当且仅当满足所有节点的值总是不大于或不小于其父节点的值的完全二叉树被称为堆。堆的这一特性称为堆序性。因此,在一个堆中,根节点是最大(或最小)节点。如果根节点最小,则称为小顶堆(或小根堆);如果根节点最大,则称为大顶堆(或大根堆)。堆的左右子节点没有大小的顺序。图 3-3 所示是一个小顶堆示例。

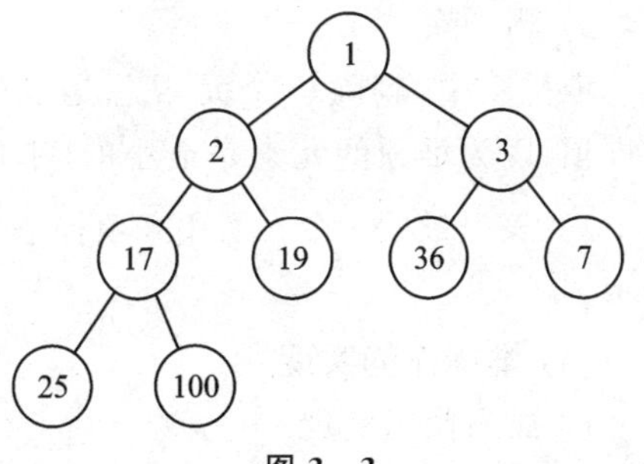

图 3-3

堆一般都用数组来存储，i 节点的父节点下标就为“(i－1)/2”。它的左右子节点下标分别为“2 ＊ i＋1”和“2 ＊ i＋2”。例如，第 0 个节点左右子节点的下标分别为 1 和 2，如图 3－4 所示。

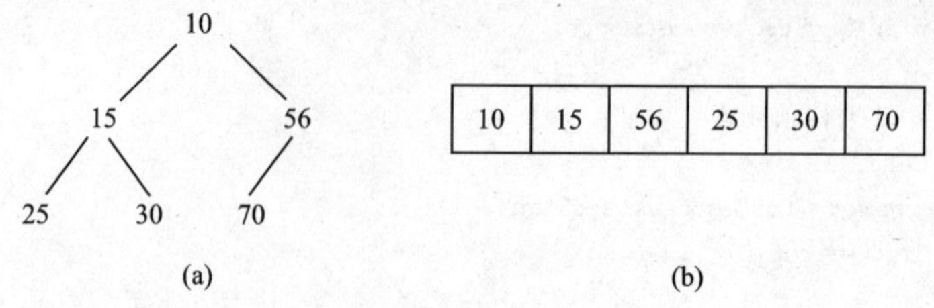

图 3－4

(2) 堆的基本操作

1) 建　立

以最小堆为例，当以数组存储元素时，一个数组具有对应的树表示形式，但树并不满足堆的条件，需要重新排列元素，可以建立“堆化”的树，如图 3－5 所示。

初始表：40　10　30　　　　堆化树：10　40　30

初始表：40 10 30　　堆化树：10 40 30
A[0] 40 10 30 A[1] A[2]
A[0] 10 40 30 A[1] A[2]

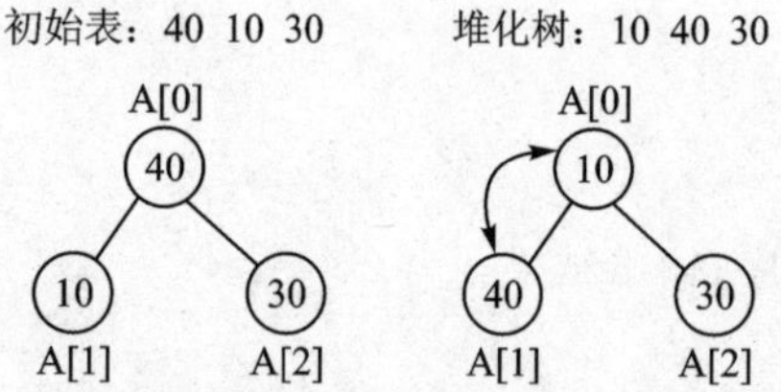

图 3－5

2) 插　入

将一个新元素插入到表尾，即数组末尾时，如果新构成的二叉树不满足堆的性质，则需要重新排列元素。图 3－6 演示了插入 15 时堆的调整。

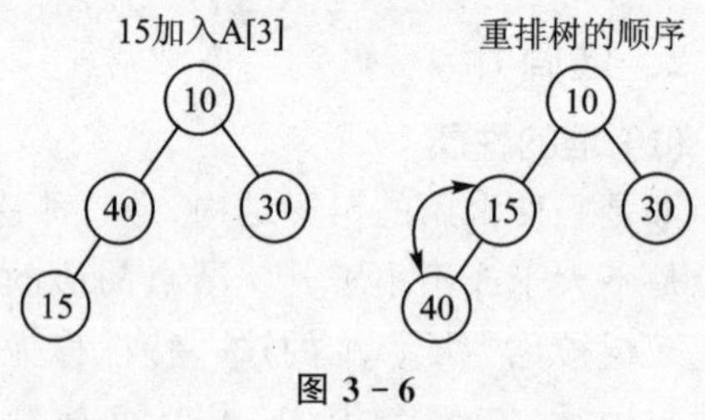

图 3－6

3) 删　除

堆排序中，删除一个元素总是发生在堆顶，因为堆顶的元素是最小的(小顶堆中)。表中最后一个元素用来填补空缺位置，结果树被更新以满足堆条件，如图 3－7 所示。

(3) 堆操作的实现

1) 插入代码实现

每次插入都是将新数据放在数组最后，可以发现，从这个新数据的父节点到根节

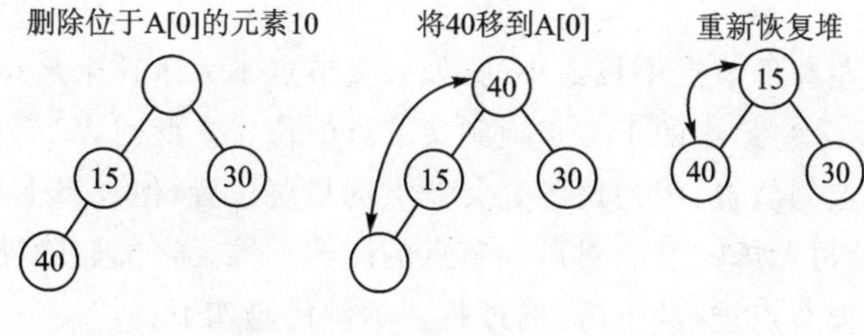

图 3-7

点必然为一个有序的数列，现在的任务就是将这个新数据插入到这个有序数列中，这就类似于直接插入排序中将一个数据并入到有序区间中，这是节点“上浮”调整。插入一个新数据时堆的调整代码如下：

```
//新加入 i 节点，其父节点为(i-1)/2
//参数:a:数组,i:新插入元素在数组中的下标
void minHeapFixUp(int a[], int i)
{
    int j, temp;
    temp = a[i];
    j = (i-1)/2;                    //父节点
    while (j >= 0 && i != 0)
    {
        if (a[j] <= temp)           //如果父节点不大于新插入的元素,则停止寻找
            break;
        a[i] = a[j];                //把较大的子节点往下移动,替换它的子节点
        i = j;
        j = (i-1)/2;
    }
    a[i] = temp;
}
```

因此，插入数据到最小堆时：

```
//在最小堆中加入新的数据 data
//a:数组,index:插入的下标
void minHeapAddNumber(int a[], int index, int data)
{
    a[index] = data;
    minHeapFixUp(a, index);
}
```

2）删除代码实现

按照删除的说明，堆中每次都只能删除第 0 个数据。为了便于重建堆，实际的操作是将数组最后一个数据与根节点交换，然后再从根节点开始进行一次从上向下的

调整。

调整时先在左右子节点中找最小的，如果父节点不大于这个最小的子节点，则说明不需要调整，反之将最小的子节点换到父节点的位置。此时，父节点实际上并不需要换到最小子节点的位置，因为这不是父节点的最终位置，但逻辑上父节点替换了最小的子节点，然后再考虑父节点对后面节点的影响。堆元素的删除导致的堆调整，其整个过程就是将根节点进行"下沉"的过程。示例代码如下：

```
//a 为数组，从 index 节点开始调整；len 为节点总数，从 0 开始计算；index 节点的子节点为
//2 * index + 1、2 * index + 2、len/2 - 1 为最后一个非叶子节点
void minHeapFixDown(int a[],int len,int index)
{
if(index > (len/2 - 1))                 //index 为叶子节点不用调整
    return;
int tmp = a[index];
lastIndex = index;
while(index <= len/2 - 1)               //当下沉到叶子节点时，就不用调整了
{
    if(a[2 * index + 1] < tmp)          //如果左子节点小于待调整节点
    {
        lastIndex = 2 * index + 1;
    }
    //如果存在右子节点且小于左子节点和待调整节点
    if(2 * index + 2 < len && a[2 * index + 2] < a[2 * index + 1]&& a[2 * index + 2] < tmp)
    {
        lastIndex = 2 * index + 2;
    }
    //如果左右子节点有一个小于待调整节点，选择最小子节点进行上浮
    if(lastIndex! = index)
    {
        a[index] = a[lastIndex];
        index = lastIndex;
    }
    else break;                         //否则待调整节点不用下沉调整
}
a[lastIndex] = tmp;                     //将待调整节点放到最后的位置
}
```

根据准删除的下沉思想，可以有不同版本的代码实现。以上是作者与孙凛同学一起讨论得出的一个版本，在这里感谢他的参与，读者可自行编写。这里建议大家根据对堆调整过程的理解写出自己的代码，切勿看示例代码去理解算法，而是理解算法思想写出代码，否则很快就会忘记。

3）建　堆

有了堆的插入和删除后，现在考虑如何对一个数据进行堆化操作。需要一个一个地从数组中取出数据来建立堆吗？不用！先看一个数组，如图 3-8 所示。

int　A[0] = {9，12，17，30，50，20，60，65，4，49}；

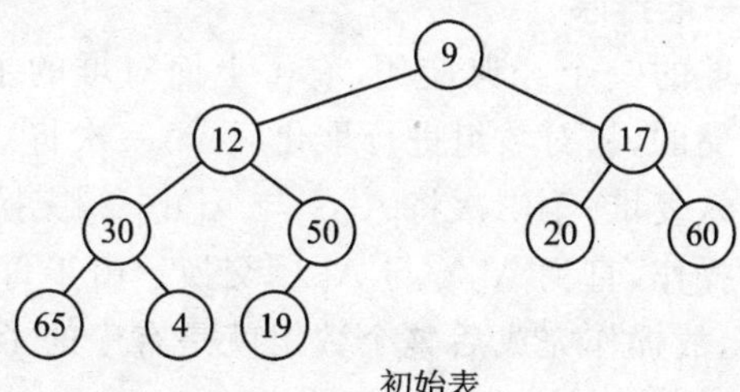

初始表

图 3-8

很明显，对于叶子节点来说，可以认为它已经是一个合法的堆了，即 20、60、65、4、49 分别是一个合法的堆。只要从 A[4]＝50 开始向下调整就可以了。然后再取 A[3]＝30，A[2]＝17，A[1]＝12，A[0]＝9，分别作一次向下调整操作就可以了。图 3-9 展示了这些步骤。

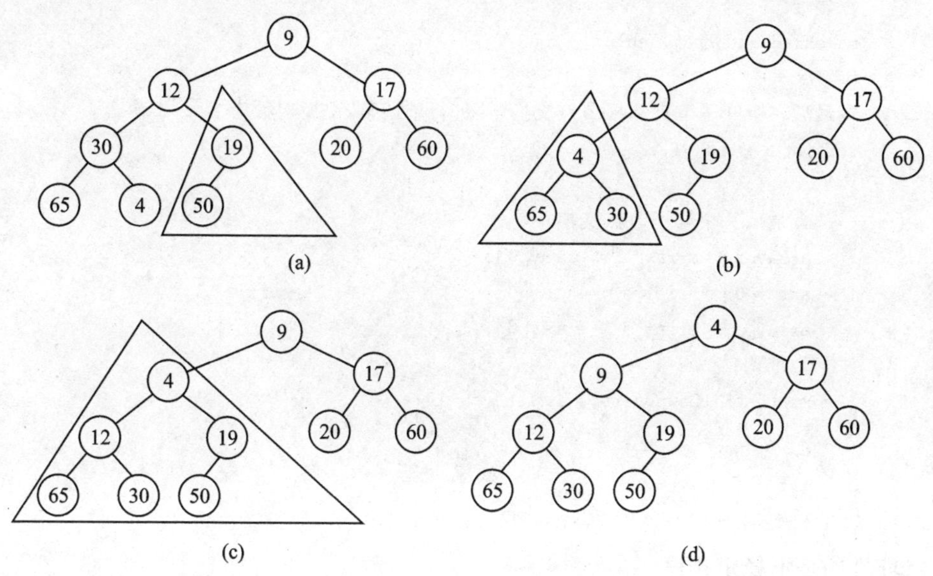

图 3-9

堆化数组的代码如下：

```
//建立最小堆
//a:数组,n:数组长度
void makeMinHeap(int a[], int n)
```

```
{
    for (int i = n/2 - 1; i >= 0; i--)
        minHeapFixDown(a, i, n);
}
```

(4) 堆的具体应用——堆排序

堆排序(heapsort)是堆的一个经典应用,有了上面对堆的了解,不难实现堆排序。由于堆也是用数组存储的,故对数组进行堆化后,第一次将A[0]与A[n−1]交换,再对A[0…n−2]重新恢复堆;第二次将A[0]与A[n−2]交换,再对A[0…n−3]重新恢复堆。重复这样的操作,直到A[0]与A[1]交换。由于每次都是将最小的数据并入到后面的有序区间,故操作完成后整个数组就是有序的了。这有点类似于直接选择排序。

因此,完成堆排序并没有用到前面介绍的插入操作,只用到了建堆和节点向下调整的操作。堆排序的操作如下:

```
//array:待排序数组,len:数组长度
void heapSort(int array[],int len)
{
    //建堆
    makeMinHeap(array,len);

    //最后一个叶子节点和根节点交换,并进行堆调整,交换次数为 len - 1 次
    for(int i = len - 1;i > 0; -- i)
    {
        //最后一个叶子节点交换
        array[i] = array[i] + array[0];
        array[0] = array[i] - array[0];
        array[i] = array[i] - array[0];
        //堆调整
        minHeapFixDown(array, 0, len - i - 1);
    }
}
```

1) 稳定性

堆排序是不稳定排序。

2) 堆排序性能分析

由于每次重新恢复堆的时间复杂度为$O(\log_2 N)$,共N−1次堆调整操作,再加上前面建立堆时N/2次向下调整,所以每次调整时间复杂度也为$O(\log_2 N)$。两次操作时间相加还是$O(N\log_2 N)$,故堆排序的时间复杂度为$O(N\log_2 N)$。

最坏的情况:如果待排序数组是有序的,则仍然需要$O(N\log_2 N)$复杂度的比较操作,只是少了移动的操作。

最好的情况：如果待排序数组是逆序的，则不仅需要 O(N $\log_2$N)复杂度的比较操作，而且还需要 O(N $\log_2$N)复杂度的交换操作。总的时间复杂度还是 O(N $\log_2$N)。

因此，堆排序和快速排序在效率上是差不多的，但是堆排序一般优于快速排序的重要一点是数据的初始分布情况对堆排序的效率没有大的影响。

3.3 new 的 3 种面貌

C++中使用 new 运算符产生一个存在于 Heap(堆)上的对象时，实际上调用了 operator new()函数和 placement new()函数。在使用 new 创建堆对象时，我们要认清楚 new 的 3 种面貌，分别是：new operator、operator new()和 placement new()。

1. new operator

new operator 是 C++的保留关键字，我们无法改变其含义，但可以改变 new 完成其功能时调用的两个函数：operator new()和 placement new()。也就是说，我们在使用运算符 new 时，最终是通过调用 operator new()和 placement new()来完成堆对象的创建工作的。使用 new operator 时，其完成的工作有如下 3 步，如图 3-10 所示。

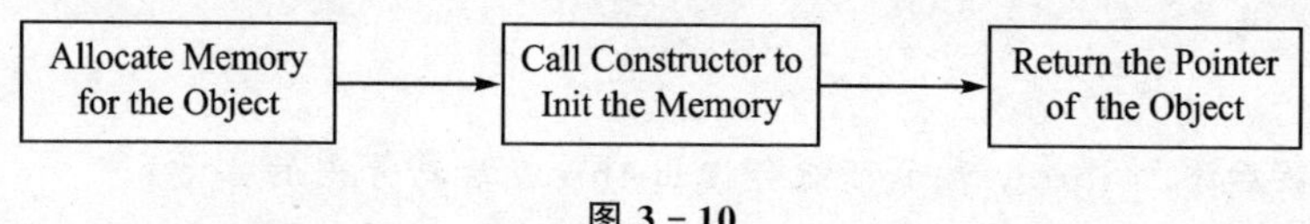

图 3-10

因此，当我们按照如下方式使用 new operator 时，

```
C++
string* sp = new string("hello world");
```

实际上等价于：

```
C++
//第一步:申请原始空间,行为类似于 malloc
void* raw = operator new(strlen("hello world"));
//第二步:通过 placement new 调用 string 类的构造函数,初始化申请空间
new (raw) string("hello world");
//第三部:返回对象指针
string* sp = static_cast <string*> (raw);
```

2. operator new()

operator new()用于申请 Heap 空间，功能类似于 C 语言的库函数 malloc()，尝试从堆上获取一段内存空间，如果成功则直接返回，如果失败则转去调用 new handler，然后抛出一个 bad_alloc 异常。

operator new()的函数原型一般为

```
void* operator new (std::size_t size) throw (std::bad_alloc);
```

具体实现如下：

```
void * __CRTDECL operator new(size_t size) throw (std::bad_alloc)
{
    //try to allocate size bytes
    void * p;
    while ((p = malloc(size)) == 0)   //申请空间
        if (_callnewh(size) == 0)    //若申请失败则调用处理函数
        {
            //report no memory
            static const std::bad_alloc nomem;
            _RAISE(nomem);           //#define _RAISE(x) ::std::_Throw(x) 抛出 nomem
                                     //的异常
        }
    return (p);
}
```

注意：

① 函数后添加 throw 表示可能会抛出 throw 后括号内的异常；

② operator new()分为全局和类成员。其中，当其为类成员函数时，使用 new 产生类对象时调用的是其成员函数 operator new()。如果要重载全局的 operator new，则会改变所有默认的 operator new 的方式，所以必须注意。正如 new 与 delete 相互对应一样，operator new()与 operator delete()也是一一对应的，如果重载了 operator new，那么理应重载 operator delete。

3. placement new()

一般来说，使用 new 申请空间时，是从系统的堆中分配空间，申请所得空间的位置由当时内存实际使用的情况决定。但是，在某些特殊情况下，可能需要程序员在指定内存空间上创建对象，这就是所谓的“定位放置 new”(placement new)操作。placement new()是一个特殊的 operator new()，因为其是 operator new()函数的重载版本，只是取了个别名叫作 placement new 罢了。其作用是在已经获得的堆空间上调用类构造函数来初始化对象，也就是定位构造对象。通常情况下，构造函数是由编译器自动调用的，但是不排除程序员手动调用的可能性，比如对一块未初始化的内存进行处理，获得想要的对象，这是需要求助于 placement new()的。placement new()是 C++标准库的一部分，在头文件<new>中声明，C++标准默认实现如下：

```
void* operator new(std::size_t, void* __p) throw()
{
    return __p;
}
```

注意：

① placement new()的函数原型不是“void* placement new(std::size_t, void* __p)”，因为 placement new()只是 operator new()的一个重载，多了一个已经申请好的空间，由“void* __p”指定。

② 用法是“new (addr) constructor(args)”。默认版本的 placement new()只是对 addr 指定的内存空间调用构造函数进行初始化，然后返回内存空间首地址，其他什么也不做。为何称为“定位放置 new”呢？从其作用上可以看出，placement new()用于在指定内存空间上调用类构造函数来构造类对象。

给定一块已经申请好的内容空间，由指针“void* ptr”指定，考察如下程序：

```
#include <iostream>
using namespace std;
class A
{
    int num;
public:
    A()
    {
        cout << "A's constructor" << endl;
    }
    ~A()
    {
        cout << "A's destructor" << endl;
    }

    void show()
    {
        cout << "num:" << num << endl;
    }
};
int main()
{
    char mem[100];
    mem[0] = 'A';
    mem[1] = '\0';
    mem[2] = '\0';
```

```
    mem[3] = '\0';
    cout << (void*)mem << endl;
    A* p = new (mem) A;
    cout << p << endl;
    p-> show();
    p-> ~A();
}
```

程序运行结果：

```
0024F924
A's constructor
0024F924
num:65
A's destructor
```

阅读以上程序时需注意以下几点：

① 用定位放置 new 操作，既可以在栈(stack)上生成对象，也可以在堆上生成对象。例如，本例就是在栈上生成一个对象。

② 使用语句“A * p=new (mem) A;”定位生成对象时，会自动调用类 A 的构造函数，对象生命周期结束时，也需要显式调用类的析构函数，避免内存泄漏，如本例中的“p->~A()”。

③ 万不得已才使用 placement new()，只有真的在意对象在内存中的特定位置时才使用它。例如，硬件中有一个内存映像的 I/O 计时器设备，并且想放置一个 Clock 对象在那个位置。

总结：

① 若想在堆上建立一个对象，则应用 new 运算符，它既分配内存又调用其构造函数进行初始化。

② 若仅仅想分配内存，则应调用 operator new()，它不会调用构造函数。若想定制自己在堆对象被建立时的内存分配过程，则应重写自己的 operator new()。

③ 若想在一块已经获得的内存空间上建立一个对象，则应用 placement new()。虽然在实际开发过程中很少需要重写 operator new()，但使用内置的 operator new() 即可完成大部分程序所需的功能。知道这些有助于认识 C++程序的内存管理。

3.4 delete 的 3 种面貌

为了避免内存泄漏，每个动态内存分配都必须对应一个与其相反的解除分配(deallocation)操作。所以，C++中有 new 操作，那么就存在相反的 delete 操作，new 与 delete 的关系就像 C 语言中 malloc()与 free()的关系，分别负责内存的申请与释放，只不过C++中的new与delete还被赋予了其他功能。当使用delete运算符来释放一个由new创建的对象时，我们应该清楚delete完成的工作有：

① 调用对象析构函数；

② 调用operater delete()函数释放内存空间。

所以，在使用delete释放对象时，我们要认清delete的3种面貌，分别是：delete operator、operator delete()与placement delete()，它们与new的3种面貌一一对应。

1. delete operator

delete operator是C++的保留关键词，无法改变其含义，但可以改变进行delete操作时调用的函数operator delete()。operator delete()与delete运算符的关系与operator new()与new操作符的关系是一样的，operator delete()用于释放operator new()申请的内存空间，对象的析构函数用于清理placement new()初始化的内存数据。所以，如下示例代码：

```
string sp = new string("hello world");
delete sp;
```

调用delete sp等价于：

```
ps - ~string();              //用于清理内存数据,对应于 placement new()
operator delete(ps);         //用于释放内存空间,对应于 operator new()
```

2. operator delete()

operator new()用于申请Heap空间，而operator delete()用于释放Heap空间，声明见头文件<new>，其定义如下：

```
void operator delete(void memoryToBeDeallocated) noexcept
{
    stdfree(ptr);
}
```

以下为operator delete()重载的实例。

```
#include iostream
using namespace std;
class A
{
public
    void operator delete(void ptr)
    {
        cout   this is user defined operator delete()   endl;
        stdfree(ptr);
    }
```

```
    ~A()
    {
        coutthis is A's destructorendl;
    }
};
int main()
{
    A pA1 = new A();
    delete pA1;              //调用用户自定义 operator delete();
    A pA2 = new A();
    delete pA2;              //调用全局 operator delete()
    int pInt = new int;
    delete pInt;             //调用全局 operator delete()
}
```

程序输出结果：

```
this is A's destructor
this is user defined operator delete()
this is A's destructor
```

阅读以上程序时需注意以下几点：

① 对于不是类类型(class、struct 或 union)的对象，将调用全局 delete 运算符；

② 对于类类型的对象，如果重载 operator delete()，则在释放对象时默认调用重载版本，可以将作用域运算符()置于 delete 之前，显式调用全局 operator delete()；

③ delete 运算符在释放对象之前会调用对象析构函数。

考察如下代码在 VS 2017 中对应的汇编代码：

```
delete pA1;              //调用用户自定义 operator delete();
```

对应的汇编代码：

```
segment 1
000000013F6B101C  lea     rdx,[string this is A's destructor (013F6B3350h)]
000000013F6B1023  mov     rcx,qword ptr [__imp_stdcout (013F6B30C8h)]
000000013F6B102A  call    stdoperatorstdchar_traitschar  (013F6B1080h)
000000013F6B102F  mov     rcx,rax
000000013F6B1032  lea     rdx,[stdendlchar,stdchar_traitschar  (013F6B1250h)]
000000013F6B1039  call     qword ptr [__imp_stdbasic_ostreamchar,stdchar_traits-
                           char operator (013F6B3080h)]
segment 2
000000013F6B103F  nop
```

```
000000013F6B1040  lea     rdx,[string this is user defined operator de... (013F6B3328h)]
000000013F6B1047  mov     rcx,qword ptr [__imp_stdcout (013F6B30C8h)]
000000013F6B104E  call    stdoperatorstdchar_traitschar  (013F6B1080h)
000000013F6B1053  mov     rcx,rax
000000013F6B1056  lea     rdx,[stdendlchar,stdchar_traitschar (013F6B1250h)]
000000013F6B105D  call    qword ptr [__imp_stdbasic_ostreamchar,stdchar_traitschar
                          operator (013F6B3080h)]
000000013F6B1063  mov     rcx,rbx
000000013F6B1066  call    qword ptr [__imp_free (013F6B3120h)]
000000013F6B106C  nop
```

其中,segment 1 为调用类 A 的析构函数输出“this is A's destructor”,segment 2 表示调用 operator delete(),用于输出“this is user defined operator delete()”并调用 free()函数。可见 delete 运算符在释放对象占用的内存空间之前会调用对象析构函数,也就验证了 delete 释放对象时会完成两项工作:

① 调用对象析构函数;

② 调用 operater delete()函数释放内存空间。

3. placement delete()

placement new()是 operator new()附带额外参数的重载版本,对应的,placement delete()即 operator delete()的重载版本,默认实现版本如下:

```
void operator delete(void, void) noexcept { }
```

默认 placement delete()的额外参数是 void,为空实现,什么也不做。当然,我们可以定义其他附带类型的重载版本,这里使用默认版本 placement new()与重载 placement delete()来演示定位构造对象和析构对象。

```
#include iostream
using namespace std;
class A
{
    int num;
public
    A()
    {
        cout  A's constructor  endl;
    }
    ~A()
    {
        cout  A's destructor  endl;
```

```
    }
    void show()
    {
        cout  num  num  endl;
    }
    //自定义 placement delete()
    static void operator delete(void a, void b)
    {
        A  pA = (A)a;
        pA - ~A();
    }
};
int main()
{
    char mem[100];
    mem[0] = 'A';
    mem[1] = '0';
    mem[2] = '0';
    mem[3] = '0';
    cout  (void)mem  endl;
    A p = new (mem) A;  //调用 placement new(),间接调用类 A 的构造函数,构造类 A 对象
    cout  p  endl;
    p - show();
    Aoperator delete(p,(void)NULL);  //调用 placement delete(),间接调用类 A 的析构
                                     //函数释放类 A 对象
}
```

程序运行结果：

```
000000000014F8E0
A's constructor
000000000014F8E0
num65
A's destructor
```

阅读以上程序时需要注意以下几点：

① C++标准中默认版本的 placement delete()为空实现,不调用类型对象析构函数。

② C++中 placement delete()的调用不像 placement new()的调用那样有单独的语法格式(placement new expression),而是需要以函数调用的书写格式来调用。

③ 上面对 placement delete()的重载只是实现了调用类对象析构函数的功能,实际通过类对象直接调用析构函数即可,那 placement delete()存在的意义是什么

呢？一个重要的意义是：C++需要 placement delete()和 placement new()成双成对。假设调用 placement new expression 构建对象时结果在构造函数中抛出异常，这时怎么办？C++只能调用相应的 placement delete()释放由 placement new()获取的内存资源，否则就会有内存泄漏。读者可以通过下面的例子感受一下：

```
#include <iostream>
using namespace std;
struct A {};              //临时中间对象
struct E {};              //异常对象
class T
{
public:
    T()
    {
        std::cout << "T's constructor" << endl;
        throw E();
    }
};
void* operator new (std::size_t, const A& a)
{
    std::cout << "Placement new called." << std::endl;
    return (void*)&a;
}
void operator delete (void *, const A &)
{
    std::cout << "Placement delete called." << std::endl;
}
int main()
{
    A a;
    try
    {
        T* p = new(a) T;
    }
    catch (E exp)
    {
        std::cout << "Exception caught." << std::endl;
    }
    return 0;
}
```

程序输出结果：

```
Placement new called.
T's constructor
Placement delete called.
Exception caught.
```

当在 class T 构造函数中抛出异常时，对应版本的 placement delete()将被调用，所谓的对应版本，即 placement delete()附加参数类型相同。

3.5 new 与 delete 的使用规范

C++的动态内存管理是通过 new 和 delete 两个操作来完成的，即用 new 来申请空间，用 delete 来释放空间。在使用 new 和 delete 时应注意以下原则。

1. new 与 delete 需一一对应

用 new 操作申请空间，如果申请成功，就必须在以后的某个时刻用 delete 释放该空间，既不能忘记释放，也不能多次释放。前者会引起内存泄漏，后者会引起运行时错误。例如下面的程序：

```
#include <iostream>
using namespace std;
int main()
{
    int *p;
    p = new int(3);
    if(p)
    {
        delete p;
    }
    delete p;
    return 0;
}
```

以上程序对指针 p 所指向的空间进行了两次释放操作，这种内存错误对 C++程序危害极大，也是很多人对 C++望而却步的原因。多次释放同一块内存空间并不一定会立即引起程序运行时错误，也不一定会导致程序运行的崩溃，这跟具体的编译器实现有关。但是，多次释放同一块内存空间绝对是一个编程错误，这个编程错误可能会在其后的某个时刻导致其他逻辑错误的发生，从而给程序的调试和纠错带来困难。考察如下程序：

```
#include <iostream>
using namespace std;
int main()
{
    int *p, *q, *one;
    one = new int;
    if(one)
    {
        cout << one << endl;
    }
    delete one;
    p = new int(3);
    if(p)
    {
        cout << p << endl;
    }
    delete one;          //假设这条语句是程序员不小心加上的
    q = new int(5);
    if(q)
    {
        cout << q << endl;
    }
    cout << (*p) + (*q) << endl;
    delete p;
    delete q;
}
```

程序通过编译后的运行结果：

```
003289A0
003289A0
003289A0
10
```

程序运行过程中会产生中断。从程序的输出可以看出，在将指针 one 所指向的空间释放后，为指针 p 申请的空间就是原来 one 所指向的空间。由于不小心在为 p 分配空间后再次使用了 delete one，所以导致 q 申请到的空间就是原来 p 所申请的空间，这样赋给 *q 的值就改写了原来 p 所指向的单元的值，导致最后输出的结果为 10。由此可知，多次释放同一块内存空间，即使不导致程序运行中断，也会破坏环境，使指针与所对应的空间的隶属关系出现混乱，从而导致逻辑错误。在大型程序设计中，这种逻辑错误的查找会变得十分费时费力。

注意：当指针 p 的值为 NULL 时，多次使用 delete p 并不会带来麻烦，因为释放空指针的空间实际上不会导致任何操作。所以，将“不用”的指针设置为 NULL 是一个好的编程习惯。

2. new[]与 delete[]需一一对应

在申请对象数组时，需要使用 new[]运算符，与之对应，释放对象数组时，需要使用 delete[]运算符。这一点与 C 语言有所区别，C 中无论申请单个还是多个对象，均使用 malloc()/free()函数。首先看一下 delete 与 delete[]运算符的区别，示例代码如下：

```
class Test
{
public:
    Test() { cout << "ctor" << endl; }
    ~Test() { cout << "dtor" << endl; }
};
//segment1
Test * pArray1 = new Test[3];
delete pArray1;
//segment2
Test * pArray2 = new Test[3];
delete[] pArray2;
```

其中，代码片段 segment1 的运行结果如下：

```
ctor
ctor
ctor
dtor
```

segment2 的运行结果如下：

```
ctor
ctor
ctor
dtor
dtor
dtor
```

由上述内容可以看出，delete 与 delete[]的区别在于：释放对象数组时，delete 只调用了一次析构函数，而 delete[]调用了 3 次析构函数。实际上，在使用 new 和 new[]申请内存空间时，会申请一段额外的内存来保存用户申请的内存空间大小、元素个数等信息。当使用 delete[]释放内存空间时，会逐个调用对象的析构函数并完成最终内存空间的释放；而使用 delete 释放对象数组时，则只会调用单个对象的析构函数，造成内存泄漏。符号“[]”告诉编译器,在对一块内存进行 delete 操作时,先去获取内存保存的元素个数,然后再逐一清理。所以使用 delete 释放 new[]申请的内存空间和使用 delete[]释放 new 申请的内存空间都是错误的做法。

具体使用时需要注意以下两点:

① 对于内置数据类型,因为没有构造函数和析构函数,所以使用 delete 和 delete[]的效果是一样的。比如:

```
int * pDArr = new int[3];
//processing code
delete pDArr;        //等同于 delete[] pDArr
```

对于内置数据类型,虽然可以使用 delete 完成对象数组内存空间的释放,但是为了保证代码的可读性,建议使用 delete[]来完成。所以,new[]与 delete[]使用时应一一对应。

② 对于经常使用 typedef 的程序员来说,很容易将 new[]与 delete 混用,例如:

```
typedef int Height[NUM];
int * pHeight = new Height;
```

这种情况应该使用 delete 还是 delete[]呢？答案如下:

```
delete    pHeight;       //错误
delete[]  pHeight;       //正确
```

为了避免出现上面的错误,建议不要对数组使用 typedef,可用 STL 中的 vector 代替数组。

3. 构造函数中的 new/new[]与析构函数中的 delete/delete[]需一一对应

当类的成员中有指针变量时,在构造函数中用 new 申请空间,并且在析构函数中用 delete 释放空间是一种“标准的”、安全的做法。例如:

```
#include <iostream>
using namespace std;
class Student
{
    char * name;
public:
    Student(){
        cout << "Default constructor" << endl;
    }
    Student(char * );
    ~Student();
};
```

```
Student::Student(char * s)
{
    //Student();        //此条语句运行时报错,构造函数不能调用其他构造函数
    cout << "In constructor,allocating space" << endl;
    name = new char[strlen(s) + 1];
    strcpy(name,s);
    cout << "name:" << name << endl;
}
Student::~Student(){
    cout << "In destructor, free space" << endl;
    delete name;
}
int main()
{
    Student s1("张三");
}
```

程序运行输出:

```
In constructor,allocating space
name:张三
In destructor, free space
```

对于任何一个对象,其构造函数只调用一次,析构函数也只调用一次,这样就能保证运行时 new 和 delete 操作是一一对应的,也就保证了内存管理的安全性。

在 C++中,一个构造函数不能调用本类的另一个构造函数,其目的就是防止构造函数的相互调用打破内存申请与释放之间的这种对应关系。

3.6 智能指针简介

1. 智能指针的由来

C++中,动态内存的管理是通过一对运算符来完成的,new 用于申请内存空间,调用对象构造函数初始化对象并返回指向该对象的指针。delete 接收一个动态对象的指针,调用对象的析构函数销毁对象,释放与之关联的内存空间。动态内存的管理在实际操作中并非易事,因为确保在正确的时间释放内存是极其困难的,有时往往会忘记释放内存而产生内存泄漏;有时在上游指针引用内存的情况下释放了内存,从而产生非法的野指针(悬挂指针)。

为了更容易且更安全地管理动态内存,C++推出了智能指针(smart pointer)类型来管理动态对象。智能指针存储指向动态对象的指针,用于动态对象生存周期的控制,能够确保自动正确地销毁动态分配的对象,防止内存泄漏。

对于动态内存的管理,可以引申为对系统资源的管理,但是 C++程序中动态内存只是最常使用的一种资源,其他常见的资源还包括文件描述符(file descriptor)、互斥锁(mutex locks)、图形界面中的字型和笔刷、数据库连接以及网络 sockets 等。实际上,这些资源都可以使用智能指针来管理。

2. 智能指针的基本思想

智能指针的基本思想是以栈对象管理资源。考察如下示例:

```
void remodel(std::string & str)
{
    std::string * ps = new std::string(str);
    ...
    if (weird_thing())
        throw exception();
    str = * ps;
    delete ps;
    return;
}
```

如果在函数 remodel 中出现异常,语句"delete ps"没有被执行,那么将会导致 ps 指向的 string 的堆对象残留在内存中,导致内存泄漏。如何避免这种问题呢?有人会说,这还不简单,直接在"throw exception();"之前加上"delete ps;"不就行了。是的,本应如此,问题是很多人都会忘记在适当的地方加上 delete 语句(连上述代码中最后的那句 delete 语句也会有很多人忘记的)。如果要对一个庞大的工程进行复查,往往会发现内存泄漏时有发生,对于程序而言,这无疑是一场灾难!这时我们会想:当 remodel 这样的函数终止(不管是正常终止,还是由于出现了异常而终止)时,函数体内的局部变量都将自动从栈内存中删除,因此指针 ps 占据的内存将被释放。如果 ps 指向的内存也被自动释放,那该有多好啊!我们知道析构函数有这个功能。如果 ps 有一个析构函数,那么该析构函数将在 ps 过期时自动释放它指向的内存。但 ps 的问题在于,它只是一个常规指针,不是有析构函数的类对象指针。如果 ps 是一个局部的类对象,它指向堆对象,则可以在 ps 生命周期结束时,让它的析构函数释放它所指向的堆对象。

通俗来讲,智能指针就是模拟指针动作的类。所有的智能指针都会重载"->"和"*"操作符。智能指针的主要作用就是用栈智能指针离开作用域自动销毁时调用析构函数来释放资源。当然,智能指针的作用不止这些,其还包括复制时可以修改源对象等。智能指针根据需求不同,其设计也不同(如写时复制、赋值即释放对象拥有权限、引用计数、控制权转移等)。

3. 智能指针的引用计数

(1) 什么是引用计数

智能指针有时需要将其管理的对象的所有权转移给其他的智能指针，使得多个智能指针管理同一个对象，比如 C++ STL 中的 shared_ptr 就支持多个智能指针管理同一个对象。此时，智能指针就需要知道其引用的对象总共有多少个智能指针在引用它，也就是说，智能指针所管理的对象总共有多少个所有者，我们称之为引用计数（reference counting）。因为智能指针在准备释放所引用的对象时，如果有其他的智能指针同时在引用这个对象，则不能释放，而只能将引用计数减一。

(2) 引用计数的目的

引用计数是资源管理的一种技巧和手段，智能指针使用了它，STL 中的 string 也同样使用了它并配合“写时复制”来实现存储空间的优化。总的来说，使用引用计数有如下两个目的：

① 节省内存，提高程序运行效率。如果很多对象都拥有相同的数据实体，那么存储多个数据实体就会造成内存空间浪费。所以，最好的做法就是让多个对象共享同一个数据实体。

② 记录引用对象的所有者数量，在引用计数为 0 时，让对象的最后一个拥有者释放对象。

其实，智能指针的引用计数类似于 Java 的垃圾回收机制。Java 垃圾的判定很简单，就是如果一个对象没有引用所指，那么该对象即为垃圾，系统就可以回收了。

(3) 智能指针实现引用计数的策略

大多数 C++类都会用以下 3 种方法中的一种来管理指针成员：

① 不管指针成员。复制时只复制指针，不复制指针指向的对象实体。当其中一个指针把其指向的对象的空间释放后，其他指针就都成了悬挂指针。这是一种极端做法。

② 复制时，既复制指针，也复制指针指向的对象。这样可能会造成空间的浪费，因为指针指向的对象的复制不一定是必要的。

③ 一种折中的方式。利用一个辅助类来管理指针的复制。原来的类中有一个指针指向辅助类对象，辅助类的数据成员是一个计数器和一个指针（指向原来的对象）。

可见，第三种方法是优先选择的方法。智能指针实现引用计数的策略主要有两种：辅助类与句柄类。使用句柄类尚未研究，本文以辅助类为例来研究实现智能指针的引用计数。利用辅助类来封装引用计数和指向对象的指针，如此做，智能指针、辅助类对象实体与被引用对象的关系如图 3－11 所示。

辅助类将引用计数与智能指针类指向的对象封装在一起，引用计数记录有多少个智能指针指向同一个对象。每次创建智能指针时，都初始化智能指针并将引用计数置为 1。当智能指针 q 赋值给另一个智能指针 r 时，即“r＝q”，拷贝构造函数复制

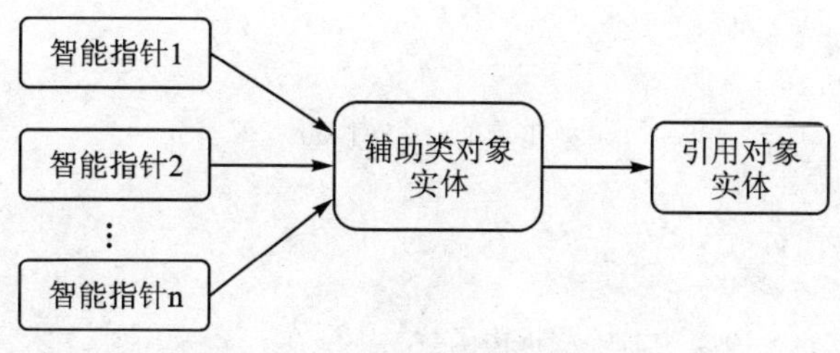

图 3-11

智能指针并增加 q 指向的对象的引用计数,同时递减 r 原来指向的对象的引用计数。也就是说,对一个智能指针进行赋值时,赋值操作符减少左操作数所指对象的引用计数(如果引用计数减至 0,则删除对象),并增加右操作数所指对象的引用计数。

4. 智能指针的实现模板

智能指针管理对象,本质上是以栈对象来管理堆对象,在 *Effective C++*的条款 13 中称之为资源获取即初始化(Resource Acquisition Is Initialization,RAII)。也就是说,我们在获得一笔资源后,尽量用独立的一条语句将资源拿来初始化某个资源管理对象。有时获得的资源被用于对某个资源管理对象赋值(而非初始化)。但不论哪一种做法,获得一笔资源后都应立即将其放进资源管理对象中。

智能指针就是一种资源管理对象,提供的功能主要有如下几种:

① 以指针的行为方式访问所管理的对象,需要重载指针"->"操作符;

② 解引用(dereferencing),获取所管理的对象,需要重载解引用"*"操作符;

③ 智能指针在其声明周期结束时自动销毁其管理的对象;

④ 引用计数、写时复制、赋值即释放对象拥有权限和控制权限转移。

第 4 条是可选功能,不同的功能对应着不同类型的智能指针。比如,C++ 11 在 STL 中引入的 shared_ptr 就实现了引用计数的功能,已经被 C++ 11 摒弃的 auto_ptr 能够实现赋值即释放对象拥有权限的功能,C++ 11 引入的 unique_ptr 能实现控制权限转移的功能。

智能指针的功能通常用类模板来实现,如下:

```
template <class T> class SmartPointer
{
private:
    T *_ptr;
public:
    SmartPointer(T *p) : _ptr(p)  //构造函数
    {
    }
    T& operator *()             //重载"*"操作符
    {
```

```
        return *_ptr;
    }
    T* operator ->()            //重载"->"操作符
    {
        return _ptr;
    }
    ~SmartPointer()             //析构函数
    {
        delete _ptr;
    }
};
```

3.7 STL的四种智能指针

STL一共给我们提供了4种智能指针：unique_ptr、auto_ptr、shared_ptr和weak_ptr，其中，auto_ptr是C++ 98提供的解决方案，而C++ 11已将其摒弃，并提出用unique_ptr作为auto_ptr的替代方案。虽然auto_ptr已被摒弃，但在实际项目中仍可使用。建议使用unique_ptr，因为unique_ptr比auto_ptr更加安全，后文会详细叙述。shared_ptr和weak_ptr则是C++ 11从准标准库Boost中引入的两种智能指针。此外，Boost库还提供了boost::scoped_ptr、boost::scoped_array、boost::intrusive_ptr等智能指针，虽然尚未被C++标准采纳，但是在实际开发工作中可以使用。

3.7.1 unique_ptr

unique_ptr由C++ 11引入，旨在替代不安全的auto_ptr。unique_ptr是一种定义在<memory>中的智能指针，它对对象持有独有权——两个unique_ptr不能指向同一个对象，即unique_ptr不共享其所管理的对象；它无法复制到其他unique_ptr，无法通过值传递到函数，也无法用于需要副本的任何标准模板库（STL）算法，只能移动unique_ptr，即对资源管理权限实现转移，这意味着内存资源所有权可以转移到另一个unique_ptr中，并且原始的unique_ptr不再拥有此资源。在实际使用中，建议将对象限制为由一个所有者所有，因为多个所有权会使程序逻辑变得复杂。因此，当需要智能指针用于纯C++对象时，可使用unique_ptr；而当构造unique_ptr时，可使用make_unique Helper函数。

图3-12所示为两个unique_ptr实例之间的所有权转换。

unique_ptr与原始指针一样有效，并可用于STL容器。将unique_ptr实例添加到STL容器中的运行效率很高，因为通过unique_ptr的移动构造函数就不再需要进行复制操作了。unique_ptr指针与其所指对象的关系为：在智能指针生命周期内可

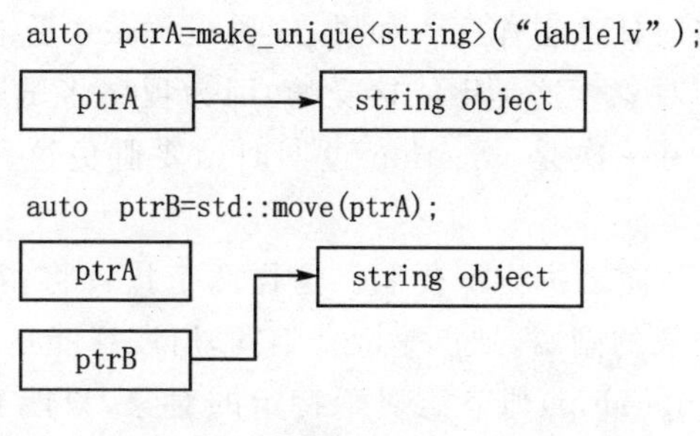

图 3-12

以改变智能指针所指对象，如创建智能指针时通过构造函数指定、通过 reset 方法重新指定、通过 release 方法释放所有权、通过移动语义转移所有权；unique_ptr 还可能没有对象，这种情况被称为 empty。

unique_ptr 的基本操作有：

```
//智能指针的创建
unique_ptr <int> u_i; //创建空智能指针
u_i.reset(new int(3)); //"绑定"动态对象
unique_ptr <int> u_i2(new int(4));//创建时指定动态对象
unique_ptr <T,D> u(d);  //创建空 unique_ptr,执行类型为 T 的对象,用类型为 D 的对象
                        //d 来替代默认的删除器 delete
//所有权的变化
int *p_i = u_i2.release(); //释放所有权
unique_ptr <string> u_s(new string("abc"));
unique_ptr <string> u_s2 = std::move(u_s); //所有权转移(通过移动语义),u_s 所有权
                                           //转移后变成"空指针"
u_s2.reset(u_s.release());//所有权转移
u_s2 = nullptr;  //显式销毁所指对象,同时智能指针变为空指针,与 u_s2.reset()等价
```

3.7.2 auto_ptr

auto_ptr 同样是 STL 中智能指针家族的成员之一，由 C++ 98 引入，定义在头文件<memory>中。其功能和用法类似于 unique_ptr，由 new expression 获得对象，在 auto_ptr 对象销毁时，其所管理的对象也会自动被删除。

为何从 C++ 11 开始，引入 unique_ptr 来替代 auto_ptr 呢？原因主要有如下几点：

1. 基于安全考虑

先来看下面的赋值语句：

```
auto_ptr <string> ps (new string ("I reigned lonely as a cloud."));
auto_ptr <string> vocation;
vocaticn = ps;
```

上述赋值语句将完成什么工作呢？如果 ps 和 vocation 是常规指针，那么两个指针将指向同一个 string 对象。这是不能接受的，因为程序将试图删除同一个对象两次，一次是 ps 过期时，另一次是 vocation 过期时。要避免这种问题，方法有多种，如下：

① 定义赋值运算符，使之执行深复制。这样两个指针将指向不同的对象，其中的一个对象是另一个对象的副本，缺点是浪费空间，所以智能指针都未采用此方案。

② 建立所有权(ownership)概念。对于特定的对象，只能有一个智能指针可以拥有，这样只有拥有对象的智能指针的析构函数会删除该对象，然后让赋值操作转让所有权。这就是用于 auto_ptr 和 unique_ptr 的策略，但 unique_ptr 的策略更严格。

③ 创建智能更高的指针，跟踪引用特定对象的智能指针数，这称为引用计数。例如，赋值时，计数将加 1，而指针过期时，计数将减 1，当减为 0 时才调用 delete。这是 shared_ptr 采用的策略。

当然，同样的策略也适用于复制构造函数，即“auto_ptr <string >vocation(ps)”也需要上面的策略。每种方法都有其用途，但为何要摒弃 auto_ptr 呢？

下面举个例子来说明。

```
#include <iostream>
#include <string>
#include <memory>
using namespace std;
int main()
{
    auto_ptr <string> films[5] = {
    auto_ptr <string> (new string("Fowl Balls")),
    auto_ptr <string> (new string("Duck Walks")),
    auto_ptr <string> (new string("Chicken Runs")),
    auto_ptr <string> (new string("Turkey Errors")),
    auto_ptr <string> (new string("Goose Eggs"))
    };
    auto_ptr <string> pwin;
    pwin = films[2];    //将所有权从 films[2]转让给 pwin
                        //此时 films[2]不再引用该字符串从而变成空指针
    cout << "The nominees for best avian baseballl film are\n";
    for(int i = 0; i < 5; ++i)
    {
        cout << *films[i] << endl;
    }
    cout << "The winner is " << *pwin << endl;
    return 0;
}
```

运行后发现上述程序崩溃了，原因在程序的注释中已经说得很清楚，即 films[2] 已经是空指针，下面输出访问空指针当然会崩溃。但是，如果把 auto_ptr 换成 shared_ptr 或 unique_ptr，程序就不会崩溃，原因如下：

① 使用 shared_ptr 时运行正常，因为 shared_ptr 采用引用计数，pwin 和 films[2] 都指向同一块内存，在释放空间时因为要事先判断引用计数值的大小，因此不会出现多次删除一个对象的错误。

② 使用 unique_ptr 时编译出错。与 auto_ptr 一样，unique_ptr 也采用所有权模型，但在使用 unique_ptr 时，程序不会等到运行阶段崩溃，而是在编译期因下述代码出现错误来指导你发现潜在的内存错误。

```
unique_ptr <string> pwin;
pwin = films[2];              //films[2] 失去所有权
```

这就是为何要摒弃 auto_ptr 的原因，即避免因潜在的内存问题而导致程序崩溃。

由上述内容可知，unique_ptr 比 auto_ptr 更加安全，因为 auto_ptr 有拷贝语义，复制后原对象变得无效，再次访问原对象时会导致程序崩溃；而 unique_ptr 则禁止了拷贝语义，但提供了移动语义，即可以使用 std::move()进行控制权限的转移，示例代码如下：

```
unique_ptr <string> upt(new string("lvlv"));
unique_ptr <string> upt1(upt);  //编译出错，已禁止复制
unique_ptr <string> upt1 = upt;  //编译出错，已禁止复制
unique_ptr <string> upt1 = std::move(upt);  //控制权限转移
auto_ptr <string> apt(new string("lvlv"));
auto_ptr <string> apt1(apt);     //编译通过
auto_ptr <string> apt1 = apt;    //编译通过
```

这里要注意，在使用 std::move()将 unique_ptr 的控制权限转移后，不能再通过 unique_ptr 来访问和控制资源了，否则同样会出现程序崩溃的情况。我们可以在使用 unique_ptr 访问资源前，使用成员函数 get()进行判空操作。

```
unique_ptr <string> upt1 = std::move(upt);        //控制权限转移
if(upt.get()! = nullptr)
//判空操作更安全
{
    //do something
}
```

2. unique_ptr 不仅安全，而且灵活

如果 unique_ptr 是个临时右值，则编译器允许拷贝语义。参考如下代码：

```
unique_ptr <string> demo(const char * s)
{
    unique_ptr <string> temp (new string (s));
    return temp;
}
//假设编写了如下代码
unique_ptr <string> ps;
ps = demo('Uniquely special");
```

demo()返回一个临时的 unique_ptr,然后 ps 接管临时对象 unique_ptr 所管理的资源,而返回时临时的 unique_ptr 被销毁。也就是说,没有机会使用 unique_ptr 来访问无效的数据,换句话说,这种赋值是不会出现任何问题的,即没有理由禁止这种赋值。实际上,编译器确实允许这种赋值。相对于 auto_ptr 在任何情况下都允许拷贝语义,这正是 unique_ptr 更加灵活聪明的地方。

3. 扩展 auto_ptr 不能完成的功能

① unique_ptr 可放在容器中,弥补了 auto_ptr 不能作为容器元素的缺点。

```
//方式一:
vector <unique_ptr <string>> vs { new string{"Doug"}, new string{"Adams"} };
//方式二:
vector <unique_ptr <string>> v;
unique_ptr <string> p1(new string("abc"));
```

② 管理动态数组,因为 unique_ptr 有 unique_ptr <X[]> 重载版本,销毁动态对象时调用 delete[]。

```
unique_ptr <int[]> p (new int[3]{1,2,3});
p[0] = 0;     //重载了 operator[]
```

③ 自定义资源删除操作(delete)。unique_ptr 默认的资源删除操作是 delete/delete[],若需要,可进行自定义:

```
void end_connection(connection * p) { disconnect( * p); }  //资源清理函数


//资源清理器的"类型"
unique_ptr <connection, decltype(end_connection) * > p(&c, end_connection);
                                              //传入函数名,会自动转换为函数指针
```

综上所述,基于 unique_ptr 的安全性和扩充的功能,unique_ptr 成功地取代了 auto_ptr。

3.7.3 shared_ptr

1. shared_ptr 简介

shared_ptr 是一个标准的共享所有权的智能指针，允许多个指针指向同一个对象，定义在 memory 文件中，命名空间为 std。shared_ptr 最初实现于 Boost 库中，后由 C++ 11 引入到 C++ STL 中。shared_ptr 利用引用计数的方式实现了对所管理对象所有权的分享，即允许多个 shared_ptr 共同管理同一个对象。像 shared_ptr 这种智能指针，*Effective C++*一书称之为"引用计数型智能指针"(Reference-Counting Smart Pointer，RCSP)。

shared_ptr 是为了解决 auto_ptr 在对象所有权上的局限性(auto_ptr 是独占的)，在使用引用计数的机制上提供了可以共享所有权的智能指针，当然这需要额外的开销：

① shared_ptr 对象除了包括一个所拥有对象的指针外，还必须包括一个引用计数代理对象的指针；

② 时间上的开销主要是在初始化和复制操作上，"*"操作符和"->"操作符重载的开销与 auto_ptr 是一样；

③ 开销并不是我们不使用 shared_ptr 的理由，永远不要进行不成熟的优化，直到性能分析器告诉你这一点。

2. 通过辅助类模拟实现 shared_ptr

(1) 基础对象类

首先，定义一个基础对象类 Point 类。为了方便后面我们验证智能指针是否有效，这里为 Point 类创建如下接口：

```
class Point
{
private:
    int x, y;
public:
    Point(int xVal = 0, int yVal = 0) :x(xVal), y(yVal) { }
    int getX() const { return x; }
    int getY() const { return y; }
    void setX(int xVal) { x = xVal; }
    void setY(int yVal) { y = yVal; }
};
```

(2) 辅助类

在创建智能指针类之前，先创建一个辅助类。这个类的所有成员皆为私有类型，因为它不被普通用户所使用。为了只为智能指针使用，还需要把智能指针类声明为辅助类的友元。这个辅助类含有两个数据成员：计数 count 与基础对象指针，即辅助类用于封装使用计数与基础对象指针。

```
class RefPtr
{
private:
    friend class SmartPtr;
    RefPtr(Point * ptr):p(ptr),count(1){ }
    ~RefPtr(){delete p;}

    int count;
    Point * p;
};
```

(3) 为基础对象类实现智能指针类

引用计数是实现智能指针的一种通用方法。智能指针将一个计数器与类指向的对象相关联，引用计数跟踪共有多少个类对象共享同一指针。它的具体做法如下：

① 当创建智能指针类的新对象时，初始化指针，并将引用计数设置为 1。

② 当智能指针类对象作为另一个对象的副本时，拷贝构造函数复制副本的指向辅助类对象的指针，并增加辅助类对象对基础类对象的引用计数(加 1)。

③ 当使用赋值操作符对一个智能指针类对象进行赋值时，处理得复杂一点儿：先使左操作数的引用计数减 1(为何减 1？因为指针已经指向别的地方了)，如果减 1 后引用计数为 0，则释放指针所指对象内存；然后增加右操作数所指对象的引用计数(为何增加？因为此时做操作数指向对象即右操作数指向对象)。

④ 完成析构函数：当调用析构函数时，析构函数先使引用计数减 1，如果减至 0 则删除对象。

做好前面的准备后，就可以为基础对象类 Point 书写一个智能指针类了。根据引用计数实现关键点，可以写出如下智能指针类：

```
class SmartPtr
{
public:
    SmartPtr(Point * ptr) :rp(new RefPtr(ptr)){}
    SmartPtr(const SmartPtr &sp):rp(sp.rp){ ++ rp -> count;}

    //重载赋值运算符
    SmartPtr& operator = (const SmartPtr& rhs)
    {
        ++ rhs.rp -> count;
        if ( -- rp -> count == 0)
            delete rp;
```

```
        rp = rhs.rp;
        return *this;
    }
    //重载"->"操作符
    Point* operator->()
    {
        return rp->p;
    }
    //重载"*"操作符
    Point& operator*()
    {
        return *(rp->p);
    }

    ~SmartPtr()
    {
        if (--rp->count == 0)
            delete rp;
        else
            cout << "还有" << rp->count << "个指针指向基础对象" << endl;
    }

private:
    RefPtr *rp;
};
```

(4) 智能指针类的使用与测试

至此，智能指针类就完成了，下面来看看如何使用。

```
int main()
{
    //定义一个基础对象类指针
    Point *pa = new Point(10, 20);
    //定义3个智能指针类对象，对象都指向基础类对象pa
    //使用大括号控制3个智能指针的生命周期，观察计数的变化
    {
        SmartPtr sptr1(pa);            //此时计数count = 1
        cout << "sptr1:" << sptr1->getX() << "," << sptr1->getY() << endl;
        {
            SmartPtr sptr2(sptr1);     //调用拷贝构造函数，此时计数count = 2
            cout << "sptr2:" << sptr2->getX() << "," << sptr2->getY() << endl;
            {
```

```
                SmartPtr sptr3 = sptr1;      //调用赋值操作符,此时计数 conut = 3
                cout << "sptr3:" << ( * sptr3).getX() << "," << ( * sptr3).getY() << endl;
            }
                //此时 count = 2
        }
                //此时 count = 1
    }
    //此时 count = 0,pa 对象被删除掉
    cout << pa -> getX () << endl;
    system("pause");
    return 0;
}
```

运行结果：

```
sptr1:10,20
sptr2:10,20
sptr3:10,20
还有 2 个指针指向基础对象
还有 1 个指针指向基础对象
7244864
```

在离开大括号后，共享基础对象的指针从 3→2→1→0 变换，最后计数为 0 时，pa 对象被删除，此时使用 getX()已经获取不到原来的值了。

(5) 对智能指针的改进

目前这个智能指针不能用于管理 Point 类的基础对象，如果此时定义矩阵的基础对象类，那不是还得重写一个属于矩阵类的智能指针类吗？但是，矩阵类的智能指针类设计思想与 Point 类一样啊，难道不能借用吗？答案当然是能，那就是使用模板技术。为了使我们的智能指针适用于更多的基础对象类，我们有必要把智能指针类通过模板来实现。上述智能指针类的模板如下：

```
//模板类作为友元时要先声明
template <typename T> class SmartPtr;

//辅助类
template <typename T> class RefPtr
{
private:
    //该类成员访问权限全部为 private,因为不想让用户直接使用该类
    friend class SmartPtr <T> ;      //定义智能指针类为友元,因为智能指针类需要
                                     //直接操纵辅助类

    //构造函数的参数为基础对象的指针
```

```
    RefPtr(T * ptr) :p(ptr), count(1) { }

    //析构函数
    ~RefPtr() { delete p; }
    //引用计数
    int count;

    //基础对象指针
    T * p;
};
//智能指针类
template <typename T> class SmartPtr
{
public:
    SmartPtr(T * ptr) :rp(new RefPtr <T> (ptr)) { }         //构造函数
    SmartPtr(const SmartPtr <T> &sp):rp(sp.rp){ ++ rp -> count; } //复制构造函数
    SmartPtr& operator = (const SmartPtr <T> & rhs)         //重载赋值操作符
    {
        ++ rhs.rp -> count;          //首先将右操作数引用计数加 1
        if ( -- rp -> count == 0)    //然后将引用计数减 1,可以应对自赋值
            delete rp;
        rp = rhs.rp;
        return * this;
    }
    T & operator * ()                //重载"*"操作符
    {
        return * (rp -> p);
    }
    T* operator -> ()                //重载"->"操作符
    {
        return rp -> p;
    }
    ~SmartPtr()                      //析构函数
    {
        if ( -- rp -> count == 0)    //当引用计数减为 0 时,删除辅助类对象指针,从而
                                     //删除基础对象
            delete rp;
        else
        {
            cout << "还有" << rp -> count << "个指针指向基础对象" << endl;
        }
```

```
    }
private:
    RefPtr <T> * rp;  //辅助类对象指针
};
```

现在使用智能指针类模板来共享其他类型的基础对象,以 int 为例:

```
int main()
{
    //定义一个基础对象类指针
    int *  ia = new int(10);
    {
        SmartPtr <int> sptr1(ia);
        cout << "sptr1:" << * sptr1 << endl;
        {
            SmartPtr <int> sptr2(sptr1);
            cout << "sptr2:" << * sptr2 << endl;
         * sptr2 = 5;
            {
                SmartPtr <int> sptr3 = sptr1;
                cout << "sptr3:" << * sptr3 << endl;
            }
        }
    }
    //此时 count = 0,pa 对象被删掉
    cout << * ia << endl;
    system("pause");
    return 0;
}
```

测试结果如下:

```
sptr1:10
sptr2:10
sptr3:5
还有 2 个指针指向基础对象
还有 1 个指针指向基础对象
3968064
```

3.7.4 weak_ptr

1. weak_ptr 简介

weak_ptr 被设计成与 shared_ptr 共同工作,可以从一个 shared_ptr 或者另一个

weak_ptr 对象构造而来。weak_ptr 是为了配合 shared_ptr 而引入的一种智能指针，它更像是 shared_ptr 的一个助手而不是智能指针，因为它不具有普通指针的行为，没有重载"operator"和"->"，因此取名为 weak，表明其是功能较弱的智能指针。它的最大作用在于协助 shared_ptr 工作，可获得资源的观测权，像旁观者那样观测资源的使用情况。观察者意味着 weak_ptr 只对 shared_ptr 进行引用，而不改变其引用计数，当被观察的 shared_ptr 失效后，相应的 weak_ptr 也会失效。

2. 用　法

使用 weak_ptr 的成员函数 use_count()可观测资源的引用计数，另一个成员函数 expired()的功能等价于 use_count()==0，但比 use_count()==0 的速度更快，表示被观测的资源(也就是 shared_ptr 管理的资源)已经不复存在。weak_ptr 可以使用一个非常重要的成员函数 lock()从被观测的 shared_ptr 中获得一个可用的 shared_ptr 管理的对象，从而操作资源。但当 expired()==true 时，lock()函数将返回一个存储空指针的 shared_ptr。总的来说，weak_ptr 的基本用法如下：

```
weak_ptr <T> w;            //创建空 weak_ptr,可以指向类型为 T 的对象
weak_ptr <T> w(sp);        //与 shared_ptr 指向相同的对象,shared_ptr 引用计数不变
                           //T 必须能转换为 sp 指向的类型
w = p;                     //p 可以是 shared_ptr 或 weak_ptr,赋值后 w 与 p 共享对象
w.reset();                 //将 w 置空
w.use_count();             //返回与 w 共享对象的 shared_ptr 的数量
w.expired();               //若 w.use_count()为 0,则返回 true,否则返回 false
w.lock();                  //如果 expired()为 true,则返回一个空 shared_ptr,否则返回
                           //非空 shared_ptr
```

下面是一个简单的使用示例：

```
#include <assert.h>
#include <iostream>
#include <memory>
#include <string>
using namespace std;
int main()
{
    shared_ptr <int> sp(new int(10));
    assert(sp.use_count() == 1);
    weak_ptr <int> wp(sp); //从 shared_ptr 创建 weak_ptr
    assert(wp.use_count() == 1);
    if (!wp.expired())//判断 weak_ptr 观察的对象是否失效
    {
```

```
        shared_ptr <int> sp2 = wp.lock();//获得一个 shared_ptr
        * sp2 = 100;
        assert(wp.use_count() == 2);
    }
    assert(wp.use_count() == 1);
    cout << "int:" << * sp << endl;
    system("pause");
    return 0;
}
```

程序输出：

```
int:100
```

从上面的内容可以看到，尽管以 shared_ptr 构造 weak_ptr，但是 weak_ptr 内部的引用计数并没有什么变化。

3. weak_ptr 的作用

现在要说的问题是，weak_ptr 到底有什么作用呢？从上面的例子来看，似乎没有任何作用。其实，weak_ptr 可用于打破循环引用。引用计数是一种便利的内存管理机制，但它有一个很大的缺点，就是不能管理循环引用的对象。一个简单的例子如下：

```
#include <iostream>
#include <memory>
class Woman;
class Man
{
private:
    //std::weak_ptr <Woman> _wife;
    std::shared_ptr <Woman> _wife;
public:
    void setWife(std::shared_ptr <Woman> woman)
    {
        _wife = woman;
    }

    void doSomthing()
    {
        if(_wife.lock())
        {
        }
    }
```

```
    ~Man()
    {
        std::cout << "kill man\n";
    }
};

class Woman
{
private:
    //std::weak_ptr <Man> _husband;
    std::shared_ptr <Man> _husband;
public:
    void setHusband(std::shared_ptr <Man> man)
    {
        _husband = man;
    }
    ~Woman()
    {
        std::cout << "kill woman\n";
    }
};
int main(int argc, char * * argv)
{
    std::shared_ptr <Man> m(new Man());
    std::shared_ptr <Woman> w(new Woman());
    if(m && w)
    {
        m -> setWife(w);
        w -> setHusband(m);
    }
    return 0;
}
```

在 Man 类内部引用一个 Woman，Woman 类内部也引用一个 Man。当一个 man 和一个 woman 是夫妻时，他们就直接存在相互引用问题。Man 内部有个用于管理 wife 生命期的 shared_ptr 变量，也就是说，wife 必定是在 husband 去世之后才能去世。同样的，Woman 内部也有一个管理 husband 生命期的 shared_ptr 变量，也就是说，husband 必须在 wife 去世之后才能去世。这就是循环引用存在的问题：husband 的生命期由 wife 的生命期决定，wife 的生命期由 husband 的生命期决定，最后两人都死不掉，违反了自然规律，导致内存泄漏。

一般来讲，解除这种循环引用有下面 3 种可行的方法：

① 当只剩下最后一个引用时需要手动打破循环引用释放对象。

② 当 parent 的生存期超过 children 的生存期时，children 改为使用一个普通指针指向 parent。

③ 使用弱引用的智能指针打破这种循环引用。

虽然这 3 种方法都可行，但第一种方法和第二种方法都需要程序员手动控制，麻烦且容易出错。这里主要介绍第三种方法，使用弱引用的智能指针 std::weak_ptr 来打破循环引用。

weak_ptr 对象引用资源时不会增加引用计数，但是它能够通过 lock()方法来判断它所管理的资源是否被释放。做法就是在上面代码注释的地方取消注释，取消 Woman 类或者 Man 类的任意一个即可，也可同时取消，全部换成弱引用 weak_ptr。

另外很自然的一个问题就是：既然 weak_ptr 不增加资源的引用计数，那么在使用 weak_ptr 对象时，资源被突然释放了怎么办呢？不用担心，因为不能直接通过 weak_ptr 来访问资源。那么如何通过 weak_ptr 来间接访问资源呢？答案是在需要访问资源时 weak_ptr 会生成一个 shared_ptr，shared_ptr 能够保证在 shared_ptr 没有被释放之前，其所管理的资源是不会被释放的。创建 shared_ptr 的方法就是 lock()成员函数。

注意：shared_ptr 实现了 operator bool() const 方法来判断一个管理的资源是否被释放。

3.7.5 如何选择智能指针

3.7.1～3.7.4 小节简单介绍了 C++标准模板库 STL 中的 4 种智能指针，当然，除了 STL 中的智能指针，C++准标准库 Boost 中的智能指针外，比如 boost::scoped_ptr、boost::shared_array、boost::intrusive_ptr 也可以在实际编程实践中使用，但这里不做进一步介绍，有兴趣的读者可以参考博文《C++智能指针详解》(http://blog.csdn.net/xt_xiaotian/article/details/5714477)。

在了解了 STL 中的 4 种智能指针后，大家可能会想到另一个问题：在实际应用中，应使用哪种智能指针呢？下面给出一些使用指南：

① 如果程序要使用多个指向同一个对象的指针，那么应选择 shared_ptr。这样的情况包括：

- 有一个指针数组，并使用一些辅助指针来标识特定的元素，如最大的元素和最小的元素。
- 两个对象都包含指向第三个对象的指针。
- STL 容器包含指针。很多 STL 算法都支持复制和赋值操作，这些操作可用于 shared_ptr，但不能用于 unique_ptr（编译器发出警告）和 auto_ptr（行为不确定）。如果编译器没有提供 shared_ptr，那么可使用 Boost 库提供的

shared_ptr。

② 如果程序不需要多个指向同一个对象的指针，则可使用 unique_ptr。如果函数使用 new 分配内存，并返还指向该内存的指针，则将其返回类型声明为 unique_ptr 是不错的选择。这样，所有权转让给接受返回值的 unique_ptr，而该智能指针将负责调用 delete。可将 unique_ptr 存储到 STL 容器中，只要不调用将一个 unique_ptr 复制或赋值给另一个的算法（如 sort()）。例如，可在程序中使用类似下面的代码段：

```
unique_ptr <int> make_int(int n)
{
    return unique_ptr <int> (new int(n));
}
void show(unique_ptr <int> &p1)
{
    cout << *a << ' ';
}

int main()
{
    ...
    vector <unique_ptr <int>> vp(size);
    for(int i = 0; i < vp.size(); i++)
    vp[i] = make_int(rand() % 1000);              //copy temporary unique_ptr
    vp.push_back(make_int(rand() % 1000));        //ok because arg is temporary
    for_each(vp.begin(), vp.end(), show);         //use for_each()
    ...
}
```

其中，push_back 调用没有问题，因为它返回一个临时 unique_ptr，该 unique_ptr 被赋给 vp 中的一个 unique_ptr。另外，如果按值而不是按引用给 show()传递对象，那么 for_each()将非法，因为这将导致使用一个来自 vp 的非临时 unique_ptr 初始化 pi，而这是不允许的。前面说过，编译器将发现错误使用 unique_ptr 的企图。

在 unique_ptr 为右值时，可将其赋给 shared_ptr，这与将一个 unique_ptr 赋给另一个 unique_ptr 需要满足的条件相同，即 unique_ptr 必须是一个临时对象。与前面一样，在下面的代码中，make_int()的返回类型为 unique_ptr <int>：

```
unique_ptr <int> pup(make_int(rand() % 1000));     //ok
shared_ptr <int> spp(pup);                         //not allowed, pup as lvalue
shared_ptr <int> spr(make_int(rand() % 1000));     //ok
```

模板 shared_ptr 包含一个显式构造函数，可用于将右值 unique_ptr 转换为 shared_ptr。shared_ptr 将接管原来归 unique_ptr 所有的对象。

在满足 unique_ptr 要求的条件时,也可使用 auto_ptr,但 unique_ptr 是更好的选择。如果编译器没有 unique_ptr,则可考虑使用 Boost 库提供的 scoped_ptr,它与 unique_ptr 类似。

3.8 以智能指针管理内存资源

1. 简　介

C++作为一门应用广泛的高级编程语言,却没有像 Java、C# 等语言那样拥有垃圾回收(garbage collection)机制来自动进行内存管理,这也是 C++一直被诟病的一点。C++在发展的过程中,一直致力于解决内存泄漏的问题,虽然基于效率的考虑,没有采用垃圾回收机制,但从 C++ 98 开始推出了智能指针(smart pointer)来管理内存资源,以弥补 C++在内存管理上的技术空白。

智能指针是 C++程序员们的一件管理内存的利器,使用其管理内存资源,实际上就是将申请的内存资源交由其来管理,这是 RAII 技术的一种实现。RAII 是 C++之父 Bjarne Stroustrup 教授提出的概念,RAII 的全称是"Resource Acquisition is Initialization",直译过来就是"资源获取即初始化"。也就是说,在构造函数中获取资源,在析构函数中释放资源。因为 C++的语言机制保证了当一个对象创建时自动调用构造函数,当对象超出作用域时会自动调用析构函数,所以,在 RAII 的指导下,我们应该使用类来管理资源,将资源和对象的生命周期进行绑定。

在使用智能指针管理内存资源时,"资源"指的是通过 new 或 malloc 申请的内存资源,"初始化"指的是使用申请的内存资源来初始化栈上的智能指针类对象。使用智能指针管理内存资源的好处显而易见,比如,通过智能指针对象在生命周期结束时自动调用析构函数,在析构函数中完成对内存资源的释放,即自动调用内存资源的释放代码,避免因忘记对内存资源的释放而导致内存泄漏。

2. 实　例

下面看一个使用由 C++ 11 引入的智能指针 unique_ptr 来管理内存资源的例子。

```
#include <memory>
#include <iostream>
using namespace std;
class A
{
public:
    A() {}
    ~A()
    {
```

```
        cout << "A's destructor" << endl;
    }
    void Hello()
    {
        cout << "use smart pointer to manage memory resources as far as possible" << endl;
    }
};
int main()
{
    unique_ptr <A> pA(new A);
    pA -> Hello();
    return 0;
}
```

程序输出：

```
use smart pointer to manage memory resources as far as possible
A's destructor
```

可见，在 main()函数结束后，类 A 的析构函数被自动调用，完成了内存资源的释放。

在创建智能指针对象时，也可以暂时不指定内存资源，而是先创建一个空的智能指针对象。空的智能指针对象不可以进行任何操作，但可以使用 get()成员函数来判断是否存在内存资源，如果为空则可以指定内存资源。类似于如下操作：

```
unique_ptr <int> pInt;
if (pInt.get() == nullptr)
{
    pInt.reset(new int(8));
    cout << *pInt << endl;
}
```

使用 unique_ptr 智能指针来管理内存资源时，是对内存资源的独占式管理，即内存资源的所有权不能进行共享，同一时刻只能有一个 unique_ptr 对象占有某个内存资源。如果发生赋值或复制构造，则会在编译期报错，因为 unique_ptr 禁止了拷贝语义，提高了代码的安全性。

```
unique_ptr <int> pInt(new int(8));
unique_ptr <int> pInt1 = pInt;   //编译报错
unique_ptr <int> pInt2(pInt);   //编译报错
```

当然，可以通过移动语义来完成内存资源的所有权转移，转移之后，原智能指针对象变为空智能指针对象，不能再对内存资源进行任何操作，否则会发生运行时错误，但我们可以使用 get()成员函数进行判空处理。

```
unique_ptr <int> pInt(new int(8));
unique_ptr <int> pInt1 = std::move(pInt);  //转移所有权
*pInt = 6;                       //对空智能指针进行赋值操作将报运行时错误
if(!pInt.get())                  //判空处理更安全
{
    *pInt = 6;
}
```

独占式的内存资源管理可以使用 unique_ptr 来完成，但是如果想对内存资源进行共享式管理，那么 unique_ptr 就无能为力了。shared_prt 使用引用计数来实现对内存资源的共享式管理，当对内存资源的引用计数变为 0 时，由最后一个对内存资源拥有管理权的智能指针对象完成对内存资源的释放。

```
#include <memory>
#include <iostream>
using namespace std;
class A
{
public:
    A() {}
    ~A()
    {
        cout << "A's destructor" << endl;
    }
    void Hello()
    {
        cout << "use smart pointer to manage memory resources as far as possible" << endl;
    }
};
int main()
{
    shared_ptr <A> spInt(new A);              //接管内存资源
    cout << "reference count " << spInt.use_count() << endl;
    shared_ptr <A> spInt1 = spInt;            //spInt1 获取内存资源的管理权
    spInt1 -> Hello();
    cout << "reference count " << spInt.use_count() << endl;
    spInt1.reset();                           //spInt1 放弃对内存资源的管理权
    cout << "reference count " << spInt.use_count() << endl;
}
```

程序编译运行结果：

```
reference count 1
use smart pointer to manage memory resources as far as possible
reference count 2
reference count 1
A's destructor
```

3. 智能指针使用注意事项

智能指针虽然增强了代码的安全性，避免了潜在的内存泄漏，但是在使用时还是应遵守一定的规则，以保证代码的健壮性。

① smart_ptr <T>不等于 T *，使用时不能完全按照 T * 来使用。因为 smart_ptr <T>本质上是类对象，一个用于管理内存资源的智能指针类对象，而 T * 是一个指向类型 T 的指针，二者不能随意地转换和赋值。

② 使用独立语句将 newed 对象置入智能指针，因为使用临时智能指针对象可能会引发内存泄漏。比如下面的语句：

```
process(shared_ptr <A> (new A),foo());
```

实际上，调用 process()函数时编译器需要完成如下三步为 process()准备好实参。

第一步，调用函数 foo()；

第二步，执行 new A 表达式；

第三步，调用 shared_ptr <A> 构造函数，初始化智能指针对象。

实际上，不同的编译器在执行上述 3 条语句时可能会有不同的顺序，如果编译器将第二步放在第一步之前执行，则执行顺序如下：

第一步，执行 new A 表达式；

第二步，调用函数 foo()；

第三步，调用 shared_ptr <A>构造函数，初始化智能指针对象。

如果在调用函数 foo()时抛出异常，那么 new A 表达式产生的指向堆对象的指针将丢失，就会产生内存泄漏。解决办法就是使用独立的语句将 newed 对象置入智能指针，做法如下：

```
shared_ptr <A> spA(new A);
process(spA,foo());
```

3.9 内存池介绍与经典内存池的实现

3.9.1 默认内存管理函数的不足

利用默认的内存管理操作符 new/delete 和函数 malloc()/free()在堆上分配和

释放内存会有一些额外的开销。

系统在接收到分配一定大小内存的请求时，首先查找内部维护的内存空闲块表，并且需要根据一定的算法（例如，分配最先找到的不小于申请大小的内存块给请求者，或者分配最适于申请大小的内存块，或者分配最大空闲的内存块等）找到合适大小的空闲内存块。如果该空闲内存块过大，还需要切割成已分配的部分和较小的空闲块。然后系统更新内存空闲块表，完成一次内存分配。类似地，在释放内存时，系统把释放的内存块重新加入到空闲内存块表中。如果有可能，则可以把相邻的空闲块合并成较大的空闲块。默认的内存管理函数还考虑到多线程的应用，需要在每次分配和释放内存时加锁，这同样增加了开销。

可见，如果应用程序频繁地在堆上分配和释放内存，则会导致性能的损失，并且会使系统出现大量的内存碎片，降低内存的利用率。默认的分配和释放内存算法自然也考虑了性能，然而这些内存管理算法的通用版本为了应付更复杂、更广泛的情况，就需要做更多的额外工作。而对于某一个具体的应用程序来说，适合自身特定的内存分配释放模式的自定义内存池可以获得更好的性能。

3.9.2 内存池简介

1. 内存池的定义

内存池（memory pool）是一种内存分配方式。通常我们习惯直接使用 new、malloc 等 API 申请内存，这样做的缺点是所申请内存块的大小不定，当频繁使用时会造成大量的内存碎片，进而降低性能。

2. 内存池的优点

内存池是在真正使用内存之前，预先申请分配一定数量、大小相等（一般情况下）的内存空间留作备用。当有新的内存需求时，就从内存池中分出一部分内存空间，若内存空间不够再继续申请新的内存。这样做的一个显著优点是使得内存分配效率得到提升。

3. 内存池的分类

应用程序自定义的内存池根据不同的适用场景又有不同的类型。从线程安全的角度来分，内存池可分为单线程内存池和多线程内存池。单线程内存池的整个生命周期只被一个线程使用，因而不需要考虑互斥访问的问题；多线程内存池有可能被多个线程共享，因此需要在每次分配和释放内存时加锁。相对而言，单线程内存池的性能更高，而多线程内存池的适用范围更加广泛。

根据内存池可分配内存单元的大小，可分为固定内存池和可变内存池。所谓固定内存池，是指应用程序每次从内存池中分配出来的内存单元大小事先已经确定，是固定不变的；而可变内存池每次分配的内存单元大小可按需变化，应用范围更广，而性能比固定内存池要低。

3.9.3 经典的内存池技术

因为内存池技术对内存管理有着显著的优点，所以其在各大项目中得到广泛应用，备受推崇。但是，通用的内存管理机制要考虑很多复杂的具体情况，如多线程安全等，难以对算法做有效的优化。所以，在一些特殊场合，实现特定应用环境的内存池在一定程度上能够提高内存管理的效率。

经典内存池技术是一种用于分配大量大小相同的小对象的技术，通过该技术可以极大地加快内存分配/释放过程。既然是针对特定对象的内存池，所以内存池一般设置为类模板，根据不同的对象进行实例化。

1. 经典内存池的设计

(1) 经典内存池的实现过程

① 先申请一块连续的内存空间，该段内存空间能够容纳一定数量的对象。

② 每个对象连同一个指向下一个对象的指针一起构成一个内存节点（memory node）。各个空闲的内存节点通过指针形成一个链表，链表的每一个内存节点都是一块可供分配的内存空间。

③ 某个内存节点一旦分配出去，就从空闲内存节点链表中去除。

④ 一旦释放了某个内存节点的空间，就会将该节点重新加入空闲内存节点链表。

⑤ 当一个内存块的所有内存节点分配完毕时，若程序继续申请新的对象空间，则会再次申请一个内存块来容纳新的对象，新申请的内存块将加入内存块链表中。

经典内存池的实现过程大致如上面所述，其形象化的过程如图 3-13 所示。

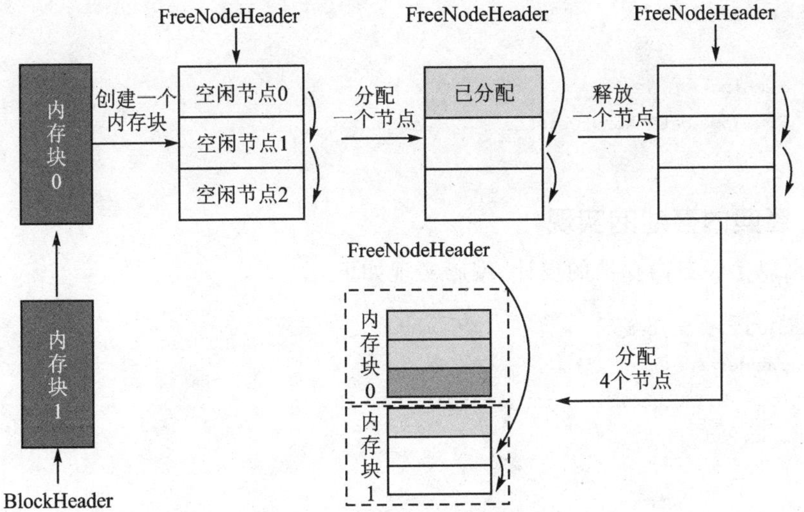

图 3-13

如图 3 - 13 所示，申请的内存块中存放 3 个可供分配的空闲节点。空闲节点由空闲节点链表管理，如果分配出去，则将其从空闲节点链表中删除；如果释放，则将其重新插入到链表的头部。如果内存块中的空闲节点不够用，则重新申请内存块，申请的内存块由内存块链表来管理。

注意：这里涉及内存块链表和空闲内存节点链表的插入问题。为了省去遍历链表查找尾节点的操作，新节点的插入均是插入到链表的头部，而非尾部。当然，也可以插入到尾部，读者可自行实现。

(2) 经典内存池数据结构的设计

按照上面的过程进行设计，内存池类模板有如下几个成员：

1) 两个指针变量

内存块链表头指针：pMemBlockHeader。

空闲节点链表头指针：pFreeNodeHeader。

2) 空闲节点结构体

空闲节点结构体如下：

```
struct FreeNode
{
    FreeNode * pNext;
    char data[ObjectSize];
};
```

3) 内存块结构体

内存块结构体如下：

```
struct MemBlock
{
    MemBlock * pNext;
    FreeNode data[NumofObjects];
};
```

2. 经典内存池的实现

根据以上经典内存池的设计，编码实现如下：

```
#include <iostream>
using namespace std;
template <int ObjectSize, int NumofObjects = 20>
class MemPool
{
private:
    //空闲节点结构体
    struct FreeNode
```

```
    {
        FreeNode * pNext;
        char data[ObjectSize];
    };
    //内存块结构体
    struct MemBlock
    {
        MemBlock * pNext;
        FreeNode data[NumofObjects];
    };
    FreeNode * freeNodeHeader;
    MemBlock * memBlockHeader;
public:
    MemPool()
    {
        freeNodeHeader = NULL;
        memBlockHeader = NULL;
    }
    ~MemPool()
    {
        MemBlock * ptr;
        while (memBlockHeader)
        {
            ptr = memBlockHeader -> pNext;
            delete memBlockHeader;
            memBlockHeader = ptr;
        }
    }
    void * malloc();
    void free(void * );
};
//分配空闲的节点
template <int ObjectSize, int NumofObjects>
void * MemPool <ObjectSize, NumofObjects> ::malloc()
{
    //无空闲节点,申请新内存块
    if (freeNodeHeader == NULL)
    {
        MemBlock * newBlock = new MemBlock;
        newBlock -> pNext = NULL;
        freeNodeHeader = &newBlock -> data[0];   //设置内存块的第一个节点为空闲
                                                 //节点链表的首节点
        //将内存块的其他节点串起来
```

```
        for (int i = 1; i < NumofObjects; ++ i)
        {
            newBlock -> data[i - 1].pNext = &newBlock -> data[i];
        }
        newBlock -> data[NumofObjects - 1].pNext = NULL;
        //首次申请内存块
        if (memBlockHeader == NULL)
        {
            memBlockHeader = newBlock;
        }
        else
        {
            //将新内存块加入到内存块链表
            newBlock -> pNext = memBlockHeader;
            memBlockHeader = newBlock;
        }
    }
    //返回空闲节点链表的第一个节点
    void * freeNode = freeNodeHeader;
    freeNodeHeader = freeNodeHeader -> pNext;
    return freeNode;
}
//释放已经分配的节点
template <int ObjectSize, int NumofObjects>
void MemPool <ObjectSize, NumofObjects> ::free(void * p)
{
    FreeNode * pNode = (FreeNode * )p;
    pNode -> pNext = freeNodeHeader;//将释放的节点插入到空闲节点头部
    freeNodeHeader = pNode;
}
class ActualClass
{
    static int count;
    int No;
public:
    ActualClass()
    {
        No = count;
        count ++ ;
    }
    void print()
```

```
    {
        cout << this << ": ";
        cout << "the " << No << "th object" << endl;
    }
    void * operator new(size_t size);
    void operator delete(void * p);
};
//定义内存池对象
MemPool <sizeof(ActualClass), 2> mp;
void * ActualClass::operator new(size_t size)
{
    return mp.malloc();
}
void ActualClass::operator delete(void * p)
{
    mp.free(p);
}
int ActualClass::count = 0;
int main()
{
    ActualClass * p1 = new ActualClass;
    p1 -> print();
    ActualClass * p2 = new ActualClass;
    p2 -> print();
    delete p1;
    p1 = new ActualClass;
    p1 -> print();
    ActualClass * p3 = new ActualClass;
    p3 -> print();
    delete p1;
    delete p2;
    delete p3;
}
```

程序运行结果：

```
004AA214: the 0th object
004AA21C: the 1th object
004AA214: the 2th object
004AB1A4: the 3th object
```

3. 程序分析

阅读以上程序时应注意以下几点：

① 对于一种特定的类对象，内存池中内存块的大小是固定的，内存节点的大小也是固定的。内存块在申请之初就被划分为多个内存节点，每个节点的大小为ItemSize。刚开始，所有的内存节点都是空闲的，被串成链表。

② 成员指针变量 memBlockHeader 用来把所有申请的内存块连接成一个内存块链表，以便通过它可以释放所有申请的内存；freeNodeHeader 变量则是把所有空闲内存节点串成一个链表，其为空表明没有可用的空闲内存节点，必须申请新的内存块。

③ 申请空间的过程为：在空闲内存节点链表非空的情况下，malloc 过程只是从链表中取下空闲内存节点链表的头一个节点，然后把链表头指针移动到下一个节点上去，否则，意味着需要一个新的内存块。这个过程需要申请新的内存块并切割成多个内存节点，然后把它们串起来，内存池技术的主要开销就在这里。

④ 释放对象的过程就是把被释放的内存节点重新插入到内存节点链表的开头。最后被释放的节点就是下一个即将被分配的节点。

⑤ 内存池技术申请/释放内存的速度很快，其内存分配过程多数情况下复杂度为 O(1)，主要开销是在 freeNodeHeader 为空时需要生成新的内存块。内存节点释放过程的复杂度为 O(1)。

⑥ 在上面的程序中，指针 p1 和 p2 连续两次申请空间，它们代表的地址之间的差值为 8，正好为一个内存节点的大小（sizeof(FreeNode)）。指针 p1 所指向的对象被释放后，再次申请空间，得到的地址与刚刚释放的地址正好相同。指针 p3 代表的地址与前两个对象的地址相距很远，原因是第一个内存块中的空闲内存节点已经分配完了，p3 指向的对象位于第二个内存块中。

以上内存池方案并不完美，比如：只能单个申请对象空间，不能申请对象数组，内存池中内存块的个数只能增多不能减少，未考虑多线程安全等问题。现在，已经有很多改进的方案，请读者自行查阅相关资料。

第 4 章

函 数

4.1 关于 main()函数的几点说明

1. main()函数的标准原型

main()函数是 C++程序的入口函数。C++标准规定 main()函数的返回值类型为 int,返回值用于表示程序的退出状态,如果返回 0 则表示程序正常退出;如果返回非 0,则表示出现异常。C++标准规定,main()函数原型有两种:

```
int main();
int main(int argc,char * argv[]);
//或
int main(int argc,char** argv);
```

当 main()函数的返回值为 int,而函数内没有出现 return 语句时,同样可以通过编译并正常运行。这是因为编译器在 main()函数的末尾自动添加了"return 0;"语句。所以,main()函数是 C++程序经过特殊处理的函数,其他返回值类型不是 void 的函数,如果没有使用 return 语句,编译器将报错。虽然编译器会隐式添加"return 0;",但还是建议开发人员避免使用这条规则,因为显式添加可避免出错时无法返回错误码,并且不会误认为 main()函数可以没有 return 语句。

带参的 main()函数可以提供用户向程序输入的参数。例如"int main(int argc, char * argv[])",其中,argc 代表参数的个数,argv 数组中的每一个元素用于保存命令行参数的内容。考察如下程序:

```
#include <iostream>
using namespace std;
int main(int argc,char * argv[])
{
    if(argc > 1)
    {
        cout << "Hello " << argv[1] << endl;
    }
```

```
    return 0;
}
```

假设此程序经过编译后生成 main. out，那么在控制台输入“main. out LVLV”会输出“Hello LVLV”。使用命令行参数时应注意以下几个问题：

① 命令行输入的程序名称为程序的第一个参数，以上程序中 argv[0]保存的是 main. out，尽管输入的只有一个参数“LVLV”，但是参数个数 argc 包含了程序名称，因此 argc 等于 2。在其他编程语言（如 C＃）中，命令行参数并不包含执行文件的名字。

② 在命令行中，空格被认为是命令行参数的分隔符，也就是说，同一个参数内部不允许出现空格，如果在一个参数中出现空格，则可以用双引号括起来。例如，输入“main. out "LVLV and JF"”。

2. VC++ mian()函数的返回值可以是任意数值类型

VC++下对 main()函数的返回值没有太严格的要求，只要可以强制转换为 int 的类型都可以作为返回值，例如 char、float、double 或者 long。参考如下程序：

```
#include <iostream>
using namespace std;
char main()
{
    cout << "Hello!" << endl;
    return '0';
}
```

以上程序可正常编译并运行。显而易见，string 是不能作为 main()函数的返回值的。如果将返回类型换成 string 类型，则编译将报错，读者可自行验证。当然，以上代码不具有可移植性，在 Linux 环境下使用 g++编译也是不会通过的，提示返回值类型必须为 int。可见，GNU C++更加严格地实现了 C++标准的内容。

3. Windows 平台可通过环境变量 errorlevel 获取 main()函数的返回值

依据返回值作出不同的响应，编写如下程序：

```
#include <iostream>
using namespace std;
int main()
{
    int i;
    cout << "please input a number" << endl;
    cin >> i;
    return i;
}
```

此程序编译生成 main. exe，然后编写一个批处理文件 test. bat，内容如下：

```
@echo off
main.exe
if %errorlevel% == 3 echo third
if %errorlevel% == 2 echo second
if %errorlevel% == 1 echo first
```

当我们运行此批处理文件时，从控制台输入“1”，得到 first；输入“2”，得到 second；输入“3”，得到 third。运行结果如下：

```
C:\Users\dablelv > test.bat
please input a number
2
second
```

这个实验说明，当程序 main. exe 运行时，main()函数的返回值被存放在环境变量 errorlevel 中，我们可以在批处理文件中利用这个返回值采取不同的行动。

在 main()函数中，将语句“return i;”改成函数调用“exit(i);”，这个程序的执行结果不会发生变化。exit(i)的执行效果是返回操作系统，并将 i 作为程序的返回结果。exit 用于结束进程，返回进程结束代码给操作系统；而 return 用于结束函数调用，返回函数结束代码给调用者。在 main()函数中，return 和 exit 均可结束程序，返回结果给操作系统。在 C 语言程序中，当程序出现无法恢复的错误时，可以使用 exit()函数退出程序。但是在 C++程序中，exit()函数的使用会破坏程序对对象析构函数的调用。在 C++程序设计中，应利用异常处理机制来取代对 exit()函数的调用。

关于批处理文件的几点说明如下：

① @符号出现在命令前表示关闭命令回显，即执行命令时，控制台不会出现命令的具体内容，只会出现命令的执行结果；

② “echo off”这条命是关闭所有命令回显，加上@符号表示关闭本条命令回显；

③ “%a%”这种形式表示对变量 a 的引用。

4. main()函数不一定是程序中第一个被执行的函数

考察如下程序：

```
#include <iostream>
using namespace std;
class A
{
public:
    A()
    {
```

```
        cout << "In default A's constructor" << endl;
    }
};
A b;
int main()
{
    cout << "In main()" << endl;
    return 0;
}
```

编译运行以上代码输出如下：

```
In default A's constructor
In main()
```

在这个程序中，先输出的是“In default A's constructor”，然后输出的是“In main()”。可见，对象a的构造函数是先于main()函数执行的。实际上，所有外部对象的构造函数都是先于main()函数执行的。如果要对类中的成员对象进行初始化，那么这些对象的构造函数也是在main()函数之前执行的。如果在这些构造函数中还调用了其他函数，那么就可以有更多的函数先于main()函数运行。因此，main()函数不一定是C++程序的第一个被执行的函数。

4.2 函数参数入栈方式与调用约定

1. 调用约定简介

首先，要实现函数的调用，除了要知道函数的入口地址外，还要向函数传递合适的参数。向被调函数传递参数可以用不同的方式实现，这些方式被称为“调用规范”或“调用约定”。C/C++中常见的调用规范有__cdecl、__stdcall、__fastcall和__thiscall。

(1) __cdecl调用约定

__cdecl又称为C调用约定，是C/C++默认的函数调用约定，其定义语法是：

```
int function (int a ,int b)          //不加修饰就是C调用约定
int __cdecl function(int a,int b)    //明确指出C调用约定
```

约定的内容有：

① 参数入栈顺序是从右向左；

② 在被调用函数(callee)返回后，由调用方(caller)调整堆栈。

C调用约定允许函数的参数个数不固定，这也是C语言的一大特色。因为每个调用的地方都需要生成一段清理堆栈的代码，所以最后生成的目标文件较__stdcall、 __fastcall 调用方式要大。

(2) __stdcall 调用约定

__stdcall 又称为标准调用约定，声明语法如下：

```
int __stdcall function(int a,int b)
```

约定的内容有：

① 参数从右向左压入堆栈；

② 函数自身清理堆栈；

③ 函数名自动加前导下画线，后面紧跟一个@符号，其后紧跟参数的尺寸；

④ 函数的参数个数不可变。

(3) __fastcall 调用约定

__fastcall 又称为快速调用方式，其声明语法如下：

```
int __fastcall function(int a,int b);
```

与__stdcall 类似，其约定的内容有：

① 函数的第一个和第二个 DWORD 参数（或者尺寸更小的）通过 ecx 和 edx 传递，其他参数通过从右向左的顺序压栈；

② 被调用者清理堆栈；

③ 函数名定义规则同__stdcall。

注意： 不同编译器编译的程序规定的寄存器也不同。在 Intel 386 平台上，使用 ecx 和 edx 寄存器。使用__fastcall 方式无法用作跨编译器的接口。

(4) __thiscall 调用约定

__thiscall 是唯一一个不能明确指明的函数修饰符，因为__thiscall 不是关键字，它是 C++类成员函数默认的调用约定。由于成员函数调用还有一个 this 指针，因此必须进行特殊处理。__thiscall 意味着：

① 参数从右向左入栈。

② 如果参数个数确定，this 指针通过 ecx 传递给被调用者；如果参数个数不确定，this 指针在所有参数压栈后被压入堆栈。

③ 对参数个数不定的，调用者清理堆栈，否则函数自己清理堆栈。

2. 对“cout <<++ i << --i <<i++;”输出结果的讨论

在 VC++的函数调用规范中，如果函数的任何一个参数表达式包含自增（自减）运算，那么所有这些运算都会在第一个 push 操作之前全部完成，然后再完成其他的运算并将结果入栈。考察如下程序：

```
#include <iostream>
using namespace std;
int main(int argc,char * argv[])
```

```
{
    int i = 10;
    cout << ++i << --i << i++;
    return 0;
}
```

按照"正常"思维，标准输出操作符<<是从左向右结合的，所以应该依次计算表达式++i、--i和i++的值，那么最终应该依次输出11、10和10。但是，在VC++中的运行结果却是11、11和10。考察此程序的汇编代码，发现语句"cout <<++i << --i <<++;"所对应的汇编代码如下：

```
00EF6ED5  mov     eax,dword ptr [i]
00EF6ED8  mov     dword ptr [ebp - 0D0h],eax      //保存i的值
00EF6EDE  mov     ecx,dword ptr [i]
00EF6EE1  add     ecx,1                           //变量i自增1
00EF6EE4  mov     dword ptr [i],ecx
00EF6EE7  mov     edx,dword ptr [i]
00EF6EEA  sub     edx,1                           //变量i自减1
00EF6EED  mov     dword ptr [i],edx
00EF6EF0  mov     eax,dword ptr [i]
00EF6EF3  add     eax,1                           //变量i自增1
00EF6EF6  mov     dword ptr [i],eax
00EF6EF9  mov     esi,esp
00EF6EFB  mov     ecx,dword ptr [ebp - 0D0h]
00EF6F01  push    ecx                             //将保存的数值10入栈
00EF6F02  mov     edi,esp
00EF6F04  mov     edx,dword ptr [i]
00EF6F07  push    edx                             //将变量i入栈
00EF6F08  mov     ebx,esp
00EF6F0A  mov     eax,dword ptr [i]
00EF6F0D  push    eax                             //将变量i入栈
//获取cout对象地址,this指针通过ecx传递
00EF6F0E  mov     ecx,dword ptr [_imp_? cout@std@@3V? $basic_ostream@DU?
                  $char_traits@D@std@@@1@A (0F002E0h)]
//cout << ++i;
00EF6F14  call    dword ptr [__imp_std::basic_ostream <char,std::char_traits
                  <char> > ::operator << (0F002E8h)]
00EF6F1A  cmp     ebx,esp
00EF6F1C  call    __RTC_CheckEsp (0EF12DFh)
//cout << --i;
00EF6F21  mov     ecx,eax
```

```
00EF6F23   call        dword ptr [__imp_std::basic_ostream <char,std::char_traits
                       <char>> ::operator << (0F002E8h)]
00EF6F29   cmp         edi,esp
00EF6F2B   call        __RTC_CheckEsp (0EF12DFh)
//cout << i++ ;
00EF6F30   mov         ecx,eax
00EF6F32   call        dword ptr[__imp_std::basic_ostream <char,std::char_traits
                       <char>> ::operator << (0F002E8h)]
00EF6F38   cmp         esi,esp
00EF6F3A   call        __RTC_CheckEsp (0EF12DFh)
```

上述汇编代码比较复杂，先解释关键的地方。首先，虽然<<运算符是从左向右结合的，但在<<运算符构成的链式操作中，各表达式的入栈顺序还是从右向左，只有这样才能实现<<运算从左向右进行。所以，先计算的是表达式 i++的值。因为 i 自增之后无法提供入栈的值，所以另外开辟了一个内存单元 dword ptr [ebp - 0D0h]来存放第一个入栈的表达式的值。

接着计算－－i 的值。自减运算完成后，编译器认为 i 的值可以直接作为参数入栈，所以并没有开辟别的内存单元存放这一个入栈参数的值。

最后计算++ i，情形跟计算－－i 类似。这些操作完成之后，分别将 dword ptr [ebp - 0D0h]处的值、最终的 i 和 i 入栈，再次调用“cout. operator <<”函数将它们输出。所以，程序的最终结果是 11、11、10。

汇编代码中“cmp ebx,esp”和“call __RTC_CheckEsp(0EF12DFh)”表示 VC 编译器提供了运行时刻对程序正确性/安全性的一种动态检查，可以通过选择“C/C++”→“代码生成”→“基本运行时检查”来实现，如图 4 - 1 所示。

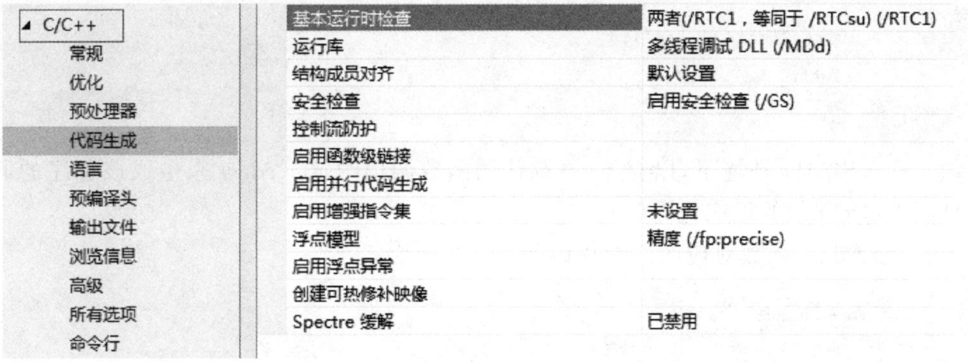

◢ C/C++	基本运行时检查	两者(/RTC1，等同于 /RTCsu) (/RTC1)
常规	运行库	多线程调试 DLL (/MDd)
优化	结构成员对齐	默认设置
预处理器	安全检查	启用安全检查 (/GS)
代码生成	控制流防护	
语言	启用函数级链接	
预编译头	启用并行代码生成	
输出文件	启用增强指令集	未设置
浏览信息	浮点模型	精度 (/fp:precise)
高级	启用浮点异常	
所有选项	创建可热修补映像	
命令行	Spectre 缓解	已禁用

图 4 - 1

执行完“cout. operator <<”后，会将对象 cout 的地址存放在寄存器 eax 中作为该函数的返回值。由于在 VC++中调用对象的成员函数之前会先将对象的地址存放在寄存器 ecx 中，所以在下一次调用“cout. operator <<”之前会先将 eax 的值送入 ecx 中。

如果生成 Release 版本，则会发现输出结果变成 10、10 和 10。这是编译器对代码优化导致的结果。

由上面的程序可以看出，自增(自减)运算虽然可以使表达式更为紧凑，但很容易带来副作用。过分追求小的技巧正是很多程序缺陷的缘由，应该编写那些可读性较好的代码，避免那些看似简单但蕴藏危机的表达式。

假设 i 的值是 10，执行语句“i=i++;”之后，i 的值是多少呢？这样的代码在不同的编译器中有着不同的实现，输出结果也是不一样的。所以，编写这样的代码没有什么意思，且应尽量避免。

4.3 函数调用时栈的变化情况

函数的运行是在栈上展开的，函数调用时的返回地址、参数、函数内的局部变量、表达式运算时可能产生的无名临时对象等都是存放在栈上的。

下面以 VC++编译器为例进行研究，考察如下程序：

```
#include <stdio.h>
int mixAdd(int i,char c)
{
    int tmpi = i;
    char tmpc = c;
    return tmpi + tmpc;
}
int main()
{
    int res = mixAdd(4,'A');
    printf(" %c",res);
}
```

在 VS 2017 环境下，以 C/C++默认的函数调用约定__cdecl 来生成该程序的调试版本(Debug)的汇编代码。

mixAdd()函数对应的汇编代码如下：

```
int mixAdd(int i,char c)
{
00F713E0  push        ebp
00F713E1  mov         ebp,esp
00F713E3  sub         esp,0D8h
00F713E9  push        ebx
00F713EA  push        esi
```

```
00F713EB  push        edi
00F713EC  lea         edi,[ebp - 0D8h]
00F713F2  mov         ecx,36h
00F713F7  mov         eax,0CCCCCCCCh
00F713FC  rep stos    dword ptr es:[edi]
    int tmpi = i;
00F713FE  mov         eax,dword ptr [i]
00F71401  mov         dword ptr [tmpi],eax
    char tmpc = c;
00F71404  mov         al,byte ptr [c]
00F71407  mov         byte ptr [tmpc],al
    return tmpi + tmpc;
00F7140A  movsx       eax,byte ptr [tmpc]
00F7140E  add         eax,dword ptr [tmpi]
}
001E1411  pop         edi
001E1412  pop         esi
001E1413  pop         ebx
001E1414  mov         esp,ebp
001E1416  pop         ebp
001E1417  ret
```

main()函数对应的汇编代码如下：

```
int main()
{
001E1430  push        ebp
001E1431  mov         ebp,esp
001E1433  sub         esp,0CCh
001E1439  push        ebx
001E143A  push        esi
001E143B  push        edi
001E143C  lea         edi,[ebp - 0CCh]
001E1442  mov         ecx,33h
001E1447  mov         eax,0CCCCCCCCh
001E144C  rep stos    dword ptr es:[edi]
    int res = mixAdd(4,'A');
001E144E  push        41h
001E1450  push        4
001E1452  call        mixAdd (01E1168h)
001E1457  add         esp,8
001E145A  mov         dword ptr [res],eax
```

```
    printf(" %c",res);
001E145D  mov         esi,esp
001E145F  mov         eax,dword ptr [res]
001E1462  push        eax
001E1463  push        1E5858h
001E1468  call        dword ptr ds:[1E92C0h]
001E146E  add         esp,8
001E1471  cmp         esi,esp
001E1473  call        __RTC_CheckEsp (01E1136h)
}
001E1478  xor         eax,eax
001E147A  pop         edi
001E147B  pop         esi
001E147C  pop         ebx
001E147D  add         esp,0CCh
001E1483  cmp         ebp,esp
001E1485  call        __RTC_CheckEsp (01E1136h)
001E148A  mov         esp,ebp
001E148C  pop         ebp
001E148D  ret
```

1. mixAdd()函数汇编代码详解

在进入 mixAdd 后，可以马上看到以下 3 条汇编指令：

```
00F713E0  push ebp        //保留主调函数的帧指针
00F713E1  mov ebp,esp     //建立本函数的帧指针
00F713E3  sub esp,xxx     //为函数局部变量分配空间
```

这是所有 C/C++函数汇编代码所共同遵循的规范。ebp(extended base pointer)为扩展基址指针寄存器，也被称为帧指针寄存器，其存放一个指针，该指针指向系统栈最上面一个栈帧的底部。这里的栈帧指的是每一个函数在被调用时所占用的内存空间，该空间内存放函数的局部数据。

一个栈帧起始位置由帧指针 ebp 指明，在函数运行期间，帧指针 ebp 的值保持不变。而栈帧的另一端由栈指针 esp 动态维护。esp(extended stack pointer)为扩展栈指针寄存器，用于存放当前函数的栈顶指针。

在内存管理中，与栈对应的是堆。对于堆来讲，生长方向是向上的，也就是向着内存地址增加的方向；对于栈来讲，它的生长方式是向下的，是向着内存地址减小的方向增长。在内存中，“堆”和“栈”共用全部的自由空间，只不过各自的起始地址和增长方向不同，它们之间并没有一个固定的界限，如果在运行时，“堆”和 “栈”增长到发生了相互覆盖，则称为“栈堆冲突”，程序将会崩溃。

在 Debug 模式下，一个 C/C++函数即使没有定义一个局部变量，仍然会分配 192 B 空间，供临时变量使用。如果定义了局部变量，则会为每个局部变量分配 12 B 的空间(大于任何基本数据类型)。mixAdd()函数中定义了两个局部变量，所以给局部变量和临时变量预留的空间大小是 192 B+12 B+12 B=216(D8h)B。

接下来的汇编指令为：

```
00F713E9   push     ebx      //保存扩展基址寄存器,入栈
00F713EA   push     esi      //保存扩展源变址寄存器,入栈
00F713EB   push     edi      //保存扩展目的变址寄存器,入栈
```

以上汇编指令保存本函数可能改变的几个寄存器的值，这些寄存器在函数结束后恢复到进入本函数时的值。

接下来的汇编指令为：

```
00F713EC   lea         edi,[ebp - 0D8h]       //获取栈顶地址
00F713F2   mov         ecx,36h                //赋 36h 至扩展计数寄存器
00F713F7   mov         eax,0CCCCCCCCh         //给扩展累加寄存器赋值
00F713FC   rep stos    dword ptr es:[edi]     //作用见下面解释
```

stos 指令：字符串存储指令，将 eax 中的值复制至 es:[edi]指向的空间。如果设置了 direction flag，那么 edi 会在该指令执行后减小；如果没有设置 direction flag，那么 edi 的值会增加，为下一次存储做准备。

rep 指令：重复指令，重复执行后面制定的指令操作，重复次数由计数寄存器 ecx 决定。

因此，上面 4 条指令的作用是从栈的低地址到高地址将所有的预留空间填满 0CCCCCCCCh，这样也就解释了未赋值的局部变量被默认设置为 CCCCCCCCh。

接下来的汇编指令为：

```
    int tmpi = i;
00F713FE   mov      eax,dword ptr [i]        //i 赋值给 eax
00F71401   mov      dword ptr [tmpi],eax     //eax 赋值给 tmpi
    char tmpc = c;
00F71404   mov      al,byte ptr [c]          //c 赋值给寄存器 ax 的低 8 位 al
00F71407   mov      byte ptr [tmpc],al       //al 赋值给 tmpc
    return tmpi + tmpc;
00F7140A   movsx    eax,byte ptr [tmpc]      //带符号扩展传送指令,将 tmpc 赋值给 eax
00F7140E   add      eax,dword ptr [tmpi]     //tmpi 与 eax 相加
```

以下汇编指令用于函数结束的清理工作：

```
001E1411   pop      edi        //edi 出栈,还原 edi
001E1412   pop      esi        //esi 出栈,还原 esi
001E1413   pop      ebx        //ebx 出栈,还原 ebx
001E1414   mov      esp,ebp    //清空栈,释放局部变量
```

```
001E1416  pop      ebp        //源 ebp 出栈,恢复 ebp
001E1417  ret                 //子程序的返回指令,结束函数
```

注意:以上汇编代码对 mixAdd()函数调用时采用的函数调用约定是__cdecl,这是 C/C++程序默认的函数调用约定,其重要的一点就是在被调用函数(callee)返回后,由调用方(caller)调整堆栈。因此,在 main()函数中调用 mixAdd()的地方会出现“add esp 8”这条指令。esp 加上 8 是因为 main()函数将两个参数压入了栈,用于传给 mixAdd()。感兴趣的读者可将 mixAdd()函数的定义改为如下形式:

```
int __stdcall mixAdd(int i,char c)
{
    int tmpi = i;
    char tmpc = c;
    return tmpi + tmpc;
}
```

即将 mixAdd()函数的调用约定改为标准调用约定,那么 mixAdd()函数结束时的汇编代码会变成 ret 8,而在 main()函数调用 mixAdd()的地方原本出现的“add esp 8”指令将会消失,这是因为__stdcall 约定被调函数自身清理堆栈。有关函数调用约定的介绍请参见“4.2 函数参数入栈的思考”。

2. main()函数对应的汇编代码的注意要点

main()函数的汇编代码大致与 mixAdd()相似,但也有不同之处,需要注意以下几点:

(1) printf()函数参数的入栈和调用

printf()函数参数的入栈和调用如下:

```
push    1E5858h                    //将"%c"入栈
call    dword ptr ds:[1E92C0h]     //调用 printf()函数
```

(2) 以下两条汇编代码的含义

```
001E1471  cmp    esi,esp
001E1473  call   __RTC_CheckEsp (01E1136h)
```

上面两条汇编代码用于表示 VC 编译器提供了运行时刻的对程序正确性/安全性的一种动态检查,可以通过选择“C/C++”→“代码生成”→“基本运行时检查”来实现。

4.4 如何禁止函数传值调用

按照参数形式的不同,C++应有 3 种函数调用方式:传值调用、引用调用和指针

调用。对于基本数据类型的变量作为实参进行参数传递而言，采用传值调用与引用调用和指针调用的效率相差不大。但是，对于类类型来说，传值调用和引用调用之间的区别却很大，类对象的尺寸越大，这种差别就越大。

传值调用与后两者的区别在于：传值调用在进入函数体之前，会在栈上建立一个实参的副本，而引用和指针调用没有这个动作。建立副本的操作是利用拷贝构造函数进行的。因此，要禁止传值调用，就必须在类的拷贝构造函数上做文章。

可以直接在拷贝构造函数中抛出异常，这样就迫使程序员不能使用拷贝构造函数，否则程序总是出现运行时错误。但是，这不是一个好的办法，而是应该在编译阶段就告诉程序员，不能使用该类的拷贝构造函数。

1. 不显式定义拷贝构造函数是否可行

参考程序如下：

```
#include <iostream>
using namespace std;
class A
{
public:
    int num;
    A(){num = 5;}
};
void show(A a)
{
    cout << a.num << endl;
}

int main()
{
    A obj;
    show(obj);
}
```

以上程序顺利通过编译，并输出 5。因此，不显式定义拷贝构造函数，并不能阻止对类的拷贝构造函数的调用，原因是编译器会自动为没有显式定义拷贝构造函数的类提供一个默认的拷贝构造函数。

2. 显式定义拷贝构造函数并将访问权限设置为 private

对上面的程序添加拷贝构造函数的定义，修改如下：

```
#include <iostream>
using namespace std;
class A
```

```
{
    A(const A&){};
public:
    int num;
    A(){num = 5;}
};
void show(A a)
{
    cout << a.num << endl;
}
int main()
{
    A obj;
    show(obj);
}
```

上述程序在 VS 2017 环境下编译不通过，得到如下错误提示："error C2248:'A::A'：无法访问 private 成员(在'A'类中声明)"。这样就能阻止函数调用时，类 A 的对象以值传递的方式进行函数调用。为使程序通过编译，需将 show()函数的定义改为如下形式：

```
void show(const A& a)
{
    cout << a.num << endl;
}
```

3. 拷贝构造函数的说明

① 如果将拷贝构造函数中的引用符号去掉 &，编译将无法通过，出错的信息如下："非法的复制构造函数：第一个参数不应是'A'"。原因是：如果拷贝构造函数中的参数不是一个引用，即形如 A(const A a)，那么就相当于采用了传值的方式(pass-by-value)，而传值的方式会调用该类的拷贝构造函数，从而造成无穷递归地调用拷贝构造函数。因此，拷贝构造函数的参数必须是一个引用或一个指针。

② 拷贝构造函数的参数通常情况下是 const 的，但是 const 并不是严格必须的。

③ 在下面几种情况下会调用拷贝构造函数：

- 显式或隐式地用同类型的一个对象来初始化另外一个对象；
- 作为实参以值传递的方式传递给一个函数；
- 在函数体内返回一个对象时也会调用返回值类型的拷贝构造函数；
- 需要产生一个临时类对象时(类对象作为函数返回值会创建临时对象)。

4.5 函数指针简介

1. 函数指针的用法

简单回顾函数指针的用法。

```
#include <iostream>
using namespace std;
int add(int i,int j)
{
    return i + j;
}
int main()
{
    //用法一
    int( * addP)(int,int) = add;
    int tmp = addP(2,3);
    //或者
    //int( * addP)(int,int) = &add;
    //int tmp = ( * addP)(2,3);
    //用法二
    typedef int( * AddP)(int,int);
    AddP funcP = add;
    tmp = funcP(2,3);
    cout << tmp << endl;
}
```

编译运行后输出 5。

定义和使用函数指针时需要注意以下几点：

① 定义函数指针的语法形式比较复杂，常借助于 typedef 类型定义符来简化函数指针的定义。

② 函数名代表函数的入口地址，在为函数指针赋值时，“funcP = add;”和“funcP=&add;”都可以用。在利用函数指针实现函数调用时，“funcP(2,3);”和“(* funcP)(2,3);”都是正确的。

③ 可以使用 reinterpret_cast 类型转换操作符对不同类型的函数指针进行转换，但需要谨慎操作。当然，也要尽量避免功能过于强大的 C 风格的强制类型转换。

④ 有一种函数叫作“回调函数”(callback function)，可以将回调函数理解成通过函数指针调用的函数。

函数指针作为参数传递

当函数指针作为另一个函数的参数传递时，对函数指针的生命可以采用“显式”

的方式进行,也可以采用“隐式”的方式进行。参见下面具体的例子。

```
#include <iostream>
using namespace std;
int f()
{
    return 1;
}
//显式声明函数指针
void invoke0(int( * func)())
{
    cout << ( * func)() << endl;
}
//隐式声明函数指针
void invoke1(int func())
{
    cout << func() << endl;
}
int main()
{
    invoke0(f);
    invoke1(f);
}
```

2. 指向类成员函数的函数指针的用法

(1) 函数指针指向类静态成员函数

对于外部函数,C++沿用了C语言中对函数指针的定义和使用规范。对于类静态成员函数,可以理解成“作用域受限的外部函数”。因此,通过以下形式即可将类静态成员函数赋值给函数指针。

```
函数指针 = 类名::函数名;
```

调用函数指针时与调用指向外部函数的函数指针方式相同。

(2) 函数指针指向类非静态成员函数

在C++语言中,由于面向对象机制的引入,程序中不但有外部函数,而且还有类对象的成员函数。对于类的非静态成员函数,函数指针要以对象的“成员指针”的形式定义和赋值。

```
#include <iostream>
using namespace std;
class A
{
```

```
    public:
        int retInt()
        {
            cout << "in A member function" << endl;
            return 100;
        };
    };
    int main()
    {
        A a;
        int(A:: * funcP)() = &A::retInt;
        (a. * funcP)();
    }
```

运行后的输出结果：

```
In A member function
```

注意：

① 当函数指针指向类成员对象时，对函数指针的定义必须加上类名以及“::”(作用域运算符)来标识该函数指针指向哪个类的成员函数。

② 调用函数指针所指向的类成员函数时，必须同时指明函数所操作的类对象，类似于成员函数的访问。

4.6 操作符重载

4.6.1 输入/输出操作符重载

1. 输入/输出操作符简介

C++中输入操作符是>>，输出操作符是<<，其又叫作流对象的“插入操作符”和“提取操作符”。其实，这两个操作符最初是在 C 语言中用于整数的移位运算，后来在 C++中才利用操作符重载的技术将它们应用于输入/输出操作。

2. 重载的原因

应用于基本类型的输入/输出操作都已经在 C++标准库中定义好了，没有必要重新定义，也不允许重新定义。而对于用户自定义类来说，如果想利用输入/输出操作符进行本类对象的输入/输出操作，就需要对<<操作符和>>操作符进行重载。

3. 重载的形式

对输出操作符<<进行重载，只能采用友元函数的形式进行，而不能将 operator <<() 声明为 ostream 类的成员函数。这是因为 ostream 是在 C++标准中定义的类，不允

许用户随便修改。所以，要将类 someClass 的对象输出到标准输出对象，只能采用将 operator <<()重载为全局函数，声明为 someClass 类的友元的形式进行。而且，这时的输出操作符函数原型是下述 5 种形式之一：

```
ostream& operator << (ostream&,const someClass&);
```

或者

```
ostream& operator << (ostream&,const someClass * );
ostream& operator << (ostream&, someClass&);
```

或者

```
ostream& operator << (ostream&, someClass * );
ostream& operator << (ostream&, someClass);
```

其中，第一种形式最好，也是最常用的，这种函数重载既安全又高效。

对输入操作符>>进行重载，也能采用友元函数的形式进行，但不能将 operator >>()声明为 istream 类的成员函数。这是因为 istream 也是 C++标准库的类，不能被用户随意修改。所以，要从标准输入对象将数据读入类 someClass 的对象中，只能采用将 operator >>()重载为全局函数，且声明为 someClass 类的友元的形式。输入操作符的函数原型一定是：

```
istream& ostream >> (istream&,someClass&);
```

或者

```
istream& ostream >> (istream&,someClass * );
```

4. 重载的示例

下面是输入与输出操作符的例子。

```
#include <iostream>
using namespace std;
class Complex
{
    double real;
    double image;
public:
    Complex(double r = 0.0,double i = 0.0)
    {
        real = r;
        image = i;
    }
    friend ostream& operator << (ostream&,const Complex&);
```

```
    friend istream& operator >> (istream&,Complex&);
};
ostream& operator << (ostream& o,const Complex& c)
{
    o << c.real << " + " << c.image << "i";
    return o;
}
istream& operator >> (istream& i,Complex& c)
{
    bool success = false;
    char ch;
    while(!success)
    {
        cout << "please input a complex:" << endl;
        i >> c.real;
        i >> ch;
        if(ch! = '+'){
            //cin.clear();              //清除错误标志
            //cin.ignore(numeric_limits <std::streamsize> ::max(),'\n');
                                                        //清除缓冲区的当前行
            continue;
        }
        i >> c.image;
        i >> ch;
        if(ch! = 'i')
        {
            //cin.clear();              //清除错误标志
            //cin.ignore(numeric_limits <std::streamsize> ::max(),'\n');
                                                        //清除缓冲区的当前行
            continue;
        }
        else
            success = true;
    }
    return i;
}
int main(int argc, char * argv[])
{
    Complex c;
    cin >> c;
    cout << c;
    return 0;
}
```

从键盘上输入“3.4＋5.6i”然后按回车键，程序的运行结果如下：

```
please input a complex:
3.4+5.6i
3.4+5.6i
```

阅读以上程序时要注意以下几点：

① 对输入/输出操作符重载，只能采用友元函数的形式，而不能采用成员函数的形式，原因前面已经介绍。

② 如果将输入操作符函数声明为

```
ostream operator << (ostream,const Complex&);
//或者将输入操作符声明为
istream operator >> (istream,Complex&);
```

都会产生编译错误。原因是 istream 类和 ostream 类的拷贝构造函数被声明为私有(private)成员，这就阻止了 istream 类和 ostream 类参数的传值行为，也阻止了它们成为函数的返回值。

③ 格式化的输出操作比较容易实现，因为输出的内容已经准备好，如何输出完全由程序员来安排。而格式化的输入操作要复杂一些，因为输入的内容事先是不知道的，用户在输入数据的过程中可能会存在违反约定的行为。所以，在格式化输入函数中通常还要加入一些容错的处理。

在上面的程序中，对用户输入内容的错误性判断还不是特别完善，有兴趣的读者可以自行改进或将程序中 continue 语句前的两行注释取消，可提高输入的容错性。关于 cin 的详细用法请参见作者的另一篇博文——《cin 的详细用法》(http://blog.csdn.net/k346k346/article/details/48213811)。

4.6.2 赋值操作符重载

1. 赋值操作符重载的原因

赋值操作符是一个使用频率最高的操作之一，通常情况下它的意义十分明确，就是将两个同类型变量的值从一端(右端)传到另一端(左端)。但在以下两种情况下，需要对赋值操作符进行重载。

① 赋值号两边的表达式类型不一样，且无法进行类型转换。

② 需要进行深拷贝。

2. 赋值操作符重载的注意事项

赋值操作符只能通过类的成员函数的形式重载。这就说明，如果要将用户自定义类型的值传递给基本数据类型的变量，则只能通过类型转换机制，而不能利用重载来实现。

当赋值号两边的表达式不一致时，需要对赋值操作符进行重载，参见下面的示例。

```
#include <iostream>
using namespace std;
class A{
    int num;
public:
    A(){num = 0;}
    A(int i){num = i;}
    void show(){
        cout << num << endl;
    }
};
int main(int argc, char * argv[]){
    A a = 5;          //赋值符号两边的数据类型不一样,这里表示创建新对象
    a.show();
    A a1;
    a1 = 1;           //赋值符号两边的数据类型不一样,这是真正的赋值运算
    a1.show();
}
```

程序的输出结果是：

```
5
1
```

在语句“A a=5”中，虽然用到了“=”，但它的语义是构造一个类 A 的对象 a，等价于语句“A a(5)”，所以该语句与赋值无关。而语句“a1=1”是一个真正的赋值语句，变量 a1 的类型是 A，而常量 1 的类型是 int，由于可以通过类 A 的构造函数 A(int)将类型 int 转换成类型 A(实际上是以 int 为参数构造了一个类 A 的临时对象)，然后再完成赋值操作，所以不必再对赋值操作符进行重载。

3. 深拷贝情况下对赋值操作符重载

深拷贝是对赋值操作符进行重载的一个因素。那么什么是深拷贝呢？简单的说，深拷贝就是在把一个类对象 a 复制到另一个对象 b 中去时，如果对象 a 包含非悬挂指针(野指针)，就要将 a 的指针所指区域的内容复制到 b 的相应指针所指的区域中去。进行深拷贝时，一般对象 a 和 b 有相同的数据类型。如果在进行赋值时发生深拷贝，就一定要对赋值操作符进行重载，否则赋值运算符就会按赋值的常规语义进行操作(成员变量之间传递数据)，而不发生深拷贝。考察如下示例：

```
#include <iostream>
using namespace std;
```

```
class Student
{
    char * name;
    int age;
public:
    Student()
    {
        name = new char[20];
    }
    Student(char * n, int a)
    {
        name = new char[20];
        if(name) strcpy(name,n);
        age = a;
    }
    Student(const Student& s)
    {
        name = new char[20];
        * this = s;
    }
    void show()
    {
        cout << "The student's name is " << name;
        cout << " and of age " << age << endl;
    }
    ~Student()
    {
        delete[] name;
    }
    Student& operator = (const Student &s)
    {
        if(name) strcpy(name,s.name);
        age = s.age;
        return * this;
    }
};
int main()
{
    Student s1("张三",18),s4("李四",20);
    Student s2;
    s1.show();
```

```
    s2 = s4;
    s2.show();
    Student s3 = s1;
    s3.show();
    return 0;
}
```

程序的输出结果是：

```
The student's name is 张三 and of age 18
The student's name is 李四 and of age 20
The student's name is 张三 and of age 18
```

阅读以上程序时应注意如下几点：

① 由于在类 Student 中存在指针成员 name，所以，当两个 Student 类成员之间赋值时，必须使用深拷贝。执行“s2＝s4;”语句就是将 s4 对象赋值给 s2，其中将 s4.name 字符串的内容复制到 s2.name 中就是对深拷贝的具体体现。

② 类的拷贝构造函数虽然与赋值操作符并不是一回事，但通常可以在拷贝构造函数中利用赋值操作符重载，以避免对两个对象之间传递数据的重复解释。

③ 上面的程序中直接使用“strcpy(name,s.name);”实现两个对象的字符串成员的数据传递。这是一种简化的做法，存在很多隐患。比如，如果源字符串的长度超过 20 个字符，那么此程序会出现运行时错误。解决的办法是：根据原字符串的长度重新分配目的字符串的长度，在此之前还要释放目的字符串的空间。另外，一个对象赋值给自己也会出现问题，需要进行源对象和目的对象地址的比较，然后再考虑赋不赋值。

④ 由于深拷贝会涉及内存的动态分配和释放等一些较为复杂的操作，所以程序员在编写自定义类时要尽量避免深拷贝的出现。例如，在上例中，将成员变量 name 定义成 string name，就可以避免自己编写实现深拷贝的代码。实际的深拷贝工作是由 string 类来完成的，而 string 类是由 C++标准库提供的，所以我们可以放心使用。

⑤ 对赋值操作符进行重载时，通常将操作符函数的返回值定义为赋值左操作数类型的引用，这是为了实现对赋值表达式的求值，另外一个目的就是为了实现链式操作。

4.6.3 解引用操作符重载

“*”是一个一元操作符，作用于指针，用于获取指针所指单元的内容。当某个类中对 * 操作符重载时，是将该类对象当作一个指针，而用 * 操作符提取指针所指向的内容。考察如下程序：

```
#include <iostream>
using namespace std;
```

```
template <typename T> class DataContainer
{
    T *p;
    public:
    DataContainer(T* pp)
    {
        p = pp;
    }
    ~DataContainer()
    {
        delete p;
    }
    template <typename T> friend T operator*(const DataContainer <T> &);
};
template <typename T> T operator*(const DataContainer <T> & d)
{
    return *(d.p);
};
int main()
{
    DataContainer <int> intData(new int(5));
    DataContainer <double> doubleData(new double(7.8));
    cout << *intData << endl;
    cout << *doubleData << endl;
    return 0;
}
```

程序输出结果：

```
5
7.8
```

阅读以上程序时需要注意以下几个要点：

① *操作符重载既可以采用友元函数的形式，也可以采用成员函数的形式。如果是后者，则应在类体中这样定义*操作符函数：

```
T operator*()
{
    return *p;
}
```

如此定义，更加简洁。一般情况下，重载*操作符都是以成员函数的方式进行的。

② 一般来说,对 * 操作符进行重载的类都含有一个指针,* 操作符通过类对象获取数据,实际上就是从该指针所指的单元获取数据。

③ 为了防止内存泄漏,应该妥善处理 new 和 delete 运算。如果在对象的构造函数中使用 new 申请空间,则应在对象的析构函数中释放空间;反之,将指针所指空间的申请和释放工作都放到外部去处理。

4.6.4 成员函数或友元函数

运算符重载是 C++多态的重要实现手段之一。通过运算符重载对运算符功能进行特殊定制,使其支持特定类型对象的运算,执行特定的功能,增强 C++的扩展功能。

对于运算符重载,我们需要坚持四项基本原则:

① 不可臆造运算符;

② 运算符原有操作数的个数、优先级和结合性不能改变;

③ 操作数中至少有一个是自定义类型;

④ 保持重载运算符的自然含义。

一般来说,C++运算符重载可采用成员函数和友元函数,二者都可以访问类的私有成员,那么该采用哪一种呢?首先看一下二者的区别。

① 当重载为成员函数时,会隐含一个 this 指针;当重载为友元函数时,不存在隐含的 this 指针,需要在参数列表中显式地添加操作数。

② 当重载为成员函数时,只允许右参数的隐式转换;当重载为友元函数时,能够接受左参数和右参数的隐式转换。

参见如下代码:

```
class CString
{
public:
    CString(char* str);
private:
    char* m_pStr;
};
```

因为 CString 的构造函数的参数为一个 char *,所以如果采用友元形式的 operator +(const CString&, const CString&),那么 char+CString 和 CString+char 都能正常工作;而如果采用成员函数形式 CString::operator+(const CString& rhs),则只能接受 CString+char,如果执行 char+CString 则会编译出错。我们往往习惯于 CString+char 和 char+CString 都被接受的情况。需要注意的是,隐式转换由于临时变量的增加而往往效率不高。如果应用程序对效率要求较高,那么针对以上类,建议选择定义多个运算符的友元重载版本,如下:

```
CString& operator +(const CString&, const CString&);
CString& operator +(const char *, const CString&);
CString& operator +(const CString&, const char *);
```

一般而言，对于双目运算符，最好将其重载为友元函数；而对于单目运算符，则最好将其重载为成员函数。但是也存在例外情况，有些双目运算符是不能重载为友元函数的，比如赋值运算符=、函数调用运算符()、下标运算符[]、指针运算符->等，因为这些运算符在语义上与 this 都有太多的关联。比如"="表示"将自身赋值为…"，"[]"表示"自己的第几个元素"，如果将其重载为友元函数，则会出现语义上的不一致。

还有一个需要特别说明的就是输出运算符<<。因为输出运算符<<的第一个操作数一定是 ostream 类型，所以输出运算符<<只能重载为友元函数，如下：

```
friend ostream& operator << (ostream& os, const Complex& c);
ostream& operator << (ostream& os, const Complex& c)
{
    os << c.m_Real << "+" << c.m_Imag << "i" << endl;
    return os;
}
```

4.7 函数重载、隐藏、覆盖和重写的区别

1. 函数重载

(1) 定　义

C++规定在同一作用域中，当同名函数的形式参数（指参数的个数、类型或者顺序）不同时，构成函数重载（function overload）。

(2) 用　法

比如，要从两个变量中返回其中较大的一个值，可以编写如下两个构成重载的函数。

```
int max(int a,int b)
{
    return a > b? a:b;
};

double max(double a,double b)
{
    return a > b? a:b;
}
```

(3) 注意事项

① 函数返回值类型与构成函数重载无任何关系；

② 类的静态成员函数与普通成员函数可以形成重载；

③ 函数重载发生在同一作用域，如类成员函数之间的重载、全局函数之间的重载。

2. 函数隐藏

(1) 定 义

函数隐藏(function hiding)指不同作用域中定义的同名函数构成函数隐藏(不要求函数返回值和函数参数类型相同)。比如，派生类成员函数屏蔽与其同名的基类成员函数、类成员函数屏蔽全局外部函数。请注意，如果在派生类中存在与基类虚函数同返回值、同名且同形参的函数，则构成函数重写。

(2) 用 法

请仔细研读以下代码。

```
#include <iostream>
using namespace std;

void func(char* s)
{
    cout << "global function with name:" << s << endl;
}

class A
{
    void func()
    {
        cout << "member function of A" << endl;
    }
public:
    void useFunc()
    {
        //func("lvlv");         //A::func()将外部函数 func(char*)隐藏
        func();
        ::func("lvlv");
    }
    virtual void print()
    {
        cout << "A's print" << endl;
    }
};
```

```
class B:public A
{
public:
//隐藏 A::vodi useFunc()
    void useFunc()
    {
        cout << "B's useFunc" << endl;
    }
//隐藏 A::vodi useFunc()
    int useFunc(int i)
    {
        cout << "In B's useFunc(),i = " << i << endl;
        return 0;
    }

    virtual int print(char * a)
    {
        cout << "B's print:" << a << endl;
        return 1;
    }
//下面编译不通过,因为对父类虚函数重写时,需要函数返回值类型、函数名称和参数类型
//全部相同才行
    //virtual int print()
    //{
        // cout << "B's print:" << a << endl;
    //}
};
int main()
{
    A a;
    a.useFunc();
    B b;
    b.useFunc();        //A::useFunc()被 B::useFunc()隐藏
    b.A::useFunc();
    b.useFunc(2);
    //b.print();//编译出错,A::print()被 B::print(char * a)隐藏
    b.A::print();
    b.print("jf");
}
```

程序执行结果：

```
member function of A
global function with name:lvlv
B's useFunc
member function of A
global function with name:lvlv
In B's useFunc(),i = 2
A's print
B's print:jf
```

(3) 注意事项

对比函数隐藏与函数重载的定义可知：

① 派生类成员函数与基类成员函数同名但参数不同，此时基类成员函数将被隐藏（注意别与重载混淆，重载发生在同一个类中）。

② 函数重载发生在同一作用域，函数隐藏发生在不同的作用域。

3. 函数覆盖与函数重写

网上资料和很多书籍多会涉及函数覆盖（function override）的概念，且众说纷纭，这就加大了许多初学者的学习难度，甚至产生误导。事实上，函数覆盖就是函数重写。

(1) 定　义

派生类中与基类同返回值类型、同名和同参数的虚函数重定义，构成虚函数覆盖，也叫虚函数重写。

关于返回值类型存在一种特殊情况，即协变返回类型（covariant return type）。

(2) 虚函数重写与协变返回类型

当虚函数返回指针或者引用时（不包括 value 语义），子类中重写的函数返回的指针或者引用是父类中被重写函数所返回指针或引用的子类型，这就是所谓的协变返回类型，参见以下示例代码：

```
#include <iostream>
using namespace std;
class A{};
class B:public A{};
class Base
{
public:
    virtual A& show()
    {
        cout << "In Base" << endl;
        return *(new A);
    }
```

```
};
class Derived:public Base
{
public:
    //返回值协变,构成虚函数重写
    B& show()
    {
        cout << "In Derived" << endl;
        return *(new B);
    }
};
```

(3) 注意事项

① 函数覆盖就是虚函数重写,而不是函数被“覆盖”。

从上面的代码可以看出,函数是不可能被“覆盖”的。有些人可能会错误地认为函数覆盖会导致函数被“覆盖”而“消失”,将不能被访问,事实上只要通过作用域运算符::就可以访问到被覆盖的函数。因此,不存在被“覆盖”的函数。

② 函数覆盖是函数隐藏的特殊情况。

对比函数覆盖和函数隐藏的定义,不难发现函数覆盖其实是函数隐藏的特例。

如果派生类中定义了一个与基类虚函数同名但参数列表不同的非 virtual 函数,则此函数是一个普通成员函数(非虚函数),并形成对基类中同名虚函数的隐藏,而非虚函数覆盖(重写)。

《C++高级进阶教程》一书认为,函数的隐藏与覆盖是两个不同的概念。隐藏是一个静态概念,它代表标识符之间的一种屏蔽现象,而覆盖则是为了实现动态联编,是一个动态概念。但隐藏和覆盖也有联系:形成覆盖的两个函数之间一定形成隐藏。例如,可以对虚函数采用“实调用”,即尽管被调用的是虚函数,但是被调用函数的地址还是在编译阶段静态确定的,那么派生类中的虚函数仍然形成对基类中虚函数的同名隐藏。

参考如下代码,考察虚函数的实调用和虚调用。

```
#include <iostream>
using namespace std;
class Base
{
public:
    virtual void show()
    {
        cout << "In Base" << endl;
    }
};
```

```
class Derived:public Base
{
public:
    void show()
    {
        cout << "In Derived" << endl;
    }
};
int main()
{
    Base b;
    b.show();
    Derived d;
    d.show();                  //对函数 show()的实调用
    d.Base::show();            //对函数 show()的实调用
    Base * pb = NULL;
    pb = &d;
    pb -> show();              //对函数 show()的虚调用
    pb -> Base::show();        //对函数 show()的实调用
}
```

程序运行结果：

```
In Base
In Derived
In Base
In Derived
In Base
```

4. 总　结

在讨论相关概念的区别时，抓住定义才能区别开。掌握 C++中函数重载隐藏和覆盖的区别并不难，难就难在没弄清它们的定义，被网上各种说法弄得云里雾里而又没有自己的理解。

在这里只要牢记以下几点就可以区分函数重载、函数隐藏、函数覆盖和函数重写的区别：

① 函数重载发生在相同作用域；

② 函数隐藏发生在不同作用域；

③ 函数覆盖就是函数重写，准确地叫作虚函数覆盖和虚函数重写，也是函数隐藏的特例。

关于以上三者的对比，李健老师在《编写高质量代码：改善 C++程序的 150 个建议》一书中给出了较为详细的总结，如下所示：

```
|三者|作用域|有无 virtual|函数名|形参列表|返回值类型|
|重载|相同|可有可无|相同|不同|可同可不同|
|隐藏|不同|可有可无|相同|可同可不同|可同可不同|
|重写|不同|有|相同|相同|相同(协变)|
```

4.8 inline 函数

1. inline 函数简介

inline 函数是由 inline 关键字定义的，引入 inline 函数的主要原因是用它替代 C 中复杂易错不易维护的宏函数。

2. 编译器对 inline 函数的处理方法

编译器在编译阶段完成对 inline 函数的处理即对 inline 函数的调用替换为函数的本体，但 inline 关键字对编译器不是一种建议，编译器可以这样做，也可以不这样做。从逻辑上来说，编译器对 inline 函数的处理步骤一般如下：

① 将 inline 函数体复制到 inline 函数调用点处；

② 为所用 inline 函数中的局部变量分配内存空间；

③ 将 inline 函数的输入参数和返回值映射到调用方法的局部变量空间中；

④ 如果 inline 函数有多个返回点，则将其转变为 inline 函数代码块末尾的分支(使用 GOTO)。

参见如下代码：

```
//求 0～9 的平方
inline int inlineFunc(int num)
{
    if(num > 9||num < 0)
        return -1;
    return num * num;
}
int main(int argc,char * argv[])
{
    int a = 8;
    int res = inlineFunc(a);
    cout << "res:" << res << endl;
}
```

inline 之后的 main 函数代码类似于如下形式：

```
int main(int argc,char * argv[])
{
    int a = 8;
```

```
    {
        int _temp_b = 8;
        int _temp;
        if (_temp_q > 9||_temp_q < 0) _temp = -1;
        else _temp = _temp * _temp;
        b = _temp;
    }
}
```

经过以上处理，可消除所有与调用相关的痕迹以及性能的损失。inline 通过消除调用开销来提升性能。

3. inline 函数使用的一般方法

函数定义时，在返回类型前加上关键字 inline 即把函数指定为内联，函数声明时可加也可不加。但是，建议在函数声明时也加上 inline，这样能够达到"代码即注释"的作用。

使用格式如下：

```
inline int functionName(int first, int secend,...) {/****/};
```

inline 如果只修饰函数声明的部分，那么如下风格的函数 foo 就不能成为内联函数：

```
inline void foo(int x, int y); //inline 仅与函数声明放在一起
void foo(int x, int y){}
```

而如下风格的函数 foo 却能成为内联函数：

```
void foo(int x, int y);
inline void foo(int x, int y){} //inline 与函数定义体放在一起
```

4. inline 函数的优点与缺点

(1) 优　点

由上述内容可知，inline 函数相对宏函数有如下优点：

① 内联函数同宏函数一样，将在被调用处进行代码展开，省去了参数压栈、栈帧开辟与回收、结果返回等操作，从而提高了程序运行速度。

② 内联函数相比宏函数来说，在代码展开时会做安全检查或自动类型转换(同普通函数)，而宏定义则不会。

例如宏函数和内联函数：

```
//宏函数
#define MAX(a,b) ((a) > (b)? (a):(b))
//内联函数
```

```
inline int MAX(int a,int b)
{
    return a > b? a:b;
}
```

使用宏函数时,其书写语法较为苛刻,如果对宏函数出现如下错误的调用,"MAX(a,"Hello");",宏函数就会错误地比较 int 和字符串,而没有参数类型检查。使用内联函数时会出现类型不匹配的编译错误。

③ 在类中声明并同时定义的成员函数,将自动转化为内联函数,因此内联函数可以访问类的成员变量,而宏定义不能。

④ 内联函数在运行时可调试,而宏定义不可以。

(2) 缺　点

万事万物都有阴阳两面,内联函数也是如此,因此使用 inline 函数时也要三思慎重。inline 函数的缺点总结如下:

① 代码膨胀。

inline 函数带来的运行效率是典型的以空间换时间的做法。内联是以代码膨胀(复制)为代价,以消除函数调用带来的开销。如果执行函数体内代码的时间相比于函数调用的开销大,那么效率的收获会很少。另外,每一处内联函数的调用都要复制代码将使程序的总代码量增大,消耗更多的内存空间。

② inline 函数无法随着函数库的升级而升级。

如果 f 是函数库中的一个 inline 函数,那么使用它的用户会将 f 函数实体编译到他们的程序中。一旦函数库实现者改变 f,那么所有用到 f 的程序都必须重新编译。如果 f 是 non - inline 的,那么用户程序只需重新连接即可。如果函数库采用的是动态连接,那这一升级的 f 函数可以不知不觉地被程序使用。

③ 是否内联,程序员不可控。

inline 函数只是对编译器的建议,是否对函数内联,取决于编译器。编译器认为,若调用某函数的开销相对该函数本身的开销而言微不足道或者不足以为之承担代码膨胀的后果,则没必要内联该函数;若函数出现递归,有些编译器也不支持将其内联。

5. 使用 inline 函数的注意事项

了解了内联函数的优缺点后,在使用内联函数时要注意以下几点:

① 使用函数指针调用内联函数将会导致内联失败。

也就是说,如果使用函数指针来调用内联函数,就需要获取 inline 函数的地址。如果要取得一个 inline 函数的地址,编译器就必须为此函数产生一个函数实体,那么就内联失败。

② 如果函数体代码过长或者有多重循环语句、if 或 switch 分支语句或递归,则不宜用内联。

③ 类的构造函数、析构函数和虚函数往往不是 inline 函数的最佳选择。

类的构造函数(constructor)可能需要调用父类的构造函数,析构函数同样可能需要调用父类的析构函数,二者背后隐藏着大量的代码,不适合作为 inline 函数。虚函数往往是运行时确定的,而 inline 是在编译时进行的,所以内联虚函数往往无效。如果直接用类的对象来使用虚函数,那么对有的编译器而言也可起到优化作用。

④ 关于内联函数是定义在头文件还是源文件的建议。

内联展开是在编译时进行的,只有链接时源文件之间才有关系。所以,内联要想跨源文件就必须把实现写在头文件里。如果一个 inline 函数会在多个源文件中用到,那么就必须把它定义在头文件中。参考如下示例:

```
// base.h
class Base{protected:void fun();};
// base.cpp
#include base.h
inline void Base::fun(){}
//derived.h
#include base.h
class Derived: public Base{public:void g();};
// derived.cpp
void Derived::g(){fun();} //VC2010: error LNK2019: unresolved external symbol
```

上面这种错误就是因为内联函数 fun()定义在编译单元 base.cpp 中,而其他编译单元调用 fun()时无法解析。因为在编译单元 base.cpp 中生成目标文件 base.obj 后,内联函数 fun()已经被替换掉,编译器不会为 fun()生成函数实体,链接器自然无法解析。所以,如果一个 inline 函数会在多个源文件中用到,那么就必须把它定义在头文件中。

这里有个问题,就是当在头文件中定义内联函数,并且被多个源文件包含时,如果编译器因为 inline 函数不适合被内联,拒绝将 inline 函数进行内联处理,那么多个源文件在编译生成目标文件后都将各自保留一份 inline 函数的实体,这时程序在连接阶段就会出现重定义错误。解决办法是对需要 inline 的函数使用 static,示例代码如下:

```
//test.h
static inline int max(int a,int b)
{
    return a > b? a:b;
}
```

事实上,inline 函数具有内部链接特性,所以如果实际上没有被内联处理,也不会报重定义错误。因此,使用 static 修饰 inline 函数有点多余。

⑤ 能否强制编译器进行内联操作?

也许有人会觉得能否强制编译器进行函数内联,而不是建议编译器进行内联呢?

很不幸的是，目前还不能强制编译器进行函数内联。如果使用的是 MSVC++，那么注意，__forceinline 如同 inline 一样，也是一个用词不当的表现，它只是对编译器的建议比 inline 更加强烈，并不能强制编译器进行 inline 操作。

⑥ 如何查看函数是否被内联处理了？

在 VS 2017 中查看预处理后的.i 文件，发现 inline 函数的内联处理不是在预处理阶段，而是在编译阶段。编译源文件为汇编代码或者反汇编代码来查看有没有相关的函数调用，如果没有就是被内联处理了。具体可以参考博文《内联函数到底有没有关被嵌入列调用呢》（http://www.cnblogs.com/alephsoul-alephsoul/archive/2012/10/10/2718116.html）。

⑦ C++类成员函数定义在类体内为什么不会报重定义错误？

类成员函数定义在类体内并随着类的定义放在头文件中，当被不同的源文件包含时，每个源文件都应该包含类成员函数的实体，那么为何在链接的过程中不会报函数的重定义错误呢？

原因：在类体内定义时，这种函数会被编译器编译成内联函数，而在类体外定义的函数则不会。内联函数的好处是加快程序的运行速度，缺点是会增加程序的大小，比较推荐的写法是：把一个经常要用的且实现起来比较简单的小型函数放到类体内定义，大型函数最好还是放到类体外定义。

可能存在的疑问：类体内的成员函数被编译器内联处理，但并不是所有的成员函数都会被内联处理，比如包含递归的成员函数。但是，在实际测试中，将包含递归的成员函数定义在类体内并被不同的源文件包含而没有报重定义错误，为什么会这样呢？请保持着疑问与好奇心继续往下看。

如果编译器发现被定义在类体内的成员函数无法被内联处理，那么在程序的链接过程中也不会出现函数重定义的错误。其原因是什么呢？其实很简单，类体内定义的成员函数即使不被内联处理，在链接时，链接器会对重复的成员函数实体进行冗余优化，只保留一份函数实体，也就不会产生重定义的错误了。

除了 inline 函数，C++编译器在很多时候都会产生重复的代码，比如模板（template）、虚函数表（virtual function table）、类的默认成员函数（构造函数、析构函数和赋值运算符）等。以函数模板为例，在多个源文件中生成相同的实例，链接时不会出现函数重定义的错误，实际上是一个道理，因为链接器会对重复代码进行删除，只保留一份函数实体。

6. 总　结

可以将内联理解为 C++中对于函数专有的宏，对于 C 中函数宏的一种改进。对于常量宏，C++中以 const 代替；而对于函数宏，C++提供的方案则是 inline。C++的内联机制，既具备宏代码的效率，又增加了安全性，还可以自由操作类的数据成员，算是一种比较完美的解决方案。

4.9 变参函数

1. C 实现变参函数

C 语言中，有时需要变参函数来完成特殊的功能，比如 C 标准库函数 printf()和 scanf()。C 中提供了省略符"..."能够帮助程序员完成变参函数的书写。变参函数原型声明如下：

```
type functionname(type param1,...);
```

变参函数至少要有一个固定参数，省略号"..."不可省略，比如 printf()的原型如下：

```
int printf(const char * format,...);
```

在头文件 stdarg.h 中定义了 3 个宏函数用于获取指定类型的实参：

```
voidva_start(va_list arg,prev_param);
type    va_arg(va_list arg,type);
void    va_end(va_list arg);
```

其中，va 在这里是 variable argument(可变参数)的意思。借助上面 3 个宏函数，变参函数的实现就变得简单多了。一般的变参函数处理过程如下：

① 定义一个 va_list 变量，设为 va；

② 调用 va_start()，使 va 存放变参函数变参前的一个固定参数的地址；

③ 不断调用 va_arg()使 va 指向下一个实参；

④ 最后调用 va_end()表示变参处理完成，将 va 置空。

原理：函数的参数在内存中从低地址向高地址依次存放。

例如：模仿 printf()的实现，参见以下代码：

```
#include <iostream>
#include <stdarg.h>
#include <string.h>
using namespace std;

void func(char *c,...)
{
    int i = 0;
    double result = 0;
    va_list arg;                //va_list 变量
    va_start(arg,c);            //arg 指向固定参数 c
    while(c[i]! = '\0')
    {
```

```
        if(c[i] == '%'&&c[i+1] == 'd')
        {
            printf("%d",va_arg(arg,int));
            i++;
        }
        else if(c[i] == '%'&&c[i+1] == 'f')
        {
            printf("%f",va_arg(arg,double));
            i++;
        }
        else
        {
            putchar(c[i]);
        }
        i++;
    }
    va_end(arg);
}

int main()
{
    int i = 100;
    double j = 100.0;
    printf("%d be equal %f\n",i,j);
    func("%d be equal %f\n",i,j);
    system("pause");
}
```

程序输出结果：

```
100 be equal 100.000000
100 be equal 100.000000
```

C 变参函数的缺点：

① 缺乏类型检查，容易出现不合理的强制类型转换。在获取实参时，是通过给定的类型进行获取的，如果给定的类型与实际参数类型不符，则会出现类型安全性问题，容易导致获取实参失败。

② 不支持自定义类型。自定义类型在程序中经常用到，比如我们要使用 printf() 打印一个 Student 类型的对象的内容，应用什么样的格式字符串来指定实参类型，通过 C 提供的 va_list 我们无法提取实参内容。

鉴于以上两点，李健老师在《编写高质量代码改善 C++程序的 150 个建议》一书中建议尽量不要使用 C 风格的变参函数。

2. C++实现变参函数

为了编写能够处理不同数量实参的函数,C++ 11 主要提供了两种方法:

① 如果所有实参类型都相同,则可以传递标准库类型 initializer_list;

② 如果实参类型不同,则可以编写一种特殊的函数,也就是所谓的可变参数模板。

(1) initializer_list 形参

initializer_list 是 C++ 11 引入的一种标准库类模板,用于表示某种特定类型值的数组。initializer_list 类型定义在同名的头文件中,它提供的操作有:

```
initializer_list <T> lst;                  //默认初始化 T 类型的空列表
initializer_list <T> lst{a,b,c,...};       //lst 的元素是对应初始值的副本,且列表中的
                                           //元素是 const
lst2(lst);             //复制构造一个 initializer_list 对象,不复制列表中的元素,与原
                       //始列表共享元素
lst2 = lst;            //赋值,与原始列表共享元素
lst.size();            //列表中的元素数量
lst.begin();           //返回指向 lst 中首元素的指针
lst.end();             //返回 lst 中尾元素下一位置的指针
```

与 vector 和 list 一样,initializer_list 也是一种模板类型,定义 initializer_list 对象时必须指明列表中所含元素的类型。与 vector 和 list 不同之处在于,initializer_list 中的元素不可修改,并且复制构造和赋值时元素不会被复制。如此设计,使 initializer_list 更加符合参数通过指针传递而非值传递的规律,提高代码性能。所以,C++ 11 采用 initializer_list 作为变参函数的形参。下面给出一个打印错误的变参函数:

```
void error_msg(initializer\_list <string> il)
{
    for(auto beg = il.begin();beg! = il.end())
    {
        cout << * beg << " ";
    }
    cout << endl;
}
```

(2) 可变参数模板

1) 简　介

目前,大部分主流编译器的最新版本均支持 C++ 11 标准(官方名为 ISO/IEC14882:2011)大部分的语法特性,其中比较难理解的新语法特性可能要属"可变参数模板"(variadic template)(GCC 4.6 和 Visual studio 2013 都已经支持可变参数模板了)。可变参数模板就是一个接受可变数目参数的函数模板或类模板。可变数

目的参数被称为参数包(parameter packet),这个也是新引入 C++的概念,可细分为两种参数包:

① 模板参数包(template parameter packet),表示零个或多个模板参数。

② 函数参数包(function parameter packet),表示零个或多个函数参数。

2) 可变参数模板示例

使用省略号(...)指明一个模板的参数包。在模板参数列表中,“class...”或“typename...”指出接下来的参数表示零个或多个类型参数,一个类型名后面跟一个省略号表示零个或多个给定类型的非类型参数。声明一个带有可变参数个数的模板的语法如下:

```
//1.声明可变参数的类模板
template <typename... Types> class tuple;
tuple <int, string> a;  // use it like this

//2.声明可变参数的函数模板
template <typename T,typename... Types> void foo(const T& t,const Types&... rest);
foo <int,float,double,string> (1,2.0,3.0,"lvlv");//use like this

//3.声明可变非类型参数的函数模板(可变非类型参数也可用于类模板)
template <typename T,unsigned... args> void foo(const T& t);
foo <string,1,2> ("lvlv");//use like this
```

其中,第一条示例中的 Types 就是模板参数包,第二条示例中的 rest 就是函数参数包,第三条示例中的 args 就是非类型模板参数包。

3) 参数包扩展

现在我们知道了参数包,那么如何在程序中真正具体地去处理打包进来的“任意个数”的参数呢?也就是说,对于可变参数模板,我们如何进行参数包的扩展,获取传入的参数包中的每一个实参呢?对于一个参数包,可以通过运算符“sizeof...”来获取参数包中的参数个数,比如:

```
template <typename... Types> void g(Types... args)
{
    cout << sizeof...(Types) << endl;     //类型参数数目
    cout << sizeof...(args) << endl;      //函数参数数目
}
```

我们对参数包唯一能做的事情就是对其进行扩展,扩展一个包就是将其分解为构成的元素,通过在参数包的右边放置一个省略号(...)来触发扩展操作,例如:

```
template <typename T,typename... Types> ostream& print(ostream& os,const T& t,const
Types&... rest){
    os << t << ",";
```

```
    return print(os,rest...);
}
```

上面的示例代码中,存在两种包扩展操作:

① “const Types&... rest”表示模板参数包的扩展,为 print()函数生成形参列表;

② 对 print 的调用中“rest...”表示函数参数包的扩展,为 print()调用生成实参列表。

4) 可变参数函数实例

可变参数函数通常以递归的方式来获取参数包的每一个参数。第一步调用处理包中的第一个实参,然后用剩余实参调用自身。最后,定义一个非可变参数的同名函数模板来终止递归。以自定义的 print()函数为例,实现如下:

```
#include <iostream>
using namespace std;

template <typename T> ostream& print(ostream& os,const T& t)
{
    os << t << endl;          //包中最后一个元素之后打印换行符
}

template <typename T,typename... Types> ostream& print(ostream& os,const T& t,const
Types&... rest){
    os << t << ",";           //打印第一个实参
    print(os,rest...);        //递归调用,打印其他实参
}
int main()
{
    print(cout,10,123.0,"lvlv",1);      //例 1
    print(cout,1,"lvlv0","lvlv1");
}
```

程序输出:

```
10,123,lvlv,1
1,lvlv0,lvlv1
```

上面递归调用 print(),以“例 1”为例,执行的过程如下:

```
|调用|t|rest...|
|print(cout,10,123.0,"lvlv",1)|10|123.0,"lvlv",1|
|print(cout,123.0,"lvlv",1)|123.0|"lvlv",1|
|print(cout,"lvlv",1)|"lvlv"|1|
|print(cout,1),调用非变参版本的 print|1|无|
```

前 3 个调用只能与可变参数版本的 print()匹配，非变参版本是不可行的，因为这 3 个调用要传递两个以上的实参，非可变参数的 print()只接受两个实参。对于最后一次递归调用“print(cout,1)”，两个版本的 print()都可以，因为这个调用传递两个实参，第一个实参的类型为 ostream&，第二个是 const T& 参数。但是，由于非可变参数模板比可变参数模板更加特例化，因此编译器选择非可变参数版本。

第5章 类与对象

5.1 终结类

C++如何实现不能被继承的类即终结类呢？Java 中有 final 关键字修饰，C#中有 sealed 关键字修饰，C++ 11 之前还没有类似的关键字来修饰类以实现终结类，需要编程人员手动实现，但从 C++ 11 开始，提出用 final 关键字来声明终结类。

现在不通过 C++ 11 中的关键词 final，该如何实现一个不能被继承的类呢？由于创建任何派生类的对象时都必须在派生类的构造函数中调用父类的构造函数，所以，只要类的构造函数在子类中无法被访问，那么就阻止了该类被继承，从而实现终结类。

如果将一个类的构造函数声明为私有(private)，就可以阻止该类进一步派生，但是该类也无法直接实例化了，所以此方法行不通。注意，构造函数为私有的类无法直接实例化，但是可以被间接实例化。间接实例化的方法是：在类中定义一个公有的静态成员函数，由这个函数来完成对象的初始化工作 C++的单例模式 Singleton 也是用到了这个方法。C++单例模式的实现过程见如下代码：

```
class CSingleton
{
private:
    CSingleton(){};                  //构造函数是私有的
    static CSingleton * m_pInstance;
public:
    static CSingleton * GetInstance()
    {
        if(m_pInstance == NULL)      //判断是否第一次调用
            m_pInstance = new CSingleton();
        return m_pInstance;
    }
};
```

C++中实现不能被继承的类的最为有效、安全、方便的方法是使用“虚拟继承”。

一个基类如果被虚拟继承,那么在创建它的孙子类的对象时,该基类的构造函数需要单独被调用。此时,如果该基类的构造函数在孙子类的构造函数中无法访问,那么就实现了基类的子类不能被继承。

利用虚拟继承的这种特性,我们可以设计出这样一个基类 FinalParent,它不定义任何数据成员,这样从它派生的任何类都不会增加任何空间上的开销。将该基类默认构造函数的访问权限设定为 protected,这样其自身就不能产生任何实例,只能用作基类。一个使用基类 FinalParent 实现终结类的例子如下:

```
#include <iostream>
using namespace std;
class FinalParent
{
protected:
    FinalParent();
};
class FinalClass:private virtual FinalParent
{
public:
    FinalClass():num(1){};
    void show()
    {
        cout << "num:" << num << endl;
    }
private:
    int num;
};
class FinalClassChild:public FinalClass
{
    int a;
public:
    FinalClassChild():a(0){};
};
int main(int argc,char * argv[])
{
    FinalClassChild f;    //报错,无法访问 FinalParent::FinalParent()
    return 0;
}
```

从程序中可以看出,当 FinalClassChild 试图继承 FinalClass 时,FinalClassChild 的构造函数中需要调用 FinalParent 的构造函数,而 FinalParent 的构造函数在 FinalClass 中已经变成私有,不能被 FinalClassChild 的任何成员函数所访问,从而导致编译错误。所以,任何一个类,只要虚拟继承类 FinalParent,就不能被继承,从而简单、高效、安全地实现了“终结类”。

5.2 嵌套类与局部类

1. 嵌套类

(1) 嵌套类的定义

在一个类体中定义的类叫作嵌套类。拥有嵌套类的类叫作外围类。

(2) 嵌套类的作用

定义嵌套类的初衷是建立仅供某个类的成员函数使用的类类型,目的在于隐藏类名,减少全局的标识符,从而限制用户能否使用该类建立对象。这样可以提高类的抽象能力,并且强调了两个类(外围类和嵌套类)之间的主从关系。

(3) 嵌套类的使用示例

示例代码如下:

```
#include <iostream>
using namespace std;
class A
{
public:
    class B
    {
    public:
        B(char * name)
        {
            cout << "constructing B:" << name << endl;
        }
        void printB();
    };
    B b;
    A():b("In class A")
    {
        cout << "constructing A" << endl;
    }
};
void A::B::printB()
{
    cout << "B's member function" << endl;
}
int main(int argc,char * argv[])
{
```

```
    A a;
    A::B b("outside of A");
    b.printB();
}
```

程序输出结果：

```
constructing B:In class A
constructing A
constructing B:outside of A
B's member function
```

对嵌套类的若干说明：

① 从作用域的角度来看，嵌套类与外围类是两个完全独立的类，只是主从关系，二者不能相互访问，也不存在友元关系。

② 从访问权限的角度来看，嵌套类既可为私有，也可为公有。在上面的例子中，嵌套类 B 的访问权限是 public，可以在外围类的成员函数之外使用该嵌套类，使用时需加上名字限定。如果将嵌套类 B 的访问权限设置为 private，那么就只能在外围类内使用。

③ 嵌套类中的成员函数可以在它的类体外定义。

④ 嵌套类可以访问外围类的静态成员变量，即使它的访问权限是私有的，可通过"ClassName::staticVarName"来直接访问。

2. 局部类

(1) 局部类的定义

在一个函数体内定义的类称为局部类。局部类可以定义自己的数据成员和函数成员，它是一种作用域受限的类。

(2) 局部类的使用示例

示例代码如下：

```
#include <iostream>
using namespace std;
int global = 100;
void func()
{
    static int s;
    class A
    {
        //static int t;//编译出错
    public:
        int num;
```

```
        void init(int i){s = i;}
        void print()
        {
            num = global;
            cout << num << endl;
        }
    };
    A a;
    a.init(8);
    cout << "s:" << s << endl;
    a.print();
}
int main(int argc,char * argv[])
{
    func();
}
```

程序输出结果：

```
s:8
100
```

关于局部类的几点说明：

① 局部类只能在定义它的函数内部使用，在其他地方不能使用；

② 局部类的所有成员函数都必须定义在类体内，因此在结构上不是特别灵活；

③ 在局部类的成员函数中，可以访问上级作用域的所有变量，如函数局部变量、全局变量等；

④ 局部类中不能定义静态数据成员，因为这种数据成员的初始化无法完成，静态成员数据的定义和初始化必须放在全局作用域中。

在实践过程中，局部类很少使用。

5.3 纯虚函数与抽象类

1. 虚函数

(1) 简　介

可以毫不夸张地说，虚函数是 C++最重要的特性之一，首先来看一看虚函数的概念。

在基类的定义中，定义虚函数的一般形式为：

```
virtual 函数返回值类型 虚函数名(形参表)
{
```

```
    函数体
}
```

为什么说虚函数是C++最重要的特性之一呢？因为虚函数承载着C++中动态联编的作用，即多态，可以让程序在运行时选择合适的成员函数。虚函数必须是类的非静态成员函数(且非构造函数)，其访问权限是public。那么：

① 为什么类的静态成员函数不能为虚函数？

如果类的静态成员函数被定义为虚函数，那么它就是动态绑定的，也就是说，在派生类中可以被覆盖，这与静态成员函数的定义(在内存中只有一份拷贝，通过类名或对象引用访问静态成员)相矛盾。

② 为什么构造函数不能为虚函数？

因为如果构造函数为虚函数，那么它将在执行期间被构造，而执行期需要对象已经建立，构造函数所完成的工作就是为了建立合适的对象，因此在没有构建好的对象上不可能执行多态(虚函数的目的在于实现多态性)的工作。在继承体系中，构造的顺序就是从基类到派生类，其目的在于确保对象能够成功地构建。构造函数同时承担着虚函数表的建立，如果它本身就是虚函数，那么又如何确保虚函数表的成功构建呢？

(2) 虚析构函数

在类的继承中，基类的析构函数一般都是虚函数。当基类中有虚函数时，析构函数也要定义为虚析构函数。如果不定义虚析构函数，那么当删除一个指向派生类对象的指针时，会调用基类的析构函数，而派生类的析构函数未被调用，从而造成内存泄漏。

虚析构函数工作的方式是：最底层的派生类的析构函数最先被调用，然后各个基类的析构函数被调用。这样，当删除指向派生类的指针时，就会首先调用派生类的析构函数，不会有内存泄漏的问题了。

一般情况下，如果类中没有虚函数，就不用去声明虚析构函数，当且仅当类里包含至少一个虚函数时才去声明虚析构函数。只有当一个类被用作基类时，才有必要将析构函数写成虚函数。

(3) 虚函数的实现——虚函数表

虚函数是通过一张虚函数表来实现的，简称V-Table。类的虚函数表是一块连续的内存，每个内存单元都记录一个JMP指令的地址。编译器会为每个有虚函数的类创建一个虚函数表，该虚函数表将被该类的所有对象共享，类的每个虚函数成员占据虚函数表中的一行。

在这个表中存放的是一个类的虚函数的地址。这张表解决了继承、覆盖的问题，保证使用指向子类对象实体的基类指针或引用，能够访问到对象实际的虚函数。在有虚函数类的实例中，分配了指向这个表的指针的内存，所以，当用父类的指针操作一个子类对象实体时，这张虚函数表就指明了实际应该被调用的虚函数。

2. 纯虚函数与抽象类

既然有了虚函数,为什么还需要有纯虚函数呢？在 Java 编程语言中有接口的定义,在 C++中虽然没有接口关键字,但是纯虚函数却完成了接口的功能,而且有时在编写基类时会发生如下情况：

① 功能不应由基类完成；

② 还没想好应该如何编写基类的这个函数；

③ 有时基类本身不应被实例化。

这时就可以用到纯虚函数了。下面通过一个例子来比较虚函数和纯虚函数：

```
class Base
{
public:
    //这是一个虚函数
    virtual void vir_func()
    {
        cout << "This is a virtual function of Base" << endl;
    }
    //这是一个纯虚函数
    virtual void pure_vir_func() = 0;
};
```

由上述内容可知,纯虚函数在类中没有定义函数体,并加上了"=0";如果某个类含有至少一个纯虚函数,则被称为抽象类。定义纯虚函数和抽象类的目的在于,仅仅只定义派生类继承的接口,而暂时无法提供一个合理的默认实现。所以,纯虚函数的声明就是在告诉子类的设计者,"你必须实现这个函数,但我不知道你会怎样实现它"。

值得注意的是,由于抽象类至少有一个函数没有实现,所以抽象类无法被实例化,否则编译器会报错。

下面为纯虚函数与抽象类的实例,其在 GNU C++环境下运行。

```
#include <iostream>
using namespace std;
class Base
{
public:
    //这是一个虚函数
    virtual void vir_func()
    {
        cout << "This is a virtual function of Base" << endl;
    }
```

```
    //这是一个纯虚函数
    virtual void pure_vir_func() = 0;
};
class Derive : Base
{
public:
    void vir_func()
    {
        cout << "This is a virtual function of Derive" << endl;
    }

    void pure_vir_func()
    {
        cout << "This is a pure virtual function of Derive" << endl;
    }
};
int main()
{
    // Base b;  //企图实例化抽象类,编译器报错
    // b.vir_func();

    Derive d;
    d.vir_func();
    d.pure_vir_func();

    return 0;
}
```

程序输出结果:

```
This is a virtual function of Derive
This is a pure virtual function of Derive
```

派生类 Derive 实现了基类 Base 类的虚函数和纯虚函数,同时注意到,当企图实例化抽象类时编译器会报错。

一般而言,纯虚函数没有函数体,但是也可以给出纯虚函数的函数体,所以下面这样的结构是可以通过编译的:

```
class Base
{
public:
    //这是一个虚函数
    virtual void vir_func()
```

```
    {
        cout << "This is a virtual function of Base" << endl;
    }
    //这是一个纯虚函数
    virtual void pure_vir_func() = 0
    {
        cout << "This is a pure virtual function of Base" << endl;
    }
};
```

但是这样做并没有什么意义，因为抽象类不能实例化，所以不能调用该方法。

5.4 临时对象

C++中的临时对象(temporary object)又称无名对象，主要出现在如下场景中：

① 当建立一个没有命名的非堆(non-heap)对象，也就是无名对象时，会产生临时对象。

```
Integer inte = Integer(5); //用无名临时对象初始化一个对象
```

② 当构造函数作为隐式类型转换函数时，会创建临时对象，用作实参传递给函数。

```
class Integer
{
public:
    Integer(int i):m_val(i){}
    ~Integer(){}
private:
    int m_val;
};
void testFunc(Integer itgr)
{
    //do something
}
```

那么语句：

```
int  i = 10;
testFunc(i);
```

会产生一个临时对象，作为实参传递到 testFunc()函数中。

③ 当函数返回一个对象时，会产生临时对象。以返回的对象作为拷贝构造函数

的实参构造一个临时对象。

```
Integer Func()
{
    Integer itgr;
    return itgr;
}

int main()
{
    Integer in;
    in = Func();
}
```

如下代码验证以上结论：

```
class Integer
{
public:
    Integer()
    {
        cout << "Integer default Constructor" << endl;
    };
    Integer(const Integer& arg)
    {
        this -> m_val = arg.m_val;
        cout << "Integer Copy Constructor" << endl;
    };
    Integer(int i):m_val(i)
    {
        cout << "Integer Constructor" << endl;
    };
    Integer& operator = (const Integer& arg)
    {
        cout << "Assignment operator function" << endl;
        this -> m_val = arg.m_val;
        return * this;
    }
    ~Integer(){};

    int m_val;
};
Integer testFunc(Integer inter)
```

```
{
    inter.m_val ++ ;
    cout << "before return" << endl;
    return inter;
}
int main(int argc,char * argv[])
{
    Integer inter(5);      //Constructor
    Integer resutl;        //default constructor
    resutl = testFunc(2);//Constructor,then Copy Constructor,then Assignment operator
    cout << resutl.m_val << endl;
    return 0;
}
```

运行结果：

```
Integer Constructor
Integer default Constructor
Integer Constructor
before return
Integer Copy Constructor
Assignment operator function
3
```

阅读以上程序时需注意以下几点：

① main 函数中加入如下一条语句会输出什么呢？

```
Integer re = inter;//输出 Assignment operator 还是 Copy Constructor
```

推理应该输出"Assignment operator function"，但实际的输出结果是 Integer Copy Constructor。原因是赋值符号函数不能创建新的对象，它要求"＝"的左右对象均已存在，它的作用就是把"＝"右边对象的值赋给左边的对象。

② main 函数中加入如下一条语句会输出什么呢？

```
Integer re = testFunc(10);
```

按照以上的讨论，推理出的输出结果应是：

```
Integer Constructor
before return
Integer Copy Constructor
Integer Copy Constructor
```

但实际结果是：

```
Integer Constructor
before return
Integer Copy Constructor
```

原因是编译器自动优化，只执行一次 Copy Constructor 来构造新的对象，不会再次调用 Copy Constructor，而是以临时对象来构造新的对象。

5.5 构造函数体内赋值与初始化列表的区别

在 Linux 环境下，使用 g++编译以下使用初始化列表的代码时会出现编译错误“error：expected '{' before 'this'”。

```
class someClass
{
    int num;
    string studentNmae;
public:
    someClass(const int& num,const string& name) :this -> num(num),this -> student-
    Nmae(name)
    {}
};
```

阅读以上错误代码时需要注意，在使用初始化列表完成类数据成员初始化时，不能使用 this 指针，因为在对象完成初始化之前，类对象还未成形。以上问题的解决办法就是去掉 this 指针。

初始化列表中不能使用 this 指针，那构造函数体内是否可以使用 this 指针呢？答案是可以。因为构造函数对成员数据的初始化是在初始化列表中完成的，构造函数体内对数据成员所做的工作仅仅是赋值操作，在此之前，类成员数据已经完成了初始化工作，是由其默认构造函数完成的。所以，这也是编程原则中尽量使用初始化列表的原因。

将上述错误代码的类数据成员的初始化改为在构造函数体内赋值就没有问题了，代码修改如下：

```
class someClass
{
    int num;
    string studentNmae;
public:
    someClass(const int& num,const string& name)
    {
```

```
        this -> num = num;
        this -> studentNmae = name;
    }
};
```

5.6 对象产生和销毁的顺序

C++中,如果对象是用 new 操作生成的,那么它的空间被分配在堆(heap)上,只有显式地调用 delete(或 delete[])才能调用对象的析构函数并释放对象的空间。那么,在程序的其他存储区(Data 段,Stack)上的对象是依据什么样的顺序产生和销毁的呢?

考察如下程序:

```
#include <iostream>
#include <string>
using namespace std;
class A
{
    string name;
public:
    A(string s)
    {
        name = s;
        cout << "object " << name << " has been created" << endl;
    }
    ~A(){
        cout << "object " << name << " has been destroyed" << endl;
    }
};
void func1()
{
    static A sa1("static_object_1");
}
void func2(){
    static A sa2("static_object_2");
}
int main(int argc,char * argv[])
{
    A la1("local_object_1");
    A la2("local_object_2");
    func1();
```

```
    func2();
    getchar();
}
A a1("global_object_1");
A a2("global_object_2");
```

程序运行结果：

```
object global_object_1 has been created
object global_object_2 has been created
object local_object_1 has been created
object local_object_2 has been created
object static_object_1 has been created
object static_object_2 has been created
object local_object_2 has been destroyed
object local_object_1 has been destroyed
object static_object_2 has been destroyed
object static_object_1 has been destroyed
object global_object_2 has been destroyed
object global_object_1 has been destroyed
```

阅读以上程序时需注意以下几点：

① 全局对象或全局静态对象不管是在什么位置定义的，它的构造函数都在main()函数之前执行。

② 局部静态对象的构造函数是当程序执行到定义该对象时才被调用。

③ 所有在栈(stack)上的对象都比全局或静态对象早销毁。

④ 不管是在栈上的对象，还是全局或静态对象，都遵循这样的顺序：越是先产生的对象越是后被销毁。

5.7 类成员指针

成员指针是C++引入的一种新机制，它的声明方式和使用方式都与一般的指针不同。成员指针分为成员函数指针和数据成员指针。

1. 成员函数指针

在事件驱动和多线程应用中，成员函数指针被广泛用于调用回调函数。在多线程应用中，每个线程都通过指向成员函数的指针来调用该函数。在这样的应用中，如果不用成员函数指针，那么编程是非常困难的。成员函数指针的定义格式：

```
成员函数返回类型 (类名::*指针名)(形参) = &类名::成员函数名
```

成员函数指针的使用示例：

```
#include <iostream>
#include <string>
using namespace std;
class A
{
    string name;
public:
    A(string s)
    {
        name = s;
    }
    void print()
    {
        cout << "name:" << name << endl;
    }
};
int main()
{
    A a("lvlv");
    void (A::*memP)() = &A::print;        //定义类成员函数指针并赋初值
    (a.*memP)();
}
```

程序正常运行并输出：

```
name:lvlv
```

使用成员函数指针时需注意两点：

① 需要指明成员函数所属的类对象，因为通过指向成员函数的指针调用该函数时，需要将对象的地址用作 this 指针的值，以便进行函数调用；

② 为成员函数指针赋值时，需要显式使用 & 运算符，不能直接将"类名::成员函数名"赋给成员函数指针。

2. 数据成员指针

一个类对象生成后，它的某个成员变量的地址实际上由两个因素决定：对象的首地址和该成员变量在对象内的偏移量。数据成员指针是用来保存类的某个数据成员在类对象内的偏移量的，它只能用于类的非静态成员变量。数据成员指针的定义格式：

```
成员类型 类名::*指针名 = &类名::成员名;
```

数据成员指针的使用示例：

```
#include <iostream>
using namespace std;
```

```
class Student
{
public:
    int age;
    int score;
};
double average(Student * objs,int Student::* pm,int count)
{
    int result = 0;
    for(int i = 0;i < count; ++ i)
    {
        result += objs[i]. * pm;
    }
    return double(result)/count;
}
int main()
{
    Student my[3] = {{16,86},{17,80},{18,58}};
    double ageAver = average(my,&Student::age,3);          //求平均年龄
    double scoreAver = average(my,&Student::score,3);      //求平均成绩
    cout << "ageAver:" << ageAver << endl;
    cout << "scoreAver:" << scoreAver << endl;
}
```

程序输出结果：

```
ageAver:17
scoreAver:74.6667
```

使用数据成员指针时需要注意以下几点：

① 数据成员指针作为一个变量，在底层实现上存放的是对象的数据成员相对于对象首地址的偏移量，因此通过数据成员指针访问成员变量时需要提供对象的首地址，即通过对象来访问。从这个意义上来说，数据成员指针并不是一个真正的指针。

② 对象的数据成员指针可以通过常规指针来模拟，例如上面的程序中，可以将average()函数的形参 pm 声明为 int 型变量，表示数据成员的偏移量，那么原来“obj. * pm”等同于“ * (int *)((char *)(&obj) + pm)”。显然，这样书写的可读性差、可移植性低且容易出错。

③ 使用数据成员指针时，被访问的成员往往是类的公有成员，如果是类的私有成员，则容易出错。考察如下程序：

```
#include <iostream>
using namespace std;
```

```
class ArrayClass
{
    int arr[5];
public:
    ArrayClass()
    {
        for(int i = 0;i < 5; ++ i)
            arr[i] = i;
    }
};
//使用数据成员指针作为形参
void printArray(ArrayClass& arrObj,int (ArrayClass:: * pm)[5])
{
    for(int i = 0;i < 5; ++ i)
    {
        cout << (arrObj. * pm)[i] << " ";
    }
}
int main()
{
    ArrayClass arrObj;
    printArray(arrObj,&ArrayClass::arr); //编译出错,提示成员 ArrayClass::arr 不可访问
}
```

以上程序无法通过编译,因为成员 arr 在类 ArrayClass 中的访问权限被设置为 private,无法访问。要解决这个问题,将函数 printArray()设置为类 ArrayClass 的友元函数是不行的,因为是在调用该函数时访问了类 ArrayClass 的私有成员,而不是在函数体内用到类 ArrayClass 的私有成员。因此,可以定义一个调用 printArray()函数的友元函数。该函数的参数中并不需要传递类 ArrayClass 的私有成员。修改后的程序如下:

```
#include <iostream>
using namespace std;
class ArrayClass
{
    int arr[5];
public:
    ArrayClass()
    {
        for(int i = 0;i < 5; ++ i)
            arr[i] = i;
```

```
    }
    friend void print(ArrayClass& arrObj);
};
//使用数据成员指针作为形参
void printArray(ArrayClass& arrObj,int (ArrayClass:: * pm)[5])
{
    for(int i = 0;i < 5; ++ i)
        cout << (arrObj. * pm)[i] << " ";
}
//定义友元函数
void print(ArrayClass& arrObj)
{
    printArray(arrObj,&ArrayClass::arr);
}
int main()
{
    ArrayClass arrObj;
    //printArray(arrObj,&ArrayClass::arr);//编译出错,提示成员 ArrayClass::arr 不可访问
    print(arrObj);                      //通过友元函数调用打印数组函数 printArray()
                                        //来访问私有成员
}
```

程序通过编译,运行输出结果:

```
0,1,2,3,4
```

5.8 控制对象的创建方式和数量

我们知道,程序内存布局将内存划分为堆、栈、BSS 段、数据段和代码段,因此,我们称位于堆上的对象为堆对象,位于栈上的对象为栈对象,位于 BSS 段和数据段的对象为全局对象或静态对象。通常情况下,对象创建在堆上还是在栈上,创建多少个,都是没有限制的,但是有时会遇到一些特殊需求。

1. 禁止创建栈对象

禁止创建栈对象意味着只能在堆上创建对象。创建栈对象时会移动栈顶指针以"挪出"适当大小的空间,然后在这个空间上直接调用类的构造函数以形成一个栈对象。而当栈对象生命周期结束,如栈对象所在函数返回时,会调用其析构函数释放这个对象,然后再调整栈顶指针收回那块栈内存。在这个过程中是不需要 operator new/delete 操作的,所以将 operator new/delete 设置为 private 不能达到目的。

可以将构造函数或析构函数设为 private,这样系统就不能调用构造/析构函数

了，当然就不能在栈中生成对象了。这样的确可以，但有一点需要注意，那就是如果将构造函数设置为 private，那么就不能用 new 来直接产生堆对象了，因为 new 在为对象分配空间后也会调用它的构造函数。所以，如果将构造函数和析构函数都声明为 private 会带来较大的副作用，最好的方法是将析构函数声明为 private，而将构造函数保持为 public。

再进一步，将析构函数设为 private 除了会限制栈对象生成外，还有其他影响吗？有的，还会限制继承。如果一个类不打算作为基类，通常采用的方案就是将其析构函数声明为 private。为了限制栈对象而不限制继承，我们可以将析构函数声明为 protected，这样就两全其美了。参考如下代码：

```
class NoStackObject
{
protected:
    ~NoStackObject(){}
public:
    void destroy()
    {
        delete this;     //调用保护析构函数
    }
};
```

上面的类在创建栈对象时，如“NoStackObject obj;”编译时将会报错，而采用 new 的方式，编译就会通过。需要注意的一点是，通过 new 创建堆对象时，在手动释放对象内存时，我们需要调用其析构函数，这时就需要一点技巧来辅助——引入伪析构函数 destroy()，如上面的代码所示。

方法拓展：

仔细一看会发现，上面的方法让人很别扭。我们用 new 创建一个对象，却不是用 delete 去删除它，而是要用 destroy 方法去删除它。很显然，用户会不习惯这种怪异的使用方式。所以，可以将构造函数也设为 private 或 protected。这又回到了上面曾试图避免的问题，那么不用 new，该用什么方式来生成一个对象呢？我们可以用间接的办法来完成，即让这个类提供一个 static 成员函数，专门用于产生该类型的堆对象（设计模式中的 singleton 模式就可以用这种方式实现）。参见如下代码：

```
class NoStackObject
{
protected:
    NoStackObject() {}
    ~NoStackObject() {}
public:
    static NoStackObject * creatInstance()
```

```
    {
        return new NoStackObject();        //调用保护的构造函数
    }
    void destroy()
    {
        delete this;                       //调用保护的析构函数
    }
}
```

现在可以这样使用 NoStackObject 类：

```
NoStackObject * hash_ptr = NoStackObject::creatInstance() ;
...//对 hash_ptr 指向的对象进行操作
hash_ptr -> destroy() ;
hash_ptr = NULL ;      //防止使用悬挂指针
```

现在感觉是不是好多了，生成对象和释放对象的操作一致了。

2. 禁止创建堆对象

我们知道，产生堆对象的唯一方法是使用 new 操作，如果我们禁止使用 new 就可以禁止创建堆对象了。再进一步，new 操作执行时会调用 operator new，而 operator new 是可以重载的，因此还可以使 operator new 为 private 来实现。为了对称，最好将 operator delete 也重载为 private，参见如下代码：

```
class NoStackObject
{
private:
    static void * operator new(size_t size);
    static void operator delete(void * ptr);
};
//用户代码
NoStackObject obj0;                  //正确
static NoStackObject obj1;           //正确
NoStackObject * pObj2 = new NoStackObject;    //错误
```

如果也想禁止堆对象数组，还可以把 operator new[]和 operator delete[]声明为 private。

这里同样在继承时存在问题。如果派生类改写了 operator new 和 operator delete 并声明为 public，则基类中原有的 private 版本将失效，参考如下代码：

```
class NoStackObject
{
protected:
```

```
    static void * operator new(size_t size);
    static void operator delete(void * ptr);
};
class NoStackObjectSon:public NoStackObject
{
public:
    //非严格实现,仅作示意之用
    static void * operator new(size_t size)
    {
        return malloc(size);
    };
    //非严格实现,仅作示意之用
    static void operator delete(void * ptr)
    {
        free(ptr);
    };
};

//用户代码
NoStackObjectSon * pObj2 = new NoStackObjectSon;    //正确
```

3. 控制实例化对象的个数

在游戏设计中,我们采用类 CGameWorld 作为游戏场景的抽象描述。然而在游戏运行过程中,游戏场景只有一个,也就是类 CGameWorld 的对象只有一个。对于类的实例化,有一点是十分确定的,那就要调用构造函数。所以,如果想控制 CGameWorld 的实例化对象只有一个,最简单的方法就是将构造函数声明为 private,同时提供一个 static 对象。参考如下代码:

```
class CGameWorld
{
public:
    bool Init();
    void Run();
private:
    CGameWorld();
    CGameWorld(const CGameWorld& rhs);

    friend CGameWorld& GetSingleGameWorld();
};

CGameWorld& GetSingleGameWorld()
```

```
{
     static CGameWorld s_game_world;
     return s_game_world;
}
```

这个设计有 3 个要点：

① 类的构造函数是 private，阻止对象的建立；

② GetSingleGameWorld() 函数被声明为友元，避免了私有构造函数引起的限制；

③ s_game_world 为一个静态对象，对象唯一。

当用到 CGameWorld 的唯一实例化对象时，可以如下：

```
GetSingleGameWorld().Init();
GetSingleGameWorld().Run();
```

如果有人不想将 GetSingleGameWorld 设置为一个全局函数，或者不想使用友元，则将其声明为类 CGameWorld 的静态函数也可以，参考如下代码：

```
class CGameWorld
{
public:
     bool Init();
     void Run();
     static CGameWorld& GetSingleGameWorld();
private:
     CGameWorld();
     CGameWorld(const CGameWorld& rhs);
};
```

这就是设计模式中著名的单件模式：保证一个类仅有一个实例，并提供一个访问它的全局访问点。

如果想让对象产生的个数不是一个，而是最大为 N(N>0)个，则可以在类内部设置一个静态计数变量，当调用构造函数时，该变量加 1；当调用析构函数时，该变量减 1。参考如下代码：

```
class CObject
{
public:
     CObject();
     ~CObject();
private:
     static size_t m_nObjCount;
```

```
    ...
};

CObject::CObject()
{
    if (m_nObjCount > N)
        throw;
    m_nObjCount ++ ;
}

CObject::~CObject()
{
    m_nObjCount -- ;
}
size_t CObject::m_nObjCount;
```

掌握控制类的实例化对象个数的方法。当实例化对象唯一时，采用设计模式中的单件模式；当实例化对象为N(N>0)个时，设置计数变量是一个思路。

阅读上面的示例代码时还需要注意抛出异常时没有对象，即throw后没有对象的情况，这有两种含义：

① 如果"throw;"在catch块中或被catch块调用的函数中出现，则表示重新抛出异常，"throw;"表达式将重新抛出当前正在处理的异常。我们建议采用该种形式，因为这将保留原始异常的多态类型信息。重新引发的异常对象是原始异常对象，而不是副本。

② 如果"throw;"出现在非catch块中，则表示抛出不能被捕获的异常，即使"catch(...)"也不能将其捕获。

4. 总　结

堆对象、栈对象以及全局/静态对象统称为内存对象，如果想深入了解内存对象，推荐阅读《深入探索C++对象模型》一书。

5.9　仿函数

1. 为什么要有仿函数

我们先从一个非常简单的问题入手。假设现在有一个数组，数组中存有任意数量的数字，希望能够计算出该数组中大于10的数字的个数。编写的代码很可能是这样的：

```
#include <iostream>
using namespace std;
```

```
int RecallFunc(int * start, int * end, bool ( * pf)(int))
{
    int count = 0;
    for(int * i = start;i! = end + 1;i ++ )
    {
        count = pf( * i) ? count + 1 : count;
    }
    return count;
}

bool IsGreaterThanTen(int num)
{
    return num > 10 ? true : false;
}
int main()
{
    int a[5] = {10,100,11,5,19};
    int result = RecallFunc(a,a + 4,IsGreaterThanTen);
    cout << result << endl;
    return 0;
}
```

RecallFunc()函数的第三个参数是一个函数指针，用于外部调用；而 IsGreaterThanTen()函数通常也是外部已经定义好的，它只接受一个参数的函数。如果此时希望将判定的阈值也作为一个变量传入，那么变为如下函数就是不可行的：

```
bool IsGreaterThanThreshold(int num, int threshold)
{
    return num > threshold ? true : false;
}
```

虽然这个函数看起来比前面一个版本更具有一般性，但是它不能满足已经定义好的函数指针参数的要求，因为函数指针参数的类型是“bool (*)(int)”，与函数“bool IsGreaterThanThreshold(int num, int threshold)”的类型不相符。如果一定要完成这个任务，按照以往的经验，我们可以考虑如下可能的途径：

① 阈值作为函数的局部变量。局部变量不能在函数调用中传递，故不可行。

② 函数传参。这种方法我们已经讨论过了，多个参数不适用于已定义好的 RecallFunc()函数。

③ 全局变量。我们可以将阈值设置成一个全局变量，这种方法虽然可行，但是不优雅，且非常容易引入 bug，比如全局变量容易同名，造成命名空间污染等。

那么有什么好的处理方法吗？仿函数应运而生。

2. 仿函数的定义

仿函数(functor)又称为函数对象(function object),是一个能行使函数功能的类。仿函数的语法几乎和我们普通的函数调用一样,不过作为仿函数的类,都必须重载 operator()运算符。因为调用仿函数,实际上就是通过类对象调用重载后的 operator()运算符。

如果编程者要将某种"操作"当作算法的参数,则一般有两种方法:

① 第一种方法就是先将该"操作"设计为一个函数,再将函数指针当作算法的一个参数。上面的实例就是采用的该种方法。

② 第二种方法就是将该"操作"设计为一个仿函数(就语言层面而言是个类),再以该仿函数产生一个对象,并以此对象作为算法的一个参数。

很明显第二种方法会更优秀,因为第一种方法扩展性较差,当函数参数有所变化时,就无法兼容旧的代码,具体在"1. 为什么要有仿函数"中已阐述。正如上面的例子,在编写代码时有时会发现有些功能代码会不断地被使用,为了复用这些代码,将其设计为一个公共的函数是一个解决方法。不过函数用到的一些变量可能是公共的全局变量,引入全局变量容易出现同名冲突,不方便维护,这时就可以使用仿函数了。编写一个简单类,除了维护类的基本成员函数外,只需要重载 operator()运算符即可。这样既可以免去对一些公共变量的维护,也可以使重复使用的代码独立出来,以便下次复用。而且相对于其他函数,仿函数具有更优秀的性质,其可以进行依赖、组合与继承等操作,有利于资源的管理。如果再配合模板技术和 Policy 编程思想,那就更加威力无穷了,大家可以慢慢体会。其中,Policy 表述了泛型函数和泛型类的一些可配置行为(通常都具有被经常使用的默认值)。

STL 中也大量涉及仿函数,有时仿函数的使用是为了函数拥有类的性质,以达到安全传递函数指针、依据函数生成对象,甚至是让函数之间有继承关系、对函数进行运算和操作的效果。比如,STL 中的容器 set 就使用了仿函数 less,而 less 继承的 binary_function 就可以看作是对一类函数的总体声明,这是函数做不到的。参考如下代码:

```
//less 的定义
template <typename _Tp> struct less : public binary_function <_Tp, _Tp, bool>
{
    bool operator()(const _Tp& __x, const _Tp& __y) const
    { return __x < __y; }
};
//set 的声明
template < typename _Key,
typename _Compare = std::less <_Key> ,
typename _Alloc = std::allocator <_Key>> class set;
```

仿函数中的变量可以是静态的,同时仿函数还给出了静态的替代方案。仿函数内的静态变量可以改成类的私有成员,这样可以明确地在析构函数中清除所用的内容,如果用到指针,那么这是一个不错的选择。有人说这样的类已经不是仿函数了,但封装后从外面观察,可以明显地发现它依然有函数的性质。

3. 仿函数实例

仿函数实例如下:

```
class StringAppend
{
public:
    explicit StringAppend(const string& str) : ss(str){}
    void operator() (const string& str) const
    {
        cout << str << ' ' << ss << endl;
    }
private:
    const string ss;
};
int main()
{
    StringAppend myFunctor2("and world!");
    myFunctor2("Hello");
    return 0;
}
```

程序输出结果:

```
Hello and world!
```

这个例子应该可以让读者体会到仿函数的一些作用:它既能像普通函数一样传入给定数量的参数,还能存储或者处理更多所需要的有用信息。成员函数可以很自然地访问成员变量,从而可以解决“1. 为什么要有仿函数”中提到的问题:计算出数组中大于指定阈值的数字数量。

```
#include <iostream>
using namespace std;
class IsGreaterThanThresholdFunctor
{
public:
    explicit IsLessThanTenFunctor(int tmp_threshold) : threshold(tmp_threshold{}
    bool operator() (int num) const
    {
        return num > 10 ? true : false;
```

```
    }
private:
    const int threshold;
};
int RecallFunc(int * start, int * end, IsGreaterThanThresholdFunctor myFunctor)
{
    int count = 0;
    for(int * i = start;i! = end + 1;i++ )
    {
        count = myFunctor( * i) ? count + 1 : count;
    }
    return count;
}
int main()
{
    int a[5] = {10,100,11,5,19};
    int result = RecallFunc(a,a + 4,IsLessThanTenFunctor(10));
    cout << result << endl;
    return 0;
}
```

5.10 explicit 禁止构造函数的隐式调用

1. 单参数构造函数隐式调用

C++中单参数构造函数是可以被隐式调用的，主要情形有两种：

① 同类型对象的拷贝构造，即用相同类型的其他对象来初始化当前对象。

② 不同类型对象的隐式转换，即其他类型对象隐式调用单参数拷贝构造函数初始化当前对象。比如“A a=1;”就是隐式转换，而不是显式调用构造函数，即“A a(1);”。像A(1)这种涉及类型转换的单参数构造函数，又被称为转换构造函数(converting constructor)。

单参数构造函数的隐式调用示例如下：

```
#include <iostream>
using namespace std;
class MyInt
{
public:
    MyInt( int num)
    {
        dNum = num;
```

```
    }
    int getMyInt() const
    {
        return dNum;
    }
private:
    int dNum;
};
int main()
{
    MyInt objMyInt = 10;          //不同类型对象的隐式转换
    MyInt objMyInt1 = objMyInt;  //同类型对象的拷贝构造,编译器默认生成拷贝构造函数
    cout << objMyInt.getMyInt() << endl;
    cout << objMyInt1.getMyInt() << endl;
}
```

程序输出结果:

```
10
10
```

单参数构造函数在上例中如下两行被调用:

```
MyInt objMyInt = 10;
MyInt objMyInt1 = objMyInt;
```

这种单参数构造函数被隐式调用在C++中是默许的,但是这种写法很明显会影响代码的可读性,有时甚至会导致程序出现意外的错误。

2. 单参数构造函数隐式调用的危害

单参数构造函数隐式调用不仅会给代码的可读性造成影响,而且有时还会带来意外的结果。

```
#include <iostream>
using namespace std;
class MyInt
{
public:
    MyInt(int * pdNum)
    {
        cout << "in MyInt(int * )" << endl;
        m_pdNum = pdNum;
    }
    int getMyInt() const
```

```
        {
            return * m_pdNum;
        }
        ~MyInt()
        {
            cout << "in ~MyInt()" << endl;
            if(m_pdNum)
            {
                delete m_pdNum;
            }
        }
    private:
        int * m_pdNum;
    };
    void print(MyInt objMyInt)
    {
        cout << "in print_MyInt" << endl;
        cout << objMyInt.getMyInt() << endl;
    }

    int main()
    {
        int * pdNum = new int(666);
        print(pdNum);                    //意外的被隐式转换为 MyInt 对象
        int * pdNewNum = new int(888);
        * pdNum = 16;
        cout << * pdNewNum << endl;      //应该输出 888,结果为 16
    }
```

程序输出结果:

```
in MyInt(int * )
in print_MyInt
666
in ~MyInt()
16
```

程序的本意是想打印输出 int 指针指向的内容,在没有合适的打印函数被调用时,应该由编译器在编译环节终止编译,报告错误。但是由于编译器"自作主张"地将 int 指针变量 pdNum 隐式地转换为 MyInt 对象,所以调用了函数"print(MyInt objMyInt)"。objMyInt 在函数调用结束后,其生命周期也随之结束,于是其析构函数被调用导致 int 指针变量 pdNum 指向的内容空间被释放。当再次申请 int 指针变量

pdNewNum 时，导致 pdNewNum 与 pdNum 指向同一块内存空间，对 pdNum 的改写直接影响到 pdNewNum，于是出现了上面诡异的结果。

3. 禁止单参数构造函数的隐式调用

在没有合适理由必须使用隐式转换的前提下，为了提高代码的可读性以及避免单参数构造函数的隐式调用带来的潜在风险，建议使用 explicit 关键字阻止单参数构造函数的隐式调用。具体做法是在单参数构造函数声明时加上 explicit，示例代码如下：

```
class MyInt
{
public:
    explicit MyInt(int num)
    {
        dNum = num;
    }
    explicit MyInt(const MyInt& objMyInt)
    {
        dNum = objMyInt.getMyInt();
    }
    int getMyInt() const
    {
        return dNum;
    }
private:
    int dNum;
};
int main()
{
    MyInt objMyInt = 11;              //编译报错
    MyInt objMyInt1 = objMyInt;       //编译报错
}
```

当然，多形参构造函数没有构造函数的隐式转换，所以没必要声明 explicit。

5.11 类的设计与实现规范

规范是一种规定，遵守这种规定能够带来长远的利益，而违反这种规定却不会立即受到惩罚。程序设计的规范是人们在长期的编程实践中总结出来的，深入理解这些规范需要认真的思考和大量的实践。不符合程序设计规范的代码也能通过编译并运行，但是从长远来看，代码存在可读性差、安全性低、不易扩展、不易维护等问题。

类是面向对象程序设计最主要的元素，因此遵循必要的规范，设计出性能优良的类，并以适当的方式实现，是编写出高质量程序的关键。

1. 规范一：将类的定义放在头文件中实现

这样可以保证通过引入头文件使用的是同一个类，并且有利于代码维护。比如下述代码中的 Student 类：

```
//a.cpp
class Student
{
    uint64_t id;
    string name;
public:
    uint64_t getID(){return id;};
    string getName(){return name;}
};
//b.cpp
//有相同的类 Student 定义
class Student
{
    uint64_t id;
    string name;
public:
    uint64_t getID(){return id;};
    string getName(){return name;}
};
```

假如根据项目的新需求，类 Student 需要添加年龄(age)私有数据成员，此时，如果更改 a.cpp 中的 Student 定义而忘记更改 b.cpp 中的定义，则会出现类定义不一致的情况，容易导致编译错误。即使记得每个源文件都需要修改，如果有几十甚至上百个源文件都定义了类 Student，那就需要重复更改很多次，这种费力不讨好的做法应该尽量避免。有没有一种一劳永逸的做法呢？其实是有的。我们将类的定义放在头文件中，在需要类的源文件中包含类定义所在的头文件即可，这样既保证了类定义的一致性，又使修改效率变高，代码易于维护。

2. 规范二：尽量将数据成员声明为私有

数据成员表示类对象的状态，这些状态对外界应该是不可见的。在设计一个类时，如果把它的数据成员访问权限设为 public 和 protected，则会带来如下影响：

① 会使类的封装性遭到破坏。

② 类的用户直接访问数据成员，一旦数据成员的定义被频繁改变，那么类的所有客户端代码就都要修改，这样就增加了代码模块间的耦合度。

考察如下示例程序：

```
#include <iostream>
#include <string>
using namespace std;
class Student
{
public:
    uint64_t id;
    string name;
public:
    Student()
    {
        id = 0;
        name = "";
    };
    void print()
    {
        cout << "id:" << id << " name:" << name << endl;
    }
    uint64_t getID() { return id; };
    string getName() { return name; }
};
int main(int argc, char * argv[])
{
    Student s;
    s.id = 1;
    s.name = "C罗";
    s.print();
}
```

程序输出结果：

```
id:1 name:C罗
```

Student 类是一个学生类，我们希望用户能够正确地使用 Student 来创建学生对象。但是，在上面的代码中，我们发现用户给学生设置的名称为“C 罗”，然而在中国，目前姓名是不能以字母开头的，所以这个名字是不合法的。产生这个错误的原因是 Student 类的设计存在缺陷，将数据成员 id 和 name 的访问权限设置为 public，意味着有无数的函数可以不加限制地访问学生对象的数据成员，这样就无法保证每次对数据成员的设置都是正确的。如果我们增加一个设置接口，例如成员函数“int set(uint64_t id,const string& name){...}”，那么能够修改数据成员的接口只有一个，只要在修改接口中排除各种错误的输入，就可以保证对 Student 对象的正确设置。这种对数据成员的直接访问是对类封装性的一种破坏。

另外，从代码模块间的耦合度来看，将数据成员设置为共有意味着所有用户对类数据成员直接依赖，一旦数据成员的定义发生变化，那么类的所有客户端代码均需要修改，这样就降低了代码的可维护性。

同样地，将数据成员声明为 protected 也破坏了类的封装性，因为该类的所有子类均可以直接访问 protected 数据成员，如果该类的子类数量庞大，一旦数据成员的定义发生变化，那么所有的派生类就都需要重写。所以，应尽量将所有的数据成员声明为私有。

3. 规范三：将成员函数放到类外定义

类成员函数既可以放在类体内定义，也可以放在类体外定义。如果将类成员函数定义在类体内，会有如下影响：

① 类的成员函数定义在类的内部影响可读性。一般来说，类的定义放在头文件中，使用时会被不同的源文件包含，如果类成员函数定义在类体内，将会使代码体积增大，影响阅读，不利于类的修改与维护。

② 泄漏类的实现细节，不利于保护设计者的合法权益。因为接口开放，所以给外部使用时需要给出原型，比如类的定义，如果将类成员函数的定义放在类体内，则函数的实现细节将被暴露。

③ 存在潜在的风险。如果类的成员函数存在多重定义，由于类不具有外部连接特性，那么 C++ 编译器就不能充分检查出类定义的二义性。假设有一个类 Student 的定义放在两个头文件中，并且同名成员函数 print() 出现了二义性，考察如下程序：

```
/* test1.h */
class Student
{
    string name;
public:
    Student()
    {
        name = "lvlv";
    };
    void print()
    {
        cout << "name:" << name << endl;
    }
};
/* end test1.h */
/* test1.cpp */
#include "test1.h"
```

```
void useClass();
int main()
{
    Student s;
    s.print();
    useClass();
}
/* end test1.cpp */
/* test2.h */
class Student
{
    string name;
public:
    Student()
    {
        name = "jf";
    };
    void print()
    {
        cout << "another name:" << name << endl;
    }
};
/* end test2.h */
/* test2.cpp */
#include "test2.h"
void useClass()
{
    Student s;
    s.print();
}
/* end test2.cpp */
```

编译运行上面的程序，输出结果如下：

```
name:lvlv
name:lvlv
```

上面错误地将类 Student 的成员函数 print()放在类体内定义并出现重定义，本希望编译器在编译时能够帮助开发人员发现这种错误，但是由于编译器采用分离编译模式，各个源文件中的函数在编译时互不干涉，在连接时又由于类体内定义的函数为 inline 函数，不具有外部连接性，从而导致连接时也未发现重定义错误。如果将类成员函数放在类外定义，则编译器可以发现这种重定义错误。所以在类的实现中，应该将类成员函数尽可能地放在类外定义，如果要定义 inline 函数，则只需要在成员函数定义时显式地使用 inline 关键字。

第6章

继承与多态

6.1 多态的两种形式

1. 多态的概念与分类

多态(polymorphism)是面向对象程序设计(OOP)的一个重要特征。“多态”的字面意思为多种状态。在面向对象语言中,一个接口多种实现即为多态。C++中的多态性具体体现在编译和运行两个阶段。编译时多态是静态多态,在编译时就可以确定使用的接口;运行时多态是动态多态,具体引用的接口在运行时才能确定,如图 6-1 所示。

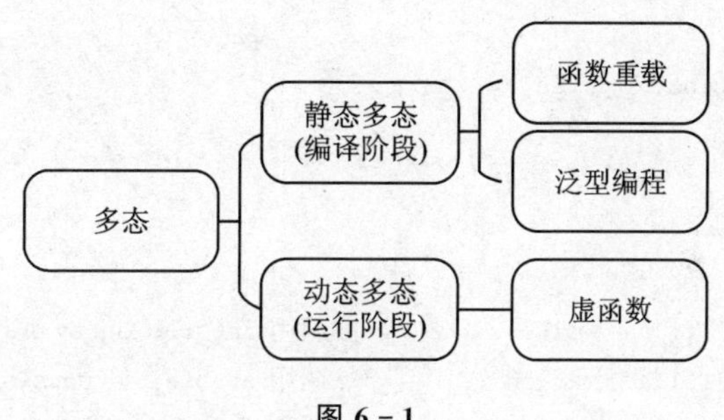

图 6-1

静态多态和动态多态的区别是:何时将函数实现和函数调用关联起来,是在编译时期还是运行时期,即函数地址是早绑定还是晚绑定。静态多态是指在编译时就可以确定函数的调用地址,并生产代码,也就是说,地址是早绑定。静态多态往往也被叫作静态联编。动态多态则是指函数调用的地址不能在编译时确定,需要在运行时确定,属于晚绑定。动态多态往往也被叫作动态联编。

2. 多态的作用

为何要使用多态? 封装可以使代码模块化,继承可以扩展已存在的代码,其目的都是为了代码重用,而多态的目的则是为了接口重用。静态多态,将同一个接口进行不同的实现,根据传入不同的参数(个数或类型不同)调用不同的实现;动态多态,则不论传递过来的是哪个类的对象,函数都能够通过同一个接口调用到各自对象实现的方法。

3. 静态多态

静态多态往往通过函数重载和模板(泛型编程)来实现,具体可见下面的代码:

```
#include <iostream>
using namespace std;
//两个函数构成重载
int add(int a, int b)
{
    cout << "in add_int_int()" << endl;
    return a + b;
}
double add(double a, double b)
{
    cout << "in add_double_doube()" << endl;
    return a + b;
}
//函数模板(泛型编程)
template <typename T>
T add(T a, T b)
{
    cout << "in func tempalte" << endl;
    return a + b;
}
int main()
{
    cout << add(1,1) << endl;            //调用 int add(int a, int b)
    cout << add(1.1,1.1) << endl;        //调用 double add(double a, double b)
    cout << add <char> ('A',' ') << endl; //调用模板函数,输出小写字母 a
}
```

程序输出结果:

```
in add_int_int()
2
in add_double_doube()
2.2
in func tempalte
a
```

4. 动态多态

动态多态最常见的用法就是声明基类的指针,利用该指针指向任意一个子类对象，调用相应的虚函数，可根据指向的子类的不同而调用不同的方法。如果没有使用虚函数，即没有利用 C++多态性，则利用基类指针调用相应函数时，将总被限制在基类函数本身，而无法调用到子类中被重写过的函数。因为没有多态性，函数调用的地址将是一定的，而固定的地址将始终调用同一个函数，这就无法达到“一个接口，多种实现”的目的了。

参考如下代码：

```
#include <iostream>
using namespace std;
class Base
{
public:
    virtual void func()
    {
        cout << "Base::fun()" << endl;
    }
};
class Derived : public Base
{
public:
    virtual void func()
    {
      cout << "Derived::fun()" << endl;
    }
};
int main()
{
    Base * b = new Derived;              //使用基类指针指向派生类对象
    b -> func();                         //动态绑定派生类成员函数 func()

    Base& rb = * (new Derived);          //也可以使用引用指向派生类对象
    rb.func();
}
```

程序输出结果：

```
Derived::fun()
Derived::fun()
```

通过上面的例子可以看出，在使用基类指针或引用指向子类对象时，调用的函数是子类中重写的函数，这样就实现了运行时函数地址的动态绑定，即动态联编。动态多态是通过“继承＋虚函数”来实现的，只有在程序运行期间（非编译期）才能判断所引用对象的实际类型，根据其实际类型调用相应的方法。具体格式就是使用 virtual 关键字修饰类的成员函数时，指明该函数为虚函数，并且派生类需要重新实现该成员函数，编译器将实现动态绑定。

6.2 继承与组合的区别

在 C++程序的开发过程中，设计孤立的类比较容易，设计相互关联的类却比较难，这其中会涉及两个概念：一个是继承(inheritance)，一个是组合(composition)。因为二者有一定的相似性，往往会使程序员混淆不清。类的组合和继承一样，是软件重用的重要方式。组合和继承都是有效地利用已有类的资源，但二者的概念和用法不同。

如果类 B 有必要使用 A 的功能，则要分两种情况考虑：继承与组合。

1. 继　承

若在逻辑上 B 是一种 A (is a kind of)，则允许 B 继承 A 的功能，它们之间就是 Is－A 关系。例如，男人(Man)是人(Human)的一种，女人(Woman)是人的一种，那么类 Man 可以从类 Human 派生，类 Woman 也可以从类 Human 派生。示例程序如下：

```
class Human
{
    …
};
class Man : public Human
{
    …
};
class Woman : public Human
{
    …
};
```

在 UML 中，继承关系被称为泛化(generalization)，类 Man 和类 Woman 与类 Human 的 UML 关系图如图 6－2 所示。

继承在逻辑上看起来比较简单，但在实际应用中可能会遭遇意外。比如，在 OO 界中著名的“鸵鸟不是鸟”和“圆不是椭圆”的问题。这样的问题说明程序设计和现实世界存在着逻辑差异。从生物学的角度来看，鸵鸟(Ostrich)是鸟(Bird)的一种，既然是 Is－A 的关系，类 COstrich 应该可以从类 CBird 派生。但是鸵鸟不会飞，却从 CBird 那里继承了接口函数 fly，示例代码如下：

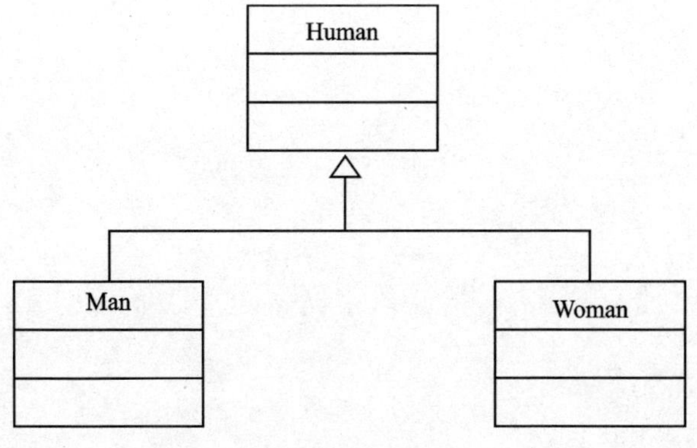

图 6-2

```
class CBird
{
public:
    virtual void fly(){}
};
class COstrich
{
public:
    ...
};
```

“圆不是椭圆”同样存在类似的问题，圆从椭圆类继承了无用的长短轴数据成员。所以，更加严格的继承应该是：若在逻辑上 B 是 A 的一种，并且 A 的所有功能和属性对 B 都有意义，则允许 B 继承 A 的所有功能和属性。

类继承允许我们根据自己的实现来覆盖重写父类的实现细节，父类的实现对于子类是可见的，所以我们一般称之为“白盒复用”。继承易于修改或扩展那些被复用的实现，但它这种白盒复用却容易破坏封装性，因为这会将父类的实现细节暴露给子类。

2. 组　合

若在逻辑上 A 是 B 的“一部分”（a part of），则不允许 B 继承 A 的功能，而是要用 A 和其他东西组合出 B，它们之间就是“Has-A 关系”。例如眼（Eye）、鼻（Nose）、口（Mouth）、耳（Ear）是头（Head）的一部分，所以类 Head 应该由类 Eye、Nose、Mouth、Ear 组合而成，不是派生而成。示例程序如下：

```
class Eye
{
public:
    void Look(void);
```

```
};
class Nose
{
public:
    void Smell(void);
};
class Mouth
{
public:
    void Eat(void);
};
class Ear
{
public:
    void Listen(void);
};
//正确的设计,冗长的程序
class Head
{
public:
    void Look(void) { m_eye.Look(); }
    void Smell(void) { m_nose.Smell(); }
    void Eat(void) { m_mouth.Eat(); }
    void Listen(void) { m_ear.Listen(); }
private:
    Eye m_eye;
    Nose m_nose;
    Mouth m_mouth;
    Ear m_ear;
};
```

如果允许 Head 从 Eye、Nose、Mouth、Ear 派生而成，那么 Head 将自动具有 Look、Smell、Eat、Listen 这些功能：

```
//错误的设计
class Head : public Eye, public Nose, public Mouth, public Ear {};
```

上述程序十分简短，并且运行正确，但是这种设计却是错误的。所以，我们要经得起“继承”的诱惑，避免犯下设计错误。

在 UML 中，上面类的 UML 关系图如图 6-3 所示。

实心菱形代表一种坚固的关系，被包含类的生命周期受包含类控制，被包含类会随着包含类的创建而创建、消亡而消亡。组合属于“黑盒复用”，被包含对象的内部细

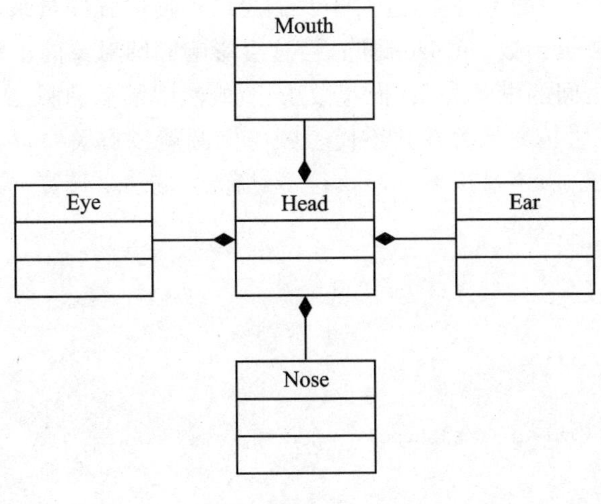

图 6－3

节对外是不可见的,所以它的封装性相对较好,实现上相互依赖比较小,并且可以通过获取其他具有相同类型的对象引用或指针,在运行期间动态的定义组合;其缺点就是会使系统中的对象过多。

综上所述,Is－A 关系用继承表示,Has－A 关系用组合表示,GoF 在《设计模式》一书中指出 OO 设计的一大原则就是:优先使用对象组合,而不是类继承。

3. 解决"圆不是椭圆"的继承问题,杜绝不良继承

封装、继承、多态是面向对象技术的三大机制,封装是基础,继承是关键,多态是延伸。继承作为关键的一部分,如果对其理解不够深刻,则容易造成程序设计中的不良继承,影响程序质量。

对于"圆不是椭圆"这一著名问题,从数学的角度来看,圆是一种特殊的椭圆,于是会出现下面的继承:

```
class CEllipse
{
public:
    void setSize(float x,float y){}
};
class CCircle:public CEllipse{};
```

椭圆存在一个设置长短轴的成员函数 setSize,而圆则不需要。椭圆能做某些圆不能做的事,所以圆继承自椭圆是不合理的类设计。那么面对"圆是/不是一种椭圆"这个两难的问题,我们如何解决呢?主要有以下几种方法:

① 使用代码技巧来弥补设计缺陷。在子类 CCircle 中重新定义 setSize 抛出异常,或终止程序,或做其他的异常处理,但这些技巧会让用户吃惊不已,违背了接口设计的"最小惊讶原则"。

② 改变观点，认为圆不对称，这对于我们思维严谨的程序员来说是不可接受的。

③ 将基类的成员函数 setSize 删除，但这会影响椭圆对象的正常使用。

④ 去掉它们之间的继承关系(推荐做法)。既然圆继承椭圆是一种不良类设计，我们就应该杜绝。去掉继承关系并不代表圆与椭圆就没有关系，两个类可以继承自同一个类 COvalShape，不过该类不能执行不对称的 setSize 计算，参考如下代码：

```
class COvalShape
{
public:
    void setSize(float x);
};
class  CEllipse:public COvalShape
{
public:
    void setSize(float x,float y);
};
class CCircle:public COvalShape {};
```

其中，椭圆增加了特有的 setSize(float x,float y)运算。

不良继承出现的根本原因在于对继承的理解不够深刻，错把直觉中的"是一种(Is－A)"当成了学术中的"子类型(subtype)"概念。在继承体系中，派生类对象是可以取代基类对象的。而在椭圆和圆的问题上，椭圆类中的成员函数 setSize(x,y)却违背了这个可置换性，即 Liskov 替换原则。

所有不良继承都可以归结为"圆不是椭圆"这一著名且具有代表性的问题上。在不良继承中，基类总会有一些额外能力，而派生类却无法满足它。这些额外的能力通常表现为一个或多个成员函数提供的功能。要解决这一问题，要么使基类弱化，要么消除继承关系，需要根据具体情形来选择。

6.3 基类私有成员会被继承吗

1. 派生类间接访问基类私有成员

在类的继承中，基类私有成员在派生类中是"不可见"的，这种"不可见"是指在派生类的成员函数中，或者通过派生类的对象(指针、引用)不能直接访问它们。但是，不能直接访问并不代表不能访问。在派生类中还是能够通过调用基类的共有函数的方式来间接地访问基类的私有成员，包括私有成员变量和私有成员函数。考察如下程序：

```
#include <iostream>
using namespace std;
```

```
class A
{
    int i;
    void privateFunc()
    {
        cout << "this is a private function of base class" << endl;
    }
public:
    A(){i = 5;}
    int getI()
    {
        return i;
    }
    void usePrivateFunc()
    {
        privateFunc();
    }
};
class B:public A
{
public:
    void printBaseI()
    {
        cout << getI() << endl;
    }
    void usePrivateFunction()
    {
        usePrivateFunc();
    }
};
int main()
{
    B b;
    b.printBaseI();
    b.usePrivateFunction();
}
```

程序输出结果:

```
5
this is a private function of base class
```

在类 B 中,由于基类 A 的成员变量 i 和成员函数 privateFunc()都是私有的,所以在类 B 的成员函数中无法直接访问它们。但是，由于类 A 的公有成员函数 getI()可以访问私有成员变量 i，而 usePrivateFunction()可以访问私有成员函数 privateFunc()，所以在类 B 中通过调用函数 getI()和 usePrivateFunc()就可以间接访问基类 A 中的私有成员。

2. 私有成员会被继承吗

如果基类中没有提供访问私有成员的公有函数，那么其私有成员是否“存在“呢？还会不会被继承呢？其实，这些私有成员的确是存在的，而且会被继承，只不过程序员无法通过正常的渠道访问到它们。考察如下程序，通过一种特殊的方式访问了类的私有成员。

```
#include <iostream>
using namespace std;
class A
{
    int i;
    void privateFunc()
    {
        cout << "this is a private function of base class" << endl;
    }

public:
    A(){i = 5;}
};
class B:public A
{
public:
    void printBaseI()
    {
        int * p = reinterpret_cast <int *> (this);      //获取当前对象的首地址
        cout << * p << endl;
    }
    void usePrivateFunction()
    {
        void ( * func)() = NULL;
        _asm
        {
            mov eax,A::privateFunc;
            mov func,eax;
        }
        func();
```

```
    }
};
int main()
{
    B b;
    b.printBaseI();
    b.usePrivateFunction();
}
```

程序输出结果：

```
5
this is a private function of base class
```

注意：

① 虽然类 A 没有提供访问私有成员变量 i 的公有方法，但是在类 A(以及类 A 的派生类)对象中都包含变量 i。

② 虽然类 A 没有提供访问私有成员函数 privateFunc()的公有函数，但是在程序代码区依然存有函数 privateFunc()的代码，通过内联汇编获取该函数的入口地址仍然可以顺利调用。

综上所述，类的私有成员一定存在，也一定被继承到派生类中，从大小也可以看出派生类包含了基类的私有成员，读者可自行考证。只不过受到 C++语法的限制，在派生类中访问基类的私有成员只能通过间接的方式进行。

6.4 虚拟继承与虚基类

1. 多重继承带来的问题

C++虚拟继承一般发生在多重继承的情况下。C++允许一个类有多个父类，这样就形成多重继承。多重继承使派生类与基类的关系变得更为复杂，其中一个容易出现的问题是某个基类沿着不同的路径被派生类继承(形成所谓的“菱形继承”)，从而导致一个派生类对象中存在同一个基类对象的多个拷贝，如图 6-4 所示。

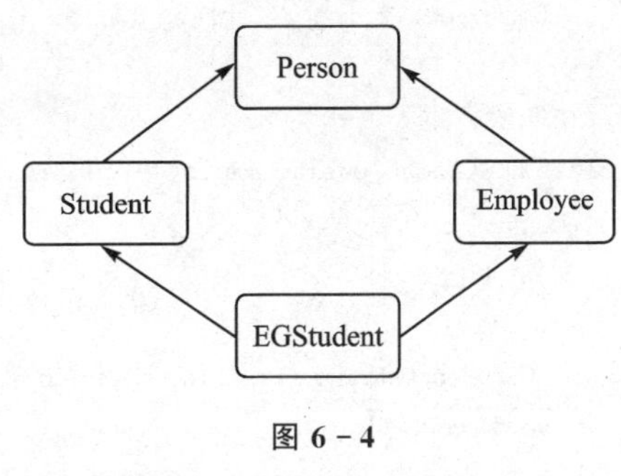

图 6-4

多重继承带来同一个基类对象在派生类对象中存在多个拷贝的问题，考察如下代码：

```
#include <iostream>
#include <string>
using namespace std;
//人员类
class Person
{
protected:
    string IDPerson;     //身份证号
    string Name;         //姓名
public:
    Person(string s1, string s2)
    {
        IDPerson = s1;
        Name = s2;
    }
};
//学生类
class Student:public Person
{
    int No;
public:
    Student(string s1,string s2,int n):Person(s1,s2),No(n){}
};
//员工类
class Employee:public Person
{
    int No;
public:
    Employee(string s1,string s2,int n):Person(s1,s2),No(n){}
};
//在职研究生类
class EGStudent:public Employee,public Student
{
    int No;
    public:
    EGStudent(string s1,string s2,int n): Employee(s1,s2,n),Student(s1,s2,n),No(n){}
    void show(){
        cout << Employee::IDPerson << "," << Employee::Name << "," << No << endl;
    }
};
int main()
```

```
{
    EGStudent one("332422199204047275","张三",1111);
    one.show();
    cout << "sizeof(string) = " << sizeof(string) << endl;
    cout << "sizeof(Person) = " << sizeof(Person) << endl;
    cout << "sizeof(Student) = " << sizeof(Student) << endl;
    cout << "sizeof(Employee) = " << sizeof(Employee) << endl;
    cout << "sizeof(EGStudent) = " << sizeof(EGStudent) << endl;
    getchar();
}
```

程序运行结果：

```
332422199204047275,张三,1111
sizeof(string) = 28
sizeof(Person) = 56
sizeof(Student) = 60
sizeof(Employee) = 60
sizeof(EGStudent) = 124
```

在这个程序中，EGStudent 类有两个父类：Employee 和 Student，而 Employee 和 Student 都是 Person 类的派生类。通过观察这几个类的大小，可以发现如下等式：

```
sizeof(Student) = sizeof(Person) + sizeof(int)
sizeof(Employee) = sizeof(Person) + sizeof(int)
sizeof(EGStudent) = sizeof(Student) + sizeof(Employee) + sizeof(int)
```

也就是说，在一个 EGStudent 类对象中包含两个 Person 类对象，一个来自 Employee 类对象，一个来自 Student 类对象。在 EGStudent 类的成员函数 show()中，直接访问 IDPerson 或 Name 都会引发编译错误，因为编译器不知道它们指的是哪个 Person 对象中的成员。所以，在上面的程序中，在 show()中显示的是 Employee 中的成员(IDPerson 和 Name)。实际上，在 EGStudent 类对象中还有来自 Student 类的成员(IDPerson 和 Name)。

2. 如何在派生类中只保留一份基类的拷贝

从逻辑上来说，一个在职研究生只可能有一个名字和一个身份证号码，所以在一个 EGStudent 类对象中有 IDPerson 和 Name 字段的两个拷贝是不合理的，只需要一个拷贝就可以了。

虚拟继承就是解决这个问题的，通过把继承关系定义为虚拟继承，在构造 EGStudent 类对象时，EGStudent 类的祖先类 Person 的对象只会被构造一次，这样就可以避免存在多个 IDPerson 和 Name 的拷贝问题了。将以上代码修改如下：

```
#include <iostream>
#include <string>
using namespace std;
//人员类
class Person
{
protected:
    string IDPerson;     //身份证号
    string Name;         //姓名
public:
    Person(string s1, string s2)
    {
        IDPerson = s1;
        Name = s2;
    }
    //添加一个默认构造
    Person(){}
};
//学生类
class Student:public virtual Person
{
    int No;
public:
    Student(string s1,string s2,int n):Person(s1,s2),No(n){}
};
//员工类
class Employee:public virtual Person
{
    int No;
public:
    Employee(string s1,string s2,int n):Person(s1,s2),No(n){}
};
//在职研究生类
class EGStudent:public virtual Employee,public virtual Student
{
    int No;
public:
    EGStudent(string s1, string s2, int n): Employee(s1,s2,n),Student(s1,s2,n),No(n){}
    void show()
    {
        cout << Employee::IDPerson << "," << Employee::Name << "," << No << endl;
    }
};
```

输出结果：

```
,,1111
sizeof(string) = 28
sizeof(Person) = 56
sizeof(Student) = 64
sizeof(Employee) = 64
sizeof(EGStudent) = 80
```

考察以上程序时应注意如下几点：

① 当在多条继承路径上有一个公共的基类时，在这些路径中的某几条汇合处，这个公共的基类就会产生多个实例(或多个副本)，若只想保存这个基类的一个实例，则可以将这个公共基类说明为虚基类，就像 Student 和 Employee 中的声明那样。

② 被虚拟继承的基类叫作虚基类。

③ 为了实现虚拟继承，派生类对象的大小会增加 4。所以，在上面的程序中，"sizeof(EGStudent)＝sizeof(Employee)＋sizeof(Student)－sizeof(Person)＋sizoef(int)＋4＝80"。之所以增加 4 个字节，是因为当虚拟继承时，无论是单虚继承还是多虚继承，派生类都需要有一个虚基类表来记录虚继承关系，所以此时子类需要多一个虚基类表指针，而且只需要一个。

④ 在虚拟继承中，虚基类对象是由最远派生类的构造函数通过调用虚基类的构造函数进行初始化的，派生类构造函数的成员初始化列表中必须列出对虚基类构造函数的调用，如果未列出，则表示使用该虚基类的默认构造函数。上面的程序因 Person 的默认构造函数什么也没做，因此 IDPerson 和 Name 字段是空字符串。

⑤ 在上面的程序中，如果将类 EGStudent 的声明改为"class EGStudent:public Employee,public Student"，那么除了 sizeof(EGStudent)会变成 76 以外，其他的什么也不会发生。因为虚拟继承只是表明某个基类的对象在派生类对象中只被构造一次，而在本例中类 Student 和 Employee 对象在 EGStudent 对象中本来就不会被构造多次，所以不将它们声明为虚基类也是完全可以的。

6.5 typeid 简介

1. type_info 类

typeid 的结果是"const type_info&"，所以下面先介绍 type_info 类。

```
class type_info
{
public:
    virtual ~type_info();
    size_t hash_code() const
```

```
    _CRTIMP_PURE bool operator==(const type_info& rhs) const;
    _CRTIMP_PURE bool operator!=(const type_info& rhs) const;
    _CRTIMP_PURE int before(const type_info& rhs) const;
    _CRTIMP_PURE const char * name() const;
    _CRTIMP_PURE const char * raw_name() const;
};
```

我们不能直接实例化 type_info 类的对象，因为该类只有一个私有拷贝构造函数。构造(临时)type_info 对象的唯一方式是使用 typeid 运算符。由于赋值运算符也是私有的，因此不能复制或分配类 type_info 的对象。

2. typeid 应用实例

(1) typeid 静态类型判断

typeid 可以静态地确定操作数的类型，也可以动态地确定操作数的类型，这取决于操作数本身是否拥有虚函数。当 typeid 的操作数是一个基本类型的变量，或者是一个不带虚函数的对象时，typeid 的运行结果是在编译阶段决定的，所以是一种静态的类型判断。参见下面的例子：

```
#include <iostream>
using namespace std;
class A
{
    int i;
public:
    void show()
    {
        cout << "In class A" << endl;
    }
};
class B
{
    int i;
public:
    void show()
    {
        cout << "In class B" << endl;
    }
};
template <typename T> void func(T& a)
{
    if(typeid(A)==typeid(T))
        cout << "is A" << endl;
```

```
    if(typeid(B) == typeid(T))
        cout << "is B" << endl;
}
int main()
{
    if(typeid(B) == typeid(A))
        cout << "A equal to B" << endl;
    else
        cout << "A not equal to B" << endl;
    A a;
    B b;
    func <A> (a);
    func <B> (b);
    cout << typeid(B).name() << endl;
}
```

程序输出结果：

```
A not equal to B
is A
is B
class B
```

在上面的程序中，函数模板 func()被实例化为 class A 和 class B 时，typeid(T)是在编译阶段静态确定的。在函数模板内部，可以通过 typeid 操作决定在模板参数被实例化为不同数据类型时采取不同的行动。

(2) typeid 动态类型判断

typeid 更多的时候是在运行时用于动态地确定指针或引用所指向对象的类型，这时要求 typeid 所操作的对象一定要拥有虚函数。参见下面的程序：

```
#include <iostream>
using namespace std;
class A
{
    virtual void func(){}
};
class B:public A{};
void reportA(A * pa)
{
    if(typeid( * pa) == typeid(A))
        cout << "Type of * pb is A" << endl;
    else if(typeid( * pa) == typeid(B))
```

```
        cout << "Type of * pb is B" << endl;
}
void reportB(B * pb)
{
    if(typeid( * pb) == typeid(A))
        cout << "Type of * pb is A" << endl;
    else if(typeid( * pb) == typeid(B))
        cout << "Type of * pb is B" << endl;
}
int main()
{
    A a, * pa;
    B b, * pb;
    pa = &a;
    reportA(pa);
    pa = &b;
    reportA(pa);
    pb = static_cast <B * > (&a);
    reportB(pb);
    pb = &b;
    reportB(pb);
}
```

程序输出结果:

```
Type of * pb is A
Type of * pb is B
Type of * pb is A
Type of * pb is B
```

从上面的运行结果可以看出,使用 typeid 确实能够在程序运行期间动态地判断指针所指对象的实际类型。使用引用可以收到同样的效果,因为引用的底层实现就是指针。

注意:

① 如果在 Class A 的定义中将函数 func()定义为普通函数(将前面的 virtual 关键字去掉),那么 typeid(* pa)的结果永远是 typeid(A),而 typeid(* pb)的结果永远是 typeid(B)。也就是说,由于 pa 和 pb 所指向的对象中没有虚函数,所以该对象就没有虚函数表存放运行时信息,typeid 实际上就变成了一种静态运算符。

② C++中的一切"动态"机制,包括虚函数、RTTI(Runtime Type Identification,运行时类型识别)等,都必须通过指针或引用来实现。换句话说,指针所指的对象或引用所绑定的对象,在运行阶段可能与声明指针或引用时的类型不一致。如果

不使用指针或引用，而是直接通过对象名访问对象，那么即使对象拥有动态信息（虚函数表），对象的动态信息与静态声明对象时的信息必然一致，所以就没有必要访问虚函数表；而如果对象不拥有虚函数，就没有虚函数表存放动态信息，也就无法在运行时动态判断指针所指向对象（或引用所绑定对象）的实际类型。

关于运算符 dynamic_cast 的用法，详见“2.12　数据类型转换”。

6.6　虚调用及其调用的具体形式

1. 虚调用的定义

虚调用是相对于实调用而言的，它的本质是动态联编。在发生函数调用时，如果函数的入口地址是在编译阶段静态确定的，就是实调用；反之，如果函数的入口地址要在运行时通过查询虚函数表的方式获得，就是虚调用。

2. 虚函数的几种实调用的情形

(1) 不通过指针或者引用调用虚函数

虚调用不能简单地理解成“对虚函数的调用”，因为对虚函数的调用很有可能是实调用。考察如下程序：

```
#include <iostream>
using namespace std;
class A
{
public:
    virtual void show()
    {
        cout << "in A" << endl;
    }
};
class B:public A
{
public:
    void show()
    {
        cout << "in B" << endl;
    }
};
void func(A a)
{
    a.show();
}
```

```
int main()
{
    B b;
    func(b);
}
```

程序运行结果：

```
in A
```

在函数 func()中，虽然在 class A 中函数 show()被定义为虚函数，但是由于 a 是类 A 的一个示例，不是指向类 A 对象的指针或者引用，所以函数调用 a. show()是实调用，函数的入口地址是在编译阶段静态决定的。

函数调用 func(b)的执行过程是这样的：先由对象 b 通过类 A 的赋值构造函数，产生一个类 A 的对象作为函数 func()的实参进入函数体。在函数体内，a 是一个“纯粹”的类 A 的对象，与类型 B 毫无关系，所以 a. show()是实调用。

(2) 在构造函数和析构函数中调用虚函数

在构造函数和析构函数中调用虚函数，此时对虚函数的调用实际上就是实调用。这是虚函数被“实调用”的另一个例子。从概念上说，在一个对象的构造函数运行完毕之前，这个对象还没有完全诞生，所以在构造函数中调用虚函数实际上都是实调用。

在销毁一个对象时，先调用该类所属类的析构函数，然后再调用其基类的析构函数。所以，在调用基类的析构函数时，派生类已经被析构了，派生类数据成员已经失效，无法动态地调用派生类的虚函数。

考察如下示例：

```
#include <iostream>
using namespace std;
class A
{
public:
    virtual void show()
    {
        cout << "in A" << endl;
    }
    A(){show();}
    ~A(){show();}
};
class B:public A
{
public:
```

```
    void show(){
        cout << "in B" << endl;
    }
};
int main()
{
    A a;
    B * pb = new B();
    cout << "after new" << endl;
    delete pb;
    cout << "after delete" << endl;
}
```

程序的执行结果是：

```
in A
in A
after new
in A
after delete
in A
```

在构造类 B 的对象时，会先调用基类 A 的构造函数，如果在构造函数中对 show()的调用是虚调用，那么应该打印出“in B”。析构也是如此，对虚函数的调用是实调用。因此，一般情况下，应该避免在构造函数和析构函数中调用虚函数，如果一定要这样做，则程序员必须清楚，这时对虚函数的调用其实是实调用。

3. 虚调用的常见形式

设立虚函数的初衷就是想在设计基类时，对该基类的派生类实施一定程度的控制。笼统地说，就是“通过基类访问派生类成员”。因此，虚调用最常见的形式是通过指向基类的指针或引用来访问派生类对象的虚函数。这种情况较为常见。不过，由于虚调用是通过查询虚函数表来实现的，而拥有虚函数的对象都可以访问到所属类的虚函数表，所以，一个不常见的做法是通过指向派生类对象的指针或引用来调用基类对象的虚函数。考察如下代码：

```
#include <iostream>
using namespace std;
class A
{
public:
    virtual void show()
    {
```

```
        cout << "in A" << endl;
    }
};
class B:public A
{
public:
    void show(){
        cout << "in B" << endl;
    }
};
int main()
{
    A a;
    B& br = static_cast <B&> (a);
    br.show();
}
```

程序输出结果是：

```
in A
```

通过派生类对象的引用 br 实现了对基类中虚函数 show()的调用，如果在 class A 的定义中，将函数 show()前面的关键字 virtual 去掉，那么程序的执行结果就是 in B，br. show()就变成了实调用。

4. 虚调用一定要借助于指针或引用来实现吗

答案是否定的。在实际应用中，绝大多数的虚调用的确是通过显式地借助于指针或者引用来实现的，但是也可以通过间接的方式来实现虚调用。

```
#include <iostream>
using namespace std;
class A
{
public:
    virtual void show()
    {
        cout << "in A" << endl;
    }
    void callfunc(){show();}
};
class B:public A
{
public:
```

```
    void show()
    {
        cout << "in B" << endl;
    }
};
int main()
{
    B b;
    b.callfunc();
}
```

程序的执行结果是：

```
in B
```

在这个程序中，看不到一个指针或者引用，却发生了虚调用。函数调用 b.callfunc()执行的实际上是 A::func()，如果在 class A 中去掉函数 show()前面的关键字 virtual，那么程序的输出结果是 in A。也就是说，在函数 callfunc()中，函数调用 show()是一个虚调用，它是在运行时才决定使用派生类中的虚函数还是使用基类中的虚函数。

6.7 动态联编实现原理分析

所谓动态联编，是指被调函数入口地址是在运行时、而不是在编译时决定的。C++语言利用动态联编来完成虚函数调用。C++标准并没有规定如何实现动态联编，但大多数的 C++编译器都是通过虚指针（vptr）和虚函数表（vtable）来实现动态联编的。

动态联编的基本思路如下：

① 为每一个包含虚函数的类建立一个虚函数表，虚函数表的每一个表项存放的是虚函数在内存中的入口地址；

② 在该类的每个对象中设置一个指向虚函数表的指针，在调用虚函数时，先采用虚指针找到虚函数表，确定虚函数的入口地址在表中的位置，然后获取入口地址完成调用。

我们将从以下几个方面来考察动态联编的实现细节。

1. 虚指针(vptr)的存放位置

虚指针是作为对象的一部分存放在对象的空间中的。一个类只有一个虚函数表，因此类的所有对象中的虚指针都指向同一个地方。在不同的编译器中，虚指针在对象中的位置是不同的。两种典型的做法是：

① 在 VC++中，虚指针位于对象的起始位置；

② 在 GNU C++中,虚指针位于对象的尾部而不是头部。

可通过下面的程序考察在 VC++中虚指针在对象中的位置。

```
#include <iostream>
using namespace std;
int globalv;
class NoVirtual
{
    int i;
public:
    void func()
    {
        cout << "no virtual function" << endl;
    }
    NoVirtual()
    {
        i = ++globalv;
    }
};
class HaveVirtual:public NoVirtual
{
public:
    virtual void func()
    {
        cout << "Virtual Function" << endl;
    }
};
int main()
{
    NoVirtual n1, n2;
    HaveVirtual h1, h2;
    unsigned long * p;
    cout << "sizeof(NoVirtual):" << sizeof(NoVirtual) << endl;
    cout << "sizeof(HaveVirtual):" << sizeof(HaveVirtual) << endl;
    p = reinterpret_cast <unsigned long *> (&n1);
    cout << "first 4 bytes of n1:" << p[0] << endl;
    p = reinterpret_cast <unsigned long *> (&n2);
    cout << "first 4 bytes of n2:" << p[0] << endl;
    p = reinterpret_cast <unsigned long *> (&h1);
    cout << "first 4 bytes of h1: 0x" << hex << p[0] << endl;
    p = reinterpret_cast <unsigned long *> (&h2);
    cout << "first 4 bytes of h2: 0x" << hex << p[0] << endl;}
```

程序运行结果：

```
sizeof(NoVirtual):4
sizeof(HaveVirtual):16
first 4 bytes of n1:1
first 4 bytes of n2:2
first 4 bytes of h1: 0x3fe43340
first 4 bytes of h2: 0x3fe43340
```

从程序的输出结果可以得出以下两个结论：

① 可以清楚地看到虚指针对类对象大小的影响。类 NoVirtual 不包含虚函数，因此类 NoVirtual 的对象只包含数据成员 i，所以 sizeof(NoVirtual)为 4。类 HaveVirtual 包含虚函数，因此类 HavcVirtual 的对象不仅要包含数据成员 i，而且还要包含一个指向虚函数表的指针(大小为 4 B)，所以 sizeof(HaveVirtual)为 8。

② 虚指针如果不在对象的头部，那么对象 h1 和对象 h2 的头 4 字节(代表整型成员变量 i)的值应该是 3 和 4。而程序结果显示，类 HaveVirtual 的两个对象 h1 和 h2 的头 4 字节的内容相同，这个值就是类 HaveVirtual 的虚函数表所在的地址。

2. 虚函数表(vtable)的内部结构

虚函数表是为拥有虚函数的类准备的。虚函数表中存放的是类的各个虚函数的入口地址。那么，可以思考以下几个问题：

① 虚函数的入口地址是按照什么顺序存放在虚函数表中的？

② 不同的类(比如父类和子类)是否可以共享同一张虚函数表？

③ 虚函数表是一个类的对象共享，还是一个对象就拥有一个虚函数表？

④ 多重继承的情况下，派生类有多少个虚函数表？

考察如下程序：

```
#include <iostream>
using namespace std;
#define ShowFuncAddress(function) _asm{\
    mov eax, function}\
    _asm{mov p,eax}\
    cout << "Address of "#function": " << p << endl;
void showVtableContent(char * className, void * pObj, int index)
{
    unsigned long * pAddr = NULL;
    pAddr = reinterpret_cast <unsigned long *> (pObj);
    pAddr = (unsigned long * ) * pAddr;      //获取虚函数表指针
    cout << className << "'s vtable[" << index << "]";
    cout << ": 0x" << (void * )pAddr[index] << endl;
}
```

```
class Base
{
    int i;
public:
    virtual void f1()
    {
        cout << "Base's f1()" << endl;
    }
    virtual void f2()
    {
        cout << "Base's f2()" << endl;
    }
    virtual void f3()
    {
        cout << "Base's f3()" << endl;
    }
};
class Derived:public Base
{
    int i;
public:
    virtual void f4()
    {
        cout << "Derived's f4()" << endl;
    }
    void f3()
    {
        cout << "Derived's f3()" << endl;
    }
    void f1()
    {
        cout << "Derived's f1()" << endl;
    }
};
void func()
{
    cout << "lala" << endl;
}
int main()
{
    Base b;
```

```
    Derived d;
    void * p;
    unsigned long * pAddr;
    pAddr = reinterpret_cast <unsigned long *> (&b);
    cout << "address of  vtable of Base is 0x" << (void * ) * pAddr << endl;
    pAddr = reinterpret_cast <unsigned long *> (&d);
    cout << "address of  vtable of Derived is 0x" << (void * ) * pAddr << endl;
    ShowFuncAddress(Base::f1);
    showVtableContent("Base",&b,0);
    ShowFuncAddress(Base::f2);
    showVtableContent("Base",&b,1);
    ShowFuncAddress(Base::f3);
    showVtableContent("Base",&b,2);
    ShowFuncAddress(Derived::f1);
    showVtableContent("Derived",&d,0);
    ShowFuncAddress(Derived::f2);
    showVtableContent("Derived",&d,1);
    ShowFuncAddress(Derived::f3);
    showVtableContent("Derived",&d,2);
    ShowFuncAddress(Derived::f4);
    showVtableContent("Derived",&d,3);
}
```

程序运行结果如图 6 - 5 所示。

```
address of  vtable of Base is 0x0023DC90
address of  vtable of Derived is 0x0023DCD4
Address of Base::f1: 0023114F
Base's vtable[0]: 0x0023114F
Address of Base::f2: 002311DB
Base's vtable[1]: 0x002311DB
Address of Base::f3: 0023107D
Base's vtable[2]: 0x0023107D
Address of Derived::f1: 002311C7
Derived's vtable[0]: 0x002311C7
Address of Derived::f2: 002311DB
Derived's vtable[1]: 0x002311DB
Address of Derived::f3: 002314D3
Derived's vtable[2]: 0x002314D3
Address of Derived::f4: 0023148D
Derived's vtable[3]: 0x0023148D
请按任意键继续. . .
```

图 6 - 5

代码相关说明：

C++规定，类的静态成员函数和全局函数可以直接通过函数名或类名::函数名来获取函数的入口地址。但是，对于类的非静态成员函数，不可以直接获取类成员函数的地址，需要利用内联汇编来获取成员函数的入口地址或者用 union 类型来逃避 C++的类型转换检测。两种方法都是利用了某种机制逃避 C++的类型转换检测，为什么 C++编译器不干脆直接放开这个限制，一切让程序员自己做主呢？这当然是有原因的，因为类成员函数和普通函数还是有区别的，允许转换后很容易出错。

因此，在程序中使用宏 ShowFuncAddress，利用内联汇编来获取类的非静态成员函数的入口地址。这是一个带参数的宏，并且对宏的参数做了一些特殊处理，如字符串化的处理。

程序结果说明：

① 基类 Base 虚函数表的地址与派生类 Derived 的虚函数表的地址是不同的，尽管类 Base 是类 Derived 的父类，但它们却各自使用不同的虚函数表。可见，所有的类都不会和其他的类共享同一张虚函数表。

② 对于任意包含虚函数的类，将虚函数的入口地址写入虚函数表，按照如下步骤进行：

第一步：确定当前类所包含的虚函数个数。一个类的虚函数有两个来源：一是继承自父类(在当前类中可能被改写)，二是在当前类中新声明的虚函数。

第二步：为所有虚函数排序。继承自父类的所有虚函数都排在当前类新生命的虚函数之前。新声明的虚函数按照在当前类中声明的顺序排列。

第三步：确定虚函数的入口地址。继承自父类的虚函数，如果在当前类中被改写，则虚函数的入口地址是改写之后的函数的地址，否则保留父类中的虚函数的入口地址。新声明的虚函数的入口地址就是在当前类中的函数的入口地址。

第四步：将所有虚函数的入口地址按照排定的次序写入虚函数表中。

③ 虚函数表是一个类的所有对象共享，而不是一个对象就拥有一个虚函数表，读者可自行验证。

以上代码描述的是单继承情况下父类和子类的虚函数表在内存中的结构，直观的图示描述如图 6－6 所示。

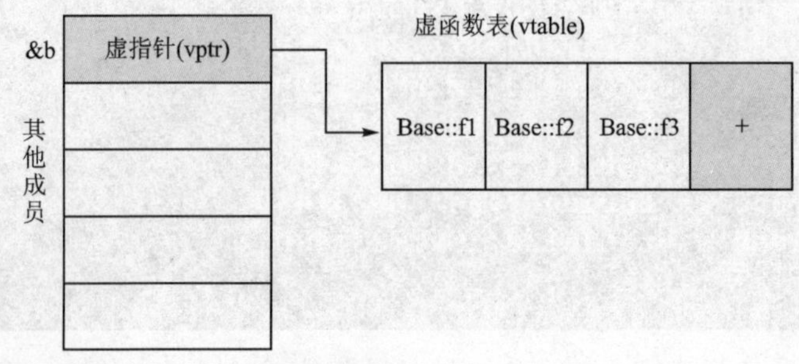

图 6－6

注意：在图 6-6 所示虚函数表的最后多加了一个节点，这是虚函数表的结束节点，就像字符串的结束符“\0”一样，标志着虚函数表的结束。这个结束标志的值在不同的编译器下是不同的。在 VC++下，这个值是 NULL；而在 GNU C++下，这个值如果是 1，则表示还有下一个虚函数表，如果是 0，则表示当前是最后一个虚函数表。

④ 在多重继承的情况下，派生类有多少个虚函数表呢？

子类如果继承了多个父类，并重写了继承而来的虚函数，那么子类实例的内存布局如图 6-7 所示。

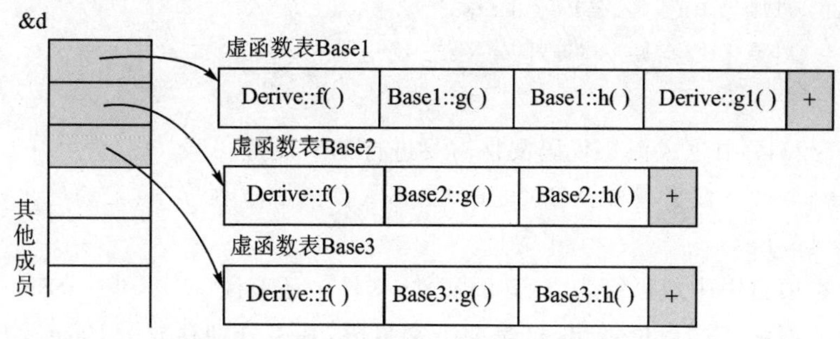

图 6-7

由图 6-7 可知，子类有多少个父类就有多少个虚函数表。3 个父类虚函数表中的 f()位置被替换成了子类的函数。这样，我们就可以任一静态类型的父类指向子类，动态调用子类的 f()了。例如：

```
Derive d;
Base1 *b1 = &d;
Base2 *b2 = &d;
Base3 *b3 = &d;
b1 -> f(); //Derive::f()
b2 -> f(); //Derive::f()
b3 -> f(); //Derive::f()
b1 -> g(); //Base1::g()
b2 -> g(); //Base2::g()
b3 -> g(); //Base3::g()
```

注意：第一个虚函数表的最后一项 Derive::g1()是子类新增的虚函数。

3. 虚函数表(vtable)的存放位置

虚函数表放在应用程序的常量区。将上面的代码编译之后生成汇编代码文件，查看.asm 文件可以发现这样两项内容：

```
CONSTSEGMENT
?? _7Base@@6B@ DD FLAT:?? _R4Base@@6B@                ; Base::vftable'
```

```
    DD  FLAT:? f1@Base@@UAEXXZ
    DD  FLAT:? f2@Base@@UAEXXZ
    DD  FLAT:? f3@Base@@UAEXXZ
CONST  ENDS
CONSTSEGMENT
?? _7Derived@@6B@ DD FLAT:?? _R4Derived@@6B@          ; Derived::vftable'
    DD  FLAT:? f1@Derived@@UAEXXZ
    DD  FLAT:? f2@Base@@UAEXXZ
    DD  FLAT:? f3@Derived@@UAEXXZ
    DD  FLAT:? f4@Derived@@UAEXXZ
CONST  ENDS
```

在 VS 2017 中生成汇编代码文件需要进行如下设置：

项目→属性→配置属性→C/C++→输出文件→右边内容项：汇编输出→带源代码的程序集(/Fas)

这样在项目中生成后缀为.asm 的文件，文件中还有注释，以利于分析。

由上述汇编代码可以看出，这是两个常量段，其中分别存放了 Base 类的虚函数表和 Derived 类的虚函数表，虚函数表中的每一项都代表一个函数的入口地址，类型是 Double Word。类中每个虚函数的入口地址在虚函数表中的排放顺序也可以从相应的标识符看出。

4. 通过访问虚函数表手动调用虚函数

既然知道了虚函数表的位置和结构，那么就可以通过访问虚函数表手动调用虚函数。虽然在利用 C++编写程序时没有必要这样做，但如果想了解动态联编的实现机理，请参考如下代码：

```
#include <iostream>
using namespace std;
typedef void (*pFunc)();
void executeVirtualFunc(void* pObj, int index)
{
    pFunc p;
    unsigned long* pAddr;
    pAddr = reinterpret_cast<unsigned long*>(pObj);
    pAddr = (unsigned long*)*pAddr;      //获取虚函数表地址
    p = (pFunc)pAddr[index];             //获取虚函数入口地址
    _asm mov ecx, pObj
    p();                                 //实施函数调用
}
class Base
{
```

```
    int i;
public:
    Base(){i = 0;}
    virtual void f1()
    {
        cout << "Base's f1()" << endl;
    }
    virtual void f2()
    {
        cout << "Base's f2()" << endl;
    }
    virtual void f3()
    {
        cout << "Base's f3()" << endl;
    }
};
class Derived:public Base
{
    int j;
public:
    Derived(){j = 1;}
    virtual void f4()
    {
        cout << "Derived's f4(),j = " << j << endl;
    }
    void f3()
    {
        cout << "Derived's f3()" << endl;
    }
    void f1()
    {
        cout << "Derived's f1()" << endl;
    }
};
int main()
{
    Base b;
    Derived d;
    executeVirtualFunc(&b,1);
    executeVirtualFunc(&d,3);
}
```

执行“executeVirtualFunc(&b,1);”就是调用基类对象 b 的第二个虚函数(b. f2()),执行“executeVirtualFunc(&d,3);”就是调用子类 d 的第四个虚函数(d. f4())。程序的输出结果是:

```
Base's f2()
Derived's f4(),j = 1
```

结果表明,对不同对象上的不同虚函数成功地实现了调用。这些调用是通过访问每个对象虚函数表来实现的。由于在调用类对象的非静态成员函数时,必须同时给出对象的首地址,所以在程序中使用了内联汇编代码“_asm mov ecx,pObj;”来达到这个目的。在 VC++中,在调用类的非静态成员函数之前,对象的首地址都是送往寄存器 ecx 的。

6.8 接口继承与实现继承的区别和选择

1. 接口继承与实现继承的区别

*Effective C++*条款三十四:区分接口继承和实现继承介绍得比较啰嗦,概括地说只需要理解 3 点:

① 纯虚函数只提供接口继承,但可以被实现;

② 虚函数既提供接口继承,也提供一份默认实现,即提供实现继承;

③ 普通函数既提供接口继承,也提供实现继承。

这里假定讨论的成员函数都是 public 的。

回顾一下这三类函数,如下:

```
class BaseClass
{
public:
    void virtual PureVirtualFunction() = 0;    //纯虚函数
    void virtual ImpureVirtualFunction();      //虚函数
    void CommonFunciton();                     //普通函数
};
```

纯虚函数有一个“=0”的声明,具体实现一般放在派生类中(但基类也可以有具体实现),所在的类(称之为虚基类)是不能定义对象的,派生类中仍然也可以不实现这个纯虚函数,交由派生类的派生类实现,总之直到有一个派生类将之实现,才可以由这个派生类定义出它的对象。

虚函数必须有实现,否则会报链接错误。虚函数可以在基类和多个派生类中提供不同的版本,利用多态性质,在程序运行时动态决定执行哪一个版本的虚函数(机制是编译器生成的虚表)。virtual 关键字在基类中必须显式指明,在派生类中不必指明，即使不写，也会被编译器认可为 virtual 函数，virtual 函数存在的类可以定义实例对象。

普通函数则是将接口与实现都继承下来，如果在派生类中重定义普通函数，则将同名函数隐藏。事实上，极不推荐在派生类中隐藏基类的普通函数，如果真要这样做，请一定要考虑是否该把基类的这个函数声明为虚函数或者纯虚函数。

下面看一个示例程序。CShape 是一个几何图形的基类，对于任何一个几何图形来说，绘制和设置颜色都是合理的操作，因此可以按照如下方式设计类：

```
class CShape
{
public:
    virtual void draw() = 0;
    virtual void setColor(const Color& color);
private:
    Color m_color;
};
class CCircle:public CShape{};
class CEllipse:public CShape{};
```

上面几个类的声明就可以很好地展示继承的两个相互独立的部分：函数接口继承(inheritance of function interface)和函数实现继承(inheritance of function implementation)。

在基类 CShape 中，不能为每一种不同的图形提供一个默认的 draw 实现，所以设置为纯虚函数，留给派生类来实现，也就是说，派生类只是继承了一个借口而已。圆和椭圆有着自己的绘制方式，所以各自有独自的绘制实现。

对于 CShape::setColor，将其设置为普通的虚函数，提供一个默认的实现，这样圆和椭圆既可以重新定义，也可以使用基类的默认实现。使用普通的虚函数，派生类既使用了接口继承，也使用了实现继承。

2. 接口继承与实现继承的选择

类设计时，接口继承与实现继承相互独立，代表着一定的设计意义，在二者之间进行选择时，我们需要考虑一个因素：对于无法提供默认版本的函数接口选择函数接口继承，对于能够提供默认版本的函数接口选择函数实现继承。

6.9 获取类成员虚函数地址

1. GNU C++平台

GNU C++平台可使用如下方法获取 C++成员虚函数地址：

```
class Base
{
    int i;
public:
    virtual void f1()
    {
        cout << "Base's f1()" << endl;
    }
};
Base b;
void (Base::*mfp)() = &Base::f1;
printf("address: %p", (void*)(b->*mfp));
```

上面的代码在 Linux g++ (GCC) 4.8.5 中编译通过。

2. VC++平台

可以采用内联汇编的方式获取,代码如下:

```
#define ShowFuncAddress(function) _asm{\
    mov eax, function}\
    _asm{mov p,eax}\
    cout << "Address of "#function": " << p << endl;
//使用示例
ShowFuncAddress(Base::f1);
```

上面的代码在 VS 2017 中编译通过。

3. 通过访问虚函数表获取虚函数地址

下面的代码可以在 GCC 和 VC++中共同编译运行。

```
/***********************
@className:类名称
@pObj:类对象地址
@index:虚函数表项(从 0 开始)
***********************/
void showVtableContent(char* className, void* pObj, int index)
{
    unsigned long* pAddr = NULL;
    pAddr = reinterpret_cast<unsigned long*>(pObj);
    pAddr = (unsigned long*)*pAddr;      //获取虚函数表指针
    cout << className << "'s vtable[" << index << "]:0x" << (void*)pAddr[index] << endl;
}
//使用示例
class Base
```

```
{
    int i;
public:
    virtual void f1()
    {
        cout << "Base's f1()" << endl;
    }
    virtual void f2()
    {
        cout << "Base's f2()" << endl;
    }
};
int main()
{
    Base b;
    showVtableContent("Base",&b,0);  //输出第一个虚函数 Base::f1 的地址
    showVtableContent("Base",&b,1);  //输出第二个虚函数 Base::f2 的地址
}
```

程序运行结果：

```
Base's vtable[0]:0x00C81505
Base's vtable[1]:0x00C811DB
```

6.10 构造函数与析构函数调用虚函数的注意事项

虽然可以对虚函数进行实调用，但程序员编写虚函数的本意应该是实现动态联编。在构造函数中调用虚函数，函数的入口地址是在编译时静态确定的，并未实现虚调用。但是为什么在构造函数中调用虚函数而实际上却没有发生动态联编呢？

第一个原因，在概念上，构造函数的工作是为对象进行初始化。在构造函数完成之前，被构造的对象被认为"未完全生成"。当创建某个派生类的对象时，如果在它的基类的构造函数中调用虚函数，那么此时派生类的构造函数并未执行，所调用的函数可能操作还没有被初始化的成员，这将导致灾难的发生。

第二个原因，即使想在构造函数中实现动态联编，在实现上也会遇到困难。这涉及对象虚指针(vptr)的建立问题。在 VC++中，包含虚函数的类对象的虚指针被安排在对象的起始地址处，并且虚函数表(vtable)的地址是由构造函数写入虚指针。所以，一个类的构造函数在执行时，并不能保证该函数所能访问到的虚指针就是当前被构造对象最后所拥有的虚指针，因为后面派生类的构造函数会对当前被构造对象的虚指针进行重写，因此无法完成动态联编。

同样的，在析构函数中调用虚函数，函数的入口地址也是在编译时静态决定的。

也就是说，实现的是实调用而非虚调用。

考察如下例子：

```
#include <iostream>
using namespace std;
class A
{
public:
    virtual void show(){
        cout << "in A" << endl;
    }
    virtual ~A(){show();}
};
class B:public A
{
public:
    void show(){
        cout << "in B" << endl;
    }
};
int main()
{
    A a;
    B b;
}
```

程序输出结果：

```
in A
in A
```

在类 B 的对象 b 退出作用域时，会先调用类 B 的析构函数，然后调用类 A 的析构函数，在析构函数～A()中调用了虚函数 show()。从输出结果来看，类 A 的析构函数对 show()调用并没有发生虚调用。

从概念上说，析构函数是用来销毁一个对象的，在销毁一个对象时，先调用该对象所属类的析构函数，然后再调用其基类的析构函数，所以，在调用基类的析构函数时，派生类对象的"善后"工作已经完成，这时再调用在派生类中定义的函数版本就已经没有意义了。

因此，一般情况下，应该避免在构造函数和析构函数中调用虚函数，如果一定要这样做，那么程序员必须清楚，对虚函数的调用其实是实调用。

第 7 章 模板与泛型编程

7.1 typename 的双重含义

1. 模板类型参数声明

使用模板时，声明模板类型参数有如下两种方式：

```
//方式一
template <class T> CTest;
//方式二
template <typename T> CTest;
```

这两种方式并没有任何区别，都表示 T 是模板类型参数，其可以是任何类型，包括用户自定义类型或是语言的基本类型。虽然用于模板类型参数声明时作用完全相同，但是仍建议使用 typename，因为 typename 的字面意义既表示类型名称，又符合其语义；而 class 则多用于类的声明，而非模板类型参数。当然，如果原有项目中均使用 class，那么请与原有项目风格保持一致。

2. 嵌套从属类型名称(nested dependent type name)须使用 typename

在 template 声明的方式中，用于声明模板类型参数时，class 与 typename 的作用完全一致。当然，因为前者字符数少，可能会有人倾向于使用 class。但有时，typename 却是不可被替换成 class 的。

假设，有个函数模板接受一个容器 C 为参数，这个容器内部定义了一个类型 a。STL 容器内部会定义 5 种迭代器型别(iterator_category, value_type, difference_type, pointer, reference)，即迭代器中定义的类型。这里 a 可以是其中任何一个，也可是用户自定义类型，但假设不是基本类型。现在来看这个函数模板的定义：

```
template <typename C>              //建议使用 typename
void func(const C& container)
{
    ...
    C::a * x;
```

```
    ...
}
```

考虑上述模板定义式中间的那行代码，对于开发者而言，可以很明显地推断出代码的含义，x 是一个 a 类型的指针。但是对于编译器而言，在没有明确 C 的定义之前，是无法确定 a 是一个嵌套于 C 中的类型的。其实，a 可能是 C 内一个静态成员变量。假设 x 刚好是一个全局变量，那么这行代码也可以由编译器解析为两数相乘。

编译器面对这样的代码如何处置呢？编译器会这样处理：如果在 template 中遇到一个嵌套从属类型名称，即依赖于模板类型参数的类型，放在上面的例子中对应 C::a，C::a 依赖于模板类型参数 C，它便假设这个名称不是类型，除非显式告诉编译器。所以，默认情况下嵌套从属类型名称不是类型。如何显式告知编译器呢？可以使用 typename，这是它的第二重意义。在此之前假设 a 不是基本类型，因为基本类型不依赖于其他类型。

正确的函数模板如下：

```
template <typename C>
void func(const C& container)
{
    ...
    typename C::a * x;      //在行首加上 typename 即可
    ...
}
```

至此，想必对 typename 的第二重含义已经基本了解，这也是 typename 与 class 的不同之处，当模板中出现嵌套从属类型名称时须使用 typename 帮助编译器识别。

3. 规则之外

当模板中出现嵌套从属类型名称时须使用 typename 帮助编译器识别，这一规则也存在例外。typename 不可以出现在所继承的基类成员列表（base classes list）内的嵌套从属类型名称之前，也不可以在成员初始化列表（member initialization list）中作为 base class 的修饰符。例如：

```
template <typename T>
class Derived: public Base <T> ::Nested    //基类成员列表中不允许使用 typename
{
public:
    explicit Drived(int x) : Base <T> ::Nexted(x)   //成员初始化列表中不允许
                                                    //使用 typename
    {
        typename Base <T> :: Nexted temp;   //这里可以
    }
```

4. 总　结

① 当声明模板参数时，class 和 typename 可以互换，建议使用 typename，因为从字面上来看更加符合语义；

② 嵌套从属类型名称（nested dependent type name）须使用 typename 来标识，但不能在所继承的基类成员列表和成员初始化列表中使用。

7.2　模板实例化与调用

模板的实例化是指函数模板（类模板）生成模板函数（模板类）的过程。对于函数模板而言，模板实例化之后会生成一个真正的函数；而类模板经过实例化之后只是完成了类的定义，模板类的成员函数需要到调用时才会被初始化。模板的实例化分为隐式实例化和显式实例化。

对于函数模板的使用而言，分为两种调用方式：一种是显式模板实参调用（显式调用），另一种是隐式模板实参调用（隐式调用）。对于类模板的使用而言，没有隐式模板实参和显式模板实参使用的说法，因为类模板的使用必须显式指明模板实参。各个概念请勿混淆。

1. 隐式实例化

(1) 模板隐式实例化的定义

这是相对于模板显式实例化而言的。在使用模板函数和模板类时，不存在指定类型的模板函数和模板类的实体时，由编译器根据指定类型参数隐式生成模板函数或者模板类的实体，为模板的隐式实例化。

(2) 函数模板隐式实例化

函数模板隐式实例化指的是在发生函数调用时，如果没有发现相匹配的函数存在，编译器就会寻找同名函数模板；如果可以成功进行参数类型推演，就对函数模板进行实例化。

还有一种间接调用函数的情况，也可以完成函数模板的实例化。所谓的间接调用，是指将函数入口地址传给一个函数指针，通过函数指针完成函数调用。如果传递给函数指针不是一个真正的函数，那么编译器就会寻找同名的函数模板进行参数推演，进而完成函数模板的实例化。参考如下示例：

```
#include <iostream>
using namespace std;
template <typename T> void func(T t)
{
    cout << t << endl;
}
void invoke(void ( * p)(int))
```

```
{
    int num = 10;
    p(num);
}
int main()
{
    invoke(func);
}
```

程序成功运行，其输出结果为

```
10
```

(3) 类模板隐式实例化

类模板隐式实例化指的是在使用模板类时才将模板实例化，是相对于类模板显示实例化而言的。考察如下程序：

```
#include <iostream>
using namespace std;
template <typename T> class A
{
    T num;
public:
    A()
    {
        num = T(6.6);
    }
    void print()
    {
        cout << "A'num:" << num << endl;
    }
};
int main()
{
    A <int> a;      //显式模板实参的隐式实例化
    a.print();
}
```

程序输出结果：

```
A'num:6
```

2. 显式实例化

(1) 模板显式实例化的定义

显式实例化也称为外部实例化。在不发生函数调用时将函数模板实例化，或者在不使用类模板时将类模板实例化，称为模板显式实例化。

(2) 函数模板显式实例化

对于函数模板而言，不管是否发生函数调用，都可以通过显式实例化声明将函数模板实例化，格式为

```
template [函数返回类型] [函数模板名]<实际类型列表>(函数参数列表)
```

例如：

```
template void func <int> (const int&);
```

(3) 类模板的显式实例化

对于类模板而言，不管是否生成一个模板类的对象，都可以直接通过显式实例化声明将类模板实例化，格式为

```
template class [类模板名]<实际类型列表>
```

例如：

```
template class theclass <int> ;
```

3. 函数模板调用方式

(1) 隐式模板实参调用

在发生函数模板的调用时，不显式给出模板参数而经过参数推演，称为函数模板的隐式模板实参调用(隐式调用)。如：

```
template <typename T> void func(T t)
{
    cout << t << endl;
}
    func(5);    //隐式模板实参调用
```

(2) 显式模板实参调用

在发生函数模板的调用时，显式给出模板参数而不需要经过参数推演，称为函数模板的显式模板实参调用(显式调用)。

显式模板实参调用在参数推演不成功的情况下是有必要的。考察如下程序：

```
#include <iostream>
using namespace std;
template <typename T> T Max(const T& t1,const T& t2)
```

```
{
    return (t1 > t2)? t1:t2;
}
int main()
{
    int i = 5;
    //cout << Max(i,'a') << endl;            //无法通过编译
    cout << Max <int> (i,'a') << endl;       //显式调用,通过编译
}
```

直接采用函数调用“Max(i,'a')”会产生编译错误,因为“i”和“a”具有不同的数据类型,无法从这两个参数中进行类型推演。而采用“Max <int >(i,'a')”调用后,函数模板的实例化不需要经过参数推演,而函数的第二个实参也可以由 char 型转换为 int 型,从而成功地完成函数调用。

在编程过程中,建议采用显式模板实参的方式调用函数模板,这样既提高了代码的可读性,又便于代码的理解和维护。

7.3 模板特化与模板偏特化

1. 模板特化

模板特化(template specialization)不同于模板的实例化,模板参数在某种特定类型下的具体实现称为模板的特化。模板特化有时也称为模板的具体化,分别有函数模板特化和类模板特化。

(1) 函数模板特化

函数模板特化是指一个统一的函数模板不能在所有类型实例下正常工作时,需要定义类型参数在实例化为特定类型时函数模板的特定实现版本。考察如下程序:

```
#include <iostream>
using namespace std;
template <typename T> T Max(T t1,T t2)
{
    return (t1 > t2)? t1:t2;
}
typedef const char * CCP;
template <> CCP Max <CCP> (CCP s1,CCP s2)
{
    return (strcmp(s1,s2) > 0)? s1:s2;
}
int main()
```

```
{
    //调用实例:int Max <int> (int,int)
    int i = Max(10,5);
    //调用显式特化:const char * Max <const char *> (const char * ,const char * )
    const char * p = Max <const char *> ("very","good");
    cout << "i:" << i << endl;
    cout << "p:" << p << endl;
}
```

程序正常编译运行结果:

```
i:10
p:very
```

在函数模板显式特化的定义(explicit specialization definition)中,显示了关键字"template"和一对尖括号"< >",然后是函数模板特化的定义。该定义指出了模板名、被用来特化模板的模板实参以及函数参数表和函数体。在上面的程序中,如果不给出函数模板 Max <T>在 T 为 const char * 时的特化版本,那么在比较两个字符串的大小时,比较的是字符串起始地址的大小,而不是字符串的内容在字典序中的先后次序。

除了定义函数模板特化版本外,还可以直接给出模板函数在特定类型下的重载形式(普通函数)。使用函数重载可以实现函数模板特化的功能,也可以避免函数模板的特定实例的失效。例如,把上面的模板特化可以改成如下的重载函数:

```
typedef const char * CCP;
CCP Max(CCP s1,CCP s2)
{
    return (strcmp(s1,s2) > 0)? s1:s2;
}
```

程序运行后的结果与使用函数模板特化相同。但是,使用普通函数重载与使用模板特化还是有不同之处的,主要表现在如下两方面:

① 如果使用普通重载函数,那么不管是否发生实际的函数调用,都会在目标文件中生成该函数的二进制代码;而如果使用模板的特化版本,除非发生函数调用,否则不会在目标文件中包含特化模板函数的二进制代码。这符合函数模板的"惰性实例化"准则。

② 如果使用普通重载函数,那么在分离编译模式下,应该在各个源文件中包含重载函数的声明,否则在某些源文件中就会使用模板函数,而不是重载函数。

(2) 类模板特化

类模板特化类似于函数模板的特化,即类模板参数在某种特定类型下的具体实现。考察如下代码:

```
#include <iostream>
using namespace std;
template <typename T> class A
{
    T num;
public:
    A()
    {
        num = T(6.6);
    }
    void print()
    {
        cout << "A'num:" << num << endl;
    }
};
template <> class A <char*>
{
    char* str;
public:
    A(){
        str = "A' special definition ";
    }
    void print(){
        cout << str << endl;
    }
};
int main()
{
    A <int> a1;        //显式模板实参的隐式实例化
    a1.print();
    A <char*> a2;    //使用特化的类模板
    A2.print();
}
```

程序输出结果：

```
A'num:6
A' special definition
```

2. 模板偏特化

模板偏特化(template partitial specialization)是模板特化的一种特殊情况，是指指定模板参数而非全部模板参数，或者模板参数的一部分而非全部特性，也称为模板部分特化。与模板偏特化相对的是模板全特化，是指对所有的模板参数进行特化。模板全特化与模板偏特化共同组成模板特化。

模板偏特化主要分为两种：一种是指对部分模板参数进行全特化，另一种是对模板参数特性进行特化，包括将模板参数特化为指针、引用或是另外一个模板类。

(1) 函数模板偏特化

假如我们有一个 compare 函数模板，在比较数值类型时没有问题，如果传入的是数值的地址，则我们需要比较两个数值的大小，而非比较传入的地址大小。此时我们需要对 compare 函数模板进行偏特化。考察如下代码：

```
#include <vector>
#include <iostream>
using namespace std;
//函数模板
template <typename T, class N> void compare(T num1, N num2)
{
    cout << "standard function template" << endl;
    if(num1 > num2)
        cout << "num1:" << num1 << " > num2:" << num2 << endl;
    else
        cout << "num1:" << num1 << " <= num2:" << num2 << endl;
}
//对部分模板参数进行特化
template <class N> void compare(int num1, N num2)
{
    cout << "partitial specialization" << endl;
    if (num1 > num2)
        cout << "num1:" << num1 << " > num2:" << num2 << endl;
    else
        cout << "num1:" << num1 << " <= num2:" << num2 << endl;
}
//将模板参数特化为指针
template <typename T, class N> void compare(T* num1, N* num2)
{
    cout << "new partitial specialization" << endl;
    if (*num1 > *num2)
        cout << "num1:" << *num1 << " > num2:" << *num2 << endl;
    else
        cout << "num1:" << *num1 << " <= num2:" << *num2 << endl;
}
//将模板参数特化为另一个模板类
```

```
template <typename T, class N> void compare(std::vector <T> & vecLeft, std::vector <
T> & vecRight)
{
    cout << "to vector partitial specialization" << endl;
    if (vecLeft.size() > vecRight.size())
        cout << "vecLeft.size()" << vecLeft.size() << " > vecRight.size():" <<
        vecRight.size() << endl;
    else
        cout << "vecLeft.size()" << vecLeft.size() << " <= vecRight.size():" <<
        vecRight.size() << endl;
}
int main()
{
    compare <int,int> (30,31); //调用非特化版本 compare <int,int> (int num1, int num2)
    compare(30,'1');            //调用偏特化版本 compare <char> (int num1, char num2)
    int a = 30;
    char c = '1';
    compare(&a,&c);    //调用偏特化版本 compare <int,char> (int * num1, char * num2)
    vector <int> vecLeft{0};
    vector <int> vecRight{1,2,3};
    compare <int,int> (vecLeft,vecRight);
                        //调用偏特化版本 compare <int,char> (int * num1, char * num2)
}
```

程序输出结果如下：

```
standard function template
num1:30 <= num2:31
partitial specialization
num1:30 <= num2:1
new partitial specialization
num1:30 <= num2:1
to vector partitial specialization
vecLeft.size()1 <= vecRight.size():3
```

(2) 类模板偏特化

类模板的偏特化与函数模板的偏特化类似，考察如下代码：

```
#include <vector>
#include <iostream>
using namespace std;
//类模板
template <typename T, class N> class TestClass
```

```
{
public:
    static bool comp(T num1, N num2)
    {
        cout << "standard class template" << endl;
        return (num1 < num2) ? true : false;
    }
};
//对部分模板参数进行特化
template <class N> class TestClass <int, N>
{
public:
    static bool comp(int num1, N num2)
    {
        cout << "partitial specialization" << endl;
        return (num1 < num2) ? true : false;
    }
};
//将模板参数特化为指针
template <typename T, class N> class TestClass <T*, N*>
{
public:
    static bool comp(T* num1, N* num2)
    {
        cout << "new partitial specialization" << endl;
        return (*num1 < *num2) ? true : false;
    }
};
//将模板参数特化为另一个模板类
template <typename T, class N> class TestClass < vector <T> ,vector <N>>
{
public:
    static bool comp(const vector <T> & vecLeft, const vector <N> & vecRight)
    {
        cout << "to vector partitial specialization" << endl;
        return (vecLeft.size() < vecRight.size()) ? true : false;
    }
};
int main()
{
    //调用非特化版本
```

```
    cout << TestClass <char, char> ::comp('0', '1') << endl;
    //调用部分模板参数特化版本
    cout << TestClass <int,char> ::comp(30, '1') << endl;
    //调用模板参数特化为指针版本
    int a = 30;
    char c = '1';
    cout << TestClass <int * , char *> ::comp(&a, &c) << endl;
    //调用模板参数特化为另一个模板类版本
    vector <int> vecLeft{0};
    vector <int> vecRight{1,2,3};
    cout << TestClass < vector <int> , vector <int>> ::comp(vecLeft,vecRight) << endl;
}
```

程序输出结果：

```
standard class template
1
partitial specialization
1
new partitial specialization
1
to vector partitial specialization
1
```

3. 模板类调用优先级

对主版本模板类、全特化类、偏特化类的调用优先级从高到低进行排序：全特化类、偏特化类、主版本模板类。这样的优先级顺序对性能也是最好的。

但是，模板特化并不只是为了性能优化，更多的是为了让模板函数能够正常工作，最典型的例子就是 STL 中的 iterator_traits。algorithm 中大多数算法都通过 iterator 对象来处理数据，但是同时允许以指针代替 iterator 对象，这是为了支持 C-Style Array。如果直接操作 iterator，那么为了支持指针类型，每个算法函数都需要进行重载，因为指针没有::value_type 类型。为了解决这个问题，STL 使用了 iterator_traits 对 iterator 特性进行封装，并为指针类型做了偏特化处理，算法通过它来操作 iterator，不需要知道实际操作的是 iterator 对象还是指针。

```
template <typename IteratorClass> class iterator_traits
...
template <typename ValueType> class iterator_traits <ValueType *>
...
template <typename ValueType> class iterator_traits <ValueType const *>
...
```

后面两个是针对指针类型的偏特化，也是偏特化的一种常见形式。

7.4 函数声明对函数模板实例化的屏蔽

1. C++函数匹配顺序

C++语言引入模板机制后，函数调用的情形显得比C语言要复杂。当发生一次函数调用时，如果存在多个同名函数，则C++编译器将按照如下顺序寻找对应的函数定义。

① 寻找一个参数完全匹配的函数，如果找到了就调用它。

② 寻找一个函数模板，并根据调用情况进行参数推演，如果推演成功则将其实例化，并调用相应的模板函数。

③ 如果前面两种努力都失败了，则试着用低一级的函数匹配方法，例如通过类型转换能否达到参数匹配，如果可以，则调用它。

2. 函数声明对函数模板实例化的屏蔽

如果使用了函数声明，则可能会造成对函数模板实例化的屏蔽。考察如下程序：

```
#include <iostream>
using namespace std;
int square(const int&);

template <class T> T square(const T&i)
{
    return i * i;
}
int main()
{
    cout << square(5) << endl;   //连接时出错
}
```

在这个程序中，如果没有函数声明“int square(const int&)”，则函数调用“square(5)”一定会找到函数模板“square <T>”并将其实例化。但是，由于前面那个函数声明的存在，使得编译器认为一定有一个“int square(const int&)”存在，于是不启用函数模板的实例化，并尝试寻找该函数的定义，结果该函数并没有定义，就出现了连接时未找到该函数定义的错误。

这种现象可以把它叫作函数声明对函数模板实例化的屏蔽。其本质是，在发生函数调用时，编译器总是优先调用普通函数而不是函数模板。要解决这个问题可以采取以下3种办法：

① 去掉函数声明。

② 显式指明函数模板的类型参数，即显式模板实参调用(显式调用)，将函数调

用写成“square <int>(5);”。

③ 将函数声明改为模板声明，即声明“template <class T>T square(const T&);”,这样就会启用函数模板的实例化。这么做，本质上等同于第一种方法，去掉函数声明。

7.5 模板与分离编译模式

1. 分离编译模式

一个程序（项目）由若干个源文件共同实现，而每个源文件都单独编译生成目标文件，最后将所有目标文件连接起来形成单一的可执行文件的过程称为分离编译模式。

2. 使用模板在连接时出错

在 C++程序设计中，在一个源文件中定义某个函数，然后在另一个源文件中使用该函数，这是一种非常普遍的做法。但是，如果定义和调用一个函数模板时也采用这种方式，则会发生编译错误。

下面的程序由 3 个文件组成：func. h 用来对函数模板进行声明，func. cpp 用来定义函数模板，main. cpp 包含 func. h 头文件并调用相应的函数模板。

```
/***func.h***/
template <class T>  void func(const T&);
/***end func.h***/

/***func.cpp***/
#include "func.h"
#include <iostream>
using namespace std;

template <class T>  void func(const T& t)
{
    cout << t << endl;
}
/***end func.cpp***/

/***main.cpp***/
#include <stdio.h>
#include "func.h"

int main()
{
    func(3);
}
/***end main.cpp***/
```

这是一个结构非常清晰的程序，但是它不能通过编译。在 VS 2017 下的出错信息是：

```
error LNK2019 无法解析的外部符号 void __cdecl func int(int const &) ( $ func@H@@YAXABH@Z)
```

这是怎么回事呢？原因出现在分离编译模式上。在分离编译模式下，func.cpp 会生成一个目标文件 func.obj，由于在 func.cpp 文件中，并没有发生函数模板调用，所以不会将函数模板 func T 实例化为模板函数 func int。也就是说，在 func.obj 中无法找到关于模板函数 func int 的实现代码。在源文件 main.cpp 中，虽然函数模板被调用，但由于没有模板代码，也不能将其实例化。也就是说，在 main.obj 中也找不到模板函数 func int 的实现代码。这样，在连接时就会出现 func int 没有定义的错误。

3. 解决办法

(1) 将函数模板的定义放到头文件中

一个简单的解决办法就是将函数模板 func T 的定义写到头文件 func.h 中。这样，只要包含这个头文件，就会把函数模板的代码包含进来，一旦发生函数调用，就可以依据函数模板代码将其实例化。

这个办法虽然简单可行，但是却有如下不足：

① 函数模板的定义写进了头文件，暴露了函数模板的实现细节。

② 不符合分离编译模式的规则，因为分离编译模式要求函数原型声明放在头文件，定义放在源文件中。

注意：这样做，在多个目标文件中存在相同的函数模板实例化后的模板函数实体连接时并不会报函数重定义的错误，这与普通函数不同，是 C++ 对模板函数的特殊规定。

(2) 仍然采用分离编译模式

有什么办法可以让函数模板实例化时能够找到相应的模板函数的代码呢？一个可能的解决办法就是使用关键字 export。也就是说，在 func.cpp 里定义函数模板时，将函数模板头写成：

```
export templateclass T void func(const T& t);
```

这样做的目的是告诉编译器，这个函数模板可能在其他源文件中被实例化了。这是一个对程序员来说负担最轻的解决办法。但是，目前几乎所有的编译器都不支持关键字 export，包括 VC++和 GNU C++。

(3) 显式实例化

显式实例化也称为外部实例化。在不发生函数调用时将函数模板实例化，或者在不使用类模板时将类模板实例化，我们称之为模板显式实例化。

上面遇到的问题是在 main. obj 和 func. obj 中找不到模板函数 func int 的实现代码，此时就可以在 func. cpp 中将函数模板 func T 显式实例化为模板函数 func int。

```
template void funcint(cons tint&);//函数模板显式实例化
```

这样，就可以在 func. cpp 中产生模板函数 func int 的实例化代码，编译之后就会产生函数的二进制代码，供其他源文件连接，程序就可以正常运行了。当类模板的成员函数的实现定义在源文件中，通过模板类的对象调用成员函数时，也会出现找不到函数定义的错误，可以使用同样的方法解决，这里不再赘述。

7.6 endl 的本质是什么

1. endl 的本质

自从在 C 语言的教科书中利用 Hello world 程序作为学习的起点之后，很多程序设计语言的教科书就都沿用了这个做法。我们写过的第一个 C++程序可能就是这样的，如下：

```
#include <iostream>
using namespace std;
int main()
{
    cout << "Hello world" << endl;
}
```

学习过 C 语言的程序员自然会把输出语句与 C 语言中的输出语句联系起来，也就是说，“cout <<"Hello world"<<endl;”相当于“printf(“Hello world\n”);”。由于 endl 会导致输出的文字换行，自然而然地就会想到 endl 可能就是换行符“\n”。但是，如果我们定义“char c=endl;”，就会得到一个编译错误，这说明 endl 并不是一个字符，所以应该到系统头文件中去查找 endl 的定义。通过 VS 2017 转到定义，找到了 endl 的定义，如下：

```
template <class _Elem,class _Traits> inline basic_ostream <_Elem, _Traits> &
__CLRCALL_OR_CDECL endl(basic_ostream <_Elem, _Traits> & _Ostr)
{      // insert newline and flush stream
       _Ostr.put(_Ostr.widen('\n'));
       _Ostr.flush();
       return (_Ostr);
}
```

从定义中看出，endl 是一个函数模板，它实例化之后变成一个模板函数，其作用如这个函数模板的注释所示，插入换行符并刷新输出流。其中，刷新输出流指的是将缓冲区的数据全部传递到输出设备并将输出缓冲区清空。

2. cout <<endl 的介绍

endl 是一个函数模板，被使用时会实例化为模板函数。但是，函数调用应该使用一对圆括号，也就是写成 endl()的形式，而在语句“cout <<"Hello world"<<endl;”中并没有这样，原因是什么呢？

在头文件 iostream 中，有这样一条声明语句：“extern ostream& cout;”，这说明 cout 是一个 ostream 类对象。而“<<”原本是用于移位运算的操作符，在这里用于输出，说明它是一个经过重载的操作符函数。如果把 endl 当作一个模板函数，那么“cout <<endl”可以解释成“cout. operator <<(endl);”。由于一个函数名代表一个函数的入口地址，所以在 cout 的所属类 ostream 中应该有一个 operator <<()函数的重载形式接受一个函数指针做参数。

查找 ostream 类的定义，发现它其实是另一个类模板实例化之后生成的模板类，即

```
typedef basic_ostream <char, char_traits <char>> ostream;
```

所以，实际上应该在类模板 basic_ostream 中查找 operator <<()的重载版本。在头文件 ostream 中查找 basic_ostream 的定义，发现 operator << 作为成员函数被重载了 17 次，其中的一种如下：

```
typedef basic_ostream <_Elem, _Traits> _Myt;
_Myt& __CLR_OR_THIS_CALL operator << (_Myt& (__cdecl * _Pfn)(_Myt&))
{     // call basic_ostream manipulator
      _DEBUG_POINTER(_Pfn);
      return (( * _Pfn)( * this));
}
```

在 ostream 类中，operator <<作为成员函数的重载方式如下：

```
ostream& ostream::operator << (ostream& ( * op)(ostream&))
{
    return ( * op)( * this);
}
```

这个重载正好与 endl 函数的声明相匹配，所以<<后面可以跟着 endl。也就是说，cout 对象的 << 操作符接收到 endl 函数的地址后会在重载的操作符函数内部调用 endl 函数，而 endl 函数会结束当前行并刷新输出缓冲区。

为了证明 endl 是一个函数模板，或者说 endl 是一个经过隐式实例化之后的模板函数，我们把程序改造如下：

```
#include <iostream>
using namespace std;
```

```
int main(){
cout << "Hello world" << &endl;
}
```

这个程序可以正常运行,并且结果完全与上一个程序相同。原因是:对于一个函数而言,函数名本身就代表函数的入口地址,而函数名前加"&"也代表函数的入口地址。

3. endl 其实是 I/O 操纵符

实际上,endl 被称为 I/O 操纵符,也有翻译成 I/O 算子的。I/O 操纵符的本质是自由函数,其并不封装在某个类的内部,使用时不采用显式的函数调用的形式。在<iostream>头文件中定义的操纵符有:

endl:输出时插入换行符并刷新流。

endls:输出时插入 NULL 作为尾符,通常用来结束一个字符串。

flush:刷新缓冲区,把流从缓冲区输出到目标设备,并清空缓冲区。

ws:输入时略去空白字符。

dec:令 I/O 数据按十进制格式输入或输出。

hex:令 I/O 数据按十六进制格式输入或输出。

oct:令 I/O 数据按八进制格式输入或输出。

在<iomanip>头文件中定义的操纵符有:

setbase(int)

resetiosflags(long)

setiosflags(long)

setfill(char)

setprecision(int)

setw(int)

这些格式控制符大致可以替代 ios 的格式函数成员的功能,且使用比较方便。例如,为了把整数 345 按十六进制输出,可以采用以下两种方式:

```
int i = 345;
cout.setf(ios::hex,ios::basefield);
cout << i << endl;
```

或者

```
cout << hex << i << endl;
```

由上述内容可以看出,采用格式操纵符比较方便,二者的区别主要在于:格式成员函数是标准输出对象 cout 的成员函数,因此在使用时必须与 cout 同时出现,而操纵符是自由函数,可以独立出现,使用格式成员函数要显式采用函数调用的形式,不能用 I/O 运算符“ << ”和“ >> ”形成链式操作。

4. 自定义格式操纵符

除了利用系统预定义的操纵符来进行 I/O 格式的控制外，用户还可以自定义操纵符来合并程序中频繁使用的 I/O 读/写操作。定义形式分别如下：

输出流自定义操纵符：

```
ostream & 操纵符名(ostream &s)
{
    自定义代码
    return s;
}
```

输入流自定义操纵符：

```
istream & 操纵符名(istream &s)
{
    自定义代码
    return s;
}
```

示例代码如下：

```
#include <iostream>
#include <iomanip>
using namespace std;
std::ostream& OutputNo(std::ostream& s)        //编号格式如:0000001
{
    s << std::setw(7) << std::setfill('0') << std::setiosflags(std::ios::right);
    return s;
}
std::istream& InputHex (std::istream& s)       //要求输入的数为十六进制数
{
    s >> std::hex;
    return s;
}
int main()
{
    std::cout << OutputNo << 8 << std::endl;
    int a;
    std::cout << "请输入十六进制的数:";
    std::cin >> InputHex >> a;
    std::cout << "转化为十进制数:" << a << std::endl;
    return 0;
}
```

程序运行结果：

```
0000008
请输入十六进制的数:ff
转化为十进制数:255
```

程序中 OutputNo 和 InputHex 都是用户自定义的格式操纵符，操作符的函数原型必须满足 cout 对象的成员函数 operator <<()的重载形式：

```
ostream& ostream::operator << (ostream& ( * op)(ostream&));
```

所以，只要编写一个返回值为“std::ostream&”的函数，接收一个类型为“std::ostream&”参数的函数，就可以把函数的入口地址传递给“cout. operator <<()”，完成格式操纵符的功能。

7.7 将模板声明为友元

严格来说，函数模板（类模板）是不能作为一个类的友元的，就像类模板之间不能发生继承关系一样。只有当函数模板（或类模板）被实例化之后生成模板函数（或模板类），该函数（或类）才能作为其他类的友元。为了叙述方便，我们也称一个函数模板（或类模板）是一个类或类模板的友元，其实真正的含义是函数模板（或类模板）被实例化后生成的模板函数（模板类）作为类（或模板类）的友元。

1. 把函数模板声明为类模板的友元

将函数模板声明为类模板的友元有 3 种方式，如下：

(1) 在类模板内部将函数模板声明为友元

考察如下代码：

```
#include <iostream>
using namespace std;
template <typename T> class A
{
    T num;
public:
    A()
    {
        num = T(5.5);
    }
    template <typename T> friend void show(const A <T> &a);
};
template <typename T> void show(const A <T> &a)
{
```

```
    cout << a.num << endl;
}
int main()
{
    A <int> a;
    show <int> (a);
}
```

程序正确运行,其输出结果为

```
5
```

(2) 在类模板内部将显示模板参数的函数模板声明为友元

这种方法需要前置声明函数模板,考察如下程序:

```
#include <iostream>
using namespace std;
template <typename T> class A;
template <typename T> void show(const A <T> &a);
template <typename T> class A
{
    T num;
public:
    A()
    {
        num = T(5.5);
    }
    friend void show <T> (const A <T> &a);
};
template <typename T> void show(const A <T> &a)
{
    cout << a.num << endl;
}
int main()
{
    A <int> a;
    show <int> (a);
}
```

程序正确运行,其输出结果为

```
5
```

(3) 在类模板内部直接声明并定义友元函数

这种情况只能在模板类内部一起把函数的定义写出来,不能在外部实现,因为外部需要类型参数,而需要类型参数就是模板了。其实这种情况相当于一般的模板类的成员函数,也相当于一个函数模板。考察如下代码:

```
#include <iostream>
using namespace std;
template <typename T> class A
{
    T num;
public:
    A()
    {
        num = T(5.5);
    }
    friend void show(const A <T> &a)
    {
        cout << a.num << endl;
    }
};
int main()
{
    A <int> a;
    show(a);
    getchar();
}
```

程序正常编译运行并输出 5。当然,将友元函数的定义改为

```
template <typename T> void show(const A <T> &a)
{
    cout << a.num << endl;
}
```

也是完全可以的。如果将函数模板放在类模板外定义,则与第一种方式相同。将函数模板声明为普通类的友元方式与上面相同,这里不再赘述。

2. 把类模板声明为类模板的友元

把类模板声明为类模板的友元可以有两种方式,如下:

(1) 在类模板内部将模板类声明为友元

这里要注意的是:将实例化后的模板类声明为类模板的友元,而不是类模板,因此实例化类模板时,类模板需要前置声明。考察如下程序:

```
#include <iostream>
using namespace std;
```

```
template <typename T> class B;        //类模板前置声明
template <typename T> class A
{
    T num;
public:
    A()
    {
        num = T(5.5);
    }
    friend class B <T> ;
};
template <typename T> class B
{
public:
    static void show(const A <T> & a)
    {
        cout << "a.num:" << a.num << endl;
    }
};
int main()
{
    A <int> a;
    B <int> ::show(a);
}
```

程序正常编译运行并输出：

```
a.num:5
```

(2) 在类模板内部将类模板声明为友元

这里要注意的是：直接将类模板声明为类模板的友元，而不是实例化后的模板类，要与上面区别对待。这里就不需要将类模板 B 提前声明了，在类模板 A 中将 B 声明为

```
template <class T> friend class B;
```

同样可以将类模板 B 声明为类模板 A 的友元。

不过，这两种方式在概念上还是有一些差异的。第一种方式，类模板 B 的实例化依赖于类模板 A 的参数 T。也就是说，对于一个特定的模板类 A <t> 来说，只有一个 B 的实例 B <t> 是它的友元类。而在第二种方式中，对于一个特定的模板类 A <t> 来说，B 的任何实例 B <u> 都是它的友元类。

将类模板声明为普通类的友元方式与上面相同，这里不再赘述。

7.8 认识容器的迭代器

1. 错误的 map 删除操作

假设有个 map 容器,用于存储大学班级中各个家乡省份对应的学生数,key 为省份中文全拼,value 为学生数。现需要删除人数为 0 的记录,删除代码如下:

```
map <string,int> countMap;
for(map <string,int> ::iterator it = countMap.begin();it! = countMap.end(); ++ it)
{
    if(it -> second == 0)
    {
        countMap.erase(it);
    }
}
```

猛一看,没问题,仔细一看,有巨坑。STL 容器的删除和插入操作隐藏的陷阱主要有如下两条:

① 对节点式容器(map, list, set)元素的删除、插入操作会导致指向该元素的迭代器失效,其他元素迭代器不受影响;

② 对顺序式容器(vector,string,deque)元素的删除、插入操作会导致指向该元素以及后面元素的迭代器失效。

所以,在删除一个元素时,是没有什么问题的,即

```
for(map <string,int> ::iterator it = countMap.begin();it! = countMap.end(); ++ it)
{
    if(it -> second == 0)
    {
        countMap.erase(it);
        break;
    }
}
```

但是,当删除多个元素时,程序会出现崩溃的情况。原因是通过迭代器删除指定的元素时,指向那个元素的迭代器将失效,如果再次对失效的迭代器进行++操作,则会带来未定义行为,程序崩溃。还是以上面的 map 容器为例,正确的解决方法有两种。

方法一:当删除特定值的元素时,删除元素前保存当前被删除元素的下一个元素的迭代器。示例代码如下:

```
map <string,int> ::iterator nextIt = countMap.begin();
for(map <string,int> ::iterator it = countMap.begin();;)
{
    if(nextIt! = countMap.end())
    {
        ++ nextIt;
    }
    else
    {
        break;
    }
    if(it -> second == 0)
    {
        countMap.erase(it);
    }
    it = nextIt;
}
```

如何更加简洁地实现该方法呢？在 *Effective STL* 一书中给出了的具体实现，如下：

```
for(map <string,int> ::iterator it = countMap.begin();it! = countMap.end();)
{
    if(it -> second == 0)
    {
        countMap.erase(it ++ );
    }
    else
    {
        ++ it;
    }
}
```

该实现方法利用了后置++操作符的特性，在 erase 操作之前，迭代器已经指向了下一个元素。

再者，map. erase()返回指向紧接着被删除元素的下一个元素的迭代器，所以可以实现如下：

```
for(map <string,int> ::iterator it = countMap.begin();it! = countMap.end();)
{
    if(it -> second == 0)
    {
        it = countMap.erase(it);
```

```
        }
        else
        {
            ++ it;
        }
    }
```

方法二：当删除满足某些条件的元素时，可以使用 remove_copy_if & swap 方法。先通过函数模板 remove_copy_if 按照条件复制(copy)需要的元素到临时容器中，剩下未被复制的元素就相当于被“删除(remove)”了，然后再将两个容器中的元素交换(swap)即可，可以直接调用 map 的成员函数 swap。参考代码如下：

```
#include <iostream>
#include <string>
#include <map>
#include <algorithm>
#include <iterator>
using namespace std;
map <string,int> mapCount;
//不复制的条件
bool notCopy(pair <string,int> key_value)
{
    return key_value.second == 0;
}
int main()
{
    mapCount.insert(make_pair("tanwan",0));
    mapCount.insert(make_pair("anhui",1));
    mapCount.insert(make_pair("shanghai",0));
    mapCount.insert(make_pair("shandong",1));
    map <string,int> mapCountTemp;       //临时 map 容器
    //之所以要用迭代器适配器 inserter 函数模板，是因为通过调用 insert()成员函数来
    //插入元素，并由用户指定插入位置
    remove_copy_if(mapCount.begin(),mapCount.end(),inserter(mapCountTemp,mapCount-
    Temp.begin()),notCopy);
    mapCount.swap(mapCountTemp);         //实现两个容器的交换
    cout << mapCount.size() << endl;     //输出 2
    cout << mapCountTemp.size() << endl; //输出 4
    for(map <string,int> ::iterator it = mapCount.begin();it! = mapCount.end(); ++ it)
    {
        cout << it -> first << " " << it -> second << endl;
```

```
    }
}
```

程序输出结果：

```
2
4
anhui 1
shandong 1
```

这种方法的缺点是：虽然实现两个 map 交换的时间复杂度是常量级，但是一般情况下，复制带来的时间开销会大于删除指定元素的时间开销，并且临时 map 容器也增加了空间的开销。

2. STL 中容器的迭代器的底层实现机制

提到 STL，马上会想到其主要的 6 个组成部件：容器、迭代器、算法、仿函数、适配器和空间分配器，其中，迭代器是连接容器和算法的一个重要桥梁。

STL 中容器的迭代器的本质是类对象，其作用类似于数据库中的游标(cursor)，除此之外，迭代器还是一种设计模式。我们可以对它进行递增(或选择下一个)来访问容器中的元素，而无需知道它内部是如何实现的。其行为很像指针，都可以用来访问指定的元素。但是，二者是完全不同的东西，指针代表元素的内存地址，即对象在内存中的存储位置，而迭代器则代表元素在容器中的相对位置。

要自定义一个迭代器，就要重载迭代器的一些基本操作符：*(解引用)、++(自增)、==(等于)、!=(不等于)、=(赋值)，以便它在 range for 语句中使用。range for 是 C++ 11 中新增的语句，例如对一个集合使用语句 for (auto i : collection) 时，它的含义为

```
for(auto __begin = collection.begin(),auto __end = collection.end();__begin! = __end;
++ __begin)
{
    i = * __begin;
    ...//循环体
}
```

begin 和 end 是集合的成员函数，它返回一个迭代器。如果使一个类有 range for 的操作，则它必须满足以下几个条件：

① 拥有 begin 和 end 函数，它们均返回迭代器，其中，end 函数返回一个指向集合末尾，但是不包含末尾元素的值，即用集合范围来表示，一个迭代器的范围是[begin,end)，即一个左闭右开区间。

② 必须重载++、!=和解引用(*)运算符。迭代器看起来像是一个指针，但不是指针。迭代器必须通过++运算符来最后满足!=条件，这样才能终止循环。

下面给出最简单的实现代码。定义一个 CPPCollection 类,里面有一个字符串数组,使其能够通过 range for 输出每个字符串。

```
class CPPCollection
{
public:
    //迭代器类
    class Iterator
    {
    public:
        int index;        //元素下标
        CPPCollection& outer;
        Iterator(CPPCollection &o, int i):outer(o), index(i){}

        void operator++()
        {
            index++;
        }
        std::string operator*() const
        {
            return outer.str[index];
        }
        bool operator!=(Iterator i)
        {
            return i.index!=index;
        }
    };
public:
    CPPCollection()
    {
        string strTemp[10]={"a", "b", "c", "d", "e", "f", "g", "h", "i", "j"};
        int i=0;
        for(auto strIt:strTemp)
        {
            str[i++]=strIt;
        }
    }
    Iterator begin()
    {
        return Iterator(*this,0);
    }
    Iterator end()
```

```
    {
        return Iterator( * this, 10);
    }
    private:
    std::string str[10];
};
```

上述代码中定义了一个内部的嵌套类 Iterator,并为它重载了++、*、!=运算符。由于C++中的内部嵌套类与外围的类没有联系,所以为了访问外部类对象的值,必须传入一个引用(或指针,本例中传入引用)。Iterator 的自增方法就是增加内部的一个索引值。判断!=的方法是与另外一个迭代器作比较,这个迭代器一般是集合的末尾,当索引值等于末尾的索引值 end 时,就认为迭代器已经达到末尾。在 CPPCollection 类中,定义了 begin()、end()分别返回开头、结束迭代器,调用如下代码:

```
    CPPCollection cpc;
    for (auto i : cpc)
    {
        std::cout << i << std::endl;
    }
    //或者
    CPPCollection cpc;
    for(CPPCollection::Iterator i = cpc.begin();i! = cpc.end(); ++ i)
    {
        std::cout << * i << std::endl;
    }
```

即可遍历集合中的所有元素。

在泛型算法中,为了对集合中的每一个元素进行操作,我们通常要传入集合的迭代器头、迭代器尾以及谓词。例如"std::find_if(vec.begin(),vec.end(),…)",这种泛型算法其实就是在迭代器的首位反复迭代,然后运行相应的行为。

7.9 模板元编程简介

1. 概　述

模板元编程(Template Metaprogramming,TMP)是编写生成或操纵程序的程序,也是一种复杂且功能强大的编程范式(programming paradigm)。C++模板给C++提供了元编程的能力,但大部分用户对 C++ 模板的使用并不是很频繁,大致限于泛型编程,在一些系统级的代码中,尤其是对于通用性、性能要求极高的基础库(如STL、Boost),几乎不可避免地都在大量使用 C++ 模板以及模板元编程。

模板元编程完全不同于普通的运行期程序，因为模板元程序的执行完全是在编译期，并且模板元程序操纵的数据不能是运行时变量，只能是编译期常量，不可修改。另外，它用到的语法元素也是相当有限的，不能使用运行期的一些语法，比如 if-else、for 和 while 等语句都不能用。因此，模板元编程需要很多技巧，常常需要类型重定义、枚举常量、继承、模板偏特化等方法来配合，因此模板元编程比较复杂，也比较困难。

2. 模板元编程的作用

C++ 模板最初是为了实现泛型编程而设计的，但人们发现模板的能力远远超过了那些设计的功能。一个重要的理论结论就是：C++ 模板是图灵完备的（turing-complete），也就是说，用 C++ 模板可以模拟图灵机。从理论上来说，C++ 模板可以执行任何计算任务，但实际上因为模板是编译期计算，所以其能力受到具体编译器实现的限制（如递归嵌套深度，C++ 11 要求至少 1 024 层，C++ 98 要求至少 17 层）。C++模板元编程是"意外"功能，而不是设计功能，这也是 C++模板元编程语法丑陋的根源。

C++模板是图灵完备的，这使得 C++代码存在两个层次，其中，执行编译计算的代码称为静态代码（static code），执行运行期计算的代码称为动态代码（dynamic code）。C++的静态代码由模板实现，编写 C++的静态代码就是进行 C++的模板元编程。

具体来说，C++ 模板可以做以下事情：编译期数值计算、类型计算、代码计算（如循环展开），其中，数值计算的实际意义不大，而类型计算和代码计算可以使代码更加通用、更加易用，性能更好（也更难阅读、更难调试，有时也会有代码膨胀的问题）。编译期计算在编译过程中的位置如图 7-1 所示。

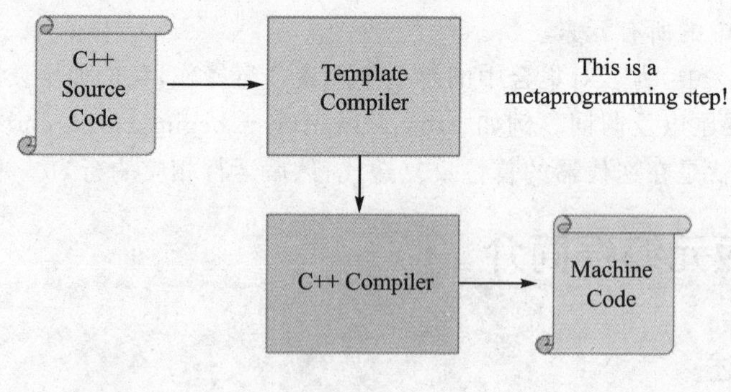

图 7-1

使用模板元编程的基本原则是：将负载由运行时转移到编译时，同时保持原有的抽象层次。其中，负载可以分为两类：一类是程序运行本身的开销，另一类则是程序员需要编写的代码。前者可以理解为编译时优化，后者则是为了提高代码复用度，从而提高程序员的编程效率。

3. 模板元编程的组成要素

从编程范式上来说，C++模板元编程是函数式编程，用递归形式实现循环结构的功能，用 C++模板的特例化提供条件判断能力，这两点使得其具有与普通语言一样通用的能力(图灵完备性)。

模板元程序由元数据和元函数组成，元数据就是元编程可以操作的数据，即C++编译器在编译期可以操作的数据。元数据不是运行期变量，只能是编译期常量，不能修改。常见的元数据有枚举常量、静态常量、基本类型和自定义类型等。

元函数是模板元编程中用于操作处理元数据的“构件”，可以在编译期被“调用”，因为它的功能和形式与运行时的函数类似，而被称为元函数，它是元编程中最重要的构件。元函数实际上表现为 C++的一个类、模板类或模板函数，它的通常形式如下：

```
template <int N, int M>
struct meta_func
{
    static const int value = N + M;
}
```

调用元函数获取 value 值：

```
cout << meta_func <1, 2> ::value << endl;
```

meta_func 的执行过程是在编译期完成的，实际执行程序时是没有计算动作的，而是直接使用编译期的计算结果。元函数只处理元数据，而元数据是编译期常量和类型，所以下面的代码是编译不过的：

```
int i = 1, j = 2;
meta_func <i, j> ::value;      //错误，元函数无法处理运行时普通数据
```

模板元编程产生的源程序是在编译期执行的程序，因此它首先要遵循 C++和模板的语法，但是它操作的对象不是运行时普通的变量，因此不能使用运行时的 C++关键字(如 if、else、for)，可用的语法元素相当有限，最常用的是：

```
enum、static const           //用来定义编译期的整数常量
typedef/using                //用于定义元数据
T/Args...                    //声明元数据类型
Template                     //主要用于定义元函数
::                           //域运算符，用于解析类型作用域获取计算结果(元数据)
```

实际上，模板元中的 if－else 可以通过 type_traits 来实现，它不仅可以在编译期做判断，而且还可以做计算、查询、转换和选择。模板元中的 for 等逻辑可以通过递归、重载和模板特化(偏特化)等方法来实现。

4. 模板元编程的控制逻辑

第一个 C++ 模板元程序由 Erwin Unruh 在 1994 年编写,这个程序用于计算小于给定数 N 的全部素数(又叫质数),该程序并不运行(都不能通过编译),而是让编译器在错误信息中显示结果(直观展现了编译期计算结果)。C++ 模板元编程不是设计功能,更像是在戏弄编译器。从此,C++模板元编程的能力开始被人们认识。

在模板元程序的具体实现中,由于其执行完全是在编译期,所以不能使用运行期的一些语法,比如 if - else、for 和 while 等语句都不能用。这些控制逻辑需要通过特殊的方法来实现。

(1) if 判断

在模板元编程中实现条件 if 判断,参考如下代码:

```
#include <iostream>
template <bool c, typename Then, typename Else> class IF_ {};
template <typename Then, typename Else>
class IF_ < true, Then, Else > { public: typedef Then reType; };
template <typename Then, typename Else>
class IF_ <false,Then, Else> { public: typedef Else reType; };

int main()
{
    const int len = 4;
    //定义一个指定字节数的类型
    typedef
        IF_ < sizeof(short) == len, short,
        IF_ < sizeof(int) == len, int,
        IF_ < sizeof(long) == len, long,
        IF_ < sizeof(long long) == len, long long,
        void > ::reType > ::reType > ::reType > ::reType int_my;
    std::cout << sizeof(int_my) << '\n';
}
```

程序输出结果:

```
4
```

实际上,从 C++ 11 开始,就可以通过 type_traits 来实现模板元编程中的 if 判断。因为 type_traits 提供了编译期选择特性 std::conditional,它会在编译期根据一个判断式来选择两个类型中的一个,这与条件表达式的语义类似,类似于一个三元表达式。它的原型是:

```
template <bool B, class T, class F>
struct conditional;
```

所以上面的代码可以改写为如下代码：

```
#include <iostream>
#include <type_traits>
int main()
{
    const int len = 4;
    //定义一个指定字节数的类型
    typedef
        std::conditional < sizeof(short) == len, short,
        std::conditional < sizeof(int) == len, int,
        std::conditional < sizeof(long) == len, long,
        std::conditional < sizeof(long long) == len, long long,
        void > ::type > ::type > ::type > ::type int_my;
    std::cout << sizeof(int_my) << '\n';
}
```

程序同样编译，输出结果为

```
4
```

(2) 循环展开

编译期的循环展开（loop unrolling）可以通过模板特化来结束递归展开，实现运行期的 for 和 while 语句的功能。下面看一个编译期数值计算的例子，参考代码如下：

```
#include <iostream>
template <int N> class sum
{
    public: static const int ret = sum <N - 1> ::ret + N;
};
template < > class sum <0>
{
    public: static const int ret = 0;
};
int main()
{
    std::cout << sum <5> ::ret << std::endl;
    return 0;
}
```

程序输出：

```
15
```

当编译器遇到 sumt <5 >时，试图实例化之，sumt <5 >引用了 sumt <5 - 1 >即 sumt <4 >，试图实例化 sumt <4 >，以此类推，直到 sumt <0 >，sumt <0 >匹配模板特例，sumt <0 >::ret 为 0，“sumt <1 >::ret”为“sumt <0 >::ret+1”为 1，以此类推，“sumt <5 >::ret”为 15。值得一提的是，虽然对用户来说程序只是输出了一个编译期常量 sumt <5 >::ret，但在背后，编译器至少处理了 sumt <0 >到 sumt <5 >共 6 个类型。

从这个例子我们也可以窥探到 C++模板元编程的函数式编程范型，对比结构化求和程序："for(i=0,sum=0; i <=N; ++i) sum+=i;"，用逐步改变存储(变量 sum)的方式来对计算过程进行编程，模板元程序没有可变的存储(都是编译期常量，是不可变的变量)，要表达求和过程就要用很多个常量：sumt <0 >::ret，sumt <1 >::ret，...，sumt <5 >::ret`。函数式编程看上去似乎效率低下(因为它和数学接近，而不是和硬件工作方式接近)，但它有自己的优势：描述问题更加简洁清晰，没有数据依赖，方便进行并行化。

(3) switch/case 分支

同样可以通过模板特化来模拟实现编译期的 switch/case 分支功能。参考如下代码：

```
#include <iostream>
using namespace std;
template <int v> class Case
{
public:
    static inline void Run()
    {
        cout << "default case" << endl;
    }
};
template <> class Case <1>
{
public:
    static inline void Run()
    {
        cout << "case 1" << endl;
    }
};
template <> class Case <2>
{
public:
    static inline void Run()
    {
```

```
        cout << "case 2" << endl;
    }
};
int main()
{
    Case <2> ::Run();
}
```

程序输出结果：

```
case 2
```

5. 特性、策略与标签

利用迭代器，我们可以实现很多通用算法，它在容器与算法之间搭建了一座桥梁。求和函数模板如下：

```
#include <iostream>
#include <vector>
template <typename iter>
typename iter::value_type mysum(iter begin, iter end)
{
    typename iter::value_type sum(0);
    for(iter i = begin; i! = end; ++ i)
        sum += * i;
    return sum;
}
int main()
{
    std::vector <int> v;
    for(int i = 0; i < 100; ++ i)
        v.push_back(i);
    std::cout << mysum(v.begin(), v.end()) << '\n';
}
```

程序编译输出：

```
4950
```

我们想让 mysum()函数对指针参数也能工作，毕竟迭代器就是模拟指针，但是指针没有嵌套类型 value_type，此时可以定义 mysum()对指针类型的特例。但是更好的办法是在函数参数和 value_type 之间多加一层特性(traits)。

```
//特性,traits
template <typename iter>
```

```
class mytraits
{
    public: typedef typename iter::value_type value_type;
};
template <typename T>
class mytraits <T *>
{
    public: typedef T value_type;
};
template <typename iter>
typename mytraits <iter> ::value_type mysum(iter begin, iter end)
{
    typename mytraits <iter> ::value_type sum(0);
    for(iter i = begin; i! = end; ++ i)
        sum += * i;
    return sum;
}
int main()
{
    int v[4] = {1,2,3,4};
    std::cout << mysum(v, v + 4) << '\n';
    return 0;
}
```

程序输出：

```
10
```

其实，C++标准定义了类似的 traits：std::iterator_trait（另一个经典例子是 std::numeric_limits）。特性对类型的信息（如 value_type、reference）进行包装，使得上层代码可以以统一的接口访问这些信息。C++ 模板元编程会涉及大量的类型计算，很多时候要提取类型的信息（typedef、常量值等），如果这些类型信息的访问方式不一致（如上面的迭代器和指针），我们将不得不定义特例，这会导致大量重复代码的出现（另一种代码膨胀），而通过加一层特性就可以很好地解决这一问题。另外，特性不仅可以对类型的信息进行包装，而且还可以提供更多信息。当然，因为加了一层特性，所以也带来了复杂性。特性是一种提供元信息的手段。

策略（policy）一般是一个类模板，典型的策略是 STL 容器（如“std::vector < >”，完整声明是“template<class T, class Alloc＝allocator <T >>class vector;”）的分配器（这个参数有默认参数，即默认存储策略），策略类将模板经常变化的那一部分子功能块集中起来作为模板参数，这样模板便更为通用，这与特性的思想是类似的。

标签（tag）一般是一个空类，其作为一个独一无二的类型名字用于标记一些东西。典型的例子是 STL 迭代器的 5 种类型的名字，如：input_iterator_tag、output_iterator_tag、forward_iterator_tag、bidirectional_iterator_tag、random_access_iterator_tag。

实际上，“std::vector <int>::iterator::iterator_category”就是“random_access_iterator_tag”，可以使用 type_traits 的特性 is_same 来判断类型是否相同。

```
#include <iostream>
#include <vector>
#include <type_traits>
int main()
{
    std::cout << is_same < std::vector <int> ::iterator::iterator_category,
                    std::random_access_iterator_tag > ::value << std::endl;
    return 0;
}
```

程序输出：

```
1
```

有了这样的判断，还可以根据判断结果做更复杂的元编程逻辑（如一个算法以迭代器为参数，根据迭代器标签进行特例化以对某种迭代器进行特殊处理）。标签还可以用来分辨函数重载。

6. 总　结

C++模板元编程是图灵完备的且是函数式编程，主要特点是代码在编译期执行，可用于编译期数值计算，能够获得更有效率的运行码。模板的使用也提高了代码泛化。与此同时，模板元编程也存在缺点，主要有：

① 模板元编程产生的代码较为复杂，难阅读，可读性较差；

② 由于大量模板的使用，编译时容易导致代码膨胀，增加编译时间；

③ 对于 C++来说，由于各编译器的差异，大量依赖模板元编程（特别是最新形式的）的代码可能会有移植性的问题。

所以，对于模板元编程，我们需要扬其长避其短，做到合理使用。

第8章

C++ 0x 初探

8.1 新关键字

1. auto

auto 是旧关键字，在 C++ 11 之前，auto 用来声明自动变量，表明变量存储在栈中，很少使用。在 C++ 11 中，auto 被赋予了新的含义和作用，用于类型推断。

关键字 auto 主要有两种用途：一是在变量定义时根据初始化表达式自动推断该变量的类型；二是在声明或定义函数时作为函数返回值的占位符，此时需要与关键字 decltype 连用。

auto 的用法示例如下：

① 用于推断变量类型示例。

参考如下代码：

```
auto i = 42;               //i is an int
auto l = 42LL;             //l is an long long
auto p = new foo();        //p is a foo *
```

② 声明或定义函数时作为函数返回值的占位符。

auto 不能用来声明函数的返回值，但如果函数有一个尾随的返回类型，那么auto 是可以出现在函数声明中的返回值位置的。这种情况下，auto 并不是告诉编译器去推断返回类型，而是指引编译器去函数的末端寻找返回值类型。在下面这个例子中，函数返回值类型是 operator＋操作符作用在 T、U 类型变量上的返回值类型。参考如下代码：

```
template <class T, class U> auto add(T t, U u) -> decltype(t + u)
{
    return t + u;
}
```

2. using

using 是旧关键词，从 C++ 11 开始，其被赋予了新的功能。using 在 C++ 11 之前主要用于名字空间、类型、函数与对象的引入，实际上是去除作用域的限制。示例如下：

```
//引入名字空间
using namespace std;
//引入类型
using std::iostream;
//引入函数
using std::to_string;
//引入对象
using std::cout;
```

其中，通过 using 引入函数可以解除函数隐藏。

参考如下代码：

```
class Base
{
public:
    void func()
    {
        cout << "in Base::func()" << endl;
    }
    void func(int n)
    {
        cout << "in Base::func(int)" << endl;
    }
};
class Sub : public Base
{
public:
    using Base::func;    //引入父类所有同名函数 func,解除函数隐藏
    void func()
    {
        cout << "in Sub::func()" << endl;
    }
};
int main()
{
    Sub s;
    s.func();
    s.func(1);    //成功
}
```

从 C++ 11 开始，可以使用 using 代替 typedef 给类型命名。参考如下代码：

```
using uint8 = unsigned char;              //等价于 typedef unsigned char uint8;
using FunctionPtr = void ( * )();         //等价于 typedef void ( * FunctionPtr)();
//定义模板别名，注意 typedef 无法定义模板别名，因为 typedef 只能作用于具体类型而非
//模板
template <typename T> using MapString = std::map <T, char *> ;
```

3. decltype

随着 C++模板和泛型编程的广泛使用，类型推导成为 C++必备的一个功能。在 decltype 出现之前，很多编译器厂商都实现了自己的 C++扩展性用于类型推导，比如 GCC 的 typeof 操作符。C++ 11 将这些类型推导手段进行了细致的考量，最终标准化为 auto 与 decltype。decltype 关键字与 auto 关键字类似，用于编译时类型推导，不过它与 auto 还是有一些区别的。decltype 的类型推导并不像 auto 那样是从变量声明的初始化表达式获得变量的类型，而总是以一个普通表达式作为参数返回该表达式的类型，而且 decltype 并不会对表达式进行求值。

(1) decltype 推导规则

decltype 推导规则如下：

① 如果 e 是一个变量或者类成员访问表达式，假设 e 的类型是 T，那么 decltype(e)为 T，decltype((e))为 T&；

② 如果 e 是一个解引用操作，那么 decltype(e)和 decltype((e))均为 T&，否则 decltype(e)与 decltype((e))均为 T。

(2) 用法示例

① 推导出表达式类型。参考如下代码：

```
struct A { double x; };
const A * a = new A{0};
//第一种情况
decltype(a -> x) y;            //y 的类型是 double
decltype((a -> x)) z = y;      //z 的类型是 const double&，因为 a 为一个常量对象指针
//第二种情况
int * aa = new int;
decltype( * aa) y = * aa;      //y 的类型是 int&，解引用操作
//第三种情况
decltype(5) y;                 //y 的类型是 int
decltype((5)) y;               //y 的类型是 int
const int&& RvalRef() { return 1; }
decltype ((RvalRef())) var = 1;  //type of var is const int&&
```

② 与 using/typedef 合用，用于定义类型。参考如下代码：

```
using size_t = decltype(sizeof(0));//sizeof(a)的返回值为 size_t 类型
using ptrdiff_t = decltype((int * )0 - (int * )0);
using nullptr_t = decltype(nullptr);
vector <int> vec;
typedef decltype(vec.begin()) vectype;
for (vectype i = vec.begin; i ! = vec.end(); i++ )
{
    //...
}
```

显而易见，与 auto 一样，decltype 也提高了代码的可读性。

③ 重用匿名类型。在 C++中，有时会遇上一些匿名类型。参考如下代码：

```
struct
{
    int d ;
    doubel b;
}anon_s;
```

借助 decltype，我们可以重新使用这个匿名的结构体，C++ 11 之前我们是无法做到的。

```
decltype(anon_s) as ;    //定义了一个上面匿名的结构体
```

注意：匿名类型有其匿名的原因，一般情况下，匿名类型不应被重用，应尽量避免这种用法。

④ 泛型编程中结合 auto，用于追踪函数的返回值类型，这是 decltype 的最大用途。decltype 帮助 C++模板更加泛化，程序员在编写代码时无需关心任何时段的类型选择，编译器会合理地进行推导。

```
template <typename _Tx, typename _Ty> auto multiply(_Tx x, _Ty y) -> decltype(x * y)
{
    return x * y;
}
```

4. nullptr_t 与 nullptr

C++ 11 之前都是用 0 来表示空指针，但是由于 0 可以被隐式类型转换为整型，所以会存在一些问题。关键字 nullptr 是 std::nullptr_t 类型的值，用来指代空指针常量。nullptr 与任何指针类型以及类成员指针类型的空值之间都可以发生隐式类型转换，同样也可以隐式转换为 bool 型(取值为 false)，但是不存在到整型的隐式类型转换。

```
int * p1 = NULL;
```

```
//或
int * p2 = nullptr;
```

使用 nullptr_t 与 nullptr 时应注意以下几点：

① 可以使用 nullptr_t 定义空指针，但所有定义为 nullptr_t 类型的对象行为上是完全一致的；

② nullptr_t 类型对象可以隐式转换为任意一个指针类型；

③ nullptr_t 类型对象不能转换为非指针类型，即使使用强制类型转换；

④ nullptr_t 类型对象不能用于算术运算表达式；

⑤ nullptr_t 类型对象可以用于关系运算表达式，但仅能与 null_ptr 类型对象或指针类型对象进行比较，当且仅当关系运算符为==、>=、<=时返回 true。

5. constexpr

(1) 简　介

constexpr 在 C++ 11 中用于声明常量表达式(const expression)，可作用于函数返回值、函数参数、数据声明以及类的构造函数等。常量表达式是指值不会改变，并且在编译过程中就得到计算结果的表达式，例如：

```
const int i = 3;          //i 是一个常变量
const int j = i + 1;      //j 是一个常变量，i + 1 是一个常量表达式
int k = 23;               //k 的值可以改变，从而不是一个常变量
const int m = f();        //m 不是常变量，m 的值只有在运行时才会获取
```

(2) 应　用

1) 常量表达式函数

如果函数返回值在编译时期可以确定，那么可以使用 constexpr 修饰函数返回值，使函数成为常量表达式函数，代码如下：

```
constexpr int f(){return 1;}
```

注意： constexpr 修饰函数返回值需要满足如下条件：

① 函数必须有返回值；

② 函数体只有单一的 return 语句；

③ return 语句中的表达式也必须是一个常量表达式；

④ 函数在使用前必须已有定义。

2) 常量表达式值

一般来说，如果认定变量是一个常量表达式，那就把它声明为 constexpr 类型。比如：

```
constexpr int i = 3;              //i 是一个常变量
constexpr int j = i + 1;          //i + 1 是一个常变量
constexpr int k = f();            //只有 f()是一个 constexpr 函数时 k 才是一个常量表达式
```

必须明确一点，在 constexpr 声明中，如果定义了一个指针，那么限定符号 constexpr 仅对指针有效，与指针所指对象无关。例如：

```
constint  * p = nullptr;                //p 是一个指向整型常量的指针(pointer to const)
constexpr int  * p1 = nullptr;          //p1 是一个常量指针(const pointer)
```

如果自定义类型对象为常量表达式，那么在定义自定义类型时，需要将 constexpr 作用于自定义类型的构造函数。例如：

```
struct MyType
{
    int i;
    constexpr MyType(int x):i(x){}
};
constexpr MyType myType(1);
```

constexpr 作用于自定义类型的构造函数需要满足如下条件：

① 构造函数体必须为空；

② 初始化列表只能使用常量表达式。

3）常量表达式的其他应用

① 常量表达式作用于函数模板。

常量表达式可以作用于函数模板，但是由于函数模板参数的不确定性，实例化后的模板函数可能不满足常量表达式的条件，此时，C++ 11 标准规定自动忽略 constexpr。例如：

```
struct NotConstType
{
    int i;
    NotConstType(int x) :i(x) {}
};
NotConstType myType;
//constexpr 作用于函数模板
template <typename T>  constexpr T ConstExpFunc(T t)
{
    return t;
}
int main()
{
    NotConstType objTmp = ConstExpFunc(myType);    //编译通过，ConstExpFunc 实例化为
                                                   //普通函数，constexpr 被忽略
    constexpr NotConstType objTmp1 = ConstExpFunc(myType);  //编译失败
    constexpr int a = ConstExpFunc(1);             //编译通过，ConstExpFunc 实例化为
                                                   //常量表达式函数
}
```

② constexpr 元编程。

constexpr 可作用于递归函数来实现编译时期的数值计算，即 constexpr 元编程。C++ 11 标准规定，常量表达式应至少支持 512 层递归。例如：

```
constexpr int Fibonacci(int n)
{
    return (n == 1) ? 1 : (n == 2 ? 1 : Fibonacci(n - 1) + Fibonacci(n - 2));
}

int main()
{
    constexpr int fib8 = Fibonacci(8);  //编译期常量等于 21
}
```

注意：constexpr 元编程并非 C++ 11 标准强制规定编译器必须实现的，编译器可以选择的实现。也就是说，编译器可能并不支持递归常量表达式函数，不过不用过于担心，主流的 C++ 编译器都是支持的，比如 GCC 和 VC++。

(3) const 与 constexpr 的区别

const 可以修饰函数参数、函数返回值、函数本身、类等，在不同的使用场景下，const 具有不同的意义，不过大多数情况下，const 描述的是“运行时常量性”，即在运行时数据具有不可更改性。

constexpr 可以修饰函数参数、函数返回值、变量、类的构造函数、函数模板等，是一种比 const 更加严格的约束，它修饰的表达式除了具有“运行时常量性”外，还具有“编译时常量性”，即 constexpr 修饰的表达式的值在编译期可知。

下面看一个实际应用时的区别：

```
const int getConst(){ return 1; }
enum{ e1 = getConst(),e2};                //编译出错
//换成 constexpr 即可在编译期确定函数返回值用于初始化 enum 常量
constexpr int getConst(){ return 1; }
enum{ e1 = getConst(),e2};                //编译正确
```

在 constexpr 出现之前，可以在编译期初始化的 const 都是隐含的常量表达式(implicit constexpr)，直到 C++ 11，constexpr 才从 const 中细分出来成为一个关键字，而 const 从 1983 年 C++刚改名时就存在了。对于 constexpr，我们应当尽可能地、合理地使用其来帮助编译器优化代码。

6. noexcept

在 C++ 11 标准之前，C++在函数声明中有异常声明(exception specification)的功能，用来指定函数可能抛出的异常类型。参考如下代码：

```
voidFunc0() throw(runtime_error);
voidFunc1() throw();
voidFunc2();
```

函数 Func0()可能抛出 runtime_error 类型的异常；函数 Func1()不会抛出任何异常；函数 Func2()若没有异常说明，则可以抛出任何类型的异常。

如果函数抛出了没有在异常说明中列出的异常，则编译器会调用标准库函数 unexpected。默认情况下，unexpected 函数会调用 terminate 函数终止程序。

这种异常声明的功能很少使用，因此在 C++ 11 中被弃用(实际仍可使用)。C++ 11 引入 noexcept 具有两层含义：一个是修饰符，二是操作符。具体用法如下：

(1) 修饰符示例

修饰符示例如下：

```
voidFunc3() noexcept;
```

noexcept 的功能相当于上面代码中的 throw()，表示函数不会抛出异常。如果 noexcept 修饰的函数抛出了异常，那么编译器可以选择直接调用 std::terminate()终止程序运行。noexcept 比 throw()效率高一些。

```
voidFunc4() noexcept(常量表达式);
```

如果上述代码中的常量表达式的结果为 true，则表示该函数不会抛出异常，反之则有可能抛出异常。不带常量表达式的 noexcept 相当于 noexcept(true)。

(2) 操作符示例

上面 noexcept 的用法是其作为修饰符时的用法，实际上 noexcept 还可以作为操作符使用，常用于模板中。

参考如下代码：

```
template <typename T> void func5() noexcept( noexcept(T()) ) {}
```

第 2 个 noexcept 就是一个操作符，如果其参数是一个有可能抛出异常的表达式，则返回值为 false，那么 func5()有可能会抛出异常；否则返回值为 true，func5()为 noexcept(true)，不会抛出异常。

这样，函数是否会抛出异常可以由表达式进行推导，使得 C++ 11 能够更好地支持泛型编程。

7. final 和 override

2012 年 3 月 22 日，GCC 4.7.0 正式发布，从这个版本开始，GCC 增加了许多新的 C++ 11 的特性，final 和 override 关键字就是其中之一。

(1) final

1) final 用于修饰类

final 用于修饰类，可声明终结类，从此 C++终于有声明终结类的关键字了。参考如下代码：

```
struct B1 final { };
struct D1 : B1 { }; //错误！不能从 final 类继承！
```

上面的代码是错误的，因为 D1 试图继承 B1，而 B1 被 final 声明为终结类，类似于 Java 的关键字的作用。

2）final 用于修饰虚函数

final 用于修饰虚函数，表明子类不能重写该虚函数，为"终结虚函数"。例如：

```
struct B2
{
    virtual void f() final {} // final 函数
};
struct D2 : B2
{
    virtual void f() {}
};
```

这段代码会出错，因为 D2::f 重写了 B2::f，但是 B2::f 却被声明为 final。

（2）override

假如继承基类的虚函数在重写虚函数时写错了，参数类型不对或个数不对，但是编译没问题，这就造成了对基类同名函数的隐藏，运行时和设计的不一样，那么 override 就是辅助检查是否真正重写了继承的虚函数。例如：

```
struct B3
{
    virtual void f() {}
};

struct D3 : B3
{
    void f(int a) {}   //未重写，发生隐藏，但不会报编译错误
};
```

开发 D3 的程序员真的想重写 B3::f 函数吗？还是说，他只是不小心写了一个与父类同名的函数，却在不经意间导致了隐藏？为了避免这种错误，C++ 11 引入了关键字 override。于是，我们发现下面这段代码会出错：

```
struct B4
{
    virtual void g(int) {}
};
```

```
struct D4 : B4
{
    virtual void g(int) override {}             //OK
    virtual void g(double) override {}          //Error
};
```

多亏了 override 关键字，可以让编译器帮我们检测到这个很难发现的程序错误，即 override 关键字表明，g(double)虽然想要进行 override 操作，但父类并没有这个函数。在实际开发中，建议大家在重写继承而来的虚函数时，加上关键字 virtual 以表明当前函数是虚函数，因为 C++编译器的"放纵"降低了代码的可读性。

值得注意的是，这些并不是一些奇技淫巧，而是能确确实实地避免很多的程序错误，并且能够暗示编译器作出一些优化。对于调用标记了 final 的 virtual 函数，例如上面的 B2::f，GNU C++ 编译时会识别出这个函数不能被重写，因此会将其从类的虚表中删除；而对于标记为 final 的类，例如上面的 B1，编译器则根本不会生成虚表，这样的代码显然效率更高。

8. sizeof...

sizeof...运算符的作用是获取 C++ 11 中可变参数模板中参数包中的元素个数。类似 sizeof，sizeof...返回一个常量表达式，而且不会对模板的实参求值。例如：

```
template <typename... Args> void g(Args... args){
    cout << sizeof...(Args) << endl;  //类型参数的数目
    cout << sizeof...(args) << endl;  //函数参数的数目
}
```

9. default 和 delete

(1) default

我们知道，C++ 98 和 C++ 03 编译器在类中会隐式地产生 4 个函数：默认构造函数、拷贝构造函数、析构函数和赋值运算符函数，它们被称为特殊成员函数。在 C++ 11 中，被称为"特殊成员函数"的还有两个：移动构造函数和移动赋值运算符函数。如果用户声明了上面 6 种函数，则编译器不会隐式产生。C++引入的 default 关键字，可显式地、强制地要求编译器为我们生成默认版本。

```
class DataOnly{
public:
    DataOnly() = default;                          //default constructor
    ~DataOnly() = default;                         //destructor

    DataOnly(const DataOnly& rhs) = default;       //copy constructor
```

```
    DataOnly& operator = (const DataOnly & rhs) = default;  //copy assignment operator

    DataOnly(const DataOnly && rhs) = default;  //C++ 11,move constructor
    DataOnly& operator = (DataOnly && rhs) = default;  //C++ 11,move assignment operator
};
```

上面的代码就可以让编译器生成上面 6 个函数的默认版本。

(2) delete

在 C++ 11 之前 delete 关键字是对象释放运算符,但在 C++ 11 中,其被赋予了新的功能,主要有如下几种作用:

① 禁止编译器生成上面 6 种函数的默认版本,参考代码如下:

```
class DataOnly
{
public:
    DataOnly() = delete;                          //default constructor
    ~DataOnly() = delete;                         //destructor
    DataOnly(const DataOnly& rhs) = delete;       //copy constructor
    DataOnly& operator = (const DataOnly & rhs) = delete;  //copy assignment operator
    DataOnly(const DataOnly && rhs) = delete;     //C++ 11,move constructor
    DataOnly& operator = (DataOnly && rhs) = delete;//C++ 11,move assignment operator
};
```

② 在 C++ 11 中,delete 关键字不仅仅用于类成员函数,其可用于任何函数。在函数重载中,可用 delete 来滤掉一些函数的形参类型,如下:

```
bool isLucky(int number);           //original function
bool isLucky(char) = delete;        //reject chars
bool isLucky(bool) = delete;        //reject bools
bool isLucky(double) = delete;      //reject doubles and floats
```

这样在调用 isLucky 函数时,如果参数类型不对,则会出现错误提示:

```
if (isLucky('a'))...        //error! call to deleted function
if (isLucky(true))...       //error
if (isLucky(3.5))...        //error
```

③ 在模板特例化中,也可以用 delete 来过滤一些特定的形参类型。例如,Widget 类中声明了一个函数模板,当进行模板特化时,要求禁止参数为 void * 的函数调用。参考代码如下:

```
class Widget
{
public:
```

```
    template <typename T> void processPointer(T * ptr){}
};
template <> void Widget::processPointer <void> (void * ) = delete;
//deleted function template
```

10. static_assert

static_assert 是 C++ 11 引入的静态断言，与 assert(运行时断言宏)相反，用于检测和诊断编译期错误。基本语法如下：

```
static_assert(断言表达式,提示字符串)
```

断言表达式必须是在编译期可以计算的表达式，即必须是常量表达式。如果断言表达式的值为 false，则编译器会出现一个包含指定字符串的错误，同时编译失败；如果表达式的值为 true，则没有任何影响。例如：

```
static_assert(sizeof(void * ) == 8,"not supported");
```

static_assert 和 type traits 一起使用能发挥更大的威力。type traits 是一些类模板，在编译时提供关于类型的信息，在头文件<type_traits>中可以找到它们。这个头文件中有好几种类模板，例如：helper class，用于产生编译时常量；type traits class，用于在编译时获取类型信息；type transformation class，可以将已存在的类型变换为新的类型。

下面这段代码原本期望只作用于整数类型。

```
template <typename T1, typename T2> auto add(T1 t1, T2 t2)
{
    return t1 + t2;
}
```

但是如果有人写出如下代码，编译器并不会报错。

```
std::cout << add(1, 3.14) << std::endl;
std::cout << add("one", 2) << std::endl;
```

程序会打印出“4.14”和“e”。但是，如果我们加上编译时断言，那么以上两行将产生编译错误，如下：

```
template <typename T1, typename T2> auto add(T1 t1, T2 t2)
{
    static_assert(std::is_integral <T1> ::value, "Type T1 must be integral");
    static_assert(std::is_integral <T2> ::value, "Type T2 must be integral");
    return t1 + t2;
}
```

使用 static_assert 时应注意以下几方面：

① static_assert 可以用在全局作用域、命名空间、类作用域、函数作用域，几乎可以不受限制地使用。

② static_assert 可以帮助我们在编译期间发现更多的错误，用编译器来强制保证一些契约，改善编译信息的可读性，尤其是用于模板时。

③ 编译器在遇到一个 static_assert 语句时，通常会立刻将其第一个参数作为常量表达式进行演算。如果第一个常量表达式依赖于某些模板参数，则延迟到模板实例化时再进行演算，这就让检查模板参数成为可能。

④ 由于 static_assert 是在编译期间断言，不生成目标代码，因此 static_assert 不会造成任何运行期的性能损失。

11. alignas 与 alignof

内存对齐指变量起始存储地址和类型大小是对齐字节数的整数倍。例如某个 int 型变量，其起始存储地址 0x0000CC04 是 4 的整数倍，那么这个变量就是对齐的。在 C++ 11 之前对齐方式是无法得知的，且不同的平台实现方式也可能不同。C++ 11 为了支持内存对齐，引入了两个关键字——对齐描述符 alignas 与操作符 alignof。alignas 用于指定类型的对齐字节数，alignof 用于获取类型的对齐字节数。具体用法请参考如下代码：

```
struct Example1
{
    char c;
    int i;
    long long l;
};
struct alignas(16) Example2
{
    char c;
    alignas(8) int i;
    long long l;
};

Example2array[1024];

int main()
{
    std::cout << alignof(Example1) << std::endl;     //8
    std::cout << sizeof(Example1) << std::endl;      //16

    std::cout << alignof(Example2) << std::endl;     //16
    std::cout << sizeof(Example2) << std::endl;      //32

    std::cout << alignof(int) << std::endl;          //4
```

```
    alignas(alignof(char)) int i;
    std::cout << alignof(i) << std::endl;          //1

    std::cout << alignof(array) << std::endl;      //16
    return 0;
}
```

理解上述程序的输出结果时需要注意以下几点：

① 内对齐指变量起始地址的对齐，要求其存储地址是对齐字节数的整数倍，且类型大小也是对齐字节数的整数倍。对某个 int 类型变量，要求其存储地址是 4 的整倍数。例如，地址 0x0000CC04 除以 4 余数为 0，那么这个变量的地址就是对齐的。

② 类型大小的对齐取决于类型对齐值和各成员对齐值中最大的那个，所以 sizeof(Example2)＝sizeof(char)＋7＋sizeof(int)＋4＋sizeof(long long)＋8＝32。

③ alignas 不仅可以作用于类型，也可以作用于成员变量。

④ alignas 既可以接受常量表达式，也可以接受类型作为参数。

⑤ 数组的对齐值由其元素决定，所以 alignof(array)等于 alignof(Example2)，等于 16。

12. thread_local

thread_local 由 C++ 11 引入，用于将全局或 static 变量声明为线程局部存储(Thread Local Storage，TLS)变量，即拥有线程生命周期及线程可见性的变量。

比如，程序中有一个全局变量 errCode，开启了多个线程，每个线程都需要使用这个全局变量 errCode，不同的线程设置不同的错误码，但是，又不能让所有线程同时访问同一个 errCode，不然无法正确获取每个线程的错误码，此时有两个解决方案：

① 改变定义 errCode 的位置，把 errCode 从全局变量变为线程的局部变量(比如一个函数中)；

② 定义 errCode 的位置不变，依然是全局，只要加一个 thread_local 关键词，其他什么都不用改。

```
thread_local int errCode;
```

一旦声明一个变量为 thread_local，其值的改变就只对所在线程有效，而其他线程不可见。

8.2 基于范围的 for 循环

很多编程语言都有基于范围的 for 循环(range - based for loop)语法功能，自 C++ 11 起，终于将这个重要功能加入到 C++标准中。基于范围的 for 循环语句可以方便地遍历给定序列中的每个元素，并对其执行某种操作。

1. 基本语法

基本语法如下：

```
for(declaration:expression)
    statement
```

其中,declaration 定义了一个变量,该变量将被用于访问序列中的基础元素,每次迭代,declaration 部分的变量都会被初始化为 expression 部分的下一个元素值；expression 是一个对象,用于表示一个序列；statement 是对序列中元素的操作。

2. 示　例

示例代码如下：

```
vector <int> vec{1,2,3};        //只能用 C++ 11,大括号初始化
for (int i : vec )
    cout << i;
```

上面的操作是将 vector 数组中的元素复制到变量 i 中,并进行输出。如果想改变 vector 数组中的元素值,则需要把循环变量 i 定义成引用类型,如下：

```
vector <int> vec{1,2,3};        //只能用 C++ 11,大括号初始化
for (auto& i : vec )
{
    i = i * i;
    cout << i;
}
//输出结果:149
```

注意：依然可以用 continue 语句来开始下一次迭代,使用 break 语句跳出循环,这一点与普通的 for 循环一样。

3. 深入分析

基于范围的 for 循环语句实际上等价于如下语句：

```
{
    auto && __range = expression ;
    for (auto __begin = begin_expr, __end = end_expr;__begin != __end; ++ __begin)
    {
        declaration = * __begin;
        loop_statement
    }
}
```

注意："等价于"并不表示编译器就是这么实现基于范围的 for 循环语句的,只是

说两者的运行效果等价。其中，expression 是被迭代的对象，begin_expr 与 end_expr 是迭代对象的迭代器，取值如下：

① 对于数组类型，begin_expr 和 end_expr 分别等于__range 和__range + __bound。

② 对于 STL 中的容器，两者分别等于__range.begin()和__range.end()。

③ 对于其他类型，两者分别等于 begin(__range)和 end(__range)。编译器将会通过参数类型来找到合适的 begin 和 end 函数。

4. 让自定义的类可以迭代

通过基于范围的 for 循环语句的等价语句可以看出，只要符合一定要求，自己定义的类也可以放在其中进行迭代。事实上要想进行迭代，一个类需要满足以下条件：

① 拥有 begin 和 end 函数，返回值是一个可以自己定义的迭代器，分别指向第一个元素和最后一个元素，既可以是成员函数，也可以是非成员函数。

② 迭代器本身支持 *、++、!= 运算符，既可以是成员函数，也可以是非成员函数。

示例代码如下：

```
#include <stdlib.h>
#include <iostream>
using namespace std;
class IntVector
{
    //迭代器类
    class Iter
    {
    public:
        Iter(IntVector * p_vec, int pos):_pos(pos),_p_vec(p_vec){}
        //these three methods form the basis of an iterator for use with range - based for loop
        bool operator! = (const Iter& other) const
        {
            return _pos ! = other._pos;
        }
        //this method must be defined after the definition of IntVector,since it needs to use it
        int& operator * () const
        {
            return _p_vec -> get(_pos);
        }
        const Iter& operator ++ ()
        {
            ++ _pos;
```

```
            return * this;
        }
    private:
        IntVector * _p_vec;
        int _pos;
    };
public:
    IntVector(){}
    Iter begin()
    {
        return Iter(this,0);
    }
    Iter end()
    {
        return Iter(this, 20);
    }
    int& get(int col)
    {
        return data[col];
    }
    void set(int index, int val)
    {
        data[index] = val;
    }
private:
    int data[20] = {0};
};
int main()
{
    IntVector v;
    for (int i = 0; i < 20; i++ )
    {
        v.set(i, i);
    }
    for (int& i : v) { i = i * i; cout << i << " "; }
    system("pause");
}
```

程序输出结果：

```
0 1 4 9 16 25 36 49 64 81 100 121 144 169 196 225 256 289 324 361
```

8.3 就地初始化与列表初始化

1. 就地初始化

(1) 简　介

在 C++ 11 之前，只能对结构体或类的静态常量成员进行就地初始化，其他的不行。参考如下代码：

```
class C
{
private:
    static const int a = 10;        //可以
    int a = 10;                     //不可以
}
```

在 C++ 11 中，结构体或类的数据成员在声明时可以直接赋予一个默认值，初始化的方式有两种，一是使用等号"="，二是使用大括号列表初始化的方式。参考如下代码：

```
class C
{
private:
    int a = 7;          //只能用 C++ 11
    int b{7};           //或 int b = {7}; 只能用 C++ 11
    int c(7);           //错误
};
```

注意：小括号初始化方式不能应用于就地初始化。

(2) 就地初始化与初始化列表的先后顺序

C++ 11 标准支持就地初始化非静态数据成员的同时，初始化列表的方式也被保留了下来。也就是说，既可以使用就地初始化，也可以使用初始化列表来完成数据成员的初始化工作。当二者同时使用时，并不冲突，初始化列表发生在就地初始化之后，即最终的初始化结果以初始化列表为准。参考如下代码：

```
#include <iostream>
using namespace std;
class Mem
{
public:
    Mem(int i,int j):m1(i),m2(j) {}
    int m1 = 1;
```

```
    int m2 = {2};
};
int main()
{
    Mem mem(11,22);
    cout << "m1 = " << mem.m1 << " m2 = " << mem.m2 << endl;
}
```

程序输出结果：

```
m1 = 11 m2 = 22
```

2. 列表初始化

C++ 11 之前主要有以下几种初始化方式：

```
//小括号初始化
string str("hello");
//等号初始化
string str = "hello";
//POD 对象与 POD 数组列表初始化
struct Studnet
{
    char * name;
    int age;
};
Studnet s = {"dablelv",18};                          //纯数据(Plain of Data,POD)类型对象
Studnet sArr[] = {{"dablelv",18},{"tommy",19}};  //POD 数组
//构造函数的初始化列表
class Class
{
    int x;
    public:
    Class(): x(0){}
};
```

这么多的对象初始化方式不仅增加了学习成本，而且也使代码风格有较大的差异，影响代码的可读性和统一性。从 C++ 11 开始，对列表初始化(list initialization)的功能进行了扩充，可以作用于任何类型对象的初始化。至此，列表初始化方式完成了天下大统。

```
class Test
{
    int a;
```

```
    int b;
public:
    C(int i, int j);
};
Test t{0,0};                        //只能用 C++ 11,相当于 Test t(0,0);
Test * pT = new Test{1,2};          //只能用 C++ 11,相当于 Test * pT = new Test{1,2};
int * a = new int[3]{1,2,0};        //只能用 C++ 11
```

此外,C++ 11 列表初始化还可应用于容器,终于摆脱了 push_back()调用,而且 C++ 11 中还可以直观地初始化容器:

```
//C++ 11 container initializer
vector <string> vs = {"first", "second", "third"};
map <string, string > singers = {{"Lady Gaga", " + 1 (212) 555 - 7890"},{"Beyonce
Knowles", " + 1 (212) 555 - 0987"}};
```

因此,可以将 C++ 11 提供的列表初始化作为统一的初始化方式,这样既降低了记忆难度,又提高了代码的统一性。

C++ 11 中,类的数据成员在声明时可以直接赋予其一个默认值:

```
class C
{
private:
    int a = 7;          //只能用 C++ 11
};
```

8.4 Lambda 表达式

1. 简　介

(1) 定　义

C++ 11 中新增了很多特性,Lambda 表达式(Lambda expression)就是其中之一。很多语言都提供了 Lambda 表达式,如 Python、Java、C# 等。本质上,Lambda 表达式就是一个可调用的代码单元,实际上是一个闭包(closure),类似于一个匿名函数,拥有捕获所在作用域中变量的能力,能够将函数作为对象一样使用,通常用于实现回调函数、代理等功能。Lambda 表达式是函数式编程的基础,C++ 11 引入 Lambda 后弥补了 C++在函数式编程方面的空缺。

(2) 作　用

以往 C++需要传入一个函数时,必须得事先声明,可以视情况声明为一个普通函数,然后传入函数指针;或者声明一个仿函数(functor,函数对象),然后传入一个对象。比如,C++的STL中的很多算法函数模板(如排序算法sort)都需要传入谓词(predicate)来作为判断条件。谓词就是一个可调用的表达式,其返回结果是一个能用作条件的值。标准库算法所使用的谓词分为两类:一元谓词(unary predicate,只接受单一参数)和二元谓词(binary predicate,接受两个参数)。接受谓词的算法对输入序列中的元素调用谓词,因此元素类型必须能转换为谓词的参数类型。如下面使用sort()传入比较函数shorter()(这里的比较函数shorter()就是谓词)将字符串按长度由短至长排列。

```
//谓词:比较函数,用来按长度排列字符串
bool shorter(const string& s1,const string& s2)
{
    return s1.size() < s2.size();
}
//按长度由短至长排列words
std::sort(words.begin(),words.end(),shorter);
```

Lambda表达式可以像函数指针、仿函数一样,作为一个可调用对象(callable object)被使用,比如作为谓词传入标准库算法。

也许有人会问,有了函数指针、函数对象,为何还要引入Lambda呢?函数对象能维护状态,但语法开销大;而函数指针语法开销小,却没法保存函数体内的状态。如果你觉得鱼和熊掌不可兼得,那你可错了,因为Lambda函数结合了两者的优点,能让程序员写出优雅简洁的代码。

(3) 语法格式

Lambda表达式就是一个可调用的代码单元,我们可以将其理解为一个未命名的内联函数,具有一个返回类型、一个参数列表和一个函数体。但与内联函数不同,Lambda可以定义在函数内部,其语法格式如下:

```
[capture list](parameter list) mutable(可选) 异常属性 -> return type{function body}
```

capture list(捕获列表)是一个Lambda所在函数中定义的局部变量的列表,通常为空,表示Lambda不使用它所在函数中的任何局部变量。parameter list(参数列表)、return type(返回类型)、function body(函数体)与任何普通函数基本一致,但是Lambda的参数列表不能有默认参数,且必须使用尾置返回类型。mutable表示Lambda能够修改捕获的变量,省略了mutable,则不能修改。异常属性则指定Lambda可能会抛出的异常类型。

其中,Lambda表达式必须的部分只有capture list和function body。在Lambda忽略参数列表时,表示指定一个空参数列表;忽略返回类型时,Lambda可根据函数体中的代码推断出返回类型。例如:

```
auto f = []{return 42;}
```

我们定义了一个可调用对象 f,它不接受任何参数,返回 42。auto 关键字实际上会将 Lambda 表达式转换成一种类似于 std::function 的内部类型(但并不是 std::function 类型,虽然与 std::function“兼容”)。所以,也可以这么写:

```
std::function <int()> Lambda = [] () -> int { return val * 100;};
```

如果你对“std::function <int()>”这种写法感到很惊讶,那么可以查看 C++ 11 的有关 std::function 的用法。简单来说,“std::function <int()>”就是一个可调用对象模板类,代表一个可调用对象,接受 0 个参数,返回值是 int。所以,当我们需要接受一个 double 作为参数并返回 int 的对象时,就可以写作“std::function <int(double)>”。

(4) 调用方式

Lambda 的调用方式与普通函数的调用方式相同,上面的 Lambda 示例调用如下:

```
cout << f() << endl;            //打印 42
//或者直接调用
cout << []{return 42;}() << endl;
```

我们还可以定义一个单参数的 Lambda,实现上面字符串排序的 shorter()比较函数的功能:

```
auto f = [](cosnt string& a,const string& b)
{
    return a.size() < b.size();
}
//将 Lambda 传入排序算法 sort 中
sort(words.begin(),word2.end(),[](cosnt string& a,const string& b){
    return a.size() < b.size();
});
//或者
sort(words.begin(),word2.end(),f);
```

2. Lambda 的捕获列表

Lambda 可以获取(捕获)它所在作用域中的变量值,由捕获列表(capture list)指定在 Lambda 表达式的代码内可使用的外部变量。比如,虽然一个 Lambda 可以出现在一个函数中,使用其局部变量,但它只能使用那些在捕获列表中明确指明的变量。Lambda 在捕获所需的外部变量时有两种方式:引用和值。我们可以在捕获列表中设置各变量的捕获方式。如果没有设置捕获列表,Lambda 默认不能捕获任何的变量。捕获方式具体有如下几种:

[]:不截取任何变量;

[&]:截取外部作用域中所有变量并作为引用在函数体中使用;

[=]:截取外部作用域中的所有变量并复制一份在函数体中使用;

[=,&valist]:截取外部作用域中的所有变量并复制一份在函数体中使用,但是对以逗号分隔的变量列表 valist 使用引用;

[&,valist]:以引用的方式捕获外部作用域中的所有变量,对以逗号分隔的变量列表 valist 使用值的方式捕获;

[valist]:对以逗号分隔的变量列表 valist 使用值的方式捕获;

[&valist]:对以逗号分隔的变量列表 valist 使用引用的方式捕获;

[this]:截取当前类中的 this 指针,如果已经使用了"&"或者"="就默认添加此选项。

在"[]"中设置捕获列表就可以在 Lambda 中使用变量 a,这里使用按值(=, by value)捕获。参考如下代码:

```
#include <iostream>
int main()
{
    int a = 123;
    auto lambda = [ = ]() -> void
    {
        std::cout << "In Lambda: " << a << std::endl;
    };
    lambda();
    return 0;
}
```

编译运行结果:

```
$ g++ main.cpp -std=c++11
$ ./a.out
In Lambda: 123
```

按值传递到 Lambda 中的变量默认是不可变的(immutable),如果需要在 Lambda 中进行修改,则需要在形参列表后添加 mutable 关键字(按值传递无法改变 Lambda 外变量的值)。参考如下代码:

```
#include <iostream>
int main()
{
    int a = 123;
    std::cout << a << std::endl;
    auto lambda = [ = ]() mutable -> void{
```

```
        a = 234;
        std::cout << "In Lambda: " << a << std::endl;
    };
    lambda();
    std::cout << a << std::endl;
    return 0;
}
```

编译运行结果：

```
$ g++ main.cpp -std=c++11
lishan:c_study apple$ ./a.out
123
In Lambda: 234      //可以修改
123                 //注意,这里的值并没有改变
```

如果没有添加 mutable,则编译出错：

```
$ g++ main.cpp -std=c++11
main.cpp: 9: 5: error: cannot assign to a variable captured by copy in a non-
mutable Lambda
            a = 234;
               ~ ^
1 error generated.
```

看到这里不禁要问,这魔法般的变量捕获是怎么实现的呢？原来,Lambda 是通过创建个类来实现的。这个类重载了操作符(),一个 Lambda 函数是该类的一个实例。当该类被构造时,周围的变量就传递给构造函数并以成员变量的方式保存起来。看起来跟函数对象(仿函数)很相似,但是 C++ 11 标准建议使用 Lambda 表达式,而不是函数对象,因为 Lambda 表达式更加轻量高效,易于使用和理解。

3. Lambda 的类型

Lambda 函数的类型看起来和函数指针很像,都是把函数赋值给了一个变量。实际上,Lambda 函数是用仿函数实现的,它看起来又像是一种自定义的类。而事实上,Lambda 函数的类型并不是简单的函数指针类型或者自定义类型,而是一个闭包(closure)的类。C++ 11 标准规定,closure 类型是特有的、匿名且非联合体的 class 类型。每个 Lambda 表达式都会产生一个闭包类型的临时对象(右值)。因此,严格来说,Lambda 函数并非函数指针,但是 C++ 11 允许 Lambda 表达式向函数指针转换,前提是没有捕捉任何变量且函数指针所指向的函数必须跟 Lambda 函数有相同的调用方式。

```
typedef int( * pfunc)(int x, int y);
int main()
```

```
{
    auto func = [](int x, int y) -> int{
        return x + y;
    };
    pfunc p1 = nullptr;
    p1 = func;              //Lambda 表达式向函数指针转换
    std::cout << p1(1, 2) << std::endl;
    return 0;
}
```

4. Lambda 的常量性和 mutable 关键字

C++ 11 中,默认情况下 Lambda 函数是一个 const 函数,按照规则,一个 const 成员函数是不能在函数体内改变非静态成员变量的值的。

```
int main()
{
    int val = 0;
    autoconst_val_lambda = [ = ] {val = 3;};      //编译失败,不能在 const 的 Lambda 函数
                                                  //中修改按值捕获的变量 val
    auto mutable_val_lambda = [ = ]() mutable { val = 3; };
    auto const_ref_lambda = [&] { val = 3; };
    auto const_param_lambda = [](int v) { v = 3; };
    const_param_lambda(val);
    return 0;
}
```

阅读代码时应注意以下几点:

① 在 const 的 Lambda 函数中无法修改按值捕捉到的变量。Lambda 函数是通过仿函数来实现的,捕捉到的变量相当于仿函数类中的成员变量,而 Lambda 函数相当于成员函数,const 成员函数自然不能修改普通成员变量了。

② 使用引用的方式捕获的变量在常量成员函数中值被更改则不会导致错误。这是因为 const_ref_lambda 不会改变引用本身,而只会改变引用的值,所以编译通过。

③ 使用 mutable 修饰的 mutable_val_lambda 去除了 const 属性,所以可以修改按值方式捕获到的变量。

④ 按值传递参数的 const_param_lambda 修改的是传入 Lambda 函数的实参,当然不会有问题。

5. Lambda 的常见用法

Lambda 函数的引入为 STL 的使用提供了极大的方便。比如下面这个例子,之前遍历一个 vector 时得这么写:

```
vector <int> v = {1,2,3,4,5,6,7,8,9};
//传统的 for 循环
for (auto itr = v.begin(), end = v.end(); itr != end; itr++)
{
    cout << *itr;
}
//函数指针
void printFunc(int v)
{
    cout << v;
}
for_each(v.begin(),v.end(),printFunc);
//仿函数
struct CPrintFunc
{
    void operator() (int val)const { cout << val; }
};
for_each(v.begin(),v.end(),CPrintFunc());
```

现在有了 Lambda 函数就可以这么写：

```
for_each(v.begin(),v.end(),[](int val)
{
    cout << val;
});
```

很明显，相比于传统的 for 循环、函数指针和仿函数，使用 Lambda 函数更加简洁。如果处理 vector 成员的业务代码更加复杂，那么就更能凸显 Lambda 函数的便捷性。而且这么写了之后执行效率反而会提高，因为编译器有可能使用循环来加速执行过程。

8.5 移动语义与右值引用

1. 对象移动

C++ 11 新标准中一个最主要的特性就是提供了移动而非复制对象的能力。如此做的好处是，在某些情况下，对象复制后就立即被销毁了，此时如果是移动而非复制对象，就会大幅提升程序性能。参考如下代码：

```
//moveobj.cpp
#include <iostream>
#include <vector>
```

```
using namespace std;
class Obj
{
public:
    Obj(){cout << "create obj" << endl;}
    Obj(const Obj& other){cout << "copy create obj" << endl;}
};
vector <Obj> foo()
{
    vector <Obj> c;
    c.push_back(Obj());
    cout << "---- exit foo ----" << endl;
    return c;
}
int main()
{
    vector <Obj> v;
    v = foo();
}
```

编译并运行：

```
[b3335@localhost test]$ g++ moveobj.cpp
[b3335@localhost test]$ ./a.out
create obj
copy create obj
---- exit foo ----
copy create obj
```

可见，对 Obj 对象执行了两次拷贝构造。vector 是一个常用的容器，我们可以很容易地分析这两次拷贝构造的时机：

第一次是在函数 foo()中通过临时 Obj 的对象 Obj()构造一个 Obj 对象并入 vector 中；

第二次是从函数 foo()中返回的临时的 vector 对象给 v 赋值时发生了元素的复制。

由于对象拷贝构造的开销非常大，因此应尽可能地避免。对于上述两次拷贝构造，第一次拷贝构造是由 vector 的特性决定的，不可避免，但第二次拷贝构造在 C++ 11 中是可以避免的。参考如下代码：

```
[b3335@localhost test]$ g++ -std=c++11 moveobj.cpp
[b3335@localhost test]$ ./a.out
create obj
```

```
copy create obj
---- exit foo ----
```

可以看到，除了加上一个“- std=c++ 11”选项外，什么都没做，但现在就把第二次的拷贝构造给去掉了。“- std=c++ 11”是如何实现这一过程的呢？

在 C++ 11 之前的版本中，当我们执行第二行的赋值操作时，执行过程如下：

① foo()函数返回一个临时对象（这里用～tmp 来标识它）；

② 执行 vector 的“＝”函数，将对象 v 中的现有成员删除，将～tmp 的成员复制到 v 中；

③ 删除临时对象～tmp。

在 C++ 11 的版本中，执行过程如下：

① foo()函数返回一个临时对象（这里用～tmp 来标识它）；

② 执行 vector 的“＝”函数，释放对象 v 中的成员，并将～tmp 的成员移动到 v 中，此时 v 中的成员就被替换成了～tmp 中的成员；

③ 删除临时对象～tmp。

由上述内容可知，关键的是第 2 步，在 C++ 11 版本中是移动而不是复制，从而避免了成员的复制，但效果却是一样的。不用修改代码，性能却得到了提升，对于程序员来说这是一份免费午餐。但是，这份免费午餐也不是无条件获取的，而是需要带上“－std=c++ 11”来编译。

2. 右值引用

(1) 简　介

为了支持移动操作，C++ 11 引入了一种新的引用类型——右值引用（rvalue reference）。所谓的右值引用，指的是必须绑定到右值的引用。使用 && 来获取右值引用。这里给右值下个定义：只能出现在赋值运算符右边的表达式才是右值。相应的，能够出现在赋值运算符左边的表达式就是左值，注意，左值也可以出现在赋值运算符的右边。对于常规引用，为了与右值引用区别开来，我们可以称之为左值引用（lvalue reference）。下面是左值引用与右值引用的示例：

```
int i = 42;
int& r = i;             //正确，左值引用
int&& rr = i;           //错误，不能将右值引用绑定到一个左值上
int& r2 = i * 42;       //错误，i * 42 是一个右值
constint& r3 = i * 42; //正确：可以将一个 const 的引用绑定到一个右值上
int&& rr2 = i * 42;     //正确：将 rr2 绑定到乘法结果上
```

从上面可以看到左值与右值的区别：

① 左值一般是可寻址的变量，右值一般是不可寻址的字面常量或者是在表达式求值过程中创建的可寻址的无名临时对象；

② 左值具有持久性，右值具有短暂性。

不可寻址的字面常量一般会事先生成一个无名临时对象，再对其建立右值引用。所以，右值引用一般绑定到无名临时对象。无名临时对象具有如下两个特性：

① 临时对象将要被销毁；

② 临时对象无其他用户。

这两个特性意味着，使用右值引用的代码可以自由地接管所引用的对象的资源。

（2）std::move 强制转换为右值引用

虽然不能直接对左值建立右值引用，但是可以显式地将一个左值转换为对应的右值引用类型。我们可以通过调用 C++ 11 标准库中的<utility>提供的模板函数 std::move 来获得绑定到左值的右值引用。示例如下：

```
int&&  rr1 = 42;
int&&  rr2 = rr1;                //错误，表达式 rr1 是左值
int&&  rr2 = std::move(rr1);     //正确
```

上面的代码说明右值引用也是左值，不能对右值引用建立右值引用。move 告诉编译器，在对一个左值建立右值引用后，除了对左值进行销毁和重新赋值外，不能再访问它。std::move 在 VC 10.0 版本的 STL 库中定义如下：

```
/*
 *  @brief   Convert a value to an rvalue.
 *  @param   __t   A thing of arbitrary type.
 *  @return The parameter cast to an rvalue - reference to allow moving it.
 */
template <typename _Tp> constexpr typename std::remove_reference <_Tp> ::type&& move
(_Tp&& __t) noexcept{
    return static_cast <typename std::remove_reference <_Tp> ::type&&> (__t);
}

template <class _Ty> struct remove_reference{
    //remove reference
    typedef _Ty type;
};
template <class _Ty> struct remove_reference <_Ty&> {
    //remove reference
    typedef _Ty type;
};
template <class _Ty> struct remove_reference <_Ty&&> {
    //remove rvalue reference
    typedef _Ty type;
};
```

move 的参数是接收一个任意类型的右值引用，通过引用折叠，此参数可以与任意类型实参匹配。特别的，我们既可以传递左值，也可以传递右值给 std::move：

```
string s1("hi");
string&& s2 = std::move(string("bye"));          //正确：从一个右值移动数据
string&& s3 = std::move(s1);                     //正确：在赋值之后，s1 的值是不确定的
```

注意：

① std::move 函数名称具有一定的迷惑性，实际上 std::move 并没有移动任何东西，本质上就是一个 static_cast <T&&>，它唯一的功能是将一个左值强制转化为右值引用，进而可以通过右值引用使用该值，以用于移动语义。

② typename 为什么会出现在 std::move 返回值前面呢？这里需要明白 typename 的两个作用：一是声明模板中的类型参数，二是在模板中标明"内嵌依赖类型名"(nested dependent type name)。"内嵌依赖类型名"中的"内嵌"是指类型定义在类中，上面的 type 定义在 struct remove_reference 中；"依赖"是指依赖于一个模板参数，上面的"std::remove_reference<_Tp>::type&&"依赖模板参数_Tp；"类型名"是指这里最终要使用的是类型名，而不是变量。

(3) std::forward 实现完美转发

完美转发(perfect forwarding)是指在函数模板中，完全依照模板参数的类型，将参数传递给函数模板中调用的另外一个函数，如：

```
template <typename T> void  IamForwording(T t)
{
    IrunCodeActually(t);
}
```

其中，IamForwording 是一个转发函数模板，函数 IrunCodeActually 则是真正执行代码的目标函数。对于目标函数 IrunCodeActually，它总是希望获取的参数类型是传入 IamForwording 时的参数类型。这似乎是一件简单的事，但实际并非如此。那为何还要进行完美转发呢？因为右值引用本身是个左值，所以当一个右值引用类型作为函数的形参时，在函数内部转发该参数时它实际上是一个左值，并不是它原来的右值引用类型。考察如下程序：

```
template <typename T>
void PrintT(T& t)
{
    cout << "lvalue" << endl;
}
template <typename T>
void PrintT(T && t)
```

```
{
    cout << "rvalue" << endl;
}
template <typename T>
void TestForward(T&& v)
{
    PrintT(v);
}
int main()
{
    TestForward(1);          //输出 lvalue,理应输出 rvalue
}
```

实际上,我们只需要使用函数模板 std::forward 即可按照参数本来的类型转发出去,完成完美转发。考察如下程序:

```
template <typename T>
void TestForward(T&& v)
{
    PrintT(std::forward <T> (v));
}
int main()
{
    TestForward(1);          //输出 rvalue
    int x = 1;
    TestForward(x);          //输出 lvalue
}
```

下面给出 std::forward 的简单实现:

```
template <typename T>
struct RemoveReference
{
    typedef T Type;
};
template <typename T>
struct RemoveReference <T&>
{
    typedef T Type;
};
template <typename T>
struct RemoveReference <T&&>
```

```
{
    typedef T Type;
};
template <typename T>
constexpr T&& ForwardValue(typename RemoveReference <T> ::Type&& value)
{
    return static_cast <T&&> (value);
}

template <typename T>
constexpr T&& ForwardValue(typename RemoveReference <T> ::Type& value)
{
    return static_cast <T&&> (value);
}
```

其中，函数模板 ForwardValue 就是对 std::forward 的简单实现。

(4) 关于引用折叠

C++ 11 中实现完美转发依靠的是模板类型推导和引用折叠。模板类型推导比较简单，STL 中的容器广泛使用了类型推导。比如，当转发函数的实参是类型 X 的一个左值引用时，模板参数被推导为 X&；当转发函数的实参是类型 X 的一个右值引用时，模板的参数被推导为 X&& 类型。再结合引用折叠规则，就能确定出参数的实际类型。

引用折叠规则是什么呢？引用折叠就是指左值引用与右值引用相互转化时会发生类型的变化，变化规则如下：

① T& + &⇒T&；

② T&& + &⇒T&；

③ T& + &&⇒T&；

④ T&& + &&⇒T&&。

上述规则中，前者代表接受类型，后者代表进入类型，⇒表示引用折叠之后的类型，即最后被推导决断的类型。简单总结如下：

① 所有右值引用折叠到右值引用上仍然是一个右值引用；

② 所有的其他引用类型之间的折叠都将变成左值引用。

通过引用折叠规则保留参数原始类型，在不破坏 const 属性的前提下，将参数完美转发到目的函数中。

3. 右值引用的作用——实现移动构造函数和移动赋值运算符

右值引用的作用是用于移动构造函数（move constructors）和移动赋值运算符（move assignment operator）。为了让我们自己定义的类型支持移动操作，我们需要为其定义移动构造函数和移动赋值运算符。这两个成员类似对应的复制操作，即拷贝构造和赋值运算符,但它们是从给定的对象中窃取资源而不是复制资源。

(1) 移动构造函数

移动构造函数类似于拷贝构造函数,第一个参数是该类型的一个右值引用,同拷贝构造函数一样,任何额外的参数都必须有默认实参。完成资源移动后,原对象不再保留资源,但移动构造函数还必须确保原对象处于可销毁的状态。

移动构造函数相对于拷贝构造函数的优点是:移动构造函数不会因复制资源分配内存,而是仅仅接管源对象的资源,提高了效率。

(2) 移动赋值运算符

移动赋值运算符类似于赋值运算符,进行的是资源的移动操作而不是复制操作,从而提高了程序的性能,其接收的参数也是一个类对象的右值引用。移动赋值运算符必须正确处理自赋值操作。

下面给出移动构造函数和移动析构函数利用右值引用来提升程序效率的实例,首先编写了一个山寨的 vector:

```
#include <iostream>
#include <string>
using namespace std;
class Obj
{
public:
    Obj(){cout << "create obj" << endl;}
    Obj(const Obj& other){cout << "copy create obj" << endl;}
};
template <class T> class Container
{
public:
    T* value;
public:
    Container() : value(NULL) {};
    ~Container()
    {
        if(value) delete value;
    }
    //拷贝构造函数
    Container(const Container& other)
    {
        value = new T( *other.value);
        cout << "in constructor" << endl;
    }
    //移动构造函数
```

```
    Container(Container&& other)
    {
        if(value! = other.value){
            value = other.value;
            other.value = NULL;
        }
        cout << "in move constructor" << endl;
    }
    //赋值运算符
    const Container& operator = (const Container& rhs)
    {
        if(value! = rhs.value)
        {
            delete value;
            value = new T( * rhs.value);
        }
        cout << "in assignment operator" << endl;
        return * this;
    }
    //移动赋值运算符
    const Container& operator = (Container&& rhs)
    {
        if(value! = rhs.value)
        {
            delete value;
            value = rhs.value;
            rhs.value = NULL;
        }
        cout << "in move assignment operator" << endl;
        return * this;
    }
    void push_back(const T& item)
    {
        delete value;
        value = new T(item);
    }
};
Container <Obj> foo()
{
    Container <Obj> c;
    c.push_back(Obj());
```

```
    cout << "---- exit foo ----" << endl;
    return c;
}
int main()
{
    Container <Obj> v;
    v = foo();  //采用移动构造函数来构造临时对象,再将临时对象采用移动赋值运算符
                //移交给 v
}
```

程序输出:

```
create obj
copy create obj
---- exit foo ----
in move constructor
in move assignment operator
```

上面构造的容器只能存放一个元素,但是不妨碍演示。从函数 foo()中返回容器对象,全程采用移动构造函数和移动赋值运算符,所以没有出现元素的复制情况,提高了程序效率。如果去掉 Container 的移动构造函数和移动赋值运算符,程序结果如下:

```
create obj
copy create obj
---- exit foo ----
copy create obj
in constructor
copy create obj
in assignment operator
```

可见,在构造容器 Container 的临时对象~tmp 时发生了元素的复制,然后由临时对象~tmp 再赋值给 v 时,又发生了一次元素的复制,结果出现了无谓的两次元素复制,这严重降低了程序的性能。由此可见,右值引用通过移动构造函数和移动赋值运算符来实现对象移动在 C++程序开发中的重要性。

同理,如果想以左值来调用移动构造函数构造容器 Container,那么需要将左值对象通过 std::move 来获取对其的右值引用,参考如下代码:

```
//紧接上面 main 函数中的内容
Container <Obj> c = v;              //调用普通拷贝构造函数,发生元素复制
cout << "--------------------" << endl;
Container <Obj> c1 = std::move(v);//获取对 v 的右值引用,然后调用移动构造函数构造 c1
cout << c1.value << endl;
cout << v.value << endl;            //v 的元素值已经在移动构造函数中被置空(被移除)
```

代码输出：

```
copy create obj
in constructor
--------------------
in move constructor
00109598
00000000
```

8.6 POD 类型

POD(Plain Old Data，普通旧数据)类型是从 C++ 11 开始引入的概念，Plain 代表对象是一个普通类型，Old 代表对象可以与 C 兼容。通俗的讲，一个类、结构、共用体对象或非构造类型对象通过二进制复制(如 memcpy())后还能保持其数据不变且能正常使用的就是 POD 类型的对象。严格来讲，如果一个对象既是普通类型(trivial type)又是标准布局类型(standard - layout type)，那么这个对象就是 POD 类型。

不同类型的对象意味着对象的成员在内存中的布局也是不同的。在某些情况下，布局是有规范明确的定义的，但如果类或结构包含某些 C++ 语言功能，如虚拟基类、虚函数、具有不同的访问控制的成员，则不同的编译器会有不同的布局实现，具体取决于编译器对代码的优化方式，比如实现内存对齐、减少访存指令周期。如果类具有虚函数，该类的所有实例都会包含一个指向虚拟函数表的指针，那么这个对象就不能直接通过二进制复制的方式传到其他语言编程的程序中使用。

C++给定对象类型取决于其特定的内存布局方式。一个对象是普通、标准布局还是 POD 类型，可以根据标准库函数模板来判断，如 is_trivial <T >、is_standard_layout <T >和 is_pod <T >，使用时需要包含头文件<type_traits >。

1. 普通类型

当类或结构体满足如下几个条件时就是普通类型(trivial type)：

① 没有虚函数或虚拟基类；

② 由 C++编译器提供默认的特殊成员函数(默认的构造函数、拷贝构造函数、移动构造函数、赋值运算符、移动赋值运算符和析构函数)；

③ 数据成员同样需要满足条件①和②。

注意：普通类型可以具有不同的访问说明符。下面使用模板类“std::is_trivial <T >::value”来判断数据类型是否为普通类型。

```
#include <iostream>
#include <string>
class A { A() {} };
class B { B(B&) {} };
```

```
class C { C(C&&) {} };
class D { D operator = (D&) {} };
class E { E operator = (E&&) {} };
class F { ~F() {} };
class G { virtual void foo() = 0; };
class H : virtual F{};
class I {};
int main()
{
    std::cout << std::is_trivial <A> ::value ;     //有自定义构造函数
    std::cout << std::is_trivial <B> ::value;      //有自定义的拷贝构造函数
    std::cout << std::is_trivial <C> ::value;      //有自定义的移动构造运算符
    std::cout << std::is_trivial <D> ::value;      //有自定义的赋值运算符
    std::cout << std::is_trivial <E> ::value;      //有自定义的移动赋值运算符
    std::cout << std::is_trivial <F> ::value;      //有自定义的析构函数
    std::cout << std::is_trivial <G> ::value;      //有虚函数
    std::cout << std::is_trivial <H> ::value;      //有虚基类
    std::cout << std::is_trivial <I> ::value;      //普通的类返回 0
}
```

程序输出结果如下：

```
000000001
```

2. 标准布局类型

当类或结构体满足如下几个条件时就是标准布局类型(standard-layout type)：

① 没有虚函数或虚拟基类。

② 所有非静态数据成员都具有相同的访问说明符。

③ 在继承体系中最多只有一个类中有非静态数据成员。

④ 子类中的第一个非静态成员的类型与其基类不同，此规则是因 C++允许优化不包含成员的基类而产生的。在 C++标准中，如果基类没有任何数据成员，则基类应不占用空间。为了体现这一点，C++标准允许派生类的第一个成员与基类共享同一个地址空间。但是，如果派生类的第一个非静态成员的类型和基类相同，由于 C++标准要求相同类型的对象的地址必须不相同，则编译器就会为基类分派一个字节的地址空间。例如：

```
class B1{};
class B2{};

class D1: public B1
{
```

```
    B1 b;
    int i ;
};
class D2: public B1
{
    B2 b ;
    int i ;
}
```

D1 和 D2 类型的对象内存布局应该是相同的，但实际上却是不同的。因为 D1 中的基类 B1 和对象 b 都占用了 1 个字节，D2 中的基类 B1 为空，并不占用内存空间。D1 和 D2 的内容布局从左至右如图 8-1 所示。

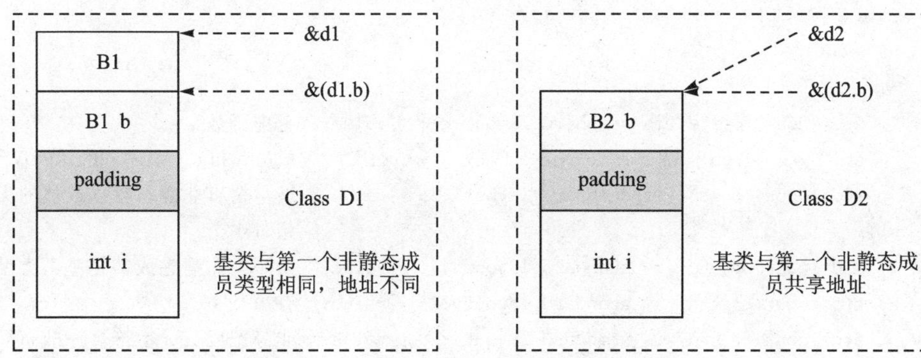

图 8-1

注意：GNU C++遵守这条规定，而 VC++并不遵守。

所有非静态数据成员同样需要满足条件①、②、③和④，即符合标准布局类型。

考察如下程序：

```
#include <iostream>
using namespace std;
class A { virtual void foo() = 0; };
class B
{
private:
    int a;
public:
    int b;
};
class C1
{
    int x1;
```

```
};
class C:C1
{
    int x;
};
class D1 {};
class D : D1
{
    D1 d1;
};
class E : virtual C1 {};
class F { B x; };
class G :C1, D1 {};
int main()
{
    std::cout << std::is_standard_layout <A> ::value;//有虚函数
    std::cout << std::is_standard_layout <B> ::value;     //成员 a 和 b 具有不同的访问权限
    std::cout << std::is_standard_layout <C> ::value;//继承树有非静态数据成员的类
                                                     //超过 1 个
    std::cout << std::is_standard_layout <D> ::value;//第一个非静态成员是基类类型
    std::cout << std::is_standard_layout <E> ::value;//有虚基类
    std::cout << std::is_standard_layout <F> ::value;//非静态成员 x 不符合标准布局
                                                     //类型
    std::cout << std::is_standard_layout <G> ::value;//返回 1
    return 0;
}
```

程序运行结果：

```
00000001
```

3. POD 类型简介

如果一个对象既是普通类型又是标准布局类型，那么这个对象就是 POD 类型。为什么 POD 类型要满足上述条件呢？这是因为 POD 类型在源码层级的操作上兼容于 ANSI C。POD 对象与 C 语言的对应对象具有一些共同的特性，包括初始化、复制、内存布局和寻址：

① 可以使用字节赋值，比如用 memset、memcpy 对 POD 类型进行赋值操作；

② 对 C 内存布局兼容，POD 类型的数据可以使用 C 函数进行操作且总是安全的；

③ 保证了静态初始化的安全有效性，而静态初始化可以提高程序性能，如将 POD 类型对象放入 BSS 段默认初始化为 0。

以下为 POD 类型的二进制拷贝示例：

```
#include <iostream>
using namespace std;

class A
{
public:
    int x;
    double y;
};
int main()
{
    if (std::is_pod <A> ::value)
    {
        std::cout << "before" << std::endl;
        A a;
        a.x = 8;
        a.y = 10.5;
        std::cout << a.x << std::endl;
        std::cout << a.y << std::endl;
        size_t size = sizeof(a);
        char *p = new char[size];
        memcpy(p, &a, size);
        A *pA = (A*)p;
        std::cout << "after" << std::endl;
        std::cout << pA->x << std::endl;
        std::cout << pA->y << std::endl;
        delete p;
    }
    return 0;
}
```

程序运行结果：

```
before
8
10.5
after
8
10.5
```

可见,POD类型使用字节复制可以正常进行赋值操作。事实上,如果对象是普通类型,不是标准布局,例如类有public与private的非静态数据成员,则可以使用memcpy进行二进制赋值;如果对象是标准布局类型,不是普通类型,例如类有复杂的move与copy构造函数,则能使用C函数进行操作。

8.7 委托构造函数

1. 简　介

委托构造函数(delegating constructor)由C++ 11引入,是对C++构造函数的改进,允许构造函数通过初始化列表调用同一个类的其他构造函数,目的是简化构造函数的书写,提高代码的可维护性,避免代码冗余膨胀。

通俗来讲,一个委托构造函数使用它所属的类的其他构造函数执行自己的初始化过程,或者说它把自己的一些(或者全部)职责委托给了其他构造函数。与其他构造函数一样,一个委托构造函数也有一个成员初始化列表和一个函数体,成员初始化列表只能包含一个其他构造函数,不能再包含其他成员变量的初始化,且参数列表必须与构造函数匹配。

下面是一个不使用委托构造函数而造成代码冗余的例子。

```
class Foo
{
public:
    Foo() :type(4), name('x') {initRest();}
    Foo(int i) : type(i), name('x') {initRest();}
    Foo(char c) :type(4), name(c) {initRest();}
private:
    void initRest() {/* init othre members */}
    int type;
    char name;
    //...
};
```

从上面的代码片段可以看出,类Foo的3个构造函数除了参数不同外,初始化列表、函数体基本相同,其代码存在很多重复的地方。在C++ 11中,可以使用委托构造函数来减少代码重复,精简构造函数,参考代码如下:

```
class Foo
{
public:
    Foo() {initRest(); }
    Foo(int i) : Foo() {type = i;}
```

```
    Foo(char e) : Foo() {name = e;}
private:
    void initRest() { /* init othre members */}
    int type{1};
    char name{'a'};
};
```

如果一个委托构造函数想要委托另一个构造函数，那么被委托的构造函数应该包含较大数量的参数，初始化较多的成员变量。而且在委托其他构造函数后，不能再进行成员列表初始化，而只能在函数体内对其他成员变量进行赋值。

2. 注意事项

① 不要形成委托环。在构造函数较多时，我们可能拥有多个委托构造函数，而一些目标构造函数很可能也是委托构造函数，因此就可能在委托构造函数中形成链状的委托构造关系，形成委托环(delegation cycle)。

参考如下代码：

```
class Foo
{
public:
    Foo(int i) : Foo('c') { type = i; }
    Foo(char c) : Foo(1) { name = c; }
private:
    int type;
    char name;
};
```

其中，Foo(int i)与 Foo(char c)相互委托就形成了委托环，这样会导致编译错误。

② 如果在委托构造函数中使用 try，则可以捕获目标构造函数中抛出的异常，如下：

```
#include <iostream>
using namespace std;
class Foo
{
public:
    Foo(int i) try: Foo(i,'c')
    {
        cout << "start assignment" << endl;
        type = i;
    }
```

```
    catch(...)
    {
        cout << "caugth exception" << endl;
    }
private:
    Foo(int i,char c)
    {
        cout << "throw exception" << endl;
        throw 0;
    }
    int type;
    char name;
};
int main()
{
    Foo f(1);
    return 0;
}
```

程序输出结果：

```
throw exception
caugth exception
```

可见，在目标构造函数 Foo(int i,char c)中抛出异常，在委托构造函数 Foo(int i)中可以进行捕获，并且目标构造函数体内的代码并不会被执行。这样的设计是合理的，因为目标构造函数抛出异常说明对象并没有完成初始化，所以在委托构造函数中进行赋值操作都是一些无意义的动作。

8.8 继承构造函数

1. 简　介

子类为完成基类初始化，在 C++ 11 之前，需要在初始化列表调用基类的构造函数，从而完成构造函数的传递。如果基类拥有多个构造函数，那么子类也需要实现多个与基类构造函数对应的构造函数。

参考如下代码：

```
class Base
{
public:
    Base(int va) :m_value(va), m_c('0'){}
```

```
    Base(char c) :m_c(c) , m_value(0){}
private:
    int m_value;
    char m_c;
};
class Derived :public Base
{
public:
    //初始化基类需要透传基类的各个构造函数,这是很麻烦的
    Derived(int va) :Base(va) {}
    Derived(char c) :Base(c) {}
    //假设派生类只是添加了一个普通的函数
    void display()
    {
        //dosomething
    }
};
```

书写多个派生类构造函数只为传递参数完成基类的初始化,这种方式无疑给开发人员带来麻烦,且降低了编码效率。从 C++ 11 开始,推出了继承构造函数(inheriting constructor)。使用 using 声明继承基类的构造函数时编程如下:

```
class Base
{
public:
    Base(int va) :m_value(va), m_c('0') {}
    Base(char c) :m_c(c), m_value(0) {}
private:
    int m_value;
    char m_c;
};
class Derived :public Base
{
public:
    //使用继承构造函数
    using Base::Base;
    //假设派生类只是添加了一个普通的函数
    void display()
    {
        //dosomething
    }
};
```

在上述代码中，我们通过 using Base::Base 把基类构造函数继承到派生类中，不再需要书写多个派生类构造函数来完成基类的初始化。更为巧妙的是，C++ 11 标准规定，继承构造函数与类的一些默认函数（默认构造函数、析构函数、拷贝构造函数等）一样，是隐式声明，如果一个继承构造函数不被相关代码使用，则编译器不会为其产生真正的函数代码。这样比通过派生类构造函数“透传构造函数参数”来完成基类初始化的方案（总是需要定义派生类的各种构造函数）更加节省目标代码空间。

2. 注意事项

① 继承构造函数无法初始化派生类数据成员。继承构造函数的功能是初始化基类，对于派生类数据成员的初始化则无能为力。解决的办法主要有两个：

一是使用 C++ 11 特性就地初始化成员变量，可以通过=、{}对非静态成员快速就地初始化，以减少多个构造函数重复初始化变量的工作。注意，初始化列表会覆盖就地初始化操作。参考如下代码：

```
class Derived :public Base
{
public:
    //使用继承构造函数
    using Base::Base;
    //假设派生类只是添加了一个普通的函数
    void display()
    {
        //dosomething
    }
private:
    //派生类新增数据成员
    double m_double{0.0};
};
```

二是新增派生类构造函数，使用构造函数初始化列表。参考如下代码：

```
class Derived :public Base
{
public:
    //使用继承构造函数
    using Base::Base;
//新增派生类构造函数
Derived(int a,double b):Base(a),m_double(b){}
    //假设派生类只是添加了一个普通的函数
    void display()
    {
        //dosomething
```

```
    }
private:
    //派生类新增数据成员
    double m_double{0.0};
}
```

相比之下，第二种方法需要新增构造函数，明显没有第一种方法简洁，但第二种方法可由用户控制初始化值，更加灵活。两种方法各有优劣，需结合具体场景使用。

② 构造函数拥有默认值会产生多个构造函数版本，且继承构造函数无法继承基类构造函数的默认参数，所以我们在使用有默认参数构造函数的基类时就必须小心。参考如下代码：

```
class A
{
public:
    A(int a = 3, double b = 4):m_a(a), m_b(b){}
    void display()
    {
        cout << m_a << " " << m_b << endl;
    }
private:
    int m_a;
    double m_b;
};

class B:public A
{
public:
    using A::A;
};
```

那么 A 中的构造函数会有下面几个版本：

```
A()
A(int)
A(int,double)
A(constA&)
```

B 中对应的继承构造函数将会包含如下几个版本：

```
B()
B(int)
B(int,double)
B(constB&)
```

可以看出，参数默认值会导致多个构造函数版本的产生，因此在使用时需格外小心。

③ 在多继承的情况下，继承构造函数会出现“冲突”的情况，因为多个基类中的部分构造函数可能导致派生类中的继承构造函数的函数名、参数(函数签名)相同。考察如下代码：

```
class A
{
public:
    A(int i){}
};
class B
{
public:
    B(int i){}
};
class C : public A,public B
{
public:
    using A::A;
    using B::B;        //编译出错,重复定义 C(int)
    //显式定义继承构造函数 C(int)
    C(int i):A(i),B(i){}
};
```

为避免继承构造函数冲突，可以通过显式定义继承类冲突的构造函数，组织隐式生成相应的继承构造函数。

此外，使用继承构造函数时还要注意以下几点：

① 如果基类构造函数被声明为私有成员函数，或者派生类是从基类中虚继承的，那么就不能在派生类中声明继承构造函数；

② 一旦使用继承构造函数，编译器就不会再为派生类生成默认构造函数了。

8.9 Unicode 支持

1. char16_t 与 char32_t

在 C++ 98 中，为了支持 Unicode 字符，使用 wchar_t 类型来表示“宽字符”，但并没有严格规定位宽，而是让 wchar_t 的宽度由编译器实现。因此，不同的编译器有不同的实现方式，GNU C++ 规定 wchar_t 为 32 位，VC++ 规定为 16 位。由于 wchar_t 的宽度没有统一规定，导致使用 wchar_t 的代码在不同平台间移植时可能

会出现问题。但这一状况在 C++ 11 中得到了一定改善,从此 Unicode 字符的存储有了统一类型:

① char16_t:用于存储 UTF-16 编码的 Unicode 字符。

② char32_t:用于存储 UTF-32 编码的 Unicode 字符。

至于 UTF-8 编码的 Unicode 数据,C++ 11 还是使用了 8 位宽度的 char 类型数组来表示,而 char16_t 和 char32_t 的宽度则由其名称可以看出,char16_t 为 16 位,char32_t 为 32 位。

2. 5 种定义字符串的方式

除了使用新类型 char16_t 与 char32_t 来表示 Unicode 字符外,C++ 11 还新增了 3 种前缀来定义不同编码的字符串,新增前缀如下:

① u8 表示为 UTF-8 编码;

② u 表示为 UTF-16 编码;

③ U 表示为 UTF-32 编码。

C++ 98 中有两种定义字符串的方式:一是直接使用双引号定义多字节字符串,二是通过前缀"L"表示 wchar_t 字符串(宽字符串)。至此,C++中共有 5 种定义字符串的方式。

3. 影响字符串正确处理的因素

在使用不同方式定义不同编码的字符串时,我们需要注意影响字符串处理和显示的几个因素,分别是编辑器、编译器和输出环境。

代码编辑器采用何种编码方式决定了字符串最初的编码,比如编辑器如果采用 GBK,那么代码文件中的所有字符都是以 GBK 编码存储。当编译器处理字符串时,可以通过前缀来判断字符串的编码类型,如果目标编码与原编码不同,则编译器会进行转换,比如 C++ 11 中的前缀 u8 表示目标编码为 UTF-8 的字符;如果代码文件采用的是 GBK,编译器按照 UTF-8 去解析字符串常量,则可能会出现错误。

参考如下代码:

```
//代码文件为 GBK 编码
#include <iomanip>
#include <iostream>
using namespace std;
int main()
{
    const char * sTest = u8"你好";
    for(int i = 0;sTest[i]! = 0; ++ i)
    {
        cout << setiosflags(ios::uppercase) << hex << (uint32_t)(uint8_t)sTest[i] << " ";
    }
```

```
    return 0;
}
//编译选项:g++  -std=c++0x -finput-charset=utf-8 test.cpp
```

程序输出结果:

```
C4 E3 BA C3
```

这个码值是GBK的码值,因为“你”的GBK码值是0xC4E3,“好”的GBK码值是0xBAC3。可见,编译器未成功地将GBK编码的“你好”转换为UTF-8的码值“你”(E4 BD A0)“好”(E5 A5 BD),原因是使用编译选项“-finput-charset=utf-8”指定代码文件编码为UTF-8,而实际上代码文件编码为GBK,导致编译器出现错误的认知。如果使用“-finput-charset=gbk”,那么编译器在编译时就会将GBK编码的“你好”转换为UTF-8编码,正确输出“E4 BD A0 E5 A5 BD”。

如果代码编辑器和编译器这两个环节在处理字符串时没有问题,那么最后就是显示环节。字符串的正确显示依赖于输出环境。C++输出流对象cout能够保证的是将数据以二进制形式输出到输出设备,但输出设备(比如Linux shell或者Windows console)能否支持特定的编码类型的输出,则取决于输出环境。比如,Linux虚拟终端XShell,配置终端编码类型为GBK,则无法显示输出的UTF-8编码字符串。

一个字符串从定义到处理再到输出,涉及编辑器、编译器和输出环境3个因素,正确的处理和显示需要3个因素的共同保障,每一个环节都不能出错。一个字符串的处理流程与因素如图8-2所示。

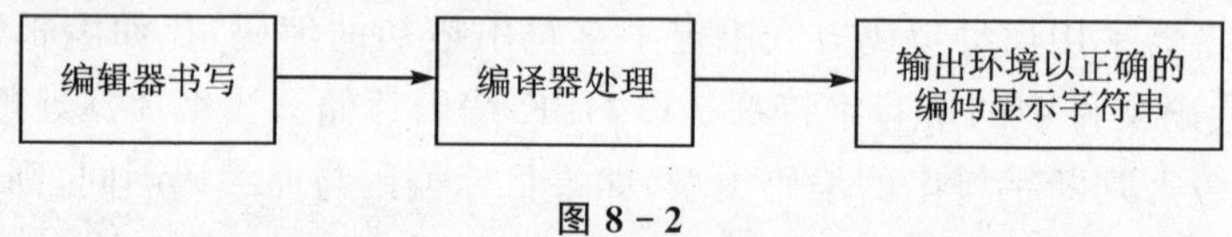

图8-2

当然,如果想避开编辑器编码对字符串的影响,则可以使用Unicode码值来定义字符串常量,参看如下代码:

```
//代码文件为GBK编码
#include <iomanip>
#include <iostream>
using namespace std;
int main()
{
    const char* sTest = u8"\u4F60\u597D"; //你好的Uunicode码值分别是0x4F60和0x597D
    for(int i = 0;sTest[i]! = 0; ++i)
    {
        cout << setiosflags(ios::uppercase) << hex << (uint32_t)(uint8_t)sTest[i] << " ";
    }
```

```
    return 0;
}
//编译选项:g++ -std=c++0x -finput-charset=utf-8 test.cpp
```

程序输出结果：

```
E4 BD A0 E5 A5 BD
```

可见，即使编译器对代码文件的编码理解有误，仍然可以正确地以 UTF-8 编码输出“你好”的码值。原因是 ASCII 字符使用 GBK 与 UTF-8 编码的码值是相同的，所以直接书写 Unicode 码值来表示字符串是一种比较保险的做法，缺点是难以阅读。

4. Unicode 的库支持

C++ 11 在标准库中增加了一些 Unicode 编码转换的函数，开发人员可以使用库中的一些新增编码转换函数来完成各种 Unicode 编码间的转换，函数原型如下：

```
//多字节字符转换为 UTF-16 编码
size_t mbrtoc16 ( char16_t * pc16, const char * pmb, size_t max, mbstate_t * ps);
//UTF-16 字符转换为多字节字符
size_t c16rtomb ( char * pmb, char16_t c16, mbstate_t * ps );
//多字节字符转换为 UTF-32 编码
size_t mbrtoc32 ( char32_t * pc32, const char * pmb, size_t max, mbstate_t * ps);
//UTF-32 字符转换为多字节字符
size_t c32rtomb ( char * pmb, char32_t c32, mbstate_t * ps );
```

函数名称中 mb 表示 multi-byte(多字节)，rto 表示 convert to(转换为)，c16 表示 char16_t，了解这些，可以根据函数名称直观地理解它们的作用。下面是 UTF-16 字符串转换为多字节字符串(以 GBK 为例)的例子，参考代码如下：

```
#include <uchar.h>
#include <string.h>
#include <locale>
#include <iomanip>
#include <iostream>
using namespace std;
int main()
{
    const char16_t* utf16 = u"\u4F60\u597D\u554A";
    size_t utf16Len = char_traits <char16_t> ::length(utf16);
    char* gbk = new char[utf16Len * 2 + 1];
    memset(gbk,0, utf16Len * 2 + 1);
    char* pGbk = gbk;
    setlocale(LC_ALL, "zh_CN.gbk");
```

```
    mbstate_t mbs;                              //转换状态
    size_t length = 0;
    while ( * utf16)
    {
        pGbk += length;
        length = c16rtomb(pGbk, * utf16, &mbs);
        if (length == 0 || pGbk - gbk > sizeof(gbk))
        {
            cout << "failed" << endl;
            break;                              //转换失败
        }
        ++ utf16;
    }
    for (int i = 0; gbk[i] != 0; ++ i)
    {
        cout << setiosflags(ios::uppercase) << hex << (uint32_t)(uint8_t)gbk[i] << " ";
    }
    return 0;
}
//编译选项:g++ -std=c++0x test.cpp
```

程序输出结果：

```
C4 E3 BA C3 B0 A1
```

可见，使用 c16rtomb()完成了将"你好啊"从 UTF-16 编码到多字节编码(GBK)的转换。上面的转换用到了 locale 机制。locale 表示的是一个地域的特征，包括字符编码、数字时间表示形式、货币符号等。locale 串使用"zh_CN.gbk"表示目的多字节字符串使用 GBK 编码。

上面通过 Unicode 字符的转换来完成字符串的转换，实际上 C++提供了一个类模板 codecvt 用于完成 Unicode 字符串与多字节字符串之间的转换，主要分为以下 4 种：

```
codecvt <char,char,mbstate_t>          //performs no conversion
codecvt <wchar_t,char,mbstate_t>       //converts between native wide and narrow
                                       //character sets
codecvt <char16_t,char,mbstate_t>      //converts between UTF16 and UTF8 encodings,
                                       //since C++ 11
codecvt <char32_t,char,mbstate_t>      //converts between UTF32 and UTF8 encodings,
                                       //since C++ 11
```

上面的 codecvt 实际上是 locale 的一个 facet，facet 可以简单地理解为 locale 的一些接口。通过 codecvt 可以完成当前 locale 下多字节编码字符串与 Unicode 字符间的转换，也包括 Unicode 字符编码间的转换。这里的多字节字符串不仅可以是 UTF-8，也可以是 GBK 或者其他编码，实际依赖于 locale 所采用的编码方式。每种 codecvt 负责不同类型编码的转换，但是目前编译器的支持情况并没有那么完整，一种 locale 并不一定支持所有的 codecvt，程序员可以通过 has_facet 函数模板来查询指定 locale 下的支持情况。参考代码如下：

```
#include <locale>
#include <iostream>
using namespace std;
int main()
{
    //定义一个 locale 并查询该 locale 是否支持一些 facet
    locale lc("zh_CN.gbk");
    bool can_cvt = has_facet <codecvt <char, char, mbstate_t>> (lc);
    if (!can_cvt)
        cout << "do not support char - char facet" << endl;
    can_cvt = has_facet <codecvt <wchar_t, char, mbstate_t>> (lc);
    if (!can_cvt)
        cout << "do not support wchar_t - char facet" << endl;
    can_cvt = has_facet <codecvt <char16_t, char, mbstate_t>> (lc);
    if (!can_cvt)
        cout << "do not support char16_t - char facet" << endl;
    can_cvt = has_facet <codecvt <char32_t, char, mbstate_t>> (lc);
    if (!can_cvt)
        cout << "do not support char32_t - char facet" << endl;
}
//编译选项:g++  -std=c++11 test.cpp
//g++版本:gcc version 4.8.5 20150623 (Red Hat 4.8.5-4) (GCC)
```

程序输出结果：

```
do not support char16_t - char facet
do not support char32_t - char facet
```

由此可见，从 char 到 char16_t 与 char32_t 转换的两种 facet 还没有被实验机使用的编译器支持。

假如实验机支持从 char 到 char16_t 的转换，可参考如下代码：

```
#include <uchar.h>
#include <string.h>
#include <locale>
#include <iomanip>
#include <iostream>
```

```
using namespace std;
int main()
{
    typedef std::codecvt <char16_t,char,std::mbstate_t> facet_type;
    std::locale mylocale("zh_CN.gbk");

    try
    {
        const facet_type& myfacet = std::use_facet <facet_type> (mylocale);
        const char16_t * utf16 = u"\u4F60\u597D\u554A";          //你好啊
        size_t utf16Len = char_traits <char16_t> ::length(utf16);
        cout << utf16Len << endl;
        char * gbk = new char[utf16Len * 2 + 1];
        memset(gbk, 0, utf16Len * 2 + 1);
        std::mbstate_t mystate;                                  //转换状态
        const char16_t * pwc;                                    //from_next
        char * pc;                                               //to_next

        facet_type::result myresult = myfacet.out(mystate,utf16,utf16 + utf16Len + 1,
        pwc, gbk, gbk + utf16Len * 2 + 1, pc);

        if (myresult == facet_type::ok)
        {
            std::cout << "Translation successful:" << endl;
        }
        for (int i = 0; gbk[i] != 0; ++i)
        {
            cout << setiosflags(ios::uppercase) << hex << (uint32_t)(uint8_t)gbk[i] << " ";
        }
        delete[] gbk;
    }
    catch(...)
    {
        cout << "do not support char16_t - char facet" << endl;
        return -1;
    }
    return 0;
}
```

由于实验环境不支持 char 与 char16_t 相互转换的 facet,所以程序输出结果为

```
do not support char16_t - char facet
```

5. u16string 与 u32string

C++ 11 新增了 UTF－16 和 UTF－32 编码的字符类型 char16_t 和 char32_t，当然少不了对应的字符串类型，分别是 u16string 与 u32string，二者的存在类似于 string 与 wstring。四者的定义分别如下：

```
typedef basic_string <char> string;
typedef basic_string <wchar_t> wstring;
typedef basic_string <char16_t> u16string;
typedef basic_string <char32_t> u32string;
```

我们对 string 与 wstring 应该比较熟悉，u16string 与 u32string 在用法上跟它们差不多，都有相同的成员接口与类型，只需要记住其存储的字符编码类型不同即可。下面为使用 u16string 的简单示例。

```
#include <iomanip>
#include <iostream>
using namespace std;
int main()
{
    u16string u16str = u"\u4F60\u597D\u554A";        //你好啊
    cout << u16str.length() << endl;                 //字符数
    for (int i = 0; i < u16str.length(); ++i)
    {
        cout << setiosflags(ios::uppercase) << hex << (uint16_t)u16str[i] << " ";
    }
}
```

程序输出结果：

```
3
4F60 597D 554A。
```

8.10 原生字符串

1. 基本概念与作用

原生字符串(raw string)指不进行转义“所见即所得”的字符串。很多编程语言都已支持原生字符串，如 C#、Python、Shell 等。C++作为一门高级程序设计语言，自然不能落后，从 C++ 11 开始，其也开始支持原生字符串了。

很多时候，当我们需要一行字符串时，字符串转义往往成为一种负担，对于写和读都有很大的不便。例如，对于路径“D:\workdataDJ\code\vas_pgg_proj”，我们必须通过反斜杠进行转义，把它写成如下形式：

```
string path = "D:\\workdataDJ\\code\\vas_pgg_proj";
```

可能你会觉得这并没有多大影响，但是当我们使用正则表达式时，由于正则表达式中的特殊字符（如反斜杠、双引号等）较多，再使用反斜杠进行转义，正则表达式的可读性将变得很差，例如：

```
string re = "('(?:[^\\\\']|\\\\.) * '|\"(?:[^\\\\\"]|\\\\.) * \")|";
```

在C#中，我们可以通过@关键字来取消字符串转义。在C++ 11中，它的非转义形式为

```
string path = R"(D:\workdataDJ\code\vas_pgg_proj)";
```

从上面的例子可以看出，C++的语法格式如下：

① 字符串前加R前缀；

② 字符串首尾加上小括号。

它的语法格式比C#的@前缀要稍微复杂点，不过这个复杂也有复杂的好处，那就是字符串里面可以带双引号，如下：

```
string path = R"(this "word" is escaped)";
```

而C#就无法保持原始字符串的格式，对双引号仍需要转义，如下：

```
string path = @"this ""word"" is escaped";
```

2. 原生字符串与Unicode字符串相结合

由于C++ 11支持Unicode，所以原生字符串的定义方式可以与Unicode字符串结合使用。在定义UTF-8、UTF-16和UTF-32的原生字符串时，只要将其前缀分别设置为u8R、uR和UR即可。有一点需要注意，使用了原生字符串，转义字符就不能再使用了，这会给使用\u或者\U的方式书写Unicode字符的程序带来一定影响。参看下面的例子。

```
#include <iostream>
using namespace std;
int main()
{
    cout << u8R"(\u4F60,\n
        \u597D)" << endl;
    cout << u8R"(你好)" << endl;
    cout << sizeof(u8R"(hello)") << "\t" << u8R"(hello)" << endl;
    cout << sizeof(uR"(hello)") << "\t" << uR"(hello)" << endl;
    cout << sizeof(UR"(hello)") << "\t" << UR"(hello)" << endl;
}
```

程序输出结果：

```
\u4F60,\n
                \u597D
你好
6       hello
12      00C03174
24      00C03180
```

从结果可以看出使用\u 定义 Unicode 字符时，输出的原生字符串的模样。在使用 sizeof 运算符计算不同编码的相同字符串时，得到的结果是不同的，大小跟其声明的类型完全一致。注意，在使用 cout 对 UTF－16 和 UTF－8 编码的字符串进行输出时，输出的是字符串地址。

3. 原生字符串的连接

C++中同样可以将原生字符串进行连接，但不要将不同编码的字符串进行连接，因为 C++尚不支持这种做法。考察如下代码：

```
#include <iostream>
using namespace std;
int main()
{
    char string[] = R"(你好)"R"( = hello)";
    char u8u8string[] = u8R"(你好)"u8R"( = hello)";
    //char u8ustring[] = u8R"(你好)"uR" = hello";     //编译报错
    cout << string << endl;
    cout << u8string << endl;
    cout << sizeof(string) << endl;
    cout << sizeof(u8u8string) << endl;
    return 0;
}
//程序编译选项:g++  -finput-charset=utf-8 test.cpp
```

代码输出结果如下：

```
你好 = hello
你好 = hello
13
13
```

可以看出，原生字符串会自动被编译器连接在一起，整个字符串“你好＝hello”含有两个 UTF－8 编码的中文字符，共占 6 字节和 6 个 ASCII 字符，再加上自动生成的空字符“\0”，字符串共占用 13 字节空间。UTF－8 与 UTF－16 两种不同编码的字符在连接时会编译报错，请避免。

8.11 通用属性

1. 编译器扩展属性

C++在不断发展，但每一阶段的C++标准提供的功能都很难完全满足现实需求，于是为了弥补标准的不足或者扩增应用场景所需的特性，各大C++编译器厂商在标准之外都增加了不少有用的扩展功能。这些扩展功能并不在C++的标准中，但是却经常被使用。有时，C++标准委员会也会考虑这些标准之外的扩增特性，将其纳入标准之中。

C++扩增特性中较为常见的就是“属性”(attribute)。属性是对语言中实体对象(比如函数、变量、类型等)的附加说明，用来实现一些语言及非语言层面的功能，或是帮助编译器优化代码。不同的编译器有不同的属性语法，比如对于GNU，属性是通过关键字__attribute__来声明的，常见的有format、noreturn、const和aligned等，声明语法如下：

```
__attribute__ ((attribute - list))
```

例如：

```
extern int area(int n) __attribute__ ((const))
int main()
{
    int areas = 0;
    for(int i = 0;i < 10; ++ i)
    {
        areas += area(3) + i;
    }
}
```

程序中const属性告诉编译器，该函数的返回值只依赖于输入，不会改变函数外的数据，因此编译器可以对area(3)进行优化处理，只对函数调用一次，后续将area(3)视为常量进行操作，这大大提高了程序性能。

Windows平台的VC++则使用__declspec来声明扩展属性，使用语法如下：

```
__declspec (extended - decl - modifier)
```

比如控制类型对齐方式：

```
__declspec (align(32)) struct Struct32
{
    char c;
```

```
    int i;
}
```

其作用是：类型 Struct32 定义的变量的起始地址是 32 的整数倍，且类型大小 sizeof(Struct32)＝32 也是 32 的整数倍。

2. C++ 11 通用属性

(1) 语法格式

自 C++ 11 开始，C++拥有统一形式的通用属性声明方式，语法格式如下：

```
[[ attribute - list ]]
```

语法上，C++ 11 通用属性可以作用于函数、类型、变量、代码块等，书写位置可以位于目标之前，也可以位于目标之后。对于作用于整个语句的通用属性，则应写在语句起始处。对于出现在以上两种位置之外的通用属性，作用于哪个实体跟编译器的具体实现有关。例如：

```
//作用于函数
[[ attr1 ]] void func();
//或者
void func [[ attr2 ]] ();

//作用于数组
[[ attr1 ]] int array[10];
//或者
int array [[ attr1 ]] [10];
```

C++ 11 只定义了两种通用属性，分别是[[noreturn]]与[[carries_dependency]]，其他如[[final]]、[[override]]、[[restrict]]、[[hides]]、[[base_check]]等属性，考虑到通用性和实现方式，未纳入标准。比如 final、override、restrict 等为语言特性，均通过关键字来实现。

(2) [[noreturn]]

[[noreturn]]用于标识不会返回的函数。不会返回的函数指的是被调处后面的代码不会执行，被调函数不会将控制流返回给主调函数，注意不是没有返回值的函数。通过这个属性，开发者可以告诉编译器进行代码优化，诸如死代码告警与消除等。参考如下示例：

```
void cout1() { cout << "cout1" << endl; }
void cout2() { cout << "cout2" << endl; }
[[noreturn]] void throwAway()
{
    throw "exception";
```

```
}
void foo()
{
    cout1();
    throwAway();
    cout2();        //该函数不可达
}
```

上面代码中，cout2()不可达，编译器可以采用告警的方式提示开发者或者直接不生成调用 cout2()的代码。

除了抛出异常可能会导致程序控制流不能返回调用者外，其他诸如包含终止应用程序或者无限循环语句的函数，都可以使用[[noreturn]]进行声明，比如在 C++ 11 标准库中，我们可以看到如下函数声明语句：

```
[[noreturn]] void abort(void) noexcept;
```

当然，[[noreturn]]可以帮助编译器进行代码优化，前提是正确使用。如果错误地使用[[noreturn]]，则可能会给程序带来致命的损害，因此要非常小心。

(3) [[carries_dependency]]

[[carries_dependency]]作用于函数参数与返回值，用于避免在弱一致性模型平台上产生不必要的内存栅栏而降低代码效率。比如：

```
atomic <int *> a;
...
int *  p = (int * )a.load(memory_order_consume);
func(p);
```

由于编译器在编译到 func()时不知道 func()中的具体实现，因为原子变量 a 对 p 赋值时使用了 memory_order_consume 内存顺序模型，所以需要保证 a.load 先于任何关于 a(或者 p)的操作，编译器往往会在 func()函数之前加入一条内存栅栏。然而，如果 func 的实现是：

```
void func(int *  p)
{
    //假设 p2 是一个 atomic <int *> 的变量
    p2.store(p,memory_order_release);
}
```

那么对于 func()函数来说，由于使用 memory_order_release 的内存顺序，p2.store 对 p 的使用会被保证在任何关于 p 的操作之后进行。所以，编译器在 func()函数之前加入内存栅栏毫无意义，还影响了程序性能。解决办法就是对函数参数使用[[carries_dependency]]属性：

```
void func(int *  [[ carries_dependency ]] p);
```

同样的,[[carries_dependency]]也可以用于返回值,语法格式如下：

```
[[ carries_dependency ]] int * func();
```

事实上,对于强内存模型平台来说,如 x86－64,编译器往往会忽略该属性,因此该属性使用比较有限。如果开发平台是弱类型模型,并且很关心并行程序的执行性能,则可以考虑使用[[carries_dependency]]。

3. C++ 14 与 C++ 17 的通用属性

在 C++ 11 的基础上,C++的新标准 C++ 14 与 C++ 17 对通用属性进行了补充,如表 8－1 所列。

表 8－1

属　性	标　准	作　用	示　例
[[deprecated]]	C++ 14	指示允许使用声明有此属性的名称或实体,但因指定的 reason,故不鼓励使用	class [[deprecated]] Outdate{};
[[deprecated("reason")]]			class [[deprecated (" insufficient function")]] Outdate{};

[[fallthrough]]	C++ 17	出现在 switch 语句中,抑制上一句 case 没有 break 而引起的 fallthrough 的警告	switch(i)
			{
			case 1:
			
			something();[[fallthrough]];
			case2:
			
			something();[[fallthrough]];
			default:break;
			}

[[nodiscard]]		若返回值被舍弃,则鼓励编译器发出警告	[[nodiscard]] int something(){return 1;}
[[maybe_unused]]		抑制编译器在未使用实体上发出警告	[[maybe_unused]] int a = something();

使用以上通用属性可以帮助我们更好地优化和管理代码。C++ 20 已经在路上,新标准会继续在通用属性方面作出更多的扩增。

8.12　变参模板

8.12.1　简　介

变参模板(variadic template)是 C++ 11 新增的最强大的特性之一,它对参数进行了高度泛化，它能表示0到任意个数、任意类型的参数。相比C++ 98/03，类模板和函数模板中只能含固定数量的模板参数，可变模板参数无疑是一个巨大的改进。然而，由于可变模板参数比较抽象，使用起来需要一定的技巧，所以掌握起来存在一定的难度。

8.12.2 可变模板参数的展开

可变模板参数和普通模板参数的语义是一样的，只是写法上稍有区别，声明可变参数模板时需要在typename或class后面带上省略号"..."。可变参数模板的定义形式如下：

```
//可变参数函数模板
template <typename... T> void f(T... args);
//可变参数类模板
template <typename... T> class ClassFoo;
```

上面的参数中，T为模板参数包(template parameter pack)，args为函数参数包(function parameter pack)，参数包中包含0到N(N≥0)个参数。我们无法直接获取参数包中的每个参数，只能通过展开参数包的方式获取，这是使用可变参数模板的一个主要特点，也是最大的难点。

可变模板参数和普通模板参数的语义是一致的，可以应用于函数模板和类模板，然而，可变参数函数模板和可变参数类模板展开参数包的方法有相似也有不同之处，下面将分别介绍两种模板展开参数包的方法。

1. 可变参数函数模板

一个简单的可变参数函数模板如下：

```
template <class... T> void f(T... args)
{
    cout << sizeof...(T) << " " << sizeof...(args) << endl; //打印函数参数包中的参数个数
}

f();              //0 0
f(1, 1.2);        //2 2
f(1, 2.3,"");     //3 3
```

sizeof...运算符的作用是计算参数包中的参数个数，既可以作用于模板参数包T，也可以作用于函数参数包args。这个例子只是简单地将可变模板参数的个数打印出来，如果要将参数包中的每个参数都打印出来就需要利用其他方法了。展开函数参数包的方法一般有两种：一种是通过递归函数来展开参数包，另一种是通过逗号表达式来展开参数包。

(1) 利用递归函数方式展开参数包

通过递归函数展开参数包需要提供一个参数包展开的函数和一个递归终止函数,递归终止函数正是用来终止递归的,参考如下示例:

```
#include <iostream>
using namespace std;

//递归终止函数
void print()
{
    cout << "empty" << endl;
}
//展开函数
template <class T, class ...Args> void print(T head, Args... rest)
{
    cout << "parameter " << head << endl;
    print(rest...);
}
int main(void)
{
    print(1,2,3,4);
    return 0;
}
```

上例会输出每一个参数,直到为空时输出 empty。展开参数包的函数有两个:一个是递归函数,另一个是递归终止函数。参数包 Args... 在展开的过程中递归调用自己,每调用一次参数包中的参数就少一个,直到所有的参数都展开为止,当没有参数时,调用非模板函数 print 终止递归过程。递归调用的过程是这样的:

```
print(1,2,3,4);
print(2,3,4);
print(3,4);
print(4);
print();
```

上面的递归终止函数还可以使用函数模板的偏特化版本:

```
//偏特化函数模板
template <class T> void print(T t)
{
    cout << "end " << t << endl;
}
```

修改递归终止函数后,上例中的调用过程如下:

```
print(1,2,3,4);
print(2,3,4);
print(3,4);
print(4);
```

程序输出结果：

```
parameter 1
parameter 2
parameter 3
end 4
```

(2) 利用逗号表达式展开参数包

利用递归函数展开参数包是一种标准做法，也比较好理解，但其有一个缺点，就是必须有一个重载的递归终止函数，即必须有一个同名的终止函数来终止递归。这样可能会感觉稍有不便。有没有一种更简单的方式呢？其实还有一种方法，可以不通过递归函数的方式来展开参数包，但这种方式需要借助逗号表达式和初始化列表。比如前面 print 的例子可以改成这样：

```
template <class T> void printarg(T t)
{
    cout << t << endl;
}
template <class... Args> void expand(Args... args)
{
    int arr[] = {(printarg(args),0)...};
}

expand(1,2,3,4);
```

上面程序将打印出 1,2,3,4。这种展开参数包的方式不需要通过递归终止函数，而是直接在 expand 函数体中展开，printarg 不是一个递归终止函数，只是一个处理参数包中每一个参数的函数。这种就地展开参数包的方式实现的关键是逗号表达式。我们知道逗号表达式会按顺序执行逗号前面的表达式，然后返回最后一个表达式结果，比如：

```
d = (a = b,c);
```

这个表达式会按顺序执行：b 会先赋值给 a，接着括号中的逗号表达式返回 c 的值，因此 d 将等于 c。

expand 函数中的逗号表达式(printarg(args),0)也是按照这个执行顺序执行的，先执行 printarg(args)，再得到逗号表达式的结果 0。同时还用到了 C++ 11 的另外一个特性——列表初始化，通过列表初始化来初始化一个变长数组，{(printarg (args), 0)...}将会展开成((printarg(arg1),0), (printarg(arg2),0), (printarg(arg3),0), etc...),最终创建一个元素值都为 0 的数组 int arr[sizeof...(Args)]。由于是逗号表达式,所以在创建数组的过程中会先执行逗号表达式前面的部分 printarg(args)打印出参数,也就是说,在构造 int 数组的过程中就将参数包展开了,这个数组的目的纯粹是为了在数组构造的过程中展开参数包。我们可以把上面的例子再进行进一步改进,将函数作为参数,这样就可以支持 Lambda 表达式了,从而可以少写一个递归终止函数,具体代码如下:

```
template <class F, class... Args> void expand(const F& f, Args&&...args)
{
    initializer_list <int> {(f(std::forward <Args> (args)),0)...};
}
int main()
{
    expand([](int i){cout << i << endl;}, 1,2,3);
}
```

上面的例子将打印出每个参数。这里如果使用 C++ 14 的新特性泛型 Lambda 表达式,就可以编写更泛化的 Lambda 表达式了:

```
expand([](auto i){cout << i << endl;}, 1,2.0,"test");
```

2. 可变参数类模板

可变参数类模板是一个带可变模板参数的模板类,比如 C++ 11 中的元祖 std::tuple 就是一个可变模板类,它的定义如下:

```
template <class... Types> class tuple;
```

这个可变参数模板类可以携带任意类型、任意个数的模板参数:

```
std::tuple <> tp;
std::tuple <int> tp1 = std::make_tuple(1);
std::tuple <int, double> tp2 = std::make_tuple(1, 2.5);
std::tuple <int, double, string> tp3 = std::make_tuple(1, 2.5,"");
```

可变参数类模板的参数包展开方式和可变参数函数模板的展开方式不同,可变参数类模板的参数包展开需要通过模板特化和继承方式展开,展开方式比可变参数函数模板要复杂。下面将介绍展开可变参数类模板中参数包的方法。

(1) 偏特化与递归方式展开

可变参数类模板的展开一般需要定义两到三个类,包括类声明和偏特化的类模板。如下方式定义了一个基本的可变参数类模板:

```
//前向声明
template <typename... Args>
struct Sum;
//基本定义
template <typename First, typename... Rest>
struct Sum <First, Rest...>
{
    enum { value = Sum <First> ::value + Sum <Rest...> ::value };
};
//递归终止
template <typename Last>
struct Sum <Last>
{
    enum { value = sizeof (Last) };
};
int main()
{
    Sum <int, char> s;
    cout << s.value << endl;
}
```

程序输出 5,即 sizeof(int)+sizeof(char)。可以看到,一个基本的可变参数模板应用类由 3 部分组成:前向声明、基本定义和递归终止。实际上,三段式的定义也可以改为两段式,可以将前向声明去掉,例如:

```
template <typename First, typename... Rest>
struct Sum
{
    enum { value = Sum <First> ::value + Sum <Rest...> ::value };
};
template <typename Last>
struct Sum <Last>
{
    enum{ value = sizeof(Last) };
};
```

递归终止模板类可以有多种写法,比如上例的递归终止模板类还可以这样写:

```
template <typename... Args> struct sum;
template <typename First, typenameLast>
struct sum <First, Last>
{
    enum{ value = sizeof(First) + sizeof(Last) };
};
```

在展开到最后两个参数时终止；还可以在展开到 0 个参数时终止：

```
template <> struct sum <> { enum{ value = 0 }; };
```

(2) 继承方式展开

还可以通过继承方式来展开参数包，比如下面的例子就是通过继承的方式来展开参数包的：

```
//整数序列的定义
template <int...> struct IndexSeq {};
//继承方式，开始展开参数包
template <int N, int... Indexes> struct MakeIndexes : MakeIndexes <N - 1, N - 1, In-
dexes...> {};

// 模板特化，终止展开参数包的条件
template <int... Indexes> struct MakeIndexes <0, Indexes...>
{
    typedef IndexSeq <Indexes...> type;
};
int main()
{
    using T = MakeIndexes <3> ::type;
    cout << typeid(T).name() << endl;
    return 0;
}
```

其中，MakeIndexes 的作用是为了生成一个可变参数模板类的整数序列，最终输出的类型是：struct IndexSeq <0,1,2> 。

MakeIndexes 继承于自身的一个特化的模板类，这个特化的模板类同时也在展开参数包，这个展开过程是通过继承发起的，直到遇到特化的终止条件展开过程才结束。MakeIndexes <1,2,3> ::type 的展开过程如下：

```
MakeIndexes <3>  : MakeIndexes <2, 2> {}
MakeIndexes <2, 2>  : MakeIndexes <1, 1, 2> {}
MakeIndexes <1, 1, 2>  : MakeIndexes <0, 0, 1, 2>
{
    typedef IndexSeq <0, 1, 2> type;
}
```

通过不断的继承递归调用，最终得到整数序列 IndexSeq <0, 1, 2>。

如果不希望通过继承方式去生成整型序列，则可以通过下面的方式生成。

```
template <int N, int... Indexes>
struct MakeIndexes3
```

```
{
    using type = typename MakeIndexes3 <N - 1, N - 1, Indexes...> ::type;
};
template <int... Indexes>
struct MakeIndexes3 <0, Indexes...>
{
    typedef IndexSeq <Indexes...> type;
};
```

8.12.3 可变参数模板的应用

我们可以利用递归以及偏特化等方法来展开模板参数包,实际上是如何使用它的呢?我们可以用可变参数模板来消除一些重复的代码以及实现一些高级功能。下面将介绍可变参数模板的一些应用。

1. 消除重复代码

在 C++ 11 之前,如果要写一个泛化的工厂函数,而且这个工厂函数能接受任意类型的入参,参数个数要能满足大部分的应用需求,那么将不得不给出很多重复的模板定义,比如:

```
template <typename T> T* Instance()
{
    return new T();
}
template <typename T, typename T0> T* Instance(T0 arg0)
{
    return new T(arg0);
}
template <typename T, typename T0, typename T1> T* Instance(T0 arg0, T1 arg1)
{
    return new T(arg0, arg1);
}
template <typename T, typename T0, typename T1, typename T2>
T* Instance(T0 arg0, T1 arg1, T2 arg2)
{
    return new T(arg0, arg1, arg2);
}
struct A
{
    A(int){}
};
struct B
```

```
{
    B(int,double){}
};
A * pa = Instance <A> (1);
B * pb = Instance <B> (1,2);
```

由上述代码可以看到，这个泛化的工厂函数存在大量的重复的模板定义，并且限定了模板参数。此时利用可变参数模板可以消除重复，同时可以去掉参数个数的限制，而且代码很简洁。通过可变参数模板优化后的工厂函数如下：

```
template <typename T,typename...  Args> T * Instance(Args&&... args)
{
    return new T(std::forward <Args> (args)...);
};
A * pa = Instance <A> (1);
B * pb = Instance <B> (1,2)
```

2. 实现泛化的 delegate

C++中没有类似 C# 的委托，我们可以借助可变参数模板来实现。C# 中委托的基本用法如下：

```
delegate int AggregateDelegate(int x, int y);          //声明委托类型
int Add(int x, int y){return x + y;}
int Sub(int x, int y){return x - y;}
AggregateDelegate add = Add;
add(1,2);                                              //调用委托对象求和
AggregateDelegate sub = Sub;
sub(2,1);                                              //调用委托对象相减
```

C# 中委托的使用需要先定义一个委托类型，该委托类型不能泛化，即委托类型一旦声明之后就不能再用来接受其他类型的函数了，比如：

```
int Fun(int x, int y, int z){return x + y + z;}
int Fun1(string s, string r){return s.Length + r.Length; }
AggregateDelegate fun = Fun;          //编译报错，只能赋值相同类型的函数
AggregateDelegate fun1 = Fun1;        //编译报错，参数类型不匹配
```

这里不能泛化的原因是声明委托类型时就限定了参数类型和个数，但在 C++ 11 中就不存在这个问题，因为有了可变参数模板，它代表任意类型和个数的参数。

下面将介绍如何实现一个功能更加泛化的 C++版本的委托，简单起见，这里只处理成员函数的情况，并且忽略 const、volatile 成员函数的处理。参考如下代码：

```
template <class T, class R, typename... Args>
class  MyDelegate
{
public:
    MyDelegate(T* t, R(T::*f)(Args...)) :m_t(t), m_f(f) {}
    R operator()(Args&&... args)
    {
        return (m_t-> *m_f)(std::forward <Args> (args) ...);
    }
private:
    T * m_t;
    R(T::*m_f)(Args...);
};
template <class T, class R, typename... Args>
MyDelegate <T, R, Args...> CreateDelegate(T* t, R (T::*f)(Args...))
{
    return MyDelegate <T, R, Args...> (t, f);
}
struct A
{
    void Fun(int i) { cout << i << endl; }
    void Fun1(int i, double j) { cout << i + j << endl; }
};
int main()
{
    A a;
    auto d = CreateDelegate(&a, &A::Fun);          //创建委托
    d(1);                                          //调用委托,将输出 1
    auto d1 = CreateDelegate(&a, &A::Fun1);        //创建委托
    d1(1, 2.5);                                    //调用委托,将输出 3.5
}
```

MyDelegate 实现的关键是内部定义了一个能接受任意类型和个数的参数的"万能函数":"R (T::*m_f)(Args...)"。正是由于可变参数模板的特性,所以才能使 m_f 接受任意参数。

8.12.4 小 结

使用可变参数模板能够简化代码,正确使用的关键是如何展开参数包。展开参数包的过程是很精妙的,它体现了泛化之美、递归之美,正是因为它具有这样神奇的"魔力",所以我们可以更加泛化地去处理问题。比如用它来消除重复的模板定义,用它来定义一个能接受任意参数的"万能函数"等。其实,可变参数模板的作用远不止

文中列举的那些，它还可以与其他 C++ 11 的特性结合起来，比如 type_traits、std::tuple 等，发挥更加强大的威力。

8.13 函数模板的默认模板参数

1. 简 介

函数模板与类模板在 C++ 98 一起被引入，因种种原因，类模板可以拥有默认模板参数，而函数模板不可以。从 C++ 11 开始，这个限制被解除了，即函数模板同样可以拥有默认模板参数。默认模板参数的用法与函数的默认参数类似，考察如下示例：

```
#include <iostream>
using namespace std;
//函数默认参数
void testFunc(int param = 4)
{
    cout << "param = " << param << endl;
}
//类模板默认模板参数
template <typename T = int> class TestClass
{
public:
    static void _printTypeName()
    {
        cout << "T = " << typeid().name() << endl;
    }
};
//函数模板的默认模板参数,C++ 11 开始支持
template <typename T = int> void testTemplateFunc(T param)
{
    cout << "TemplateFunc's param = " << param << endl;
}
int main()
{
    testFunc();
    TestClass <> ::_printTypeName();
    testTemplateFunc <> (4);
}
```

编译运行输出：

```
param = 4
T = int
TemplateFunc's param = 4
```

在对函数模板 testTemplateFunc 进行显式调用时，并没有指明模板参数，而是使用默认的模板参数 int，可以正确编译并运行输出预期结果。

2. 特　点

函数模板默认模板参数的用法虽然与类模板默认模板参数和函数默认参数的用法类似，但是有一个显著的特点，即当函数模板拥有多个默认模板参数时，其出现的顺序可以任意，不需要连续出现在模板参数的最后面。考察如下示例：

```
voidtestFunc(int param1 = 4,int param2){}                          //编译失败
template <typename T1 = int,typename T2> class TestClass{};    //编译失败
template <typename T1 = int,typename T2> void testTemplateFunc(T1 param,T2 param2){}
                                                                   //编译成功
```

从上面的代码可以看出，不按照从右向左指定函数的默认参数和类模板的默认模板参数均导致编译错误，而在 C++ 11 中，函数模板的默认模板参数出现的位置则比较灵活，可以出现在任意位置。

3. 函数模板的参数推导规则

函数模板的参数推导规则是：如果能够从函数实参中推导出类型，则函数模板的默认模板参数不会被使用；反之，默认模板参数则可能被使用。考察如下示例：

```
template <typename T,typename U = double>
void testTemplateFunc(T t = 0,U u = 0)
{
    cout << "t = " << t << " u = " << u << endl;
}

int main()
{
    testTemplateFunc(4,'a');          //调用 testTemplateFunc <int,char> (4,'a')
    testTemplateFunc(4);              //调用 testTemplateFunc <int,double> (4,0)
    //testTemplateFunc();             //编译失败
    testTemplateFunc <int> ();        //调用 testTemplateFunc <int,double> (0,0)
    testTemplateFunc <int,char> (); //调用 testTemplateFunc <int,char> (0,0)
}
```

程序编译运行输出结果：

```
t = 4 u = a
t = 4 u = 0
t = 0 u = 0
t = 0 u =
```

函数模板的模板参数是由函数的实参推导而来的，因此函数调用 testTemplateFunc(4)是对函数模板实例化出的模板函数的调用，即 testTemplateFunc <int, double>(4, 0)。其中，第二个模板参数 U 使用了默认的模板类型参数 double，实参则使用了默认参数 0。同理，函数调用 testTemplateFunc <int>()最终的调用是 testTemplateFunc <int, double>(0, 0)，而函数调用 testTemplateFunc()则因为无法推导出第一个模板参数 T，导致编译出错。

从上面的例子也可以看出，因为函数模板的模板参数是由函数的实参推导而来的，所以默认模板参数通常需要跟默认函数参数一起使用，不然默认模板参数的存在将没有意义。

8.14 折叠表达式

1. 简　介

C++ 11 增加了一个新特性可变参数模板(variadic template)，它可以接受任意个模板参数，但参数包不能直接展开，需要通过一些特殊的方法展开。比如可以使用递归方式或者逗号表达式来展开，但使用时有点难度。C++ 17 解决了这个问题，可以通过折叠表达式(fold expression)来简化对参数包的展开。

2. 语法形式

折叠表达式共有 4 种语法形式，分别为一元的左折叠和右折叠，以及二元的左折叠和右折叠，分别如下：

```
一元左折叠(unary left fold)
( ... op pack )
一元左折叠(... op E)展开之后变为 ((E1 op E2) op ...) op En
一元右折叠(unary right fold)
( pack op ... )
一元右折叠(E op ...)展开之后变为 E1 op (... op (EN - 1 op En))
二元左折叠(binary left fold)
( init op ... op pack )
二元左折叠(I op ... op E)展开之后变为 (((I op E1) op E2) op ...) op En

二元右折叠(binary right fold)
( pack op ... op init )
二元右折叠(E op ... op I)展开之后变为 E1 op (... op (EN - 1 op (EN op I)))
```

其中，语法形式中的 op 代表运算符，pack 代表参数包，init 代表初始值。

不指定初始值的为一元折叠表达式，指定初始值的为二元折叠表达式。

初始值在右边的为右折叠，展开之后从右边开始折叠；初始值在左边的为左折叠，展开之后从左边开始折叠。

当一元折叠表达式中的参数包为空时，只有 3 个运算符（&&、||和逗号）有默认值，其中，&& 的默认值为 true，||的默认值为 false，逗号的默认值为 void()。

折叠表达式支持 32 种操作符：

```
+     -     *     /     %     ^     &     |
=     <     >     <<    >>    +=    -=    *=
/=    %=    ^=    &=    |=    <<=   >>=   ==
!=    <     = >=  &&    ||    ,     .*    ->*
```

3. 使用实例

(1) 一元右折叠

从表达式右边开始折叠，看它是左折叠还是右折叠。我们可以根据参数包...所在的位置来判断，参数包...在操作符右边时就是右折叠，在左边时就是左折叠。示例如下：

```
template <typename... Args>
auto add_val(Args&&... args)
{
    return (args + ...);
}
auto t = add_val(1,2,3,4); //10
```

(2) 一元左折叠

对于“+”这种满足交换律的操作符来说，左折叠和右折叠是一样的，比如上面的例子也可以写成 left fold，如下：

```
template <typename... Args>
auto add_val(Args&&... args)
{
    return (... + args);
}
auto t = add_val(1,2,3,4);        //10
```

对于不满足交换律的操作符就要注意了，比如减法，下面例子中的右折叠和左折叠的结果就不一样。

```
template <typename... Args>
auto sub_val_right(Args&&... args)
{
```

```
    return (args - ...);
}
template <typename... Args>
auto sub_val_left(Args&&... args)
{
    return (... - args);
}
auto t = sub_val_right(2,3,4); //(2 - (3 - 4)) = 3
auto t1 = sub_val_left(2,3,4); //((2 - 3) - 4) = -5
```

(3) 二元右折叠

二元折叠的语义和一元折叠的语义是相同的，参数包...在左即二元左折叠，参数包...在右即二元右折叠。下面为二元右折叠的例子。

```
template <typename... Args>
auto sub_one_left(Args&&... args)
{
    return (1 - ... - args);
}
auto t = sub_one_right(2,3,4);          //(2 - (3 - (4 - 1))) = 2
```

(4) 二元左折叠

二元左折叠的示例如下：

```
template <typename... Args>
auto sub_one_right(Args&&... args)
{
    return (args - ... - 1);
}
auto t = sub_one_left(2,3,4);// (((1 - 2) - 3) - 4) = -8
```

(5) comma 折叠

在 C++ 17 之前，我们经常使用逗号表达式结合列表初始化的方式对参数包进行展开，比如：

```
template <typename T>
void print_arg(T t)
{
    std::cout << t << std::endl;
}
template <typename... Args>
void print2(Args... args)
{
```

```
    int a[] = { (print_arg(args), 0)... };
    //或者
    //std::initializer_list <int> {(print_arg(args), 0)...};
}
```

这种写法比较烦琐,用折叠表达式就会变得很简单,如下:

```
//一元右折叠
template <typename... Args>
void print3(Args... args)
{
    (print_arg(args), ...);
}
//一元左折叠
template <typename... Args>
void print3(Args... args)
{
    (..., print_arg(args));
}
```

对于 comma 来说,一元右折叠和一元左折叠的写法是一样的,参数都是从左至右传入 print_arg 函数。当然,我们也可以通过二元折叠来实现:

```
template <typename ...Args>
void printer(Args&&... args)
{
    (std::cout << ... << args) << '\n';
}
```

注意:下面的写法是不合法的,根据二元折叠的语法,参数包...必须在操作符中间。

```
template <typename ...Args>
void printer(Args&&... args)
{
    (std::cout << args << ...) << '\n';
}
```

8.15 强类型枚举简介

1. 传统枚举类型的缺陷

枚举类型是 C/C++ 中用户自定义的构造类型,它是由用户定义的若干枚举常量的集合。枚举值对应整型数值，默认从 0 开始。比如定义一个描述性别的枚举类型：

```
enum Gender{Male,Female};
```

其中，枚举值 Male 被编译器默认赋值为 0，Female 赋值为 1。传统枚举类型在设计上会存在以下几个问题：

① 同作用域同名枚举值会报重定义错误。传统 C++中枚举常量被暴露在同一层作用域中，如果同一作用域下有两个不同的枚举类型，但含有同名的枚举常量，那么也是会报编译错误的，比如：

```
enum Fruits{Apple,Tomato,Orange};
enum Vegetables{Cucumber,Tomato,Pepper};     //编译报 Tomato 重定义错误
```

由于 Fruits 和 Vegetables 两个枚举类型中包含同名的 Tomato 枚举常量，所以会导致编译错误。因为 enum 是非强作用域类型，所以枚举常量可以直接访问，而这种访问方式与 C++中具名的 namespace、class/struct 以及 union 必须通过“名字::成员名”的访问方式大相径庭。

② 由于枚举类型被设计为常量数值的“别名”，所以枚举常量总是可以被隐式转换为整型，且用户无法为枚举常量定义类型。

③ 枚举常量占用的存储空间及其符号性不确定。C++标准规定 C++枚举所基于的“基础类型”是由编译器来具体实现的，从而导致枚举类型成员的基本类型存在不确定性问题，尤其是符号性问题。考察如下示例：

```
enum A{A1 = 1,A2 = 2,ABig = 0xFFFFFFFFU};
enum B{B1 = 1,B2 = 2,BBig = 0xFFFFFFFFFUL};

int main()
{
    cout << sizeof(A1) << endl;     //4
    cout << ABig << endl;           //4294967295
    cout << sizeof(B1) << endl;     //8
    cout << BBig << endl;           //68719476735
}
```

以上输出结果是在 Linux 平台下使用 g++编译输出的结果，VC++(VS 2017)中的输出结果分别是 4、−1、4 和−1。可见不同编译器对枚举常量的整型类型的宽度和符号有着不同的实现。GNU C++会根据枚举数值的类型使用不同宽度和符号的整型，VC++则始终以有符号 int 来表示枚举常量。

为了解决以上传统枚举类型的缺陷，C++ 11 引入了强类型枚举。

2. 强类型枚举

强类型枚举(strong-typed enum)使用 enum class 语法来声明：

```
enum class Enumeration{VAL1,VAL2,VAL3 = 100,VAL4};
```

强类型枚举具有如下几个优点：

① 强作用域。由于强类型枚举成员的名称不会被输出到其父作用域，所以不同枚举类型定义同名枚举成员时编译不会报重定义错误。但是，使用枚举类型的枚举成员时必须指明所属范围，比如 Enum::VAL1，而单独的 VAL1 则不再具有意义。

② 转换限制。强类型枚举成员的值不可以与整型发生隐式相互转换。比如"Enumeration::VAL4==10;"会触发编译错误。

③ 可以指定底层类型。强类型枚举默认的底层类型是 int，但也可以显式地指定底层类型。具体的方法是在枚举名称后面加上": type"，其中，type 可以是除 wchar_t 以外的任何整型。比如：

```
enum class Type:char{Low,Middle,High};
```

注意：

① 声明强类型枚举时，既可以使用关键字 enum class，也可以使用 enum struct。事实上，enum struct 与 enum class 在语法上没有任何区别。

② 由于强类型枚举是强类型作用域的，故匿名的 enum class 可能什么都做不了，如下代码会报编译错误：

```
enum class{General,Light,Medium,Heavy}weapon;
int main()
{
    weapon = Medium;                        //编译出错
    bool b = weapon == weapon::Medium;     //编译出错
    return 0;
}
```

当然，对于匿名强类型枚举，我们还是可以使用 decltype 来获得其类型并进而使用的，但是这样做可能会违背强类型枚举进行匿名的初衷。

3. C++ 11 对传统枚举类型的扩展

为了配合 C++ 11 引入的强类型枚举，C++ 11 对传统枚举类型进行了扩展。

① 底层的基本类型可以在枚举名称后加上": type"，其中 type 可以是除 wchar_t 以外的任何整型，比如：

```
enum Type:char{Low,Middle,High};
```

② C++ 11 中，枚举类型的成员可以在枚举类型的作用域内有效。比如：

```
enum Type{Low, Middle, High };
Type type1 = Middle;
Type type2 = Type::Middle;
```

其中，Middle 与 Type::Middle 都是合法的使用形式。

8.16 显式类型转换

1. 隐式类型转换的问题

隐式类型转换是 C++一个让人又爱又恨的特性，使用方便，但可能会降低代码可读性，甚至会造成一些十分隐晦的错误。参见如下代码：

```
#include <iostream>
using namespace std;

class MyInt
{
public:
    //单参构造函数
    explicit MyInt(int value) :_value(value)
    {}

    //类型转换操作符
    operator bool() const noexcept
    {
        return _value != 0;
    }

    //加运算符重载
    MyInt& operator + (const MyInt& right)
    {
        _value += right.getValue();
        return *this;
    }

    int getValue() const
    {
        return _value;
    }
private:
    int _value;
};

int main()
{
```

```
    MyInt myInt1(1);
    MyInt myInt2(2);
    cout << "myInt1 + myInt2 = " << myInt1 + myInt2 << endl;
    return 0;
}
```

程序编译运行输出：

```
myInt1 + myInt2 = 1
```

虽然程序编译运行没有什么问题，但是两个 MyInt 对象相加的结果并不是我们期望的数值 3，而是 1。导致这种隐晦错误的原因是：在两个 MyInt 对象相加后，结果对象 myInt1 由于没有合适的输出操作符函数 operator <<()将其输出，所以被隐式地转换为 bool 类型，导致输出数值为 1。随着项目代码规模的变大，这种由隐式类型转换导致的隐晦错误会越埋越深，越来越难以发现。

2. 显式类型转换的实现

为了阻止容易导致隐晦错误的隐式类型转换，C++ 11 引入了 explicit 关键字作用于自定义的类型转换操作符，禁止隐式类型转换。其用法类似于 explicit 作用于单参数构造函数来避免其被隐式调用而造成的隐式类型转换。

```
//类型转换操作符
explicit operator bool() const noexcept
{
    return _value != 0;
}
cout << "myInt1 + myInt2 = " << myInt1 + myInt2 << endl;        //编译出错
```

当使用 explicit 关键字修饰 bool 类型转换操作符时，隐式类型转换将被阻止，进而引起上面的编译错误，将潜在的隐晦错误暴露于编译阶段，让错误得以提前发现，提前解决。

注意，显式类型转换有一个例外。如果表达式被用作条件，仅限转换到 bool，那么显式的 operator bool()也可以隐式地进行。“被用作条件”指出现在以下语句中：

① if、while 及 do 语句的条件部分；

② for 语句头的条件表达式；

③ 逻辑非运算符(!)、逻辑或运算符(||)、逻辑与运算符(&&)的运算对象；

④ 条件运算符(x? y : z)的条件表达式。

由于转换到 bool 一般被用作条件，而不应用于数值运算，所以 operator bool()一般用 explicit 来修饰。

第9章 异常处理

9.1 为什么要引入异常处理机制

1. 异常处理的困难

在程序设计中，错误是不可避免的，及时有效地发现错误，并作出适当的处理，无论是在软件的开发阶段还是在维护阶段都是至关重要的。错误修复技术是提高代码健壮性的最有效的方法之一。

程序员往往忽视错误处理，并不是因为程序员认为自己的程序不会出错，而是因为错误处理不是一件轻松的事。编写错误处理代码，一方面会分散处理“主要”问题的精力，另一方面会引起代码膨胀，给阅读和维护带来困难。而且，尽可能详细地考虑可能的出错情形也是一件费时费力的事情。

2. C 语言处理异常的常用方法

在 C 语言中，有一些处理错误的常用方法，例如，使用 C 标准库的宏断言 assert() 作为出错处理的方法。在开发过程中，使用这个宏进行必要的条件检测，项目完成后可以使用 #define NDEBUG 来禁用断言 assert()。随着程序规模的扩大，使用宏来进行出错处理的复杂性也在增加。

如果在当前上下文环境中，程序员可以明确地掌握每一个具体步骤的运行结果，那么出错处理就变得十分明确和容易了。若错误问题发生时在一定的上下文环境中得不到足够的信息，则需要从更大的上下文环境中提取出错误处理信息。C 语言处理这类情况通常有 3 种典型的方法，如下：

① 出错的信息可以通过用函数返回值获得。如果函数返回值不能用，则可设置一全局错误判断标志(标准 C 语言中的 errno()和 perror()函数支持这一方法)。由于对每个函数都进行错误检查十分烦琐，并增加了程序的混乱度，所以程序设计者可能会简单地忽略这些出错信息。另外，来自偶然出现异常的函数的返回值可能并不能提供什么有价值的信息。

② 可使用 C 标准库中一般不常用的信号处理系统，利用 signal() 函数(判断事件发生类型)和 raise()函数(产生事件)。由于信号产生库的使用者必须理解和安装

合适的信号处理，所以使用上述两个函数进行错误处理时应紧密结合各信号产生库。对于大型项目而言，不同库之间的信号可能会产生冲突。

③ 使用 C 标准库中非局部跳转函数：setjmp()和 longjmp()。setjmp()函数可在程序中存储一典型的正常状态，如果程序发生错误，longjmp()可恢复 setjmp()函数的设定状态，从而实现 goto 语句无法实现的“长跳转”。事先被存储的地点在恢复时可以得知是从哪里跳转过来的，也就是说，可以确定错误发生的地点。

参考下面使用 setjmp()和 longjmp()实现“长跳转”的例子。

```
#include <setjmp.h>
#include <iostream>
using namespace std;
class Game
{
public:
    Game()
    {
        cout << "game()" << endl;
    }
    ~Game()
    {
        cout << "~game()" << endl;
    }
};
jmp_buf jmpBuf;
void test()
{
    Game game;
    for(int i = 0;i < 3; ++ i)
        cout << "there is no interesting game" << endl;
    longjmp(jmpBuf,1);
    cout << "after jump" << endl;
}

int main()
{
    if(setjmp(jmpBuf) == 0)
    {
        cout << "one, two, three..." << endl;
        test();
    }
    else
```

```
        {
            cout << "It is fantastic" << endl;
        }
    }
```

程序输出：

```
one, two, three...
game()
there is no interesting game
there is no interesting game
there is no interesting game
~game()
It is fantastic
```

setjmp()和 longjmp()函数实现 goto 无法实现的非局部跳转的原理很简单，如下：

① setjmp(j)设置"jump"点，用正确的程序上下文填充 jmp_buf 对象 j。这个上下文包括程序存放位置、栈和框架指针，以及其他重要的寄存器和内存数据。当初始化完 jump 的上下文时，setjmp()返回 0 值。

② 以后调用 longjmp(j,r)的效果就是一个非局部的 goto 跳转或"长跳转"，程序将跳转到由 j 描述的上下文处(也就是到原来设置 j 的 setjmp()处)。当作为长跳转的目标而再次被调用时，setjmp()返回 r 或 1(如果 r 设为 0)。(记住，setjmp()不能在这种情况下返回 0。)

程序中，控制流从函数 test()内部跳转到了 main()函数的 setjmp()处，test()函数中的"cout <<"after jump"<<endl;"并没有被执行。

3. C++为何引入异常处理机制

在早些时候，C++本身并没有处理运行期错误的能力，取而代之的是那些传统的 C 的异常处理方法。这些方法可被归为三类设计策略：

① 函数返回一个状态码来表明成功或失败；

② 把错误码赋值给一个全局标记并让其他的函数来检测；

③ 终止整个程序。

上述任何一种方法在面向对象环境下都有明显的缺点和限制，如烦琐的检测函数返回值和全局的错误码，程序崩溃等。其中的一些根本就不可接受，尤其是在大型应用程序中。因此，C++的异常处理就是在这个背景下产生的。C++自身有着非常强的纠错能力，发展至今，已经建立了比较完善的异常处理机制。

C++之父 Bjarne Stroustrup 在 *The C++ Programming Language* 一书中讲到：一方面，一个库的作者可以检测出发生了运行时错误，但一般不知道怎样去处理它们，因为这和用户具体的应用有关；另一方面，库的用户知道怎样处理这些错误，但却无法检查它们是何时发生的(如果能检测,就可以在用户的代码里处理了,不用留给库去发现)。

Bjarne Stroustrup 说:提供异常的基本目的就是为了处理上面的问题。基本思想是:让一个函数在发现自己无法处理的错误时抛出(throw)一个异常,然后它的(直接或者间接)调用者就能够处理这个问题。

9.2 抛出异常与传递参数的区别

1. C++异常处理基本格式

C++的异常处理机制由 3 部分组成:try(检查)、throw(抛出)、catch(捕获)。把需要检查的语句放在 try 模块中,检查语句发生错误;throw 抛出异常,发出错误信息;由 catch 捕获异常信息,并加以处理。一般 throw 抛出的异常要与 catch 所捕获的异常类型匹配。异常处理的一般格式为

```
try
{
    被检查语句
    throw 异常
}
catch(异常类型 1)
{
    进行异常处理的语句 1
}
catch(异常类型 2)
{
    进行异常处理的语句 2
}
catch(...)     //3 个点则表示捕获所有类型的异常
{
    进行默认异常处理的语句
}
```

2. C++抛出异常与传递参数的区别

从语法上看,在 C++的异常处理机制中,在 catch 子句中声明参数与在函数中声明参数几乎没有什么差别。例如,定义一个名为 stuff 的类,那么可以有如下的函数声明:

```
void f1(stuff w);
void f2(stuff& w);
void f3(const stuff& w);
```

```
void f4(stuff * p);
void f5(const stuff * p);
```

同样地,在特定的上下文环境中,可以利用如下的 catch 语句来捕获异常对象:

```
catch(stuff w);
catch (stuff& w);
catch(const stuff& w);
catch (stuff * p);
catch (const stuff * p);
```

因此,初学者很容易认为用 throw 抛出一个异常到 catch 子句中与通过函数调用传递一个参数基本相同。事实上,它们确有相同点,但也存在着巨大的差异。具体异同表现为:调用函数时,程序的控制权最终还会返回到函数的调用处,但是当抛出一个异常时,控制权将永远不会回到抛出异常的地方;相同点就是传递参数和传递异常都可以是传值、传引用或传指针。

下面考察二者的不同点。

区别一:C++标准要求被作为异常抛出的对象必须被复制。

考察如下程序:

```
#include <iostream>
using namespace std;
class Stuff
{
    int n;
    char c;
public:
    void addr()
    {
        cout << this << endl;
    }
    friend istream& operator >> (istream&, Stuff&);
};
istream& operator >> (istream& s, Stuff& w)
{
    w.addr();
    cin >> w.n;
    cin >> w.c;
    cin.get();      //清空输入缓冲区残留的换行符
    return s;
}
void passAndThrow()
```

```
{
    Stuff localStuff;
    localStuff.addr();
    cin >> localStuff;          //传递 localStuff 到 operator >>
    throw localStuff;           //抛出 localStuff 异常
}
int main()
{
    try
    {
        passAndThrow();
    }
    catch(Stuff& w)
    {
        w.addr();
    }
}
```

程序的执行结果：

```
0025FA20
0025FA20
5 c
0025F950
```

在执行输入操作时，实参 localStuff 是以传引用的方式进入函数 operator >>的，形参变量 w 接收的是 localStuff 的地址，任何对 w 的操作实际上都施加到了 localStuff 上。在随后的抛出异常的操作中，尽管 catch 子句捕捉的是异常对象的引用，但是捕捉到的异常对象已经不是 localStuff，而是它的一个拷贝。原因是 throw 语句一旦执行，函数 passAndThrow()的执行也将结束，localStuff 对象将被析构从而结束其生命周期。因此，需要抛出 localStuff 的拷贝。从程序的输出结果也可以看出，在 catch 子句中捕捉到的异常对象的地址与 localStuff 不同。

当被抛出的对象不会被释放时，即被抛出的异常对象是静态局部变量，甚至是全局性变量，而且还可以是堆中动态分配的异常变量，被抛出时也会进行复制操作。例如，如果将 passAndThrow()函数声明为静态变量 static，即

```
void passAndThrow()
{
    static Stuff localStuff;
    localStuff.addr();
    cin >> localStuff;          //传递 localStuff 到 operator >>
    throw localStuff;           //抛出 localStuff 异常
}
```

当抛出异常时仍将复制出 localStuff 的一个拷贝。这表示即使通过引用来捕捉异常,也不能在 catch 块中修改 localStuff,而仅仅能修改 localStuff 的拷贝。C++规定,对被抛出的任何类型的异常对象都要进行强制复制,为什么这么做笔者目前还不明白。

区别二:因为异常对象被抛出时需要复制,所以抛出异常运行速度一般会比参数传递要慢。

当异常对象被复制时,复制操作是由对象的拷贝构造函数完成的。该拷贝构造函数是对象的静态类型(static type)所对应的类的拷贝构造函数,而不是对象的动态类型(dynamic type)对应的类的拷贝构造函数。

考察如下程序:

```
#include <iostream>
using namespace std;
class Stuff
{
    int n;
    char c;
public:
    Stuff()
    {
        n = c = 0;
    }
    Stuff(Stuff&)
    {
        cout << "Stuff's copy constructor invoked" << endl;
        cout << this << endl;
    }
    void addr()
    {
        cout << this << endl;
    }
};
class SpecialStuff:public Stuff
{
    double d;
public:
    SpecialStuff()
    {
        d = 0.0;
    }
```

```
    SpecialStuff(SpecialStuff&)
    {
        cout << "SpecialStuff's copy constructor invoked" << endl;
        addr();
    }
};
void passAndThrow()
{
    SpecialStuff localStuff;
    localStuff.addr();
    Stuff& sf = localStuff;
    cout << &sf << endl;
    throw sf;            //抛出 Stuff 类型的异常
}
int main()
{
    try
    {
        passAndThrow();
    }
    catch(Stuff& w)
    {
        cout << "catched" << endl;
        cout << &w << endl;
    }
}
```

程序输出结果：

```
0022F814
0022F814
Stuff's copy constructor invoked
0022F738
catched
0022F738
```

程序输出结果表明，sf 和 localStuff 的地址是一样的，这体现了引用的作用，把一个 SpecialStuff 类型的对象当作 Stuff 类型的对象使用。当 localStuff 被抛出时，抛出的类型是 Stuff 类型，因此需要调用 Stuff 的拷贝构造函数产生对象。在 catch 中捕获的是异常对象的引用，所以拷贝构造函数构造的 Stuff 对象与在 catch 块中使用的对象 w 是同一个对象，因为它们具有相同的地址 0x0022F738。

在上面的程序中，将 catch 子句做一个小的修改，变成：

```
catch(Stuff w){…}
```

程序的输出结果就变成：

```
0026FBA0
0026FBA0
Stuff's copy constructor invoked
0026FAC0
Stuff's copy constructor invoked
0026FC98
catched
0026FC98
```

可见，类 Stuff 的拷贝构造函数被调用了 2 次。这是因为 localStuff 通过拷贝构造函数传递给异常对象，而异常对象又通过拷贝构造函数传递给 catch 子句中的对象 w。实际上，抛出异常时生成的异常对象是一个临时对象，它以一种程序员不可见的方式发挥作用。

区别三：参数传递和异常传递的类型匹配过程不同，catch 子句在类型匹配时比函数调用时的类型匹配的要求更加严格。

考察如下程序：

```
#include <math.h>
#include <iostream>
using namespace std;
void throwint()
{
    int i = 5;
    throw i;
}
double _sqrt(double d)
{
    return sqrt(d);
}

int main()
{
    int i = 5;
    cout << "sqrt(5) = " << _sqrt(i) << endl;
    try
    {
        throwint();
```

```
    }
    catch(double)
    {
        cout << "catched" << endl;
    }
    catch(...)
    {
        cout << "not catched" << endl;
    }
}
```

程序输出：

```
sqrt(5) = 2.23607
not catched
```

C++允许从 int 到 double 的隐式类型转换，所以在函数调用_sqrt(i)中，i 被悄悄地转变为 double 类型，并且其返回值也是 double 类型。一般来说，catch 子句匹配异常类型时不会进行这样的转换。可见，catch 子句在类型匹配时比函数调用时的类型匹配的要求更加严格。

不过，在 catch 子句中进行异常匹配时可以进行两种类型转换：第一种是继承类与基类间的转换，即一个用来捕获基类的 catch 子句可以处理派生类类型的异常，这种派生类与基类间的异常类型转换可以作用于数值、引用以及指针；第二种是允许从一个类型化指针（typed pointer）转变成无类型指针（untyped pointer），所以带有 const void * 指针的 catch 子句能捕获任何类型的指针类型异常。

区别四：catch 子句匹配顺序总是取决于它们在程序中出现的顺序。函数匹配过程需要按照更为复杂的匹配规则来顺序完成。

因此，一个派生类异常可能被处理基类异常的 catch 子句捕获，即使同时存在有能处理该派生类异常的 catch 子句与相同的 try 块相对应。考察如下程序：

```
#include <iostream>
using namespace std;
class Stuff
{
    int n;
    char c;
public:
    Stuff()
    {
        n = c = 0;
    }
```

```
};
class SpecialStuff:public Stuff
{
    double d;
public:
    SpecialStuff()
    {
        d = 0.0;
    }
};
int main()
{
    SpecialStuff localStuff;
    try
    {
        throw localStuff;         //抛出 SpecialStuff 类型的异常
    }
    catch(Stuff&)
    {
        cout << "Stuff catched" << endl;
    }
    catch(SpecialStuff&)
    {
        cout << "SpecialStuff catched" << endl;
    }
}
```

程序输出：

```
Stuff catched
```

程序中被抛出对象的类型是 SpecialStuff 类型，本应由 catch(SpecialStuff&)子句捕获，但由于前面有一个 catch(Stuff&)，而在类型匹配时是允许在派生类和基类之间进行类型转换的，所以最终是由前面的 catch 子句将异常捕获。不过，这个程序在逻辑上多少存在一些问题，因为处在前面的 catch 子句实际上阻止了后面的 catch 子句捕获异常。所以，当有多个 catch 子句对应同一个 try 块时，应该把捕获派生类对象的 catch 子句放在前面，而把捕获基类对象的 catch 子句放在后面；否则，代码在逻辑上是错误的，编译器也会发出警告。

与上面这种行为相反，当调用一个虚拟函数时，被调用的函数是由发出函数调用的对象的动态类型决定的。所以，虚拟函数采用的是最优适合法，而异常处理采用的是最先适合法。

3. 总　结

综上所述，把一个对象传递给函数(或一个对象调用虚拟函数)与把一个对象作为异常抛出，这之间有 3 个主要区别：

第一，把一个对象作为异常抛出时，总会建立该对象的副本，并且调用的拷贝构造函数属于被抛出对象的静态类型。当通过传值方式捕获时，对象被复制了两次。当对象作为引用参数传递给函数时，不需要进行额外的复制操作。

第二，对象作为异常被抛出与作为参数传递给函数相比，前者允许的类型转换比后者要少(前者只有两种类型转换形式)。

第三，catch 子句进行异常类型匹配的顺序是它们在源代码中出现的顺序，第一个类型匹配成功的 catch 将被执行。

9.3　抛出和接收异常的顺序

异常(exception)是 C++语言引入的错误处理机制，它采用了统一的方式对程序的运行时错误进行处理，具有标准化、安全和高效的特点。C++为了实现异常处理，引入了 3 个关键字：try、throw 和 catch。异常由 throw 抛出，格式为 throw[expression]，由 catch 捕捉。try 语句块是可能抛出异常的语句块，它通常和一个或多个 catch 语句块连续出现。

try 语句块和 catch 语句块必须相互配合，以下 4 种情况都会导致编译错误：

① 只有 try 语句块而没有 catch 语句块，或者只有 catch 语句块而没有 try 语句块；

② 在 try 语句块和 catch 语句块之间夹杂其他语句；

③ 当 try 语句块后跟有多个 catch 语句块时，catch 语句块之间夹杂其他语句；

④ 同一种数据类型的传值 catch 分支与传引用 catch 分支同时出现。

在抛出和接收异常的过程中，我们还要注意以下几点：

1. 被抛出的异常对象什么时候被销毁

用 throw 语句抛出一个对象时会构造一个新的对象，这个对象就是异常对象。该对象的生命周期从被抛出开始计算，一直到被某个 catch 语句捕捉，就会在该 catch 语句块执行完毕后被销毁。考察如下程序：

```
#include <iostream>
using namespace std;
class ExClass
{
    int num;
public:
```

```
    ExClass(int i)
    {
        cout << "Constructing exception object with num = " << i << endl;
        num = i;
    }
    ExClass(ExClass& e)
    {
        cout << "Copy Constructing exception object with num = " << e.num + 1 << endl;
        num = e.num + 1;
    }
    ~ExClass()
    {
        cout << "Destructing exception object with num = " << num << endl;
    }
    void show()
    {
        cout << "the number is " << num << endl;
    }
};
int main()
{
    ExClass obj(99);
    try
    {
        throw obj;        //导致输出:Constructing exception object with num = 100
    }
    catch(double f)
    {
        cout << "exception catched" << endl;
    }
    //导致输出:Constructing exception object with num = 101
    catch(ExClass e)
    {
        e.show();
    }
    cout << "after catch" << endl;
}
```

程序的输出结果：

```
Constructing exception object with num = 99
Copy Constructing exception object with num = 100
```

```
Copy Constructing exception object with num = 101
the number is 101
Destructing exception object with num = 101
Destructing exception object with num = 100
after catch
Destructing exception object with num = 99
```

在上面的程序中,异常对象的 num 值为 100,“Destructing exception object with num=100”这句话在“after catch”之前输出,正好说明异常对象的销毁时间是在它被捕获的 catch 块执行之后。所以,catch 分支在执行时类似一次函数调用,catch 的参数相当于函数的形参,而被抛出的异常对象相当于函数调用时的实参。当形参与实参成功匹配时,就说明异常被某个 catch 分支所捕获。catch 后面的参数只能采用传值、传引用和传指针 3 种方式,如果采用传值方式,则会生成实参的一个副本,如果实参是一个对象,就会导致构造函数被调用。在上面的程序中,执行 catch(ExClass e)语句就是利用异常对象构造一个对象 e,因此会调用拷贝构造函数。

注意: 同一种数据类型的传值 catch 分支和传引用 catch 分支不能同时出现。

2. 异常如果在当前函数中没有被捕获会发生什么

在某些情况下,可能所有的 catch 分支都无法捕获到抛出的异常,这将导致当前函数执行的结束,并返回到主调函数中。在主调函数中,将继续以上捕捉异常的过程,直到异常被捕捉或最终结束整个程序。考察如下程序:

```
#include <iostream>
using namespace std;
class ExClass
{
    int num;
public:
    ExClass(int i)
    {
        cout << "Constructing exception object with num = " << i << endl;
        num = i;
    }
    ExClass(ExClass& e)
    {
        cout << "Copy  Constructing exception object with num = " << e.num + 1 << endl;
        num = e.num + 1;
    }
    ~ExClass()
    {
```

```
        cout << "Destructing exception object with num = " << num << endl;
    }
    void show()
    {
        cout << "the number is " << num << endl;
    }
};
void throwExFunc()
{
    try{
        throw ExClass(199);
    }
    catch(double f){
        cout << "double exception catched" << endl;
    }
    cout << "exit throwExFunc()" << endl;
}

int main()
{
    try
    {
        throwExFunc();
    }
    catch(ExClass e)
    {
        e.show();
    }
    catch(...)
    {
        cout << "all will fall in" << endl;
    }
    cout << "continue kto execute" << endl;
}
```

程序的输出结果：

```
Constructing exception object with num = 199
Copy Constructing exception object with num = 200
the number is 200
Destructing exception object with num = 200
Destructing exception object with num = 199
continue kto execute
```

从程序的输出结果可以看出，被抛出的异常对象的 num 值为 199，由于它没有在函数 throwExFunc()中被捕捉，所以导致 throwExFunc()执行结束(否则会输出：exit throwExFunc())。在 main()函数中，catch(ExClass e)捕获了异常对象，通过复制构造函数产生对象 e，e 的 num 值为 200，catch 语句块运行结束后，对象 e 首先被销毁，紧接着销毁异常对象。在这之后，程序继续运行，输出：continue to execute。

catch(…)的意思是可以捕获所有类型的异常。不提倡随意使用 catch(…)，因为这会导致程序员低异常类型的不精确处理，并降低程序的运行效率。但是，在程序的开发阶段，catch(…)还是有用的，因为如果在精心安排异常捕获之后，还是进入了 catch(…)语句块，说明前面的代码存在缺陷，需要进一步改正。

在捕捉异常对象时，还可以采用传引用的方式，例如把 catch 语句写成 catch (ExClass& e)，这样就可以不必产生异常对象的副本，减少程序的运行开销，提高运行效率。

在抛出异常时，还可以抛出一个指针，当然这种做法并不总是安全的。如果要确保安全，应该将指针指向全局(静态)对象的指针或指向动态申请的空间，或者被抛出的指针在本函数内被捕获；否则，利用一个被抛出的指向已经被销毁的对象的指针，要格外注意。最好是不要用，如果实在要用，首先，必须保证对象的析构函数不能对对象的内容作损伤性的修改；其次，对象的空间没有被其他新产生的变量覆盖。也就是说，尽管对象被释放，但它的有效内容依然保留在栈中。

9.4 构造函数抛出异常的注意事项

从语法上来说，构造函数可以抛出异常；但从逻辑和风险控制上来说，构造函数中尽量不要抛出异常。万不得已，一定要注意防止内存泄漏。

1. 构造函数抛出异常会导致内存泄漏

在 C++构造函数中，既需要分配内存，又需要抛出异常时要特别注意防止发生内存泄漏的情况。因为在构造函数中抛出异常，在概念上将被视为该对象没有被成功构造，因此当前对象的析构函数就不会被调用。同时，由于构造函数本身也是一个函数，在函数体内抛出异常将导致当前函数运行结束，并释放已经构造的成员对象，包括其基类的成员，即执行直接基类和成员对象的析构函数。考察如下程序：

```
#include <iostream>
using namespace std;
class C
{
    int m;
public:
    C(){cout << "in C constructor" << endl;}
```

```
    ~C(){cout << "in C destructor" << endl;}
};
class A
{
public:
    A(){cout << "in A constructor" << endl;}
    ~A(){cout << "in A destructor" << endl;}
};
class B:public A
{
public:
    C c;
    char * resource;
    B()
    {
        resource = new char[100];
        cout << "in B constructor" << endl;
        throw -1;
    }
    ~B()
    {
        cout << "in B destructor" << endl;
        delete[]  resource;
    }
};
int main()
{
    try
    {
        B b;
    }
    catch(int)
    {
        cout << "catched" << endl;
    }
}
```

程序输出结果：

```
in A constructor
in C constructor
in B constructor
```

```
in C destructor
in A destructor
catched
```

从输出结果可以看出，在构造函数中抛出异常，当前对象的析构函数就不会被调用，如果在构造函数中分配了内存，那么会造成内存泄漏，所以要格外注意。

此外，在构造对象b时，先要执行其直接基类A的构造函数，再执行其成员对象c的构造函数，然后再进入类B的构造函数。由于在类B的构造函数中抛出了异常，而此异常并未在构造函数中被捕捉，所以导致类B的构造函数执行中断，对象b并未构造完成。在类B的构造函数“回滚”的过程中，c的析构函数和类A的析构函数相继被调用。最后，由于b并没有被成功构造，所以main()函数结束时并不会调用b的析构函数，也就很容易造成内存泄漏。

2. 使用智能指针管理内存资源

使用RAII(Resource Acquisition is Initialization)技术可以避免内存泄漏。RAII即资源获取即初始化，也就是说，在构造函数中申请分配资源，在析构函数中释放资源。因为C++的语言机制保证了，当一个对象创建时自动调用构造函数，当对象超出作用域时会自动调用析构函数。所以，在RAII的指导下，我们应该使用类来管理资源，将资源和对象的生命周期绑定。智能指针是RAII最具代表的实现，使用智能指针可以实现自动的内存管理，再也不需要担心忘记删除而造成的内存泄漏。

因此，当构造函数不得已抛出异常时，可以利用“智能指针”unique_ptr来防止内存泄漏。参考如下程序：

```
#include <iostream>
using namespace std;
class A
{
public:
    A() { cout << "in A constructor" << endl; }
    ~A() { cout << "in A destructor" << endl; }
};
class B
{
public:
    unique_ptr <A> pA;
    B():pA(new A)
    {
        cout << "in B constructor" << endl;
        throw - 1;
    }
```

```
    ~B()
    {
        cout << "in B destructor" << endl;
    }
};
int main()
{
try
{
    B b;
}
catch (int)
{
    cout << "catched" << endl;
}
}
```

程序运行结果：

```
in A constructor
in B constructor
in A destructor
catched
```

从程序的运行结果来看，通过智能指针对内存资源的管理，尽管类 B 构造函数抛出异常导致类 B 析构函数未被执行，但类 A 的析构函数仍然在对象 pA 生命周期结束时被调用，避免了资源泄漏。

9.5 析构函数禁止抛出异常

从语法上来说，析构函数可以抛出异常，但从逻辑上和风险控制上来说，析构函数不要抛出异常，因为栈展开容易导致资源泄漏和程序崩溃，所以别让异常逃离析构函数。

1. 析构函数抛出异常的问题

析构函数从语法上是可以抛出异常的，但是这样做很危险，请尽量不要这样做。其原因在 *More Effective C++*一书中提到过：

① 如果析构函数抛出异常，则异常点之后的程序不会被执行；如果析构函数在异常点之后执行了某些必要的动作，比如释放某些资源，则这些动作不会被执行，会造成诸如资源泄漏的问题。

② 通常异常发生时，C++的异常处理机制在异常的传播过程中会进行栈展开

(stack-unwinding),因发生异常而逐步退出复合语句和函数定义的过程,被称为栈展开。在栈展开的过程中就会调用已经在栈构造好的对象的析构函数来释放资源,此时若其他析构函数本身也抛出异常出现,则前一个异常尚未处理,又有新的异常出现,会造成程序崩溃。

2. 解决办法

如果析构函数必须执行一个动作,而该动作可能会在失败时抛出异常,那该怎么办?举个例子,假设使用一个 class 来负责数据库连接:

```
class DBConnection
{
public:
    ...
    static DBConnection create();      //返回 DBConnection 对象,为求简化暂略参数
    void close();                      //关闭联机,失败则抛出异常
};
```

为确保客户不忘记在 DBConnection 对象身上调用 close(),一个合理的想法是创建一个用来管理 DBConection 资源的 class,并在其析构函数中调用 close。这就是著名的以对象管理资源。参考如下代码:

```
//这个 class 用来管理 DBConnection 对象
class DBConn
{
public:
    ...
    DBConn(const DBConnection& db)
    {
      this -> db = db;
    }
    ~DBConn() //确保数据库连接总是会被关闭
    {
        db.close();
    }

private:
    DBConnection db;
};
```

如果调用 close()成功,则没有任何问题;但如果该调用导致异常,则 DBConn 析构函数会传播该异常,如果离开析构函数,则会造成问题。解决办法如下:

(1) 结束程序

如果 close()抛出异常就结束程序,通常调用 abort()完成:

```
DBConn::~DBconn()
{
    try
    {
        db.close();
    }
    catch(...)
    {
        abort();
    }
}
```

如果程序遭遇一个“于析构期间发生的错误”后无法继续执行，则“强制结束程序”是个合理选项，毕竟它可以阻止异常从析构函数传播出去而导致的不明确行为。

(2) 吞下因调用 close()而发生的异常

参考代码如下：

```
DBConn::~DBConn
{
    try{ db.close();}
    catch(...)
    {
        //制作运转记录，记下对 close()的调用失败
    }
}
```

一般而言，将异常吞掉是个坏主意，因为面对动作失败选择无所作为，然而有时吞下异常比“草率结束程序”或“发生不明确行为”带来的风险要小。能够这么做的一个前提就是程序必须能够继续可靠地执行。

(3) 重新设计 DBConn 接口，使其客户有机会对可能出现的异常作出反应

我们可以给 DBConn 添加一个 close()函数，赋予客户一个机会可以处理“因该操作而发生的异常”。把调用 close()的责任从 DBConn 析构函数移到 DBConn 客户手中，也许你会认为它违反了“让接口容易被正确使用”的忠告。实际上，这污名并不成立。如果某个操作可能在失败时抛出异常，而又存在某种需要必须处理该异常，那么这个异常必须来自析构函数以外的某个函数。因为析构函数吐出异常就是危险，总会带来“过早结束程序”或“发生不明确行为”的风险。

参考如下代码：

```
class DBConn
{
public:
```

```
    ...
    void close()                    //供客户使用的新函数
    {
        db.close();
        closed = true;
    }
    ~DBConn()
    {
        if(!closed)
        {
            try                     //关闭连接(如果客户不调用 DBConn::close)
            {
                db.close();
            }
            catch(...)              //如果关闭动作失败,则记录下来并结束程序或吞下异常
            {
                制作运转记录,记下对 close 的调用失败
                ...
            }
        }
    }
private:
    DBConnection db;
    bool closed;
};
```

本例要说明的是,由客户自己调用 close()并不会给他们带来负担,而是给他们一个处理错误的机会。如果客户不认为这个机会有用(或许他们坚信不会有错误发生),则可能忽略它,而依赖 DBConn 析构函数去调用 close()。

在析构函数中面对异常时,请记住:

① 假如析构函数中抛出了异常,那么系统将变得非常危险,也许很长时间内什么错误也不会发生,但也许系统会莫名其妙地崩溃而退出,而且什么迹象也没有,不利于系统的错误排查。

② 析构函数禁止抛出异常。如果析构函数发生异常,则不要让异常逃离析构函数。析构函数应捕捉任何异常,而不传播或结束程序。

③ 如果客户需要对某个操作函数运行期间抛出的异常作出反应,那么 class 应该提供一个普通函数(而非在析构函数中)执行该操作。

9.6 使用引用捕获异常

catch 子句捕获异常时既可以按照值传递,也可以按照引用传递,甚至按照指针传递,但推荐使用引用捕获异常。考察如下程序:

```
#include <iostream>
using namespace std;
class Base
{
public:
    Base()
    {
        cout << "Base's constructor" << endl;
    }
    Base(const Base& rb)
    {
        cout << "Base's copy constructor" << endl;
    }
    virtual void print()
    {
        cout << "Base" << endl;
    }
};
class Derived :public Base
{
public:
    Derived()
    {
        cout << "Derived's constructor" << endl;
    }
    Derived(const Derived& rd):Base(rd)
    {
        cout << "Derived's copy constructor" << endl;
    }
    virtual void print()
    {
        cout << "Derived" << endl;
    }
};
void throwFunc()
{
    Derived d;
    throw d;
}
int main()
{
```

```
    try
    {
        throwFunc();
    }
    catch (Base b)
    {
        cout << "Base catched" << endl;
        b.print();
    }
    catch (Derived d)
    {
        cout << "Derived catched" << endl;
        d.print();
    }
    cout << "----------------" << endl;
    try
    {
        throwFunc();
    }
    catch (Base& b)
    {
        cout << "Base catched" << endl;
        b.print();
    }
    catch (Derived& d)
    {
        cout << "Derived catched" << endl;
        d.print();
    }
}
```

程序运行结果：

```
Base's constructor
Derived's constructor
Base's copy constructor
Derived's copy constructor
Base's copy constructor
Base catched
Base
----------------
Base's constructor
```

```
Derived's constructor
Base's copy constructor
Derived's copy constructor
Base catched
Derived
```

阅读以上程序时需注意以下几点：

① 在函数 throwFunc()中构造对象 d，先后分别调用基类 Base 和派生类 Derived 的构造函数来完成对象 d 的初始化，分别输出"Base's constructor"与"Derived's constructor"。

② C++标准要求被作为异常抛出的对象必须被复制，导致异常对象 d 在离开作用域时，触发一次临时对象的拷贝构造。从程序输出的结果来看，先后调用了基类 Base 的拷贝构造函数和派生类 Derived 的拷贝构造函数，分别输出"Base's copy constructor"与"Derived's copy constructor"。

③ 按引用捕获异常比按值捕获异常更加高效。分隔线以上按值捕获异常，导致对象 d 在传递时再次被复制一次，输出"Base's copy constructor"，降低了系统效率；使用引用捕获异常可以避免额外的复制操作。

④ 使用引用捕获异常可以通过基类对象实现虚函数的虚调用，在运行时体现多态性。

基于效率和多态性的考虑，建议使用引用来捕获异常。

9.7 栈展开如何防止内存泄漏

栈展开(stack unwinding)是指，如果在一个函数内部抛出异常，而此异常并未在该函数内部被捕捉，就将导致该函数的运行在抛出异常处结束，所有已经分配在栈上的局部变量都要被释放。如果被释放的变量中有指针，而该指针在此前已经用 new 运算申请了空间，就有可能导致内存泄漏。因为栈展开时并不会自动对指针变量执行 delete(或 delete[])操作。

因此，在有可能发生异常的函数中，可以利用"智能指针"unique_ptr 来防止内存泄漏。参考如下程序：

```
#include <iostream>
#include <memory>
using namespace std;
class A
{
    int num;
public:
    A(int i):num(i)
```

```
    {
        cout << "this is A's constructor, num = " << num << endl;
    }
    ~A()
    {
        cout << "this is A's destructor, num = " << num << endl;
    }
    void show()
    {
        cout << num << endl;
    }
};
void uniqueptrtest1()
{
    A * pa = new A(1);
    throw 1;
    delete pa;
}
void uniqueptrtest2()
{
    unique_ptr <A> pa(new A(2));
    pa -> show();
    throw 2;
}
int main()
{
    try
    {
        uniqueptrtest1();
    }
    catch(int)
    {
        cout << "there is no destructor invoked" << endl;
    }
    cout << endl;
    try
    {
        uniqueptrtest2();
    }
    catch(int)
    {
        cout << "A's destructor does be invoked" << endl;
    }
}
```

程序的输出结果：

```
this is A's constructor, num = 1
there is no destructor invoked
this is A's constructor, num = 2
2
this is A's destructor, num = 2
A's destructor does be invoked
```

在解读上面这段程序时要注意以下几点：

① 在函数 uniqueptrtest1()中，由于异常的发生，导致“delete pa;”无法执行，从而导致内存泄漏。

② unique_ptr 实际上是一个类模板，在名称空间 std 中定义，要使用该类模板，必须包含头文件 memory。unique_ptr 的构造函数可以接受任何类型的指针，实际上是利用指针类型将该类模板实例化，并将传入的指针保存在 unique_ptr <T >对象中。

③ 在栈展开的过程中，unique_ptr <T >对象会被释放，从而导致 unique_ptr <T >对象的析构函数被调用。在该析构函数中，将使用 delete 运算符把保存在该对象内的指针所指向的动态对象销毁。这样，就不会发生内存泄漏了。

④ 由于已经对 * 和->操作符进行了重载，所以可以像使用普通的指针变量那样使用 unique_ptr <T >对象，如上面程序中的 pa ->show()。这样可以保留使用指针的编程习惯，方便程序员编写和维护。

9.8 异常处理的开销

C++异常是 C++有别于 C 的一大特性，异常处理机制给开发人员处理程序中可能出现的意外错误带来了极大的方便，但为了实现异常，编译器会引入额外的数据结构与处理机制，这就增加了系统的开销。天下没有免费的午餐，使用异常时我们必须了解其带来的开销和问题。

C++异常处理使用 try、throw 和 catch 三个关键词来完成，在程序执行过程中，异常处理的流程大致如下：

当函数体内某处发生异常（trow 异常）时，会检查该异常发生的位置是否在当前函数的某个 try 块之内，如果在，那么就需要找出与该 try 块配套的 catch 块。如果 catch 不匹配或者不在当前函数的某个 try 块，则沿着函数调用链逐层向上查找。当回退到上一层函数后，重复前面的操作。

为了能够成功地捕获异常和正确地完成栈回退（stack unwind），C++引入了相应的处理机制以及 TRYBLOCK、CATCHBLOCK 和 UNWINDTBL 数据结构来保存异常处理。首先来看看引入异常处理机制的栈框架，如图 9－1 所示。

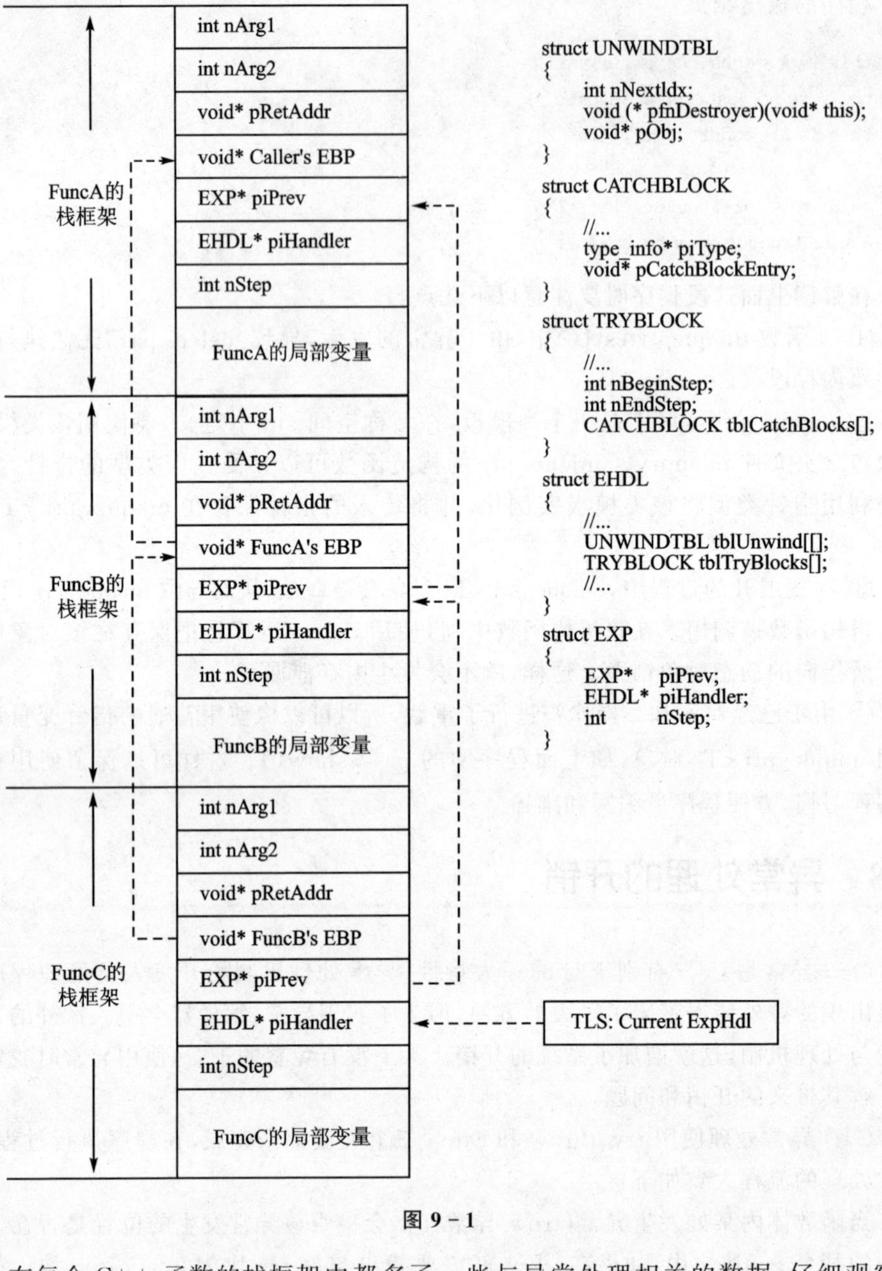

```
struct UNWINDTBL
{
    int nNextIdx;
    void (* pfnDestroyer)(void* this);
    void* pObj;
}
struct CATCHBLOCK
{
    //...
    type_info* piType;
    void* pCatchBlockEntry;
}
struct TRYBLOCK
{
    //...
    int nBeginStep;
    int nEndStep;
    CATCHBLOCK tblCatchBlocks[];
}
struct EHDL
{
    //...
    UNWINDTBL tblUnwind[[];
    TRYBLOCK tblTryBlocks[];
    //...
}
struct EXP
{
    EXP*   piPrev;
    EHDL*  piHandler;
    int    nStep;
}
```

FuncA的栈框架	int nArg1
	int nArg2
	void* pRetAddr
	void* Caller's EBP
	EXP* piPrev
	EHDL* piHandler
	int nStep
	FuncA的局部变量
FuncB的栈框架	int nArg1
	int nArg2
	void* pRetAddr
	void* FuncA's EBP
	EXP* piPrev
	EHDL* piHandler
	int nStep
	FuncB的局部变量
FuncC的栈框架	int nArg1
	int nArg2
	void* pRetAddr
	void* FuncB's EBP
	EXP* piPrev
	EHDL* piHandler
	int nStep
	FuncC的局部变量

TLS: Current ExpHdl

图 9-1

在每个 C++ 函数的栈框架中都多了一些与异常处理相关的数据，仔细观察就会发现，多出来的东西正好是一个 EXP 类型的结构体，这是一个典型的单向链表式结构：

① piPrev 成员指向链表的上一个节点，它主要用于在函数调用栈中逐级向上寻找匹配的 catch 块，并完成栈回退工作；

② piHandler 成员指向完成异常捕获和栈回退所必需的数据结构(主要是两张记载着关键数据的表:try 块表 tblTryBlocks 及栈回退表 tblUnwind);

③ nStep 成员用来定位 try 块,以及在栈回退表中寻找正确的入口。其中,EXP 类型的结构体是一个单向链表式结构,用于完成异常回溯捕获以及栈回退清理工作。

一般来说,使用异常处理时,因为异常处理信息的加入,除了会降低程序的执行速度外,也会导致编译生成后的程序尺寸偏大。

异常处理除了上面涉及的时间与空间的开销外,使用时也会带来如下问题:

① 项目中使用异常,需要考虑与未使用异常的第三方和旧项目代码的整合问题,避免出现异常安全问题;

② 异常使用不当容易造成内存泄漏和程序崩溃,比如函数内抛出异常需要注意栈展开导致的内存泄漏,析构函数抛出异常将程序置于不确定状态等;

③ 异常的跳转会彻底扰乱程序的执行流程并难以判断,给代码调试和维护增加难度;

④ 为保证写出异常安全的代码,往往需要借用 C++的其他特性,如智能指针,这又进一步加剧了代码可读性的恶化与程序的时空开销,包括编译时间的延长、运行效率的降低以及代码尺寸的增大。

异常处理是 C++ 中十分有用的崭新特性之一,在大多数情况下,有着优异的表现和令人满意的时空效率。但使用异常时,我们要充分意识到异常带来的开销和需要注意的问题,综合考虑后再谨慎使用异常。

第 10 章

编码规范与建议

10.1 命名方式建议

对于一个大型项目,参与开发人员众多,每个人的编码风格迥异。为保持代码风格的统一,提高代码的可读性与可维护性,其中一个重要的约定就是命名方式。良好统一的命名方式能让我们在不需要去查找类型声明的条件下就能快速了解某个名字代表的含义。命名涉及目录、文件、名字空间、类型、函数、变量、枚举、宏等。事实上,我们对代码的理解和认知是非常依赖这些命名方式的。

关于命名方式,一个通用规则就是名称应具有描述性,少用缩写。尽可能使用描述性的命名,别心疼空间,毕竟相比之下让新读者易于理解代码更重要。不要用只有项目开发者才能理解的缩写,也不要通过删减几个字母来缩写单词。比如:

```
int priceCountReader;          //无缩写
int numErrors;                 //num 是一个常见的写法
int numDnsConnections;         //人人都知道"DnS"是什么
int n;                         //毫无意义
int nerr;                      //含糊不清的缩写
int nCompConns;                //含糊不清的缩写
int wgcConnections;            //只有设计团队知道 wgc 是什么意思
int pcReader;                  //pc 有太多可能的解释了
int cstmrId;                   //删减了若干字母
```

注意:一些特定的广为人知的缩写是允许的,例如用 i 表示迭代变量和用 T 表示模板参数。模板参数的命名应当遵循对应的分类:类型模板参数应当遵循类型命名的规则,非类型模板应当遵循变量命名的规则。

命名规则具有一定的随意性,最重要的是要坚持一致性,无论它们是否重要,规则总归是规则,我们应该遵守,不建议在代码中过于展示个人与众不同的风格。

1. 目录与文件命名

目录与文件名建议全部小写,以画线分隔,可接受的目录与文件命名示例如下:

```
my_userful_class            //目录
my_useful_class.h           //头文件
my_userful_class.inc        //插入文件
my_useful_class.cpp         //源文件
```

目录与文件命名规则相同，C++源文件以.cpp结尾，头文件以.h结尾，专门插入文本的文件则以.inc结尾。命名时，不要使用已经存在于/usr/include下的文件名，即不要与系统头文件和标准库头文件同名，如stdlib.h。

通常应尽量让文件名更加明确，比如http_server_logs.h就比logs.h要好；定义类时文件名一般成对出现，比如foo_bar.h和foo_bar.cpp，对应于类FooBar。

2. 类型命名

类型命名应该以帕斯卡命名法（Pascal命名法）为准，又称大驼峰式命名法（upper camel case命名法），类型名称的每个单词首字母均大写，不包含下画线。所有类型命名——类、结构体、枚举、类型定义（typedef）、类型模板参数均使用相同的约定。例如：

```
//类和结构体
class UrlTable { ...
class UrlTableTester { ...
struct UrlTableProperties { ...

//类型定义
typedef hash_map <UrlTableProperties * , string> PropertiesMap;
//using 别名
using PropertiesMap = hash_map <UrlTableProperties * , string> ;
//枚举
enum UrlTableErrors { ...
//模板参数
template <typename Type> void fooFunc(Type t);
```

3. 名字空间命名

① 名字空间推荐使用“全小写＋下画线”的命名方式；

② 顶级名字空间的名字取决于项目名称；

③ 由于名称查找规则的存在，名字空间之间的冲突完全有可能导致编译失败，所以要注意避免嵌套名字空间的名字之间与常见的顶级名字空间和标准库中名字空间的名字发生冲突，比如不要创建嵌套的同名std名字空间；

④ 不使用缩写作为名称的规则同样适用于名字空间。

示例如下：

```
namespace web_search
{
```

```
    ...
}
```

4. 函数命名

一般来说，函数(不管是全局函数还是类成员函数)名的命名方式与变量命名方式相同，采用小驼峰式命名法(lower camel case 命名法)，第一个单词首字母小写，后面的单词首字母大写，没有下画线。对于首字母缩写的单词，更倾向于将它们视作一个单词进行首字母大写。示例如下：

```
addTableEntry()
deleteUrl()
openFileOrDie()
StartRpc()          //而非 StartRPC()
```

5. 变量命名

变量(包括函数参数)和数据成员(不管是静态的还是非静态)名推荐使用小驼峰式命名法。示例如下：

```
string tableName;
class TableInfo
{
...
private:
    string table_name;                    //不好,不建议使用下画线
    string tableName;                     //好,小驼峰式命名法
    static Pool <TableInfo> * pool;       //好
};
```

注意：声明为 constexpr 或 const 的变量，或在程序运行期间其值始终保持不变的常量，命名时以“const”开头，例如：

```
const int constDaysInAWeek = 7;
```

6. 枚举与宏命名

枚举命名和宏命名方式一致，采用“全大写＋下画线”的命名方式。下面示例中枚举名 UrlTableErrors 是类型，所以采用 Pascal 命名方法。

```
//枚举命名
enum AlternateUrlTableErrors
{
    OK = 0,
    OUT_OF_MEMORY = 1,
```

```
    MALFORMED_INPUT = 2
};
//宏命名
#define ROUND(x) ...
#define PI_ROUNDED 3.0
```

7. 总　结

以上推荐的命名方式仅供参考，并非教条，但必须遵守的一点就是一个项目中的命名方式一定要统一，不能出现散乱分化的局面，否则代码看起来将杂乱不堪。所以，在接手一个旧项目时，其命名方式要与现有代码风格保持一致。

除了上文中提及的 4 种命名方式外，业界还有一种较为流行的变量命名方法，叫匈牙利命名法，是由一位匈牙利的杰出前微软程序员查尔斯·西蒙尼(Charles Simonyi)提出的，被广泛应用于 Windows 环境编程中。该命名法的大致规则是：在每个变量名的前面加上若干表示数据属性和类型的前缀。基本原则是：变量名＝属性＋类型＋对象描述。如 d 表示 int，所有 d 开头的变量名都表示 int 类型；s 表示 char *，所有变量名以 s 开头的都表示 C 风格字符串；以 g_开头的表示全局变量；以 s_开头的表示静态变量；以 m_开头的表示类数据成员等。例如：g_dAge 表示一个 int 类型的全局变量。

10.2　代码调试建议

1. 代码调试的重要性

代码调试在程序开发阶段占有举足轻重的地位，可见代码调试的重要性。但是，有一点必须强调：程序是设计出来的，而不是调试出来的。这是所有程序员必须牢记在心的一条准则。一个没有设计或者设计得很糟糕的程序，无论怎样调试，也不会成为一个合格的程序。

在程序有着良好的设计的前提下，软件开发过程中的编码错误也在所难免。所有程序可能出现的错误可分为两类：语法错误和逻辑错误。调试通常是指在消除了语法错误之后，发现程序中逻辑错误的过程。对 C/C++程序进行调试，有这样集中常用的手段，它们既可以单独使用，也可以配合使用。

2. 代码调试的几点建议

(1) 使用打印语句

这是最朴素也是最直接的方法。程序的运行可以看成是一组变量(状态)不断变化的过程，这个过程就是数据处理的过程。如果程序的最终结果不对，那么我们必须考虑这一组状态什么时候出现了问题，而查看中间结果就成了一种最有效的手段。

因此,不要过分迷信功能强大的调试工具。在大部分情况下,程序出现的问题都是一些小问题,而正是这些小问题造成了大麻烦。程序员可以通过对最有可能出错的代码附近使用简单的 printf()语句或 cout <<…语句来输出中间结果,查看异常情况。

(2) 使用调试标记

在调试程序时使用相应的辅助代码(如输出中间结果等),在调试完成之后隐藏这些代码,是一种常用的调试策略。这种策略可以借助于#define、#ifdef、#endif来实现。具体地说,就是在调试程序时,利用编译器的命令行参数定义调试标记(相当于程序中用#define 定义的宏),然后在#ifdef 和#endif 之间包含相应的调试代码。当程序最终调试完成后,在生成发行版时,只要在编译器命令行参数中不再提供调试标记,程序中的调试代码就会消失。常用的调试标记为_DEBUG,在 VC++ 2012 中,编译器调试版的程序会默认定义宏_DEBUG。考察如下程序:

```
#include <iostream>
using namespace std;
int main()
{
    int i = 5;
#ifdef _DEBUG
    cout << i << endl;
#endif
    cout << "Hello World!" << endl;
}
```

在调试程序时,会执行#ifdef 和#endif 之间的语句。当调试完成后,由于调试标记_DEBUG 失去定义,从而隐藏调试代码。

(3) 使用调试变量

与使用调试标记的方法类似,可在运行时设置一个供调试用的 bool 型变量,它的值决定了特定调试代码的开放和关闭,并且可以通过程序的命令行参数来控制该变量的开关。上面的程序经过修改如下:

```
#include <iostream>
#include <string>
using namespace std;
bool debug;
int main(int argc,char * argv[])
{
    int i = 5;
    for(int j = 0;j < argc; ++ j)
    {
```

```
        if(string(argv[j]) == "debug = on")
        {
            debug = true;
        }
    }
    if(debug)
    {
        cout << i << endl;
    }
    cout << "Hello World!" << endl;
}
```

程序通过命令行启动时，只要在命令行参数中指明 debug＝on，就可以输出调试信息；否则，只会输出程序“正常”运行的部分。这样就具有较高的灵活性了。

(4) 使用内置的调试宏

在程序调试的过程中，经常希望知道当前运行的是哪个模块中的哪个函数，在源文件中是第几行等。如果手工添加这些信息，无疑会给程序员带来很大的负担。因此，C++提供了几个宏，分别是__FILE__、__FUNCTION__和__LINE__，可以利用它们“自动”获取有关模块、函数和行的信息。考察如下程序：

```
#include <iostream>
using namespace std;
void func1()
{
    cout << __FILE__ << endl;
}
void func2()
{
    cout << __FUNCTION__ << endl;
}
void func3()
{
    cout << __LINE__ << endl;
}
int main(int argc,char * argv[])
{
    func1();
    func2();
    func3();
}
```

在作者的机器上输出如下信息：

```
e:\lvlv_study\synchronousfile\school\2015.10.23\programming\debug\main.cpp
func2
13
```

另外，还可以使用 assert()宏来进行断言。assert()是一个只在调试版本下起作用的宏。另外，用户也可以定义自己的宏来辅助完成调试任务。例如下面的宏可以用来显示变量的值，而且变量的名字会一同显示出来：

```
#define PR(x) cout << #x" = " << x;
```

这是利用＃对宏的参数进行字符串化的处理。

(5) 利用调试工具进行调试

利用集成开发环境进行调试也是一种准则，可以在 IDE 中设置断点但不调试、查看变量的内存的值、动态修改变量的值以改变程序的执行路径等。每一种具体的调试工具的调试命令和方法都有差异，使用时要参阅相应的文档(如 MSDN 等)。

要说明的一点是，使用工具进行的调试与基于打印输出的调试，除了在使用的方便程度上有所差异外，在某些特殊情况下，不能或者很难用工具进行某些程序的调试。如在 Windows 程序设计中，要调试与窗口重绘的有关代码，就不适合用 IDE 进行调试。原因是：当焦点从 IDE 窗口转到应用程序的窗口时，会引发新的重绘动作，导致程序运行陷入“死循环“。Linux 环境下，进行代码的调试可以借助强大的调试工具 gdb，其可以快速地定位到程序出错的位置，如使用 bt 或 where 命令可以快速找到程序出现 core dumped 的位置。

3. 总　结

使用各种调试的手段或工具，其目的都是尽早地发现已经存在于程序中的错误。与此相关联的问题是，如何较少地引入错误，如何有策略地使用调试手段。这里给出几条建议，如下：

① 采用良好的编程风格。比如，用统一的规范为变量、函数和类型命名，程序的基本单位(如函数)的规模控制在一定范围内(如 100 行)，用锯齿形编码，采用合理的注释等。

② 进行代码复查。这是 Watts S Humphery 领导的研究小组指定的 PSP(Personal Software Process，个人软件过程)规范中提倡的做法。在编译之前就进行代码复查，比直接进行编译更能有效地发现程序缺陷。

③ 对历史数据进行统计和跟踪。每个程序员只是背景和工作习惯不同，通过统计历史上个人最容易出现哪些类型的编程错误，以便在将来有针对性地排查，是一种有效地提高程序质量的做法。

10.3 头文件使用规范建议

10.3.1 背 景

一个良好的编程规范和风格是一名程序员成熟的标志。规范的编码可以减少代码冗余,降低出错概率,便于代码管理和代码交流等。事实上,其作用远不止这些,所以我们要牢记编码规范。

C++具有很多强大的语言特性,但这种强大不可避免地会导致它的复杂性,而复杂性会使代码更容易出现 bug、难以阅读和维护。如何进行简洁高效的编码来规避 C++的复杂性,使代码在有效使用 C++语言特性的同时仍易于管理。

使代码易于管理的方法之一是增强代码的一致性,让别人可以读懂你的代码是很重要的,保持统一的编程风格意味着可以轻松地根据"模式匹配"规则推断各种符号的含义。创建通用的、习惯性用语和模式可以使代码更加容易理解,在某些情况下改变编程风格可能会是好的选择,但我们还是应该遵循一致性原则,尽量不要这样去做。

C++是一门包含大量高级特性的巨型语言,某些情况下,我们可以放弃使用某些特性使代码简化,避免可能导致的各种问题。

10.3.2 头文件使用的相关规范

头文件是 C/C++项目中编译单元源文件的组成部分,是大型项目不可或缺的一部分,我们必须面对它。

使用头文件时应遵守如下几个规范:

① 防止头文件在源文件中多次被包含;

② 尽量减少头文件的相互依赖;

③ 合理的头文件包含顺序和名称。

1. 防止头文件在源文件中多次被包含

(1) 条件宏保护

所有头文件都应该使用条件宏 #ifndef、#define、#endif 来防止头文件被多重包含(multiple inclusion)。命名格式为:<PROJECT>_<PATH>_<FILE>_H。

为保证唯一性,头文件的命名应基于其所在项目源代码树的全路径。例如,项目 foo 中的头文件 foo/src/bar/baz.h 按如下方式保护:

```
#ifndef FOO_BAR_BAZ_H
#define FOO_BAR_BAZ_H
...
#endif // FOO_BAR_BAZ_H
```

(2) #pragma once 保护

#pragma once 是编译指导指令，放在头文件的最开始位置，可以达到和条件宏一样的效果，即当头文件被重复包含时只编译一次，避免了编译时重定义的错误。

用法示例如下：

```
//test.h
#pragma once
...
//test.cpp
#include "test.h"        //line 1
#include "test.h"        //line 2
```

2. 尽量减少头文件的依赖

相信不少程序员都受过头文件的依赖之苦。当把一个项目中的头文件移植到自己的项目中时，若想通过编译，会发现这个头文件需要另外一个头文件，另外一个头文件又需要其他的头文件……这就是头文件依赖带来的不便。

(1) 前置声明

使用前置声明(forward declaration)可尽量减少头文件中#include 的数量，也就是能依赖声明的就不要依赖定义。

使用前置声明可以显著减少需要包含的头文件数量。举例说明：头文件中用到类 File，但不需要访问 File 的声明，则头文件中另需前置声明“class File;”而无需“#include "file/base/file.h"”。

在头文件如何做到使用类 Foo 而无需访问类的定义呢？主要有以下 3 种方法：

① 将数据成员类型声明为 Foo * 或 Foo &；

② 参数、返回值类型为 Foo 的函数只提供声明，不定义实现；

③ 静态数据成员类型可以被声明为 Foo，因为静态数据成员的定义在类定义之外。

(2) 柴郡猫技术

减少头文件的方法不只有前置声明这一种，还可以使用柴郡猫技术(cheshire cat idiom)，又称为 PIMPL(Pointer to IMPLementation)、Opaque Pointer 等。这是一种在类中只定义接口，而将私有数据成员封装在另一个实现类中的惯用法。该方法主要是为了隐藏类的数据以及减少头文件依赖，提高编译速度。

柴郡猫(Cheshire Cat)是英国作家刘易斯·卡罗尔(Lewis Carroll，1832—1898)创作的童话《爱丽丝漫游奇境记》(*Alice's Adventure in Wonderland*)中的虚构角色，形象是一只咧着嘴笑的猫，拥有能凭空出现或消失的能力，甚至在它消失以后，它的笑容还挂在半空中。柴郡猫的能力和 PIMPL 的功能一致，即虽然数据成员“消失”了(被隐藏了)，但是“柴郡猫”的笑容还是可以发挥威力的。

比如，使用 PIMPL 可以帮助我们节省程序编译的时间。考虑下面这个类：

```
// A.h
#include "BigClass.h"
#include "VeryBigClass"
class A{
//...
private:
    BigClass big;
    VeryBigClass veryBig;
};
```

我们知道C++中有头文件(.h)和实现文件(.cpp),一旦头文件发生变化,不管多小的变化,所有引用它的文件都必须重新编译。对于一个很大的项目,C++一次编译可能就会耗费大量的时间,如果代码需要频繁改动,那真的是不能忍受的。这里如果把“BigClass big;”和“VeryBigClass veryBig;”利用PIMPL封装到一个实现类中,就可以减少A.h的编译依赖,起到减少编译时间的效果,如下:

```
// A.h
class A{
public:
    //与原来相同的接口
private:
    struct AImp;
    AImp *pimpl;
};
```

除了上述两种方法外,使用接口类也可以达到降低头文件依赖的目的,可以只依赖接口头文件,因为接口类只有纯虚函数的抽象类,没有数据成员。

(3) 不可避免的头文件依赖

如果类是Foo的子类,则必须为之包含头文件。有时,使用指针成员(pointer member,如果是智能指针更好)替代对象成员(object member)的确更有意义。然而,这样的做法会降低代码可读性及执行效率。如果仅仅为了少包含头文件,那么还是不要这样替代的好。

3. 合理的头文件包含名称和顺序

(1) 包含头文件的名称

项目内头文件应该按照项目源代码目录树结构排列,尽量避免使用UNIX文件路径“.”(当前目录)和“..”(父目录)。例如,google-awesome-project/src/base/logging.h应像如下被包含:

```
#include "base/logging.h"
```

在编译时,这里需要使用编译器的编译选项“-I”来指定项目相对于编译器工作目录的相对路径或者绝对路径,即上面在使用 g++编译时使用"-Isrc"来指明相对于编译器工作目录的搜索目录。

还有一个须知就是:使用 include 包含头文件,使用相对路径时,相对目录是编译器的工作目录。

关于搜索头文件的路径,编译器搜索顺序如下:

① include 自定义头文件,如"#include "headfile.h""搜索顺序如下:

第一,搜索源文件所在目录;

第二,搜索"-I"指定的目录;

第三,搜索 g++的环境变量"CPLUS_INCLUDE_PATH"(gcc 使用的是"C_INCLUDE_PATH");

第四,搜索 g++的内定目录。

参考代码如下:

```
/usr/include
/usr/local/include
/usr/lib/gcc/x86_64-redhat-linux/4.1.1/include
```

当各目录存在相同的文件中时,先找到哪个就使用哪个。

② include 系统头文件或标准库头文件,如"#include <headfile.h>,搜索顺序如下:

第一,搜索"-I"指定的目录;

第二,搜索 g++的环境变量"CPLUS_INCLUDE_PATH";

第三,搜索 g++的内定目录。

参考代码如下:

```
/usr/include
/usr/local/include
/usr/lib/gcc/x86_64-redhat-linux/4.1.1/include
```

当各目录存在相同的文件中时,同样是先找到哪个就使用哪个。这里要注意,"#include <>"方式不会搜索源文件所在的目录!

这里要说一下 include 的内定目录,它不是由 PATH 环境变量指定的,而是由 g++的配置 prefix 指定的。查看 prefix 可以通过如下方式:

```
dablelv@TENCENT$ g++ -v
Using built-in specs.
Target: x86_64-redhat-linux
Configured with: ../configure --prefix=/usr --mandir=/usr/share/man --infodir
 =/usr/share/info --enable-shared --enable-threads=posix --enable-checking
 =release --with-system-zlib --enable-__cxa_atexit --disable-libunwind-exceptions
```

```
--enable-libgcj-multifile --enable-languages=c,c++,objc,obj-c++,java,
fortran,ada --enable-java-awt=gtk --disable-dssi --enable-plugin --with-
java-home=/usr/lib/jvm/java-1.4.2-gcj-1.4.2.0/jre --with-cpu=generic --
host=x86_64-redhat-linux
Thread model: posix
gcc version 4.1.2 20080704 (Red Hat 4.1.2-46)
```

在安装 g++时，如果指定了 prefix，那么内定搜索目录就是：

```
prefix/include
prefix/local/include
prefix/lib/gcc/--host/--version/include
```

编译时可以通过-nostdinc++选项屏蔽对内定目录搜索头文件。

(2) 包含头文件的顺序

项目中，当一个源文件包含多个不同类型的头文件时，比如操作系统头文件、C 标准库、C++标准库、其他库的头文件、自己工程的头文件，对不同类型头文件包含时采用什么样的顺序，Google C++编程风格做出如下指示：

① 为了加强可读性和避免隐含依赖，应使用下面的顺序：C 标准库、C++标准库、其他库的头文件、自己工程的头文件。不过，这里最先包含的是首选的头文件，例如 a.cpp 文件中应该优先包含 a.h。首选的头文件是为了减少隐藏依赖，同时确保头文件和实现文件是匹配的。具体的例子是：假如有一个 cc 文件(Linux 平台 cpp 文件的后缀为 cc)是 google-awesome-project/src/foo/internal/fooserver.cc，那么它所包含的头文件的顺序如下：

```
#include "foo/public/fooserver.h"  //首选的头文件放在第一位
#include <sys/types.h>
#include <unistd.h>
#include <hash_map>
#include <vector>
#include "base/basictypes.h"
#include "base/commandlineflags.h"
#include "foo/public/bar.h"
```

隐含依赖又叫作隐藏依赖，即一个头文件依赖其他头文件。例如：

```
//A.h
struct BS bs;
...
//B.h
struct BS
{
    ....
```

```
};
//在 A.c 中,这样会报错
#include A.h
#include B.h
//先包含 B.h 就可以
#include B.h
#include A.h
```

这样就叫作“隐藏依赖”。如果先包含 A. h 就可以发现隐藏依赖,所以各种规范都要求自身的头文件放在第一位,这样就能发现隐藏依赖。解决办法就是在 A. h 中包含 B. h,而不是在 A. c 中再包含。

② 在包含头文件时应该加上头文件所在工程的文件夹名,即假如有一个工程 base,里面有一个 logging. h 头文件,那么外部包含该头文件应写为:“#include "base/logging. h"”,而不是“#include "logging. h"”。

我们看到,《Google C++ 编程风格指南》倡导的原则背后隐藏的目的是:

① 为了减少隐藏依赖,源文件应该先包含其对应的头文件(这里称之为首选项)。

② 除了首选项外,遵循从一般到特殊的原则,头文件包含的顺序依次为:OS SDK、C 标准库、C++标准库、其他库的头文件、自己工程的头文件。

③ 之所以要将头文件所在的工程目录列出,原因与名字空间一样,是为了解决头文件重名问题。

假如 dir/foo. cpp 是项目中的源文件,其对应的头文件是 include/foo. h 的功能,则 foo. cpp 中包含头文件的顺序如下:

```
dir2/foo2.h(优先位置)
系统调用头文件
C 系统文件
C++ 系统文件
其他库头文件
本项目内头文件
```

这种排序方式可有效地减少隐藏依赖。当相同目录下需要包含多个头文件时,按照头文件名称的字母顺序来包含是不错的选择。

10.3.3 小 结

① 避免多重包含是编程时最基本的要求。

② 前置声明是为了降低编译依赖,防止修改一个头文件引发蝴蝶效应。

③ 包含头文件的名称使用“.”和“..”虽然方便却易混乱,使用比较完整的项目路径看上去就很清晰、有条理。

④ 包含头文件的顺序除了美观之外，最重要的是可以减少隐藏依赖，将源文件对应的头文件放在最前面可以及早地发现隐藏依赖。

10.4 函数使用规范建议

10.4.1 内联函数的使用规范

定义：内联函数是指用 inline 关键字修饰的函数。在类内定义的函数被默认成内联函数。

特点：编译器可能会将其内联展开，编译时，类似于宏替换，使用函数体替换调用处的函数名，以减少函数调用的开销，无需按通常的函数调用机制调用内联函数。

优点：当函数体比较小时，内联该函数可以令目标代码更加高效。

缺点：滥用内联将导致程序变慢，内联有可能使目标代码量增加或减少，这取决于被内联的函数的大小。内联较短小的存取函数时通常会减少代码量，但内联一个较大的函数（注：如果编译器允许）时将显著增加代码量。在现代处理器上，由于更好地利用了指令缓存（instruction cache），所以小巧的代码往往执行得更快。

使用内联函数应遵循以下几点：

① 内联函数最好不要超过 10 行。

② 对于析构函数应慎重对待。析构函数往往比其表面看起来要长，因为会有一些隐式成员和基类析构函数（如果有）被调用。

③ 递归函数不应被声明为内联函数。原因是递归调用堆栈的展开并不像循环那么简单，比如递归次数在编译时可能是未知的，大多数编译器都不支持内联递归函数。一个简单的递归调用如下：

```
#include <iostream>
using namespace std;
inline void print(int n)
{
    --n;
    if(n > 0)
    {
        print(n);
    }
    else
    {
        for(int i = 0;i < 5; ++i)
        {
            cout << "this is inline function:" << i << endl;
        }
```

```
    }
}
int main()
{
    print(10);
}
```

在 VS 2017 中转到反汇编,其汇编代码为

```
int main()
{
002E12B0   push        ebp
002E12B1   mov         ebp,esp
002E12B3   and         esp,0FFFFFFF8h
    print(10);
002E12B6   call        print (02E1270h)
}
```

可见,即使将递归函数 print(int n)定义为内联函数,编译器也未将其内联展开,而是按照正常的函数去调用它。

④ 虚函数不应被声明为内联函数。因为虚函数的调用较普通函数复杂,需要运行时通过查找虚函数表动态获取虚函数的入口地址,而编译器编译阶段是不能确定虚函数的入口地址的,故不能将其在编译时静态展开。

⑤ 如果对析构函数内联,主要原因是在类体重定义,那么为了方便抑或是其他原因,应对其行为给出文档说明。

10.4.2 函数的相关规范

1. 函数参数顺序(function parameter ordering)

定义函数时,参数顺序为:输入参数在前,输出参数在后。C/C++函数参数分为输入参数和输出参数两种,有时输入参数也会输出(注:值被修改时)。输入参数一般为传值或常数引用(const reference),输出参数或输入/输出参数为非常数指针(non-const pointer)。对参数排序时,要将所有输入参数置于输出参数之前。不要因为是新添加的参数就将其置于最后,而应依然置于输出参数之前。

注意: 这一点并不是必须遵循的规则,输入/输出两用参数(通常是类/结构体变量)混在其中,会使规则难以遵循。

2. 不要设计多用途、面面俱到的函数

对于多功能集于一身的函数,很可能使其理解、测试、维护等变得困难,所以应编写功能单一集中的函数。

3. 函数的规模

首先，函数的规模应尽量限制在 80 行以内，不包括注释和空格行；其次，避免设计多参数函数，不使用的参数应从接口中去掉，目的是降低函数接口的复杂度。

4. 尽量编写线程安全函数与可重入函数

(1) 什么是线程安全函数

线程安全函数是在多线程情况下，可安全地被多个线程并发执行的函数。确保函数线程安全，主要需要考虑的是线程之间的共享变量。属于同一进程的不同线程会共享进程内存空间中的全局区和堆，而私有的线程空间则主要包括栈和寄存器。因此，对于同一进程的不同线程，每个线程的局部变量都是私有的，而全局变量、局部静态变量、分配于堆的变量都是共享的。在对这些共享变量进行访问时，如果要保证线程安全，则必须通过加锁的方式。

线程安全函数与线程不安全函数示例代码如下：

```
static int tmp;
//线程不安全函数
void func1(int * x, int * y)
{
    tmp = * x;
    * x = * y;
    * y = tmp;
}
//线程安全函数
void func2(int * x, int * y)
{
    int tmp;
    tmp = * x;
    * x = * y;
    * y = tmp;

}
```

func1()是线程不安全函数，因为 func1()在被多线程并发调用时，使用的共享变量 tmp 可能被其他线程的 func1()改变，从而导致函数结果的不确定性。解决办法就是给全局变量 tmp 加锁，或者使用私有局部变量，函数 func2()就是这样做的。

(2) 什么是可重入函数

可重入函数是指允许被递归调用的函数。函数的递归调用是指当一个函数正被调用尚未返回时，又直接或间接调用函数本身。一般的函数不允许递归调用，只有可重入函数才允许递归调用。

例如，函数在响应中断期间被中断处理函数再次调用，这就是“重入”，是重新进入的形象描述。再次被调用可以安全地进行，这就是"可重入"(reentrant)。相反，不可重入(non-reentrant)的后果主要体现在中断处理函数需要重入的情况中，如果中断处理函数中使用了不可重入的函数，则可能导致程序的错误甚至崩溃。

要确保函数可重入需满足以下几个条件：

① 不在函数内部使用静态或全局数据；

② 不返回静态或全局数据，所有数据都由函数的调用者提供；

③ 使用本地数据，或者通过制作全局数据的本地拷贝来保护全局数据；

④ 不调用不可重入函数。

(3) 可重入函数与线程安全函数的区别

1) 关　系

可重入函数是线程安全函数的子集，即可重入函数一定是线程安全函数，线程安全函数不一定是可重入函数。二者的关系如图 10－1 所示。

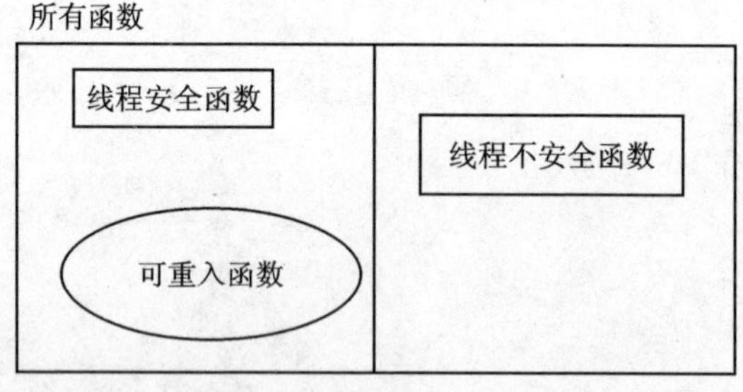

图 10－1

2) 区　别

线程安全函数可以对共享地址空间数据加锁，可重入函数则不能。因为在可重入函数响应中断时，中断处理函数若再次调用该函数，则会发生死锁。在多线程条件下，应当做到函数是线程安全的，更进一步做到可重入。

10.5　作用域使用规范建议

1. 名字空间(namespace)

C++在 C 的基础上引入了名字空间机制，使 C 中作用域的级别由原有的文件域(全局作用域)、函数作用域和代码块作用域(局部域)3 种变成了 5 种，增加了名字空间域和类域。名字空间是 ANSI C++引入的可由用户命名的作用域，用来处理程序中常见的同名冲突。

优点：命名空间提供了(可嵌套的)命名轴线(name axis，注：将命名分割在不同的命名空间内)。当然，类也提供了(可嵌套的)命名轴线(注：将命名分割在不同类的作用域内)。

缺点：命名空间具有迷惑性，因为它们和类一样提供了额外的（可嵌套的）命名轴线。在头文件中使用不具名的空间（匿名名字空间）容易违背 C++的唯一定义原则（One Definition Rule，ODR）。

使用名字空间应坚持以下几点规范：

(1) 推荐和提倡使用匿名名字空间

参考如下代码：

```
// .cpp 文件中
namespace
{
    //命名空间的内容无需缩进
    enum { UNUSED, EOF, ERROR };             //经常使用的符号
    bool AtEof() { return pos_ == EOF; }     //使用本命名空间内的符号 EOF
}    //namespace
```

匿名名字空间结束时用注释“//namespace”标识。

使用匿名名字空间的作用主要是将匿名名字空间中成员的作用域限制在源文件中，其作用域与使用 static 关键字类似。但是，与 static 关键字不同的是：包含在匿名名字空间中的成员（变量或者函数）具有外部连接特性，而用 static 修饰的变量或者函数具有内部连接特性，不能用来实例化模板的非类型参数。

参考如下代码：

```
#include <iostream>
using namespace std;
template <char * p> class Example
{
public:
    void display()
    {
        cout << * p << endl;
    }
};

static  char c = 'a';
int main(int argc,char * argv[])
{
    Example <&c> a;     //编译出错
    a.display();
}
```

此程序无法通过编译，因为静态变量 c 不具有外部连接特性，因此不是真正的“全局”变量。而类模板的非类型参数要求编译时是常量表达式，或者是指针类型的参数，要求指针指向的对象具有外部连接性。同样是上面的程序，“将 char c='a';”

放在匿名名字空间中进行定义，即可通过编译并运行。读者可自行考证。

(2) 最好不要使用 using 指示符来引用名字空间

使用 using 指示符实际上就是取消了名字空间的保护作用，而增加了命名冲突的概率。考察如下程序：

```
#include <iostream>
using std::cout;
using std::endl;
namespace FOO
{
    int a = 1;
}
int a = 2;
int main()
{
    using namespace  FOO;              //引入了与 a 同名的变量
    cout << "a:" << a << endl;         //出现二义性
    return 0;
}
```

以上程序编译不通过，原因是使用 using 导入名字空间后，引入了名字空间中所有的成员，间接地取消了名字空间的保护作用，增加了同名标识符的命名冲突。如果要访问名字空间 FOO 中的变量 a，正确的做法应是使用作用域运算符::来指明 a 所在的作用域，即“cout <<FOO::a <<endl;”。

(3) 尽量不要使用全局函数

应该使用命名空间中的非成员函数和类的静态成员函数。这样做的原因是：在某些情况下，非成员函数和静态成员函数是非常有用的，将非成员函数置于命名空间中可避免对全局作用域的污染。

有时，不把函数限定在类的实体中是有益的，甚至需要这么做，要么作为静态成员，要么作为非成员函数。非成员函数不应依赖于外部变量，并应尽量置于某个名字空间中。相比单纯为了封装若干不共享任何静态数据的静态成员函数而创建类，不如使用名字空间。

定义于同一编译单元的函数被其他编译单元直接调用可能会引入不必要的连接依赖，静态成员函数对此尤其敏感。解决方法是：可以考虑提取到新类中，或者将函数置于独立库的名字空间中。

如果确实需要定义非成员函数，而又只是在.cpp 文件中使用它，则可使用不具名名字空间或 static(如 static int Foo() {...})限定其作用域。

2. 嵌套类(nested class)

在一个类体中定义的类叫作嵌套类，也叫成员类(member class)。拥有嵌套类

的类叫外围类,有些地方也叫被嵌套类。参考如下代码:

```
class Foo
{
private:
    //Bar 是嵌套在 Foo 中的成员类
    class Bar
    {
        ...
    };
};
```

优点:当嵌套(成员)类只在被嵌套类(enclosing class)中使用时很有用,将其置于被嵌套类作用域作为被嵌套类的成员不会污染其他作用域的同名类。可在被嵌套类中前置声明嵌套类,在.cpp 文件中定义嵌套类,避免在被嵌套类中包含嵌套类的定义,因为嵌套类的定义通常只与实现相关。

缺点:只能在被嵌套类的定义中才能前置声明嵌套类。因此,任何使用 Foo::Bar * 指针的头文件都必须包含整个 Foo 的声明。

规范:不要将嵌套类定义为 public,除非它们是接口的一部分,比如,某方法使用了这个类的一系列选项。

3. 局部变量(local variable)

(1) 将局部变量尽可能置于最小作用域内,在定义时将其显式初始化

C++允许在函数的任何位置声明和定义变量。我们提倡在尽可能小的作用域中定义变量,离第一次使用越近越好。这样可使代码易于阅读,易于定位变量的定义位置、变量类型和初始值,特别是在定义变量时就应显式的初始化。参考如下代码:

```
int i;
i = f();            //坏——初始化和声明分离
int i = g();        //好——初始化时声明
```

(2) 构造数据类型的变量尽可能放在循环体外定义

如果变量是一个对象,那么每次进入作用域都要调用其构造函数,每次退出作用域都要调用其析构函数。参考如下代码:

```
//低效的实现
for (int i = 0; i < 1000000; ++ i)
{
    Foo f;              //构造函数和析构函数分别调用 1 000 000 次
    f.DoSomething(i);
}
```

类似以下变量 f 放到循环作用域外面声明要高效得多,参考如下代码:

```
Foo f;              //构造函数和析极函数只调用1次
for(int i = 0; i < 1000000; ++ i)
{
    f.DoSomething(i);
}
```

4. 全局变量(global variable)

(1) 尽量不要定义构造类型的全局变量

构造类型的全局变量，如类对象的构造函数、析构函数以及初始化操作的调用顺序只是被部分规定，每次生成都有可能会发生变化，从而导致难以发现的bug。

因此，应禁止使用class类型的全局变量(包括STL的string、vector等)，因为它们的初始化顺序有可能导致构造出现问题。可以使用内建类型和由内建类型构成的没有构造函数的结构体，如果一定要使用class类型的全局变量，则请使用单件模式(singleton pattern)。

(2) 对于全局的字符串常量，使用C风格的字符串，而不要使用STL的字符串

参考如下代码：

```
const char kFrogSays[] = "ribbet";
```

虽然允许在全局作用域中使用全局变量，但使用时务必三思。大多数全局变量应该是类的静态数据成员，或者当其只在.cpp文件中使用时，将其定义到不具名名字空间中，或者使用静态关联以限制变量的作用域。

记住，静态成员变量视为作用域限制在类域的全局变量，所以，也不能是class类型！

5. 总　结

① cpp源文件中的匿名名字空间可避免命名冲突、限定作用域，避免直接使用using指示符污染命名空间；

② 嵌套类符合局部使用原则，只是不能在其他头文件中前置定义，尽量不要设为public；

③ 尽量不用全局函数和全局变量，考虑作用域和命名空间限制，尽量单独形成编译单元；

④ 多线程中的全局变量(含静态成员变量)不要使用class类型(含STL容器)，避免不明确行为导致的bug。

作用域的使用，除了考虑名称污染、可读性外，主要是为了降低耦合度、提高编译和执行效率。

10.6　类使用规范建议

类是C++中基本的代码单元，自然被广泛使用。本节主要介绍在编写类时要做什么以及不要做什么。

1. 构造函数的职责

构造函数中只进行那些没有实际意义的(trivial,注:简单初始化对于程序执行没有实际的逻辑意义,因为成员变量的"有意义"的值大多不在构造函数中确定)初始化,可能的话,请使用 Init()方法集中初始化为有意义的(non-trivial)数据。

定义:在构造函数中执行初始化操作。

优点:排版方便,无需担心类是否初始化。

缺点:在构造函数中执行操作引起的问题有:

① 构造函数中不易报告错误,所以尽量不要使用异常。原因是:在构造函数中抛出异常,在概念上将被视为该对象没有被成功构造,因此,当前对象的析构函数就不会被调用,就容易造成内存泄漏。

② 操作失败会造成对象初始化失败,引起不确定状态。

③ 在构造函数内调用虚函数时,调用不会派发到子类实现中,即使当前没有子类实现,将来仍是隐患。

④ 如果创建该类型的全局变量,那么构造函数将在 main()之前被调用,有可能破坏构造函数中暗含的假设条件。例如,gflags 尚未初始化。

结论:如果对象需要有意义的初始化,则考虑使用另外的 Init()方法并增加一个成员标记用于指示对象是否已经初始化成功。

2. 默认构造函数(default constructor)

如果一个类定义了若干成员变量又没有其他构造函数,则需要定义一个默认构造函数,否则编译器将自动生成默认构造函数。

定义:当新建一个没有参数的对象时,默认构造函数被调用;当调用 new[](为数组)时,默认构造函数总是被调用。

优点:默认将结构体初始化为"不可能的"值,使调试更加容易。

缺点:对代码编写者来说,这是多余的工作。

结论:如果类中定义了成员变量,没有提供其他构造函数,则需要定义一个默认构造函数(没有参数)。默认构造函数更适合于初始化对象,使对象内部状态(internal state)一致、有效。

提供默认构造函数的原因是:如果没有提供其他构造函数,又没有定义默认构造函数,那么编译器将会自动生成一个,而生成的构造函数并不会对对象进行初始化。

如果定义的类继承现有类,而又没有增加新的成员变量,则不需要为新类定义默认构造函数。

3. 明确的构造函数(explicit constructor)

对单参数构造函数使用 C++关键字 explicit。

定义:通常,只有一个参数的构造函数可被用于转换(conversion,注:主要指隐式转换，下文可见）。例如，定义 Foo::Foo(string name)，当向需要传入一个 Foo 对象的函数传入一个字符串时，构造函数 Foo::Foo(string name)被调用并将该字符串转换为一个 Foo 临时对象传给调用函数。看上去很方便，但如果不希望通过转换生成一个新对象，那么麻烦也会随之而来。为避免构造函数被调用造成隐式转换，可以将其声明为 explicit。

优点：避免不合时宜的变换。

缺点：无。

结论：所有单参数构造函数都必须是明确的。在类定义中，将关键字 explicit 加到单参数构造函数前："explicit Foo(string name);"。

例外：在少数情况下，拷贝构造函数可以不声明为 explicit，可作为其他类的透明包装器的类。类似例外情况应在注释中明确说明。

4. 拷贝构造函数

仅在代码中需要复制一个类对象时使用拷贝构造函数，不需要复制时应使用"DISALLOW_COPY_AND_ASSIGN"。

定义：复制新建对象时可使用拷贝构造函数(特别是对象传值时)。

优点：拷贝构造函数使复制对象更加容易，STL 容器要求所有内容可复制、可赋值。

缺点：C++中对象的隐式复制是导致很多性能问题和 bug 的根源。拷贝构造函数降低了代码可读性，相比按引用传递，跟踪按值传递的对象更加困难，对象修改的地方变得难以捉摸。

结论：大量的类并不需要可复制，也不需要一个拷贝构造函数或赋值操作运算符。不幸的是，如果不主动声明它们，编译器就会自动生成，而且是 public 的。

可以考虑在类的 private 中添加空的(dummy)拷贝构造函数和赋值操作，只有声明，没有定义。由于这些空程序声明为 private，所以当其他代码试图使用它们时，编译器将报错。为了方便，可以使用宏"DISALLOW_COPY_AND_ASSIGN"：

```
//禁止使用拷贝构造函数和赋值操作的宏
//应在类的 private:中使用
#define DISALLOW_COPY_AND_ASSIGN(TypeName) \
    TypeName(constTypeName&);              \
    void operator = (const TypeName&);
class Foo
{
public:
    Foo(int f);
    ~Foo();
```

```
private:
    DISALLOW_COPY_AND_ASSIGN(Foo);
};
```

如上所述，绝大多数情况下都应使用"DISALLOW_COPY_AND_ASSIGN"，如果类确实需要可复制，则应在该类的头文件中说明原由，并适当定义拷贝构造函数和赋值操作。注意，在"operator="中检测自赋值(self-assignment)情况。

在将类作为STL容器值时，可能有使类可复制的冲动。类似情况下，真正该做的是使用指针指向STL容器中的对象，可以考虑使用std::tr1::shared_ptr。

5. 析构函数

析构函数与构造函数的作用相反，当对象结束其生命周期时(例如对象所在的函数已调用完毕)，程序将自动执行析构函数，释放对象占用的内存资源。

使用析构函数需要注意以下几点：

① 如果基类还有虚函数，那么析构函数要声明为virtual。这么做的原因是析构类对象时能够动态调用析构函数，防止内存泄漏。

② 一般情况下，应该避免在构造函数和析构函数中调用虚函数，如果一定要这样做，则程序员必须清楚，这时对虚函数的调用其实是实调用。可参考博文《C++不要在构造函数和析构函数中调用虚函数》(http://blog.csdn.net/k346k346/article/details/49872023)。

③ 析构函数中是可以抛出异常的，但尽量不要这要做，因为很危险。当析构函数万不得以抛出异常时，应尽量不要让异常逃离函数。其原因主要有以下两点：

第一，如果析构函数抛出异常，则异常点之后的程序不会执行；如果析构函数在异常点之后执行了某些必要的动作，比如释放某些资源，则这些动作不会执行，反而会造成诸如资源泄漏的问题。

第二，通常异常发生时，C++的异常处理机制在异常的传播过程中会进行栈展开(stack-unwinding)(注：因发生异常而逐步退出复合语句和函数定义的过程，被称为栈展开)，在栈展开的过程中就会调用已经在栈构造好的对象的析构函数来释放资源，此时若其他析构函数本身也抛出异常，那么前一个异常尚未处理又有新的异常，会造成程序崩溃。

6. 结构体(struct)和类(classe)

仅当只有数据时才使用struct，其他一概使用class。

在C++中，关键字struct和class含义几乎等同，我们人为地为其添加语义，以便为定义的数据类型合理地选择使用哪个关键字。

struct被用在仅包含数据的消极对象(passive object)上，可能包括有关联的常量，但没有存取数据成员之外的函数功能，而存取功能通过直接访问实现而无需方法调用。这里提到的方法是指只用于处理数据成员的方法，如构造函数、析构函数、

Initialize()、Reset()和 Validate()。

如果需要更多的函数功能，则 class 更适合；如果不确定，则直接使用 class；如果与 STL 结合，则对于仿函数(functor)和特性(trait)可以不用 class 而是使用 struct。

注意：类和结构体的成员变量使用不同的命名规则。

7. 继承(inheritance)

使用组合(composition，注：这一点也是 GoF 在 *Design Patterns* 一书中反复强调的)通常比使用继承更适合，如果使用继承，则只使用公共继承。

定义：当子类继承基类时，子类包含了父基类所有数据及操作的定义。在 C++实践中，继承主要用于两种场合：实现继承(implementation inheritance)，子类继承父类的实现代码；接口继承(interface inheritance)，子类仅继承父类的方法名称。

优点：实现继承通过原封不动的重用基类代码减少了代码量。由于继承是编译时声明(compile-time declaration)的，编码者和编译器都可以理解相应的操作并发现错误。接口继承可用于实现程序上增强类的特定 API 的功能，在类没有定义 API 的必要实现时，编译器同样可以发现未实现 API 的错误。

缺点：对于实现继承，由于实现子类的代码在父类和子类间延展，所以要理解其实现变得更加困难。子类不能重写父类的非虚函数，当然也就不能修改其实现。基类也可能定义了一些数据成员，但还要区分基类的物理轮廓(physical layout)。

使用继承的相关规范：

① 所有继承尽量使用 public，如果想私有继承，则应采取包含基类实例作为成员的方式作为替代。

② 不要过多地使用实现继承，组合通常更合适一些。努力做到只在“是一个”(“is－a”，注：其他“has－a”的情况下请使用组合)的情况下使用继承：如果 Bar 的确“是一种”Foo，才令 Bar 是 Foo 的子类。

③ 如果基类有虚函数，那么令析构函数为 virtual。原因是：保证通过基类指针能够动态地调用子类析构函数，避免内存泄漏。

④ 限定仅在子类访问的成员函数为 protected 时。需要注意的是，数据成员应始终为私有。

⑤ 当重定义派生的虚函数时，应在派生类中明确声明其为 virtual，直观明了地指明该函数是虚函数，达到代码即注释的效果，提高代码可读性。

8. 多重继承(multiple inheritance)

真正需要用到多重继承的时候是非常少的，只有当最多一个基类中含有实现，其他基类都是以 Interface 为后缀的纯接口类时才会使用。

定义：多重继承允许子类拥有多个基类，要将作为纯接口的基类和具有实现的基类区别开来。

优点：相比单继承，多重继承可令程序员重用更多的代码。

缺点：真正需要用到多重继承时是非常少的。多重继承看上去是不错的解决方案，通常可以找到更加明确的、清晰的、不同的解决方案。

结论：只有当所有父类除第一个外都是纯接口（纯抽象类）时才能使用多重继承。为确保它们是纯接口，这些类必须以 Interface 为后缀。

9. 接口(interface)

接口是指满足特定条件的类，这些类以 Interface 为后缀（非必须）。C++中的接口就是指纯抽象类。

定义：当一个类满足以下要求时，称为纯接口。

① 只有纯虚函数（"＝0"）和静态函数（上文提到的析构函数除外）；

② 没有非静态数据成员；

③ 没有定义任何构造函数，如果有，也不含参数，并且为私有的；

④ 如果是子类，则只能继承满足上述条件并以 Interface 为后缀的类。

接口类不能被直接实例化，因为它声明了纯虚函数。为确保接口类的所有实现都可被正确销毁，必须为之声明虚析构函数。

优点：以 Interface 为后缀可令他人知道不能为该接口类增加实现函数或非静态数据成员，这一点对于多重继承尤其重要。另外，对于 Java 程序员来说，接口的概念已经深入人心。

缺点：Interface 后缀增加了类名长度，为阅读和理解带来不便，同时，接口特性作为实现细节不应暴露给客户。

结论：只有在满足上述条件时，类才以 Interface 结尾，但反过来，满足上述条件的类未必一定以 Interface 结尾。

10. 操作符重载(operator overloading)

除少数特定环境外，不要重载操作符。

定义：一个类可以定义诸如＋、/等操作符，使其可以像内建类型一样直接使用。

优点：使代码看上去更加直观，就像内建类型（如 int）那样，重载操作符使那些 Equals()、Add()等黯淡无光的函数名好玩多了。为了使一些模板函数能够正确工作，可能需要定义操作符。

缺点：虽然操作符重载令代码更加直观，但也有一些不足，如下：

① 混淆直觉，让人误以为一些耗时的操作像内建操作那样轻巧。

② 查找重载操作符的调用处更加困难，查找 Equals()显然比同等调用"＝＝"容易得多。

③ 有的操作符可以对指针进行操作，容易导致 bug。例如，"Foo＋4"做的是一件事，而"&Foo＋4"可能做的是完全不同的另一件事，对于二者，编译器都不会报错，使其很难调试。

④ 重载还有令人吃惊的副作用，比如，重载操作符 & 的类不能被前置声明。

结论：一般不要重载操作符，尤其是赋值操作(operator=)，应避免重载。如果需要，则可以定义类似 Equals()、CopyFrom()等函数。然而，极少数情况下需要重载操作符，以便与模板或标准 C++类衔接(如 operator <<(ostream&,const T&))，但应尽可能避免这样做。万不得已的情况下，要记得提供文档说明原因。

有些 STL 算法确实需要重载"operator=="时可以这么做，但不要忘了提供文档说明原因。

11. 存取控制(access control)

将数据成员私有化，并提供相关存取函数，如定义变量 foo_及取值函数 foo()、赋值函数 set_foo()。存取函数的定义一般内联在头文件中。

12. 声明次序(declaration order)

在类中使用特定的声明次序，定义次序如下：public、protected 和 private，如果哪一块没有，则直接忽略即可。成员函数在数据成员之前，"以行为为中心"进行类设计。

主张"以行为为中心"的人将关注的重点放在了类的服务和接口上，习惯将 public 类型的函数写在前面，而将 private 类型的数据写在后面，所以很多大公司如 Google 推荐的类成员声明顺序如下：

① typedef 和 enum；

② 常量；

③ 构造函数；

④ 析构函数；

⑤ 成员函数，含静态成员函数；

⑥ 数据成员，含静态数据成员；

⑦ 宏 DISALLOW_COPY_AND_ASSIGN 置于 private 块之后，作为类的最后部分，参考拷贝构造函数。

cpp 文件中函数的定义应尽可能和声明顺序一致。不要将大型函数内联到类的定义中，通常，只有那些没有特别意义的或者性能要求高的，并且是比较短小的函数才被定义为内联函数。

13. 编写短小函数(write short functions)

编程时倾向于选择短小、凝练的函数。长函数有时也是恰当的，因此对于函数长度并没有严格的限制。如果函数超过 80 行，则可以考虑在不影响程序结构的情况下将其分割。因为一个长函数即使现在工作得非常好，一旦有人对其修改，就可能出现新的问题，甚至导致难以发现的 bug。因此，应使函数尽量短小、简单，便于他人阅读和修改。

在处理代码时，可能会发现复杂的长函数，如果证实这些代码使用、调试困难，或者只需要使用其中的一小块，可考虑将其分割为更加短小、易于管理的若干函数。

14. 以指针代替嵌入对象或引用

设计类遇到自定义类型的数据成员时，可以有 3 种方式：

① 嵌入对象(组合)；

② 使用对象引用；

③ 使用对象指针。

这 3 种方式孰优孰劣呢？这里举例进行说明。例如，每辆汽车(CCar)都会有一个引擎(CEngine)，参考代码如下：

```
class CEngine{...};
//嵌入对象
class CCar
{
public:
    void Start();
    void Move();
    void Stop();
private:
    CEngine m_engine;
};
```

如果使用嵌入对象，则必须通过 CEngine 构造函数创建 m_engine，它的生存周期受到 CCar 对象的影响，将在 CCar 对象的生存周期中一直存在。如果 CEngine 发生变化，那么 CCar 也必须重新编译。如果用户创建了一个 CCar 对象，但是不使用 m_engine，那么创建 m_engine 就成了无用功。

参考如下代码：

```
//对象引用
class CCar
{
public:
    ...
private:
    CEngine& m_engine;
};
```

在上述方式中，使用的是 CEngine 的引用。相较于上面的"嵌入对象"方式，优点是类 CCar 不再依赖于 CEngine 的大小。同时，即使 CEngine 的实现发生了变化，CCar 也不需要重新编译。但是，由于 m_engine 必须绑定到一个现存的 CEngine 对象上，也就是说，在实际应用中，构造 CCar 之前，我们必须保证合法的 CEngine 对象的存在，不管后来是否用到它。

参考如下代码：

```
//对象指针
class CCar
{
public:
    ...
private:
    CEngine* m_pEngine;
};
```

使用对象指针后，上述问题就解决了。首先，在构造时，可以将 m_pEngine 设置为 NULL。在需要使用 m_pEngine 时，判断其是否为 NULL。如果是，则创建一个新的 CEngine 对象。这就满足了我们按需创建的要求（惰性原则）。其次，在 CCar 对象的生命周期内，同一个 CCar 对象可以使用不同的 CEngine 对象，灵活性更强。最后，使用指针还有一大优点，那就是可以支持数据成员的多态行为。比如有 3 种汽车引擎：

```
class CEngine{...};
class CFerrariEngine:public CEngine{...};
class CAgrimotorEngine:public CEngine{...};
```

如果我们创建的 CCar 是一辆法拉利跑车，那么将 m_pEngine 指向 CFerrariEngine 对象即可；如果创建的是农用拖拉机，那么将 m_pEngine 指向 CAgrimotorEngine 对象即可，而对于类 CCar 的设计，我们无需做任何改变。当然，引用也同样拥有这一优点。

综上所述，在类数据成员中使用自定义类型时，使用指针是一个较为明智的选择，有如下几个优点：

① 成员对象类的变化不会引起包含类的重编译；

② 支持惰性计算，不创建不使用的对象，效率更高；

③ 支持数据成员的多态行为。

15. 总　结

关于类的注意事项和使用规范总结如下：

① 不在构造函数中做太多与逻辑相关的初始化；

② 编译器提供的默认构造函数不会对变量进行初始化，如果定义了其他构造函数，则编译器不再提供，需要编码者自行提供默认构造函数；

③ 为避免隐式转换，需将单参数构造函数声明为 explicit；

④ 为避免拷贝构造函数、赋值操作的滥用和编译器自动生成，可声明其为 private 且无需实现；

⑤ 仅在作为数据集合时使用 struct；

⑥ 优先以如下顺序来设计代码：组合>实现继承>接口继承>私有继承，子类重载的虚函数也要声明 virtual 关键字，虽然编译器允许不这样做；

⑦ 避免使用多重继承，使用时，除一个基类含有实现外，其他基类均为纯接口；

⑧ 接口类类名以 Interface 为后缀，除提供带实现的虚析构函数、静态成员函数外，其他均为纯虚函数，不定义非静态数据成员，不提供构造函数，提供的话原声明为 protected；

⑨ 为降低复杂性，尽量不重载操作符，模板、标准类中使用时要提供文档说明；

⑩ 存取函数一般内联在头文件中；

⑪ 声明顺序：public→protected→private；

⑫ 函数体尽量短小、紧凑，功能单一。

10.7 编码格式建议

每个人都可能有自己的代码风格和格式，但只有项目中的所有人都遵循同一种风格时，项目才能顺利地进行。编码格式建议如下：

1. 字符编码

尽量不要使用非 ASCII 字符，万不得已时才使用；源码文件请使用 UTF-8 编码。如今字符编码种类繁多，每一个国家或地区的本土化字符编码都各不相同，为使代码在不同的环境下均能够正常显示，建议使用统一的 UTF-8 编码。

2. 缩　进

缩进的宽度建议选用 4 个空格或一个 Tab 键，使用 Tab 键时请将编辑器的 Tab 宽度设置为 4 个空格。很多编辑器的 Tab 字符宽度均默认为 4 个空格，如 Notepad++、Sublime 和 Source Insight。

3. 函　数

(1) 函数的声明与定义

尽可能精简行数，函数返回类型与函数名放在同一行，参数也尽量放在同一行，如果放不下就对形参分行且与第一个形参对齐，或者另起一行且缩进 4 格，分行方式与函数调用一致。例如：

```
//函数返回类型、函数名和参数放在同一行
ReturnType  ClassName::functionName(Type parName1, Type parName2)
{
    doSomething();
    ...
}
```

```
//当同一行文本太多,放不下所有参数时
ReturnType  ClassName::functionName(Type parName1, Type parName2,
                                    Type parName3)
{
    doSomething();
    ...
}
//甚至连第一个参数都放不下时
ReturnType  LongClassName::reallyReallyReallyReallyLongFunctionName(
Type parName1,Type parName2,Type parName3)        //4 space indent
{
    doSomething();                                 //4 space indent
    ...
}
```

(2) 函数调用

函数调用格式与函数声明和定义格式基本相同,要么一行写完函数调用,要么在圆括号里对参数分行且与第一个参数对齐,要么参数另起一行且缩进 4 格。如果接收函数返回值,则函数返回值与函数名放在同一行。书写形式如下:

```
bool retval = doSomething(argument1, argument2, argument3);
//参数分行
bool retval = DoSomething(averyveryveryverylongargument1,
                          argument2, argument3);
//参数另起一行
bool retval = veryVeryVeryVeryVeryVeryVeryVeryVeryLongFunctionName(
argument1,argument2,argument3, argument4);
```

把多个参数放在同一行以减少函数调用所需的行数,除非影响到可读性。有人认为把每个参数都独立成行,不仅更易于阅读,而且方便编辑参数。但是,比起所谓的参数编辑,我们更看重可读性。如果某参数独立成行对可读性更有帮助,也可以如此做。参数的格式处理应当以可读性而非其他作为最重要的原则。此外,如果一系列参数本身就有一定的结构,那么可以酌情地按其结构来决定参数格式:

```
//通过 3×3 矩阵转换 widget.
myWidget.transform(x1, x2, x3,
                   y1, y2, y3,
                   z1, z2, z3);
```

如果一些参数本身就是略复杂的表达式,且降低了代码可读性,那么可以直接创建临时变量来描述该表达式,并传递给函数:

```
int my_heuristic = scores[x] * y + bases[x];
bool retval = doSomething(my_heuristic, x, y, z);
```

4. Lambda 表达式

Lambda 表达式对形参和函数体的格式化与其他函数一致。捕获列表同理，表项用逗号隔开。短 Lambda 表达式写得与内联函数一样，如下：

```
std::set <int> blacklist = {7, 8, 9};
std::vector <int> digits = {3, 9, 1, 8, 4, 7, 1};
digits.erase(std::remove_if(digits.begin(), digits.end(), [&blacklist](int i){
    return blacklist.find(i) != blacklist.end();
}),digits.end());
```

5. 列表初始化

列表初始化书写格式建议与函数调用格式一致。如果列表初始化伴随着名字，比如类型或变量名，那么格式化时可将名字视作函数调用名，{}视作函数调用的小括号；如果没有名字，就将名字长度视作零。举例如下：

```
//一行列表初始化
return {foo, bar};
functionCall({foo, bar});
pair <int, int> p{foo, bar};
//断行列表初始化
MyType m = { superlongvariablename1,uperlongvariablename2,
        {short, interior, list},
        {interiorwrappinglist,interiorwrappinglist2}};
```

6. 条件语句

(1) 小括号内不使用空格

关键字 if 和 else 另起一行。对于基本条件语句有两种可以接受的格式：一种是在圆括号和条件之间有空格，另一种没有，倾向于不在圆括号内使用空格。如果是修改一个文件，则参考当前已有格式；如果是编写新的代码，则参考目录下或项目中的其他文件。

```
if (condition)          //圆括号里没有空格
{
    ...                 //4 空格缩进
}
else if (...)           //else 与 if 的右括号同一行
{
    ...
}
else
```

```
{
    ...
}
```

(2) 单条语句独立成行且使用大括号

通常,单行语句建议使用大括号,这是为了避免将来在单行语句之后添加新代码而忘记添加大括号。复杂的条件或循环语句用大括号后其可读性会更好。参考代码如下:

```
//不建议使用
if (condition) DoSomething();
//建议使用
if (condition)
{
    DoSomething();    //4 空格缩进
}
```

(3) 简短单条语句写在同一行且不用大括号

为了增强可读性,简短的条件语句允许写在同一行且不用添加大括号。注意:只有当语句简单且没有使用 else 子句时使用。参考代码如下:

```
if (x == kFoo) return new Foo();
if (x == kBar) return new Bar();
```

(4) 大括号、if、else、else if 独立成行

为了保证代码结构易读清晰,不要吝惜代码篇幅,建议将大括号、if、else、else if 独立成行。参考代码如下:

```
//代码过于密集,不清晰
if (condition) {
foo;
} else if(...){
bar;
}else{
fooBar;
}
//结构清晰明了,易读
if (condition)
{
    foo;
}
else if(...)
{
    bar;
```

```
}
else
{
    fooBar;
}
```

7. 循环和开关选择语句

在单语句循环里，建议使用大括号。参考代码如下：

```
//不建议
for (int i = 0; i < kSomeNumber; ++ i)
    printf("I love you\n");
//建议
for (int i = 0; i < kSomeNumber; ++ i)
{
    printf("I take it back\n");
}
```

空循环体应使用{}或 continue，而不是一个简单的分号。参考代码如下：

```
while (condition)
{
    //反复循环直到条件失效
}
for (int i = 0; i < kSomeNumber; ++ i) {} //空循环体
while (condition) continue;              //contuinue 表明没有逻辑
while (condition);                       //差，看起来仅仅只是 while/loop 的部分之一
```

switch 语句中的 case 块不建议使用大括号。如果有不满足 case 条件的枚举值，那么 switch 应总是包含一个 default 匹配。如果 default 永远执行不到，则简单地加条 assert 语句。

```
switch (var)
{
    case 0:            //4 空格缩进
        ...            //8 空格缩进
        break;
    case 1:
        ...
        break;
    default:
        assert(false);
}
```

8. 指针和引用表达式

句点或箭头前后不要有空格,指针/地址操作符（*，&）之后不能有空格。正确的使用范例如下：

```
x = *p;
p = &x;
x = r.y;
x = r-> y;
```

在声明指针变量或参数时，星号与类型或变量名紧挨都可以,参考代码如下：

```
//好，空格前置
char *c;
const string &str;
//好，空格后置
char* c;
const string& str;
```

在单个文件内要保持风格一致,所以,如果是修改现有文件,则要遵照该文件的风格。

9. 布尔表达式

如果一个布尔表达式超过标准行宽,那么断行方式就要进行统一,逻辑运算符总是位于行首。参考代码如下：

```
if (this_one_thing > this_other_thing
    &&a_third_thing == a_fourth_thing        //与上一行的条件对齐
    &&yet_another && last_one)               //与上一行的条件对齐
{
    ...
}
```

10. 函数返回值

不要在 return 表达式里加上非必需的圆括号,只有在写“x=expr”要加上括号时才在“return expr;”里使用括号。参考代码如下：

```
return result;                       //返回值很简单，没有圆括号
//可以用圆括号把复杂表达式括起来，改善可读性
return (some_long_condition &&another_condition);
return (value);                      //毕竟从来不会写“var = (value);”
return(result);                      //return 可不是函数
...
```

11. 变量及数组初始化

变量及数组初始化时用=、()和{}均可，建议统一使用大括号形式的列表进行初始化。参考代码如下：

```
int x = 3;
int x(3);
int x{3};                          //列表初始化
string name("Some Name");
string name = "Some Name";
string name{"Some Name"};          //列表初始化
```

请务必小心列表初始化{...}用 std::initializer_list 构造函数初始化出的实例，非空列表初始化就会优先调用 std::initializer_list 版本的构造函数，不过空列表初始化除外，后者原则上会调用默认构造函数。如果想强制禁用 std::initializer_list 构造函数，请改用括号。参考代码如下：

```
vector <int> v(100, 1);       //内容为 100 个 1 的向量
vector <int> v{100, 1};       //内容为 100 和 1 的向量
```

此外，列表初始化不允许整型类型的四舍五入，这可以用来避免一些类型上的编程失误。参考代码如下：

```
int pi(3.14);     //好,pi == 3
int pi{3.14};     //编译错误:缩窄转换
```

12. 预处理指令

预处理指令不要缩进，从行首开始。即使预处理指令位于缩进代码块中，指令也应从行首开始。参考代码如下：

```
//好,指令从行首开始
    if (lopsided_score)
{
#if DISASTER_PENDING          //正确,从行首开始
        DropEverything();
# if NOTIFY                   //非必要,#后跟空格
        NotifyClient();
# endif
#endif
        BackToNormal();
}

//差,指令缩进
if (lopsided_score)
```

```
{
    #if DISASTER_PENDING      //差,"#if"应该放在行开头
        DropEverything();
    #endif                    //差,"#endif"不要缩进
        BackToNormal();
}
```

13. 类格式

访问控制块的声明顺序是"public:""protected:""private:",无需缩进。类声明的基本格式如下:

```
class MyClass : public OtherClass
{
public:              //无需缩进
MyClass();           //标准的 4 空格缩进
    explicit MyClass(int var);
    ~MyClass() {}
    void SomeFunction();
    void SomeFunctionThatDoesNothing() {}
    void set_some_var(int var) {some_var_ = var;}
    int some_var() const {return some_var_;}
private:
    bool SomeInternalFunction();
    int some_var_;
    int some_other_var_;
};
```

注意事项:

① 除第一个关键词(一般是 public)外,其他关键词前要空一行,如果类比较小也可以不空;

② public、protected 和 private 这些关键词后不要保留空行;

③ public 放在最前面,然后是 protected,最后是 private。

14. 构造函数初始化列表

构造函数初始化列表放在同一行或按 4 格缩进并排多行。下面两种初始化列表方式都可以接受。

```
//如果所有变量能放在同一行
MyClass::MyClass(int var) : some_var_(var)
{
    doSomething();
}
```

```
//如果不能放在同一行,则必须置于冒号后,并缩进 4 个空格
MyClass::MyClass(int var)
: some_var_(var), some_other_var_(var + 1)
{
    DoSomething();
}
//如果初始化列表需要置于多行,则将每一个成员放在单独的一行,并逐行对齐
MyClass::MyClass(int var)
    : some_var_(var),               //4 空格缩进
     some_other_var_(var + 1)       //单独一行
{
DoSomething();
}
//右大括号"}"可以和左大括号"{"放在同一行,如果这样做合适
MyClass::MyClass(int var)
: some_var_(var) {}
```

15. 命名空间格式化

① 命名空间内容不缩进,不要增加额外的缩进层次。例如:

```
namespace
{
void foo() {     //正确,命名空间内没有额外的缩进
...
}
}  //namespace
namespace
{
    //错,缩进多余了
    void foo()
    {
        ...
    }
}     //namespace
```

② 声明嵌套命名空间时,每个命名空间都独立成行。例如:

```
namespace foo
{
...
namespace bar
{
```

```
    ...
  }
}
```

16. 水平留白

水平留白的使用根据其在代码中的位置决定，永远不要在行尾添加没意义的留白。坚持一个总领性原则：能不留白就不要添加多余的空白。参考代码如下：

```
void f(bool b)
{
    ...
    int i = 0;              //分号前不加空格
    int x[] = { 0 };        //不建议，列表初始化中大括号内的空格多余
    int x[] = {0};          //正确
}
//继承与初始化列表中的冒号前后恒有空格
class Foo : public Bar
{
public:
    //对于单行函数的实现，在大括号内不要加上空格
    void Reset() {baz_ = 0;}
    ...
}
```

添加冗余的留白会给他人编辑时造成额外负担，因此，行尾不要留空格。如果确定一行代码已修改完毕，则将多余的空格去掉，或者在专门清理空格时去掉。

17. 垂直留白

垂直留白越少越好，这不仅是规则，而且是原则问题。不到万不得已时不要使用空行，尤其是两个函数定义之间的空行不要超过 2 行，函数体首尾不要留空行，函数体中也不要随意添加空行。

基本原则是：同一屏可以显示的代码越多越容易理解程序的控制流。当然，过于密集的代码块和过于疏松的代码块同样难看，这取决于程序员的判断，但通常是垂直留白越少越好。

下面的规则可以让加入的空行更加有效：

① 函数体内开头或结尾的空行可读性微乎其微；

② 在多重 if - else 块里加空行或许有点可读性。

10.8 注释风格建议

有一则笑话：一位从不写注释的程序员在编写一段复杂代码时，骄傲地认为这段

代码只有自己和上帝知道它的功能是什么。等过了一段时间这位程序员再回顾时，发现代码没有注释，感叹到这段代码现在只有上帝知道它的功能是什么。可见，注释是项目中不可或缺的部分，不仅是为了帮助团队中的其他成员快速理解代码，而且也是为了帮助自己快速恢复对代码功能的记忆。所以，我们对注释不要过于吝啬，该书写时就书写。

虽然注释书写起来有点麻烦，但是为了提供程序本身额外的信息，如函数功能描述、类功能描述、算法描述、程序开发作者、开发时间、开发背景、第三方资料来源路径等，提高代码可读性和可维护性，我们为注释付出的代价是值得的。当然也要记住，注释固然重要，但最好的代码应当本身就是文档，要达到"代码即注释"的效果，有意义的类型名和变量名要远胜于使用注释来解释含糊不清的名字。

1. 注释风格(comment style)

C++注释有两种形式，使用C风格"/**/"或C++风格"//"都可以，项目中统一就好。但毕竟是C++项目，所以还是建议使用C++风格的形式。当然，"//"在对代码块进行注释时不太方便，所以可以适当地采用"/**/"来快速便捷地注释代码块。

2. 文件注释(file comment)

在每一个文件开头依次加入以下内容：

① 版权公告(copyright statement)，如 Copyright 2018 Google Inc；

② 许可版本(license boilerplate)，开源项目加上合适的许可证版本，如 Apache 2.0、BSD、LGPL、GPL；

③ 创建信息(creation info)，标识文件创建作者与日期；

④ 文件内容(file content)，简要描述文件功能和内容。

如果想记录版本变更信息，那么可根据需要加入版本与最近修改的信息。一个合适的文件注释示例如下：

```
//
//@Copyright:Copyright 2018 Google Inc
//@License:GPL
//@Birth:created by Dablelv on 2018 - 08 - 02
//@Content:开源 JSON 解析库
//@Version:1.1.1
//@Revision:last revised by lvlv on 2018 - 09 - 02
//
```

3. 类注释(class comment)

每个类的定义都要附带一份注释，描述类的功能和用法，除非它的功能相当明显。类注释应当为读者理解如何使用与何时使用类提供足够的信息，同时应当提醒读者在正确使用此类时应当考虑的因素。如果该类的实例可被多线程访问，则要特别注意文档中有关多线程环境下相关的规则和常量使用说明。如果想用一小段代码演示该类的基本用法或通常用法,则放在类注释里也非常合适。如果类的声明和定义分开了(例如分别放在了.h和.cc文件中),此时,描述类用法的注释应当与接口定义放在一起(.h文件中),描述类的操作与实现的注释应当与实现放在一起(放在.cc文件中)。

一个简单的注释示例如下:

```
// Iterates over the contents of a GargantuanTable.
// Example:
//     GargantuanTableIterator * iter = table -> NewIterator();
//     for (iter -> Seek("foo"); ! iter -> done(); iter -> Next())
//     {
//         process(iter -> key(), iter -> value());
//     }
//     delete iter;
class GargantuanTableIterator
{
...
};
```

4. 函数注释(function comment)

函数声明处的注释描述函数功能,定义处的注释描述函数实现。

(1) 函数声明

基本上每个函数声明处前都应当加上注释,用于描述函数的功能和用途。只有在函数的功能简单且明显时才能省略这些注释,例如,简单的取值和设值函数。注释使用叙述式("opens the file")而非指令式("Open the file"),因为注释只是为了描述函数,而不是命令函数做什么。通常,函数声明的注释不会描述函数如何工作,那是函数定义部分的事情。

函数声明处注释的一般内容包括:

① 函数功能简介;

② 函数参数说明;

③ 函数返回值说明;

④ 函数创建信息,包括创建背景、时间和作者等信息。

举例如下:

```
// @brief:获取容器迭代器
// @params:void
// @ret:返回容器迭代器
```

```
// @birth:created by Dablelv on 20180802
Iterator * getIterator() const;
```

但也要避免啰啰嗦嗦和对显而易见的内容进行说明，比如下面的注释就没有必要加上“否则返回 false”，因为返回值类型结合函数名已经清晰地表达出函数返回值的含义。

```
//@ret:如果表已满则返回 true
bool IsTableFull();
```

注释函数重载时，注释的重点应该是函数中被重载的部分，而不是简单地重复被重载的函数的注释。多数情况下，函数重载不需要额外的文档，因此也没有必要加上注释。

注释构造/析构函数时，切记读代码的人知道构造/析构函数的功能，所以“销毁这一对象”这样的注释是没有意义的，应当注明的是构造函数对参数做了什么以及析构函数清理了什么。如果都是些无关紧要的内容则无需注释，析构函数前没有注释是很正常的。

(2) 函数定义

如果函数的实现过程中用到了很巧妙的方式，那么在函数定义处应当加上解释性的注释。例如，所使用的编程技巧、实现的大致步骤，或解释如此实现的理由。举例如下：

```
// Divide result by two, taking into account that x contains the carry from the add.
for (int i = 0; i < result-> size(); i++)
{
    x = (x << 8) + (*result)[i];
    (*result)[i] = x >> 1;
    x &= 1;
}
```

比较隐晦的地方要在行尾加入注释，在行尾空两格或一个 Tab 键进行注释。比如：

```
mmap_budget = max <int64> (0, mmap_budget - index_-> length());
if (mmap_budget >= data_size_ && ! MmapData(mmap_chunk_bytes, mlock))
{
    return;     // Error already logged.
}
```

前后相邻几行都有注释，可以适当调整使之可读性更好，例如：

```
DoSomething();                  //Comment here so the comments line up.
DoSomethingElseThatIsLonger();  //Comment here so after two spaces
```

注意：不要从.h文件或其他地方的函数声明处直接复制。注释简要重述函数功能是可以的，但注释重点要放在如何实现上。

(3) 函数调用

函数调用时，如果函数实参意义不明显，则可考虑用下面的方式进行弥补：

① 如果参数是一个字面常量，并且这一常量在多处函数调用中被使用，则应当用一个统一的常量名来标识该常量。

② 考虑更改函数的签名，让某个 bool 类型的参数变为 enum 类型，这样可以用参数名称表达其意义。

③ 如果某个函数有多个参数，则可以考虑定义一个类或结构体以保存所有参数，并传入类或结构体的实例。这样的方法有许多优点：一是减少了函数参数数量，使函数调用易读易写；二是使用引用或指针传入构造类型对象，减少对象拷贝，提高运行效率；三是如果新增参数，函数原型无需改变，则需要将新增的参数加入类或结构体中。

④ 传参时，可用具名变量代替大段而复杂的嵌套表达式。比如：

```
void print(const string& accountCompanyName)
{
    cout << accountCompanyName << endl;
}
//版本 1
print(((stUserID.dwType == stUserID_t::USER_TYPE_WX||stUserID.dwType == stUserID_
t::USER_TYPE_QQ)? true:false)?"Tencent":"Others");
//版本 2
//账号所属公司名称
string
accountCompanyName = ((stUserID.dwType == stUserID_t::USER_TYPE_WX||stUserID.dwType
== stUserID_t::USER_TYPE_QQ)? true:false)?"Tencent":"Others";
print(accountCompanyName);
```

很显然，版本2使用具名变量清晰地表达了实参的含义，而不是直接使用又臭又长的表达式作为实参传递给函数。

⑤ 万不得已时，才考虑在调用点处用注释阐明参数的意义。比如：

```
//版本 1
// What are these arguments?
const DecimalNumber product = CalculateProduct(values, 7, false, nullptr);
//版本 2
ProductOptions options;
```

```
options.set_precision_decimals(7);
options.set_use_cache(ProductOptions::kDontUseCache);
const DecimalNumber product = CalculateProduct(values, options, /* completion_call-
back = */nullptr);
```

很显然,版本 2 对函数调用传入的实参解释得更加清晰明了。

5. 变量注释(variable comment)

通常变量名本身就可以很好地说明变量用途,某些情况下,也需要额外的注释说明。

(1) 类数据成员

每个类数据成员(也叫实例变量或成员变量)都应用注释说明用途。如果有非变量的参数(例如特殊值、数据成员之间的关系、生命周期等)不能用类型与变量名明确表达,则应当加上注释。然而,如果变量类型与变量名已经足以描述一个变量,那么就不再需要加上注释。

特别地,如果变量可以接受 NULL 或 -1 等警戒值,须加以说明。比如:

```
private:
    //Used to bounds - check table accesses.  - 1 means that we don't yet know how many
    //entries the table has
    int num_total_entries_;
```

(2) 全局变量

和数据成员一样,所有的全局变量都要注释说明其含义及用途,以及作为全局变量的原因。比如:

```
//The total number of tests cases that we run through in this regression test.
const int kNumTestCases = 6;
```

6. 标点、拼写和语法(punctuation,spelling and grammar)

注释时,注意标点、拼写和语法。写的好的注释比差的要易读得多。注释的通常写法是包含正确大小写和结尾句号的完整叙述性语句。大多数情况下,完整的句子比句子片段可读性要高。短一点的注释,比如代码行尾注释,可以随意点,但依然要注意风格的一致性。清晰易读的代码还是很重要的,正确的标点、拼写和语法对此会有很大的帮助。

7. TODO 注释(TODO comment)

如果项目中存在功能代码有待修改和编写的地方,则建议使用 TODO 注释进行简略说明。TODO 注释的作用类似于书签,便于开发者快速找到需要继续开发的位置和有待完成的功能,起到提醒标记的作用。

TODO 注释要使用全大写的字符串 TODO,在随后的圆括号里写上负责人的名字、邮件地址、bug ID 或其他身份标识与这一 TODO 相关的身份标识，主要目的是让添加注释的人或负责人可根据规范的 TODO 格式进行查找。添加 TODO 注释一般都是写上自己的名字，但并不意味着一定要自己修正，除非自己是该 TODO 所描述问题的负责人。

简单示例如下：

```
// TODO(kl@gmail.com): Use a " * " here for concatenation operator.
// TODO(Zeke): change this to use relations.
// TODO(bug 12345): remove the "Last visitors" feature
```

如果加 TODO 是为了在"将来某一天做某事"，则可以附上一个非常明确的时间(如："Fix by November 2005")，或者一个明确的事项(如："Remove this code when all clients can handle XML responses.")。

8. 弃用注释(DEPRECATED comment)

可以写上包含全大写的 DEPRECATED 的注释，以标记某接口为弃用状态。

弃用注释应当包含简短而清晰的指引，以帮助其他人修复其调用点。在 C++ 中，可以将一个弃用函数改造成一个内联函数，这一函数将调用新的接口。在 DEPRECATED 一词后，在括号中留下负责人的名字、邮箱地址以及其他身份标识。注释可以放在接口声明前，或者同一行。简单示例如下：

```
//DEPRECATED(dablelv):new interface changed to bool IsTableFull(const Table& t)
bool IsTableFull();
```

9. 注释注意事项

(1) 多行注释不要嵌套

在使用 C 风格注释符"/**/"进行块注释时，不能在注释内部再次使用"/**/"，否则会引发编译错误。示例如下：

```
/*
    This is a false demo
    /*
        This is nested code
     */
    This becomes a normal statement
*/
```

上面的注释中，第一个"/*"会跟第一个"*/"匹配，导致"This becomes a normal statement"被编译器当作一个正常的语句来编译，从而导致编译错误。

(2) 程序中不能没有注释

良好的编程习惯和规范能够帮助编码者尽可能做到"代码即注释"，但往往由于项目的庞大和程序功能的高复杂性，代码结构和功能会变得异常复杂，为了便于程序员之间的交流合作，提高程序的可读性和可维护性，代码注释必不可少。

(3) 切勿过度使用注释

注释在项目开发中虽然必不可少，但过犹不及，注释并不是越多越好，切勿给显而易见的代码功能添加注释，以免画蛇添足。比如下面的注释就没有必要。

```
// Find the element in the vector.
auto iter = std::find(v.begin(), v.end(), element);
if (iter != v.end())
{
    Process(element);
}
```

不可过度使用注释还有一个更重要的原因，那就是注释同样需要维护，如果程序员在变更代码功能后忽略了对注释的及时维护，那么会严重降低代码的可读性。比如：

```
a = b;//assign b to a

//代码变更后未变更注释
c = b;//assign b to a
```

如果上面多余的注释在变更代码后未及时修改，则会给阅读者造成困扰。程序员的第一反应并不会怀疑注释是错误的，而是会分析注释的“真正意图”。或许 c 是 a 的一个引用，于是“c=b;”就完成了 b 对 a 的赋值，然而事实并非如此。

因此，注释存在的意义是给代码阅读者提供有价值的信息，而不是盲目添加变成代码的累赘。实际上，开发者应尽可能地让代码本身具有可读性，能够自成文档，达到代码即注释的效果，从而让注释起到“锦上添花”的作用。如果程序本身的设计存在问题，且不遵守编码规范，那么指望注释来提高程序的可读性只能是天方夜谭。

10. 总　结

注释是较为人性化的约定，每一个程序员都应养成写注释的习惯。

① 关于注释风格，很多 C++的编译器都喜欢行注释，而 C 编译器却对块注释情有独钟，但在文件头进行大段大段的注释时 C++编译器也可以使用块注释；

② 注释要言简意赅，不要拖沓冗余，不必要的注释应拒绝；

③ 对于中国程序员来说，用英文注释还是用中文注释是一个问题，但不管怎样，注释是为了让别人看懂的，而不是炫耀自己的中文或英文水平；

④ 注释不要太乱，适当的缩进才会让人乐意看，但也没有必要规定注释从第几列开始；

⑤ TODO 很不错，有时注释确实是为了标记一些未完成的或完成的不尽如人意

的地方，这样一搜索，就知道还有哪些活要干，日志都省了。

注释时建议留下大名，不仅可以彰显个人成就，而且在出现问题时，还可以快速找到对应的负责人。

10.9 特性使用建议

1. 引用参数

使用引用替代指针且所有不变的引用参数必须加上 const。在 C 语言中，如果函数需要修改变量的值，则参数必须为指针，如"int foo(int * pval)"。在 C++中，函数还可以声明引用参数"int foo(int &val)"，定义引用参数防止出现（* pval)++这样丑陋的代码。像拷贝构造函数这样的应用也是必需的，而且更明确，不接受 NULL 指针。

2. 右值引用

建议：

只在定义移动构造函数与移动赋值操作时使用右值引用，区分 std::move 与 std::forward 的作用。

右值引用是一种只能绑定到临时对象的引用的一种，其语法与传统的引用语法相似，例如"void f(string&& s);"，声明其参数是一个字符串的右值引用的函数，用于定义移动构造函数使得移动一个值而非复制成为可能。例如，如果 v1 是一个"vector <string >>"，则"auto v2(std::move(v1))"将很可能不再进行大量的数据复制而只是简单地进行指针操作，在某些情况下这将带来大幅度的性能提升。

std::move 实现的功能是无条件转换为右值，而 std::forward 实现的功能是有条件转换为右值，只会将绑在右值上的参数转换为右值，起到转发一个参数给另一个函数而保持原来的左值性质或者右值性质的作用。二者只进行了转换，没有移动对象。

3. 函数重载

① 仅在输入参数类型不同、功能相同时使用重载函数(含构造函数)，当使用具有默认形参值的函数(方法)重载的形式时，需要注意防止二义性。参考代码如下：

```
void fun(int x,int y = 2,int z = 3);
void fun(int x);
```

② 如果打算重载一个函数，则可以尝试在函数名里加上参数信息。例如，使用 AppendString()和 AppendInt()等，而不是一口气重载多个 Append()。

4. 默认参数

不建议使用默认参数，尽可能改用函数重载。虽然通过默认参数不用再为个别情况而特意定义许多函数，与函数重载相比，默认参数的语法更为清晰，代码更少，也可以更好地区分必选参数和可选参数，但是，默认参数函数调用的代码难以呈现所有参数，开发者只能通过查看函数声明或定义来确定如何使用 API，当默认参数不适用于新代码时可能导致重大问题。

5. 变长数组和 alloca()

不要使用变长数组和 alloca()。变长数组和 alloca()不是标准 C++的组成部分，而且它们是根据数据的大小动态分配堆栈内存的，从而引起难以发现的内存越界 bug。改用更安全的分配器(allocator)，就像 std::vector 或 std::unique_ptr <T[]>，可有效避免内存越界错误。

6. 友 元

允许合理的使用友元类及友元函数。通常友元应定义在同一文件内，避免代码读者跑到其他文件中查找使用该私有成员的类。经常用到友元的地方是将 FooBuilder 声明为 Foo 的友元，以便 FooBuilder 正确构造 Foo 的内部状态，而无需将该状态暴露出来。某些情况下，将一个单元测试类声明成待测类的友元会很方便。

友元扩大了(但没有打破)类的封装边界。某些情况下，相对于将类成员声明为 public，使用友元是更好的选择，尤其是只允许另一个类访问该类的私有成员时。当然，大多数类都只应通过其提供的公有成员进行互操作。

7. 异 常

禁止使用 C++ 异常。

在 C 基础上，C++引入了异常处理机制，给开发者处理程序错误提供了便利。使用异常主要有如下几个优点：

① 异常允许应用高层决定如何处理在底层嵌套函数中发生的失败，而不用理会那些含糊且容易出错的错误代码。

② 很多现代语言都用异常。引入异常使得 C++ 与 Python、Java 以及其他类 C++的语言更加一脉相承。

③ 有些第三方 C++ 库依赖异常，关闭异常将导致难以与之结合。

④ 异常是处理构造函数失败的唯一途径，虽然可以用工厂模式产生对象或用 Init() 方法代替异常，但是前者要求在堆栈分配内存，后者则会导致刚创建的实例处于“无效” 状态。

⑤ 使用异常处理便于代码测试。

使用异常会带来很多问题，注意以下几点：

① 在现有函数中添加 throw 语句时，必须检查所有调用点，要么让所有调用点都具备最低限度的异常安全保证，要么眼睁睁地看着异常一路欢快地往上跑，最终中断掉整个程序。

② 在函数内抛出异常时，注意栈展开时造成的内存泄漏。

③ 异常会彻底扰乱程序的执行流程并难以判断，函数也许会在意料不到的地方返回。你或许会加一大堆何时何处处理异常的规定来降低风险，但是这样会使开发者的记忆负担更重。

④ 异常安全需要 RAII 和不同的编码实践。要轻松编写出正确的异常安全代码就需要大量的支持机制。

⑤ 启用异常会增加二进制文件的大小，延长编译时间(或许影响不大)，还可能加大地址空间的压力。

⑥ 滥用异常会变相鼓励开发者去捕捉不合时宜，或本来就已经无法恢复的伪异常。比如，用户的输入不符合格式要求时，也不用抛异常。

总体来说，使用异常有利也有弊。在新项目中，可以使用异常，但是对于现有代码，引入异常会牵连到所有相关代码。是否使用异常，需要结合实际情况来决定。

8. 运行时类型识别

禁止使用 RTTI。

RTTI 允许程序员在运行时识别 C++ 类对象的类型，其通过使用 typeid 或者 dynamic_cast 完成。

(1) 优　点

RTTI 在某些单元测试中非常有用，比如进行工厂类测试时，用来验证一个新建对象是否为期望的动态类型。RTTI 对管理对象和派生对象的关系也很有用。

(2) 缺　点

① 在运行时判断类型通常意味着设计问题。如果需要在运行期间确定一个对象的类型，则说明需要重新考虑设计类。

② 随意地使用 RTTI 会使代码难以维护，因为它使得基于类型的判断树或者 switch 语句散布在代码各处，如果以后要进行修改，就必须检查它们。基于类型的判断树是一个很强的暗示，它说明编写的代码已经偏离正轨了。不要像下面所示的代码：

```
if (typeid( * data) == typeid(D1))
{
...
}
else if (typeid( * data) == typeid(D2))
{
...
}
else if (typeid( * data) == typeid(D3))
{
...
}
```

一旦在类层级中加入新的子类，上述代码就会崩溃。而且，一旦某个子类的属性改变了，就很难找到并修改所有受影响的代码块。

(3) 结　论

RTTI 有合理的用途但是容易被滥用，因此在使用时务必注意。在单元测试中可以使用 RTTI，但是在其他代码中请尽量避免，尤其是在新代码中，使用前务必三思。如果代码需要根据不同的对象类型执行不同的行为，请考虑使用以下两种替代方案之一来查询对象类型：

① 虚函数可以根据子类类型的不同而执行不同的代码。这是把工作交给了对象本身去处理。

② 如果这一工作需要在对象之外完成，则可以考虑使用双重分发的方案，例如使用访问者设计模式。这就能够在对象之外进行类型判断了。

如果程序能够保证给定的基类实例实际上都是某个派生类的实例，那么就可以自由地使用 dynamic_cast。在这种情况下，使用 dynamic_cast 也是一种替代方案。

不要手动实现一个类似 RTTI 的方案，反对使用 RTTI 的理由同样适用于这些方案，比如带类型标签的类继承体系。而且，这些方案会掩盖编程者的真实意图。

9. 类型转换

不要使用 C 风格类型转换，而要使用 C++ 风格的类型转换，具体如下：

① 用 static_cast 替代 C 风格的值转换，或某个类指针需要明确地向上转换为父类指针时。

② 用 const_cast 去掉 const 限定符。

③ 使用 reinterpret_cast 指针类型和整型，或在其他指针之间进行不安全的相互转换，这些操作仅在编程者对所做的一切了然于心时使用。

④ 在有继承关系且存在虚函数的类类型之间使用 dynamic_cast，达到运行时类型识别效果。

10. 流

只在记录日志时使用流，使用 C++风格的流对象来替代 printf()和 scanf()。

(1) 优　点

有了流，在打印时就不需要关心对象的类型，不用担心格式化字符串与参数列表不匹配，并且流的构造和析构函数会自动打开和关闭对应的文件。

(2) 缺　点

流使得 pread()等功能函数很难执行。如果不使用 printf 风格的格式化字符串，则某些格式化操作(尤其是常用的格式字符串%. * s)用流处理的性能是很低的。流不支持字符串操作符重新排序(%1s)，而这一点对于软件国际化很有用。

(3) 结　论

使用流存在很多的利弊，但代码的一致性胜过一切。每一种方式都是有利有弊的,“没有最好的,只有最适合的”。简单性原则告诫我们必须从中选择一种,但大多数均采用 printf+read/write 的形式。

11. 前置自增和自减

对于简单数值(非对象),前置与后置均可,对于迭代器和其他构造类型对象则使用前置形式 (++i)。

优　点

若不考虑返回值,则前置自增(++i)通常要比后置自增(i++)的效率高。因为后置自增自减需要对表达式的值 i 进行一次复制。如果 i 是迭代器或其他非数值类型,则复制的代价是比较大的。既然两种自增方式实现的功能一样,为什么不总是使用前置自增呢？请读者自行思考。

12. const 的用法

强烈建议在任何可能的情况下都使用 const,此外有时改用 C++ 11 推出的 constexpr 更好。

使用 const,大家更容易理解如何使用变量。编译器可以更好地进行类型检测,相应地,也能生成更好的代码。人们对编写正确的代码更加自信,因为他们知道所调用的函数是否被限定了修改变量值。即使是在无锁的多线程编程中,人们也知道什么样的函数是安全的。因此,我们强烈建议在任何可能的情况下都使用 const:

① 如果函数不会修改传入的引用或指针类型参数,则该参数应声明为 const。

② 尽可能将函数声明为 const。访问函数应总是 const。其他不会修改任何数据成员的函数、未调用非 const 函数的函数、不会返回数据成员非 const 指针或引用的函数也应声明成 const。

③ 如果数据成员在对象构造之后不再发生变化,则可将其定义为 const。

13. constexpr 的用法

在 C++ 11 中,用 constexpr 来定义真正的常量,或实现常量初始化。变量可以被声明成 constexpr 以表示它是真正意义上的常量,即在编译时和运行时都不变。constexpr 可以定义用户自定义类型的常量,也可以修饰函数所返回值。

14. 整　型

在 C++内建整型中仅使用 int。如果程序中需要不同大小的变量,则可以使用 <stdint.h>中长度精确的整型,如 int16_t。如果变量长度不小于 2^{31},就用 64 位的变量,比如 int64_t。此外要留意,哪怕值并不会超出 int 所能表示的范围,在计算过程中也可能会溢出。所以,拿不准时干脆用更大的类型。

15. 64 位下的可移植性

代码应对 64 位和 32 位系统友好。处理打印、比较、结构体对齐时应切记:对于某些类型,printf()的指示符在 32 位和 64 位系统上可移植性不是很好。C99 标准定

义了一些可移植的格式化指示符定义在头文件 inttypes.h 中,整型指示符应按照如下方式使用:

```
|类型|不要使用|使用|备注|
|void * (或其他指针类型)|%lx|%p||
|int32_t|%d|%"PRId32"||
|uint32_t|%u,%x|%"PRIu32",%"PRIx32"||
|int64_t|%lld|%"PRId64"||
|uint64_t|%llu,%llx|%"PRIu64",%"PRIx64"||
|size_t|%llu|%"PRIuS",%"PRIxS"|C99 规定 %zu|
```

注意:PRI * 宏会被编译器扩展为独立字符串。因此,如果使用非常量的格式化字符串,则需要将宏的值而不是宏名插入格式中。使用 PRI * 宏同样可以在%后包含长度指示符。例如,“printf("x=%30"PRIu32"\n",x)”在 32 位 Linux 上将被展开为“printf("x=%30" "u" "\n",x)”,编译器会将其当成“printf("x=%30u\n",x)”处理。

16. 预处理宏

使用宏时要非常谨慎,尽量以内联函数、枚举和常量代替。

宏意味着程序员和编译器看到的代码是不同的,这可能会导致异常行为,尤其因为宏具有全局作用域。值得庆幸的是,C++中,宏不像在 C 中那么必不可少。以往用宏展开性能关键的代码,现在可以用内联函数替代。用宏表示常量可被 const 变量代替。用宏“缩写”长变量名可被引用代替。禁用宏进行条件编译,因为这样会令测试更加困难。当然,使用条件宏防止头文件重复包含是个特例。

如果不可避免地需要使用宏,那么为尽可能避免使用宏带来的问题,请遵守下面的约定:

① 不要在.h 文件中定义宏。

② 在马上要使用时才进行#define 操作,使用后要立即进行#undef 操作,不要只是对已经存在的宏使用#undef。

③ 选择一个不会冲突的名称。

④ 不要试图使用展开后会导致 C++构造不稳定的宏,若不可避免,则至少也要附上文档说明来解释其行为。

⑤ 不要用“##”处理函数、类和变量的名字。

17. 认清 0、“'\0'”、nullptr 和 NULL

整数用 0,实数用 0.0,指针用 nullptr 或 NULL,字符(串)用“'\0'”。

整数用 0,实数用 0.0,这一点是毫无争议的。对于空指针,到底是用 0、NULL 还是 nullptr 呢? C++ 11 项目用“nullptr;”,C++ 03 项目则用 NULL,毕竟它看起来像指针。实际上,一些 C++编译器对 NULL 的定义比较特殊,可以用于输出有用的警告,特别是 sizeof(NULL)就与 sizeof(0)不一样。字符(串)用"'\0'",不仅类型正确且可读性好。

18. sizeof

尽可能用 sizeof(varname) 代替 sizeof(type)。使用 sizeof(varname)是因为当代码中变量类型改变时会自动更新。或许会用 sizeof(type)处理不涉及任何变量的代码,比如处理来自外部或内部的数据格式,这时用变量就不合适了。参考如下代码:

```
Struct data;
memset(&data,0,sizeof(data));
memset(&data,0,sizeof(Struct));        //警告
//可以用 sizeof(type) 处理不涉及任何变量的代码
if (raw_size < sizeof(int))
{
    LOG(ERROR) << "compressed record not big enough for count: " << raw_size;
    return false;
}
```

19. auto

用 auto 绕过烦琐的类型名,只要可读性好就继续用,但别用在局部变量之外的地方。比如声明头文件里的一个常量,只要因修改其值就会导致类型变化,那么 API 就要翻天覆地了。

C++ 11 中,若变量声明成 auto,那么它的类型就会被自动匹配成初始化表达式的类型。我们可以用 auto 来复制初始化或绑定引用。C++ 类型名有时又长又臭,特别是涉及模板或命名空间时,此时可以使用 auto 简化代码。

```
vector <string> v;
...
auto s1 = v[0];                    //创建一份 v[0]的拷贝
const auto& s2 = v[0];             //s2 是 v[0]的一个引用
sparse_hash_map <string,int> ::iterator iter = m。find(val);
auto iter = m。find(val);          //简洁化重构
```

auto 还可以和 C++ 11 特性尾置返回类型(trailing return type)一起使用,不过后者只能用在 Lambda 表达式中。

20. 列表初始化

建议用列表初始化。早在 C++ 03 中,聚合类型(aggregate type)就已经可以被列表初始化了,比如数组和不自带构造函数的结构体:

```
struct Point { int x; int y; };
Point p = {1,2};
```

从 C++ 11 开始，该特性得到进一步推广，任何对象类型都可以被列表初始化。示例如下：

```
//Vector 接收了一个初始化列表
vector <string> v{"foo","bar"};
vector <string> v = {"foo","bar"};
//可以配合 new 一起用
auto p = new vector <string> {"foo","bar"};

//map 接收了一些 pair,列表初始化大显神威
map <int,string> m = {{1,"one"},{2,"2"}};
//初始化列表也可以用在返回类型上的隐式转换
vector <int> test_function() { return {1,2,3}; }
//初始化列表可迭代
for (int i : {-1, -2, -3}) {}
//在函数调用中用列表初始化
void TestFunction2(vector <int> v) {}
TestFunction2({1,2,3});
```

用户自定义类型也可以定义接收 std::initializer_list <T >的构造函数和赋值运算符，以自动列表初始化，示例如下：

```
class MyType
{
public:
    //std::initializer_list 专门接收 init 列表
    //得以值传递
MyType(std::initializer_list <int> init_list)
{
    for (int i : init_list) append(i);
    }
MyType& operator = (std::initializer_list <int> init_list)
{
    clear();
    for (int i : init_list) append(i);
    }
};
MyType m{2,3,5,7};
```

最后，列表初始化也适用于常规数据类型的构造，哪怕没有接收 std::initializer_list <T >的构造函数。

```
double d{1,23};
// MyOtherType 没有 std::initializer_list 构造函数
```

```
class MyOtherType
{
public:
    explicit MyOtherType(string);
    MyOtherType(int,string);
};
MyOtherType m = {1,"b"};
//如果构造函数是显式的(explict),就不能用“ = {}”了
MyOtherType m{"b"};
```

千万别直接列表初始化 auto 变量，比如下面的代码，估计没人看得懂：

```
//警告
auto d = {1.23};              //d 即是 std::initializer_list <double>
auto d = double{1.23};        //d 即为 double,并非 std::initializer_list
```

21. Lambda 表达式

适当使用 Lambda 表达式。别用默认 Lambda 捕获，所有捕获都要显式写出来。Lambda 表达式是创建匿名函数对象的一种简易途径，常用于把函数当参数传的情况，例如：

```
std::sort(v.begin(),v.end(),[](int x,int y){
    return Weight(x) < Weight(y);
});
```

C++ 11 首次提出 Lambda，还提供了一系列处理函数对象的工具，比如多态包装器(polymorphic wrapper) std::function。传函数对象给 STL 算法，Lambda 最简易，可读性也好。Lambda、std::function 和 std::bind 可以搭配成通用回调机制(general purpose callback mechanism)，这样编写接收有界函数为参数的函数也就很容易了。

使用注意事项：

① 禁用默认捕获，捕获都要显式写出来。例如，比起“[=](int x) {return x + n;}”更应写成“[n](int x) {return x + n;}”，这样读者也好一眼就能看出 n 是被捕获的值。

② 匿名函数始终要简短，如果函数体超过了 5 行，则把 Lambda 表达式赋值给对象，即给 Lambda 表达式起个名字或改用函数。

③ 如果可读性更好，就显式写出 Lambda 的尾置返回类型，就像 auto 一样。

④ 小用 Lambda 表达式怡情，大用伤身。因为 Lambda 可能会失控，而层层嵌套的匿名函数难以阅读。

22. 模板编程

不要使用复杂的模板编程。模板编程是图灵完备的，利用 C++模板实例化机制

可以用来实现编译期的类型判断、数值计算等。

(1) 优　点

模板编程能够实现非常灵活的类型安全的接口和极好的性能,一些常见的工具如 Google Test、std::tuple、std::function 和 Boost.Spirit,如果没有模板则是实现不了的。

(2) 缺　点

① 模板编程所使用的技巧对于使用 C++不是很熟练的人来说是比较晦涩、难懂的。在复杂的地方使用模板的代码更不容易让人读懂,并且 debug 和 维护起来都很麻烦。

② 模板编程经常会导致编译出错的信息非常不友好:在代码出错时,即使该接口非常简单,模板内部复杂的实现细节也会在出错信息中显示,导致该编译出错信息看起来非常难以理解。

③ 大量的使用模板编程的接口会让重构工具(Visual Assist X、Refactor for C++等)更难发挥其作用。首先,模板的代码会在很多上下文中扩展,所以很难确认重构是否对所有的这些展开的代码都有用;其次,有些重构工具只对已经做过模板类型替换的代码的 AST 有用。因此,重构工具对这些模板实现的原始代码并不有效,很难找出哪些需要重构。

(3) 结　论

① 模板编程有时能够实现更简洁更易用的接口,但是更多的时候却适得其反。因此,模板编程最好只用在少量的基础组件、基础数据结构上,因为模板带来的额外的维护成本会被大量的使用分担掉。

② 在使用模板编程或者其他复杂的模板技巧时,一定要再三考虑团队成员的平均水平是否能够读懂且能够维护所编写的模板代码,或者一个非 C++ 程序员和一些只是在出错时偶尔看一下代码的人能够读懂这些错误信息或者能够跟踪函数的调用流程。如果使用递归的模板实例化,或者类型列表,或者元函数,又或者表达式模板,或者依赖 SFINAE,或者 sizeof 的 trick 手段来检查函数是否重载,那么说明模板用的太多了,这些模板太复杂了,不推荐使用。

③ 如果使用模板编程,则必须考虑尽可能地把复杂度最小化,并且尽量不要让模板对外暴露。最好只在实现中使用模板,然后给用户暴露的接口中并不使用模板,这样能提高接口的可读性,并且应该在这些使用模板的代码上写出尽可能详细的注释。其中,注释里应详细地包含这些代码是怎么用的,这些模板生成的代码大概是什么样子的。还需要额外注意,在用户错误使用模板代码时需要输出更人性化的出错信息。因为这些出错信息也是接口的一部分,所以代码必须调整到在用户看起来这些错误信息非常容易理解,并且用户能够很容易知道如何修改这些错误。

23. Boost 库

只使用 Boost 中被认可的库。Boost 库是一个广受欢迎、经过同行鉴定、免费开源的 C++ 库。

(1) 优　点

Boost 代码质量普遍较高，可移植性好，填补了 C++标准库的很多空白，如型别的特性、更完善的绑定器、更好的智能指针。

(2) 缺　点

某些 Boost 库提倡的编程实践可读性差(比如元编程和其他高级模板技术)，以及过度"函数化"的编程风格。

(3) 结　论

为了向阅读和维护代码的人员提供更好的可读性，建议使用 Boost 中成熟的特性子集，如：boost/heap、boost/distributions、boost/container/flat map、boost/entainer/flat set 等。

24. C++ 11

适当使用 C++ 11 的库和语言扩展，在用 C++ 11 特性前应三思其可移植性。

(1) 优　点

在 2014 年 8 月之前，C++ 11 一度是官方标准，被大多数 C++编译器支持。它标准化了很多我们早先就在用的扩展的 C++特性，简化了不少操作，大大改善了代码的性能和安全性。

(2) 缺　点

C++ 11 相对于 C++ 98 复杂极了，很多开发者也不怎么熟悉它。从长远来看，前者特性对代码的可读性和维护代价的影响难以预估。

参考文献

[1] 陈刚. C++高级进阶教程[M]. 武汉：武汉大学出版社，2008.

[2] Eckel B，Allison C. C++编程思想[M]. 刘宗田，等译. 北京：机械工业出版社，2015.

[3] 林登. C 专家编程[M]. 徐波，译. 北京：人民邮电出版社，2008.

[4] Meyers S. More Effective C++：35 个改善编程与设计的有效方法[M]. 侯捷，译. 北京：电子工业出版社，2011.

[5] Prata S. C++ Primer Plus[M]. 6 版. 张海龙，袁国忠，译. 北京：人民邮电出版社，2012.

[6] 李健. 编写高质量代码：改善 C++程序的 150 个建议[M]. 北京：机械工业出版社，2011.

[7] Lippman S B，Lajoie J，Moo B E. C++ Primer[M]. 5 版. 王刚，杨巨峰，译. 北京：电子工业出版社，2013.

[8] knightsoul. C 中的 volatile 用法[DB/OL]. (2016-12-07)[2018-11-26]. http://www.cnblogs.com/chio/archive/2007/11/24/970632.html.

[9] running_noodle. ebp 与 esp 讲解[DB/OL]. (2008-08-27)[2018-11-26]. https://blog.csdn.net/running_noodle/article/details/2838679.

[10] Iamdebugman. C 语言字符数组如何初始化[DB/OL]. (2017-10-06)[2018-11-26]. https://zhidao.baidu.com/question/585542727.html.

[11] 古比雪夫. C++ Metaprogramming 和 Boost MPL (一)[DB/OL]. (2005-05-19)[2018-11-26]. http://kuibyshev.bokee.com/1584716.html.

[12] 佚名. C++ Reference[DB/OL]. [2018-11-26]. http://www.cplusplus.com/reference.

[13] 方人也. c++中临时变量不能作为非 const 的引用参数[DB/OL]. (2011-01-10)[2018-11-26]. http://blog.sina.com.cn/s/blog_4cce4f6a0100piuv.html.

[14] 大漠落日. 内存管理之引用计数[DB/OL]. (2010-07-23)[2018-11-26]. http://www.cppblog.com/smagle/archive/2010/07/23/120758.html.

[15] wwzx. c/c++变参函数[DB/OL]. (2013-05-17)[2018-11-27]. http://blog.csdn.net/wwzcx/article/details/8940092.

参考文献